装备科技译著出版基金

军事计量科技译丛

光学测量手册
Handbook of Optical Dimensinonal Metrology

［美］ 凯文·哈丁（Kevin Harding）编著

王 凡 田爱玲 倪晋平 译

国防工业出版社

·北京·

著作权合同登记　图字:军-2018-052号

图书在版编目(CIP)数据

光学测量手册/(美)凯文·哈丁(Kevin Harding)
编著;王凡,田爱玲,倪晋平译.—北京:国防工业
出版社,2022.6
 (军事计量科技译丛)
 书名原文:Handbook of Optical Dimensional
Metrology
 ISBN 978-7-118-12351-7

Ⅰ.①光…　Ⅱ.①凯…②王…③田…④倪…
Ⅲ.①光学测量—手册　Ⅳ.①TB96-62

中国版本图书馆 CIP 数据核字(2022)第 089705 号

※

国防工业出版社出版发行
(北京市海淀区紫竹院南路 23 号　邮政编码 100048)
三河市腾飞印务有限公司印刷
新华书店经售

*

开本 710×1000　1/16　印张 27½　字数 485 千字
2022 年 6 月第 1 版第 1 次印刷　印数 1—2000 册　定价 188.00 元

(本书如有印装错误,我社负责调换)

国防书店:(010)88540777　　书店传真:(010)88540776
发行业务:(010)88540717　　发行传真:(010)88540762

译者序

光学测量技术发展迅速，随着激光器的问世日益成熟，应用于建筑、轮船、飞机、生物等领域。与传统量具测量技术相比，光学测量技术具有非接触测量、测量速度快、测量范围大、测量精度高等优点，可实现大型、中等以及微小尺寸的测量。随着傅里叶光学理论、现代光学理论和微光学理论的发展，光学测量技术无论在测量方法、原理、准确度，还是适用的领域范围都获得了巨大发展，已成为一种无法取代的测量技术。当今大数据智能化制造业已经成为研究热点和发展的必然趋势，而本书的内容对助力智能化制造业发展起重要作用。

本书全面地介绍了光学测量技术的相关知识，包括基本测量方法、测量装置、测量步骤、相关光学元件、自动测量技术、便携式测量、不确定度分析以及相关注意事项等。本书分为五大部分，共计12章。

第一部分是第1~2章，概述光电测量技术。第1章概述光学测量技术，介绍基本光学测量概念、测量方法以及误差分析；第2章介绍机器视觉测量技术，包含机器视觉测量的基本概念、测量过程中光学元件和光学系统设计以及机器视觉软件。

第二部分是第3~5章，介绍大尺寸物体的测量方法。第3章介绍激光跟踪系统，涉及基本概念、测量范围的讨论、环境补偿及典型应用实例；第4章介绍位移干涉测量基本原理、干涉仪的设计、误差源和不确定度分析以及相关应用；第5章介绍大尺寸零件测量技术，包括测量过程、误差评估、测试试验与异常情况的处理。

第三部分是第6~8章，介绍中等尺寸物体的测量方法。第6章介绍便携式测量技术，涉及三维(3D)测量系统、激光三角测量法、自定位激光扫描仪；第7章介绍相移系统以及相移分析，包含相移系统的概念、位相解包裹算法、相移系统的建模与标定以及相应的误差分析与补偿方法；第8章介绍莫尔测量技术，包含平面内和平面外的莫尔测量、反射式莫尔测量。

第四部分是第9~11章，介绍微小尺寸物体的测量方法。第9章介绍干涉测量自动化技术，包括单次测量自动化、样品的固定、同一样品的多次自动测量以及多样品自动测量;第10章介绍3D白光干涉显微镜、显微物镜、显微镜的设置以及基于干涉的显微镜方法;第11章介绍基于聚焦的光学测量学,涉及基于点聚焦的距离测量方法、基于面聚焦的距离测量方法。

第五部分是第12章,介绍微型机电系统(MEMS)/微型光机电系统(MO-EMS)及微光学测试的并行多功能系统,包含基本概念,晶圆低相干干涉探测技术、探测晶圆、小型相机及数据分析、微机电检测平台系统以及测量结果实例。另外还介绍了光学测量技术的发展机遇与挑战、传统光学测量技术以及对未来的光学测量技术展望。

本书可作为从事光学测量技术工程师的入门书,也可作为光学工程专业的本科生、研究生和教师的参考书,通过阅读本书可全面地了解光学测量技术。由于本书中的各个章节之间相对独立,针对特定知识的阅读,只需要阅读相应的章节即可。

王凡负责第1~5章、第9~10章的翻译,田爱玲教授负责第6~8章的翻译,倪晋平教授负责第11~12章的翻译。王凡负责全书的统稿和校对。2016级硕士生杨瞳审校了全部书稿,2009级硕士生卢红伟对第4章内容进行了校对,2016级博士生陈丁对第9章的内容进行了校对,2015级硕士生袁云、马静宜对第10~12章进行了校对,2012级本科生朱苗修改了不规范的参考文献。对他们的辛勤劳动和热情帮助表示衷心地感谢。

北京理工大学沙定国教授阅读全部书稿并对不足之处进行了指正,特此衷心感谢沙定国教授百忙中抽出时间,花费大量心血提出宝贵意见。诚挚感谢王凡的研究生导师北京理工大学曹峰梅副教授的帮助。

本书获得装备科技图书出版基金和西安工业大学出版基金的资助。国防工业出版社的责任编辑为本书的出版做出大量的努力;译者所在工作单位西安工业大学光电工程学院的领导和同事们以及学校科技处同事的支持和鼓励,单位积极向上、顽强拼搏的氛围,是译者完成本书翻译工作的重要保证。

译者在翻译过程中也得到了家人的鼓励与支持,在此表示由衷的感谢。

由于译者的专业水平和英文水平有限,译文中难免存在文字上、技术上等方面的不妥和疏漏之处,恳请读者批评指正。

译者

2022年1月

于西安工业大学

前言

近30年,光学测量的应用领域不断扩大。曾经受特殊应用以及光学元件制约的光学测量工具,目前已广泛用于制造业的各个生产环节。光学测量技术的变化受两方面因素的影响:一方面是计算能力的极大提升,使得原先由熟练技工花费较长时间和精力筛选少量有效数据的分析方法,变成实时的光学测量分析方法;另一方面是制造需求的变化驱动着光学测量技术发生了变化。

现代生产线上生产和传送零件的速度达到历史上最快,对诸如表面缺陷等6δ质量标准难于实行严格的实时控制。对于初级金属业、汽车制造业、纺织业,甚至是塑料挤压机而言,仅仅完成正确的尺寸测量以及功能验证是不够的。制造商找到有质量问题(麻点、划痕或整体面形缺陷中的任意一个)的面形外观,意味全套生产线无法使用。对于公司而言,这需要花费数百万美元,而且影响底层生产线。对于要求更严格的工业而言,超过80%的用户不接受表面缺陷的零件,而该缺陷不会影响零件的功能,通常可能是微米量级的缺陷。就目前的生产速度以及严格的尺寸容差而言,人工检查者无法满足生产的要求。研究表明,从事2h的检查工作,人工检查者开始分心。由于重复工作,使得人工检查者自动"填补"高度缺陷的零件,即使该零件根本不存在缺陷。当检查1000个中间有小孔的零件后,不论该零件是否有孔,人工检查员会判定其中心有孔。

计算机和网络提供了能够快速处理大量信息的工具,在相同条件下,计算机对第1001个零件和第1000001个零件的检测结果是一致的,能够检测到未钻孔的零件。此外,鉴于统计控制过程的固有特性,通过网络将测量的空间尺寸快速转化为统计过程控制软件所需的数字信号。因此,基于计算机的检查和测量不仅为多样化的制造要求提供灵活性,也为检测高速可重复性操作提供快速数据采集能力和跟踪能力。

但是,为什么需要采用基于光学的检测和测量?自20世纪初以来,便携式探头和量规已经广泛用于制造业。坐标测量系统(CMM)已经从实验室系统转变为车间自动化系统。但是,即使经过上述改进,仅利用CMM依然不能保证100%检查。除了专业零件量具外,多数固定量具已实现计算机化,而且计算机以指定速度输出测量结果。为将零件加载到上述量具,机器人系统以高重复性实现零件的装卸,同时彻底实现制造业电子化的改革。但是,该选择意味着每一个零件都配有一套专用量具,因此需要空间存放量具,并且每年成本达数亿美元。从经济角度出发,对于柔性制造系统主要工具的小批量生产而言,无法负担巨额成本。

随着计算机技术的进步,新型零件的高速度和大容差已经突破了已有传统探测器的极限。速度和分辨力均达到了机械极限,即使采用新的轻型材料也无法克服。光学测量方法的灵活性能够实现在一个零件上检查数百个点,在另一个零件上检测另外一组点,所有工作可在几秒钟内完成,而传统的固定式量具不具备该功能。

将光学测量技术用于制造业中的测量工具并不是昙花一现。光学测量方法早期用于分拣机、零件ID识别器、造价10万美元的条形码扫描仪。在快速发展的计算机和半导体行业中,高速、低成本和灵活转换的特性起到了催化剂的作用,不仅满足上述测量系统的速度,还增加了从分拣机发展到工作在微米范围内的高精度测量工具的复杂性。

早期的自动光学测量系统从采用简单处理芯片发展到利用集成电路(IC)、门电路阵列、数字信号处理(DSP)芯片并集成到网络设备中。电子和半导体市场分化的动态特性使得上述领域是目前光学测量技术应用的最大领域,在价值数十亿美元的全球市场上,仅就机器视觉领域而言,占销售额的50%以上。早期光学测量技术发展30年后,多数耐用品制造厂尚未接受该项技术。但是更严格质量控制的竞争将会推动测量技术在传统的甚至是最保守的金属切割和成形操作领域中的应用。

如果测量过程不受制造时间的限制,对于在同一个机床上,涉及单个零件的完整性测量以及过程控制操作时,通常需要更高的测量速度,并采集更多的数据。在耐用品制造业中,机械接触探头组成的机械CMM一直是主流测量工具,但如今的测量不仅仅只关注制造过程中的尺寸检测,因而CMM的测量范围受到限制。机床运行速度已经很快,因此需要更快的测量速度。对于光学三维扫描仪而言,其测量速度更快。光学三维测量系统具有不同的类型,从激光快速扫描到利用成像探测器进行全方位的电子扫描。对于电子扫描而言,扫描速度为每秒

20000~1000000 个点。而龙门式或臂式机械结构的 CMM 无法实现快速移动。

然而,光学扫描仪的速度通常具有一定的灵活性。最简单的情况是探测器从特定的透视点开始扫描,直至观察到零件的多个侧面,意味着可通过移动零件或是移动(多个)探测器的方式实现。其他情况下,只能在非常有限的测量范围内优化探测器的性能,以简化对潜在的数百万数据点的处理。例如,在研究芯片引线的共面性时,期望所有引线都比较接近同一个平面。在该情况下,由于芯片引线区域以外的点并不是测量重点,因此无须测量大量数据。事实上,探测器可选择感兴趣区域,并非测量整个量程范围内的所有点。从该角度出发,与柔性量规如 CMM 相比,光学 3D 探测器更接近硬性量规。

光学测量工具已经用于工业生产领域,同时还有部分测量工具有待开发。采用激光测量工具对初级金属产品进行测量,使测量操作者的风险大大降低。轴承尺寸的测量准确度大幅提升,保证轴承的准确加工,节约生产成本。光学测量工具对于小尺寸特征、关键边缘或表面缺陷等测量取得初步成功,但测量结果不能由计算机直接提供,而是需要经过后续推算才能得到。目前,计算机运行速度加快,加上激烈的竞争,推动了光学方法应用于上述测量领域。事实证明,对于未做出转型的厂家,他们会面临失去业务甚至破产的风险。

因此,光学测量的应用领域是什么? 光学测量有多种方式。光学测量对象可能是激光、白光光源和快速响应探测器或相机。在每一种情况中,测量的是光发生反射或相互作用后的变化量。光学测量的变化量包括:

(1) 反射或透射的光通量变化;

(2) 光传播方向的变化;

(3) 光的特性如相位、相干性或偏振态的变化;

(4) 返回光的分布(如焦点)的变化。

光学测量原理为光学测量工具提供了广泛应用范围,可测量从液体到山川的各种测量对象。

根据用途对光学测量工具分类。某些应用需要测量大型部件,测量范围从毫米到米。待测目标是建筑物、桥、轮船、飞机或是任意一种大型现代机械,如风力涡轮机。用于大尺寸物体的光学测量工具包括:

(1) 基于干涉技术的单点测量激光跟踪仪。

(2) 基于摄影利用多视图绘制目标图像的跟踪仪。

(3) 利用光束的传播时间(相位)的激光雷达系统。

(4) 利用二维(2D)图像或焦距实现测量的机器视觉系统。

世界上大多数商品是制造品,如汽车零部件、飞机发动机、电器或机械器件,尺寸比上述大型部件小。上述制造品尺寸从几米到几毫米,测量范围是几十微米。用于中等尺寸物体的光学测量工具如下:

(1) 测量单点的激光量具。

(2) 提供轮廓线的激光线扫描系统。

(3) 几秒内采集大量数据的3D扫描仪。

(4) 显微级成像的专用机器视觉工具。

最后一个测量范围是比我们直接可感受到的尺寸更小,对微米级和纳米级的物体进行测量,该精度通常对于我们而言是不可见的,例如光学元件的面形以及只有在较大放大倍率下才能够观察的微结构如表面粗糙度以及生物样品。用于小尺寸物体的光学测量工具包括:

(1) 从经典光学测量到白光测绘仪的干涉仪。

(2) 基于光学相干性变化的光学显微镜。

(3) 基于现场的系统,它依赖于光波如何与边缘或面形结构发生作用。

在本书中,我们将聚焦不同尺寸物体的测量,探讨从大型部件的基本测量工具,到纳米测量领域的所有方法。在引言中,首先介绍测量术语。然后,将光学测量技术与其他测量技术进行比较,尤其是机械测量技术,并特别关注在通常情况下与每种测量模式相关的局限性和误差。对于目前广泛采用的机械工具测量行业的用户而言,该对比尤为有用。基于上述背景,读者将从如何评价光学测量方法开始,了解如何在一般情况下应用光学测量技术。

下面介绍目前测量大尺寸、中尺寸和亚微米尺寸物体的技术,目的是为读者提供光学测量技术的应用背景,以便有效评价该技术的应用效果。

作 者 简 介

　　凯文·哈丁（Kevin Harding）是纽约尼斯卡尤纳通用电气研究公司（GE Research）的首席科学家。他在科学技术研究和开发中心（R&D）担任光学测量工作的领导，为光学技术项目提供指导。在加入通用电气公司之前，他在工业技术研究所担任了 14 年的光电实验室主任，建立了光电业务，参与了 200 多个项目，开发出一批（六种）商业产品。

　　他在光学技术领域工作了 25 余年，并发起和主持了技术会议及讲习班，包括在机器视觉光学和照明方向讲授课程 15 年。因其在 3D 测量技术方面的专长而获得国际认可，他的工作也得到了许多组织的认可。他曾于 1989 年获得制造工程师学会（SME）杰出青年工程师奖、1990 年获得底特律工程学会（ESD）公共服务电子化领导奖、1994 年获得自动化成像协会领导奖和 1997 年获得 SME Eli Whitney 生产力奖。

　　哈丁发表技术论文 120 余篇，面向工业界和学术界讲授短期课程、辅导课程，以及光学测量视频课程 60 余门，为 6 本专著撰写了部分章节，获发明专利 55 余项。哈丁曾担任协会主席、社会委员会主席和会议主席 20 余年，与国际光学和光子学学会（SPIE）、美国激光研究所（LIA）、ESD、SME 和美国光学学会（OSA）长期合作，曾任 2008 年 SPIE 的主席，目前是 SPIE 的研究员。

目录

第 1 篇　光学测量技术

第2篇　大尺寸物体的光学测量

第3篇 中等尺寸物体的光学测量

第 5 篇　先进光学显微测量方法

第 1 篇　光学测量技术

第1章
光学测量技术概述

Kevin Harding

1.1 概述

现代生产工具为零件制造提供便利。多轴运动、多程操作、局部区域的精密控制,以及其他区域的快速扫描,均可提高生产速度、质量和灵活性。在多维新环境中,测量工具是关键工具,该测量工具必须能够根据任务需求,提供用于控制制造系统的信息。

在过去的制造业中,测量往往是制造过程的最后一步。基于二维(2D)视图和固定的原始特征集(如孔、平面或边缘)设计零件。每个特征加工完成后,都会选择性检测,例如用量具检验钻孔的直径是否合适,但是很少涉及制造过程中的测量。当零件制造完成后,可用千分尺或平板工具,如机械量具(图1.1)测量一组有限个数的关键参数。但是最终只对该零件进行功能性检测,即检测该零件在预设位置是否合适,如果不合适,能否通过微调(不再测量)使其合适。

图1.1 用于测量生产零件的传统机械量具

多年来,许多汽车零件都会被分类为大、中、小型零件。当发动机或类似零件装配好时,要求试用检验。对已钻好孔的工件,如选配的圆柱体尺寸过大,那就换小尺寸的圆柱体。上述装配过程非常常见,适应于许多手工操作和变化情况,例如,工具磨损会导致小型零件形变。

随着计算机数控(CNC)加工和机器人装配等过程中引入了更多的自动化过程,测量类型开始发生变化。利用CNC加工制造零件时,可重复性更高。为实现高重复性,许多数控机床上增加了接触式探头,该探头通过接触零件确定零件位置,以检测零件安装位置和切削工件的装配或工具磨损导致的工具偏移量。

接触式探头的工作原理是利用机床上的电子标尺确定刀具的偏移量(图1.2)。将探头像任意切削工具一样加载到机床的主轴或底座上,机器慢慢地移动探头至刚接触到零件表面,探头就像开关一样实现测量,一旦探头接触到零件表面,探头尖端产生轻微的偏移,探头将发送信号给机器使其停止。然后,通过观察机器内置电子标尺的数值确定接触探头的位置,从而实现机器的自动操作。

图1.2　机床上用于设置偏移量的接触式探头

接触式探头为CNC机床查验零件的特征位置,然后利用与理想位置的偏差校正或补偿路径,最后利用切削刀具进行必要的修正。该过程比较缓慢。对于高价值零件,如飞机引擎中的关键部件,微小的误差可能意味着零件无法使用,制造商将损失数千美元,采用接触式探头测量的数控机床,一般需花费10%~20%的加工时间来检查零件的特征和探头位置。

制造商利用电功率监控查验数控机床钻头是否真正切割到工件,甚至在加工过程中观察发动机功率发生变化时的特征信号。在激光材料加工等现代制造工艺中,由于工件和零件之间没有作用力,将无法利用力或振动作为反馈进行监测。若不涉及接触测量,则需要利用不同的反馈方式监测生产过程。

一旦获得正确的信息,现代制造业的灵活性为纠正零件在加工过程中出现的小偏差提供了许多便利,以确保每次都提供高质量的零件。在多数情况下,工具磨损与激光或电火花等现代加工工具无关。只有确保加工过程的正确性,才能加工高重复性的产品。

所幸的是,大量的测量点、线、面的工具比接触式探头或手动操作快成千上万倍,可以集成到新能源领域的制造系统中。本章后续内容将回顾已有测量工具,及其各自的优缺点。然后,将着眼于目前正在开发新功能的测量工具,为制造业的未来提供更多选择,从而更新制造方法和加工策略。

1.1.1 探测器技术论证

自动化制造工艺的出现对操作过程的控制提出了新要求。以往,利用人工操作员监控制造过程,确保高质量产品。这使得高质量产品一直高度依赖于技术娴熟的技工。如今,经过一段时间的自动化发展,往往会牺牲产品的质量,工业领域又开始重新强调产品的生产"质量"。在目前的市场竞争中,不仅要求产品更便宜,而且必须比以前质量更好。对高质量的追求迫使人们重新思考探测器在制造业中的作用以及探测器的使用效果[1-6]。手握卡钳的熟练工匠时代正在让位于无人看管的机器时代,机器必须完成以前由工匠完成的任务。

机器变得越来越智能,但与娴熟的技工相比,还相差较远。当一个人望向窗外,看到一棵树时,会识别出它是一棵树,不论是松树或苹果树,茂盛或死亡。他会利用各种感官和知识来识别这棵树。他可以利用立体感来估计树的大小,并将其与绘画区别开来;他可以听到树叶在微风中沙沙作响;他可以闻到苹果或花的芳香。关于此树数据的具体解释,其实是通过多年在树林里观察其他树木、闻花香或听灌木的声音经验得出。事实上,如何区分微风中的树叶、潺潺的流水和缓慢移动的装载着货物的火车等问题,对人类而言,似乎是显而易见的,但计算机没有上述经验基础。机器接收到的探测数据必须具有非常简洁的性质。数据的含义必须明确,而且需要清楚地知道机器必须对该信息做哪种类型的处理。

1.2 探测器技术

探测器是控制质量的有效工具,因此其使用方法必须正确。我们可能想要测量切削工件的磨损,但该参数真的是我们关注的测量量吗?或是我们关注零件表面粗糙度或面形的测量?通常选择千分尺测量直径,但在系统中,需要考虑环境和材料。如果千分尺折断或弯曲,那么得到的数据结果将不准确。上述误差对操作人员而言是显而易见的,但是对于又聋又哑又盲的机器而言,却并不明显。技术必须与任务相匹配。在多种测量方法中,可能只有一种方法是最好的,即便该方法的测量结果也不尽如人意。除了技术之外,探测器的选型还需要:

（1）考虑管理者接受度和成本核算等综合统筹策略。

（2）必须对维护设备的操作员进行培训。

（3）具有与机械设备、用户、设备等环境相连接的接口。

（4）探测器要有提供信息的多种方法。

若探测器检测到数据后,却没有合适的"容器"存储数据,那么该探测器就像漏水的水龙头,不仅增加了烦恼,更重要的是浪费了钱财。

探测和测量的目的是测量对制造工艺有用的参数,或是通过机器监控使机器一直处于峰值状态,或是通过验证每一阶段的产品质量,把不合格产品的数量降到最低。俗话说"好的检测系统都应该有淘汰机制"。在多数情况下,弃除残次品只是一个权宜之计。为了保证质量,希望改进制造过程,首先要确保不出现不合格零件。一旦不再制造出不合格零件,就无需对零件分类。

1.2.1 探测器技术的基本概念

利用探测器的第一步是理解术语。已经有大量文献非常详细地描述了相关术语,所以本书仅作简单介绍[1-2,7]。

1. 重复性

在自动化生产过程中,最关注的是重复性问题。探测器达到高精度,输出数据精确到小数点后几位,但如果相同的物理量每次都会产生不同的数值,则该输出结果不能用于控制过程或确保质量。重复性实际上是衡量在长时间内测量结果的可靠性。一个数值的重复并不能保证在技术层面上是正确的,但是说明至少该数值是一致的。

示例 1 光电接近开关:典型的光电接近开关具有 0.001 英寸(0.254mm)的重复性。这意味着如果特定的零件重复同一方式不断靠近探测器,那么探测器将产生特定的信号,通常是开关闭合。每次都在零件的同一位置关闭。但是,如果将这个特定零件从不同的方向靠近探测器,探测器开关可能在完全不同的位置处关闭。探测器响应是可重复的,但不一定能够判断零件是否在正确的位置。

示例 2 电子标尺:在许多线性距离测量的系统中都利用电子标尺。该标尺的可重复性是 1 微英寸(1 微英寸 = 0.0254μm),但准确度为 50~80 微英寸(1.270~2.032μm)。在标尺特定位置,探测器会产生一致的读数,但是,在常规标准下,该点和标尺上其他点之间的关系只有达到 0.00008 英寸(2.032μm)才是正确的。上述情况下,仅凭重复性还不足以提供所需要的全部信息。

2. 分辨力

通常与测量有关的参数是分辨力。就测量而言,分辨力指的是系统区分两个相邻间隔测量点的能力。简单而言,分辨力是可靠测量的最小变化量。通常噪声会干扰可靠性。如果与测量的微小变化相关联的信号被噪声所掩盖,那么会导致产生测不出信号的情况,而在某些情况下,在测量过程中需通过测量的微小变化来测量噪声信号,因此,该测量是不可重复的。

示例 1 光电接近开关:光电接近开关探测器的分辨力是 0.01 英寸(1 英寸 = 25.4mm),但是仍具有 0.001 英寸(0.254mm)的可重复性。对于接近开关探测器而言,分辨力恰能代表探测器实现开关操作时零件位置的最小变化量。这并不意味着探测器能实际测量该变化量,就像人眼无法测量天空中的星星一样,但是探测器会探测到它。

示例 2 电子标尺:电子标尺的分辨力通常由读取刻度的计数机制决定。计数的分辨力近似于 20×10^{-6} 英寸 (20 微英寸,0.508μm),但需要四次计数获得一个可靠的读数。因此,分辨力必然比探测器获得的实际测量值高。

3. 准确度

准确度是一个更难解决的问题。在计量学领域,测量准确度要求其测量值可溯源到基础标准,为行业所接受并符合物理规律。该准确度确保了两个不同的探测器以"确定"的相互关联方式提供测量结果。当供应商在尺寸和公差范围内制造零件时,原始制造商(OEM)希望测量该零件,并得到相同的结果,否则该零件可能无法与其他供应商的零件配合。

示例 电子标尺:标尺精度约 0.00008 英寸(2μm)。如果用相同准确度的两个标尺对同一个位移进行测量,两个标尺应该能得到相同的读数。事实上,如果对标尺所能测量的任一位移读数进行比较,那么将该测量结果与其他人任何相同或更高精度的探测器(如激光干涉仪)的测量结果进行比较,应该得到相同的读数。准确度提供了对比不同探测器和不同公司数据的唯一通用基础。相比之下,光电接近开关是不准确的,只是保证了测量数据的可重复性。

制定行业标准的原因是为了得到通用的测量结果。当木工定制餐厅的橱柜时,不需要知道橱柜门的大小就可以使橱柜门刚好合适。木工用同样的方法测量门扇和门框,或只是测量一块木头,其测量结果与其他人的结果不匹配也不重要。他需要的是分辨力,而不是准确性。他实际上是在检测零件使其合适,而不是达到测量公差。当类似的情况发生在汽车门的供应商和汽车制造商之间时,例如,车门做成一种尺寸,门框做成另一种尺寸,这就需要工人花大量的时间和费用使两种尺寸匹配。在本例中没有采用通用的测量标准,因此测量结果无法准确匹配。

显然,如果测量结果是不可重复的或不可分辨的,那么就不能证明它是准确的。通常的经验法则是使用十倍法则,也称木尺规则。也就是说,如果需要知道某个尺寸的确定值,需要利用高 10 倍的分辨力去测量它,以确保准确。之所以把该方法称为"木尺规则",是因为数字 10 与木尺上的刻度和手指个数有关,但不具有统计意义。

更具有统计意义的测量规则是 40% 规则,即奈奎斯特(Nyquist)采样,必须采样到数据的 40% 以内,才能确定哪种方法接近最终的测量结果。在任何情况下,40% 规则包含了十倍法则,但降低了"偏离规范要求"。当十倍法则在每个零件上开始累积时,很容易造成测量精度超过制造精度的 100 倍,因此会导致信息浪费。

下面举例说明十倍法则是如何累积的,假设将零件的尺寸精度校正到 0.01 英寸,则需要 0.001 英寸的公差保证 0.01 英寸的精度。为确保能达到 0.001 英寸的精度,零件测量精度要达到 0.0001 英寸。为了保证 0.0001 英寸的精度,探测器的分辨力要达到 0.00001 英寸或 10 微英寸,以确保测量零件尺寸精度达到 0.01 英寸,这之间相差 1000 倍。必须牢记的是,需要根据实际的测量公差,而不是经验法则来确定所需的探测器。

当用比表面平整度更精细的精度定义面形尺寸时就会产生问题。既然想要测量结果可重复,那么必须确定是否测量了表面的最大"峰"值,或最小"谷"值,或者应该测量的是"哪个"峰或谷。正是由于该原因,才应该指定待测量通用数据的相对位置(如距离前沿 1 英寸处),从而使公差有意义。

4. 动态范围

动态范围(dynamic range)与测量范围(range of measurements)相关,由探测器决定。通常也会有靶距(standoff)和工作范围(working range)的概念。靶距是指从探测器到零件的物理尺寸,它不是动态范围的一部分;而工作范围是指测量的最大和最小值。探测器的工作范围与可测量最小变化量分辨力的比值就给出了动态范围的指示值。如果动态范围是 1~4000,这意味着探测器可识别 4000 个可分辨数据。如果采用 8 位读出,只描述 256 个数字,使用 4000 个数据的意义不大,除非一次测量只利用整个量程的一部分。

(1)光电式接近开关:典型的光电式接近开关探测器的工作范围是 3 英寸。这意味着探测器将探测到距离约 3 英寸或更近距离的零件。然而,一旦设置到某个特定的检测级别,即使零件在该范围内,距离探测器也不显示任何信息。光电式接近探测器本质上是开关器件,无动态测量范围,只有静态的靶距范围。

(2)电子标尺:标尺通常会在整个测距过程中产生一个数值。如果我们的测量分辨力是 0.00004 英寸,工作距离为 4 英寸,标尺将会显示一个 1~100000 的动态范围。因为利用电子标尺时,我们关心的是准确性,和测量结果的动态范围有很大的关系。因此,如果测量准确度为 0.00008 英寸,测量范围是 4 英寸,其动态范围是 1~50000(约 16 位数据)。要在一定测量范围内获得好的测量结果,那么探测器的动态范围通常特别重要。对于许多现代探测器而言,动态范围实际受限于所采用的数据位数,所以不论选择何种测量范围,16 位的探测器只能给出 64000 个测量结果。为了测量超出测量范围的数据,通常会将多个探测器(如标尺探测器)串联在一起以获得更大的动态范围。

5. 测量速度与带宽

测量速度也出现了类似于动态范围的问题。当谈论到测量速度或者测量频率时，指的是获得可信测量结果的速度。探测器的带宽与获得数据的速度没有必然联系，而与电气或其他检测器的工作频率有关。

例如，含有 2000 个元素的探测器阵列带宽为 5MHz，为达到测量要求，需要在 200ns 内相继读出 2000 个元素，获得读数之前，探测器可能需要一定的积分时间感知能量或压力。当带宽为 5MHz 时，每 1ms 或 2ms 探测器就必须读出测量结果。通常，带宽会限制信噪比。对于光学探测器而言，探测器在特定带宽范围内响应，其响应随着带宽的平方根而变化。如果提高数据输出的速度，就要关注数据的输出速率而不是带宽。当出现错误的读数时，说明测量速度超过指定速度。许多控制器的响应时间只有几微秒或几秒，所以如果所采用的探测器在灾难发生前一微秒预警就变成了"事后诸葛亮"。

1.3 过程控制探测器

现代生产线上生产和传送零件的速度达到历史上最快，对诸如表面缺陷等 6σ 质量标准难于实行严格的实时控制。对于初级金属业、汽车制造业、纺织业，甚至是塑料挤压机而言，仅仅完成正确的尺寸测量以及功能验证是不够的。制造商找到有质量问题的面形（如麻点、划痕或整体面形缺陷），意味着无法使用全套生产线；对于公司而言，需要花费数百万美元，而且影响底层生产线；对于要求更严格的工业而言，超过 80% 的用户不接受表面缺陷的零件，而该缺陷不会影响零件的功能，通常是微米量级的缺陷。就目前的生产速度以及严格的尺寸容差而言，人工检查者无法满足生产的要求。研究表明，从事 2h 的检查工作，人工检查者开始分心。由于重复工作，使得人工检查者自动"填补"高度缺陷的零件，即使该零件根本不存在缺陷。当检查 1000 个中间有小孔的零件后，不论该零件是否有孔，人工检查员会判定其中心有孔。

计算机和网络提供了能够快速处理大量信息的工具，在相同条件下，计算机对第 1001 个零件和第 1000001 个零件的检测结果是一致的，能够检测到未钻孔的零件。此外，鉴于统计控制过程的固有特性，通过网络将测量的空间尺寸快速转化为统计过程控制软件所需的数字信号。因此，基于计算机的检查和测量不仅为多样化的制造要求提供编程的灵活性，也为检测高速可重复性操作提供快速数据采集能力和跟踪能力。

简单的探测器诸如接触式探头多年来一直应用于传统的金属切削机器。在多数情况下，需要获得少量的现场数据，可选择接触式探头。然而接触式探头自身并不能提供测量结果,它只有一个显示"已经接触到"的开关。测量数据实际来自于机器轴,如来自于传统的铣床轴线。随着能源制造领域的出现,机器通常不具有传统的工具支架,其轴系与接触式探头的轴系不同。因此,尽管接触式探头是一种有效的工具,但是对于一些追求灵活、快速和柔性制造的需求非接触式光学测量探头更加适合。

用于长靶距的非接触式光学探测器,包括机器视觉、激光探头和 3D 定位的光学系统[3,4,8]。这里,将快速回顾上述光学测量系统的测量,然后与接触式测量系统在应用中挑战和误差方面进行比较。

1.3.1 机器视觉探测器概述

20 世纪以来,接触式探头和量具已经广泛用于制造业。坐标测量系统(CMM)已经从实验室系统转变为车间自动化系统。但是,即使经过上述改进,仅利用 CMM 依然不能保证 100%检查。除了专业零件的量具外,多数固定量具已经实现计算机化,而且计算机以指定速度输出测量结果。为将零件加载到上述量具上,机器人系统以高重复性实现零件的装卸,同时彻底实现制造业电子化的改革。但是,该选择意味着每一个零件都配有一套专业量具,因此需要空间存放量具,并且每年成本达数亿美元。

由于固定电子仪表的成本高达数十亿美元,从经济角度出发,对于柔性制造系统主要工具的小批量生产而言,无法负担巨额成本。随着计算机技术的发展,新零件的高速运行和严格的公差要求接近传统探测器的极限。机器视觉检测的灵活性体现在检测完一个零件上的几百个点后,再检测下一零件一组不同的点,所有工作在几秒内即可完成,这是以前传统的固定量具所不能实现的。

将机器视觉应用于制造过程中的生产控制和测量并不是昙花一现[9]。早期的机器视觉用于不到 10 万美元的条码扫描器中,作为分类工具和零件 ID 的辅助工具。快速发展的计算机和半导体工业需要高速、低成本、灵活的需求,已成为提高机器视觉系统测量速度的催化剂。早期的机器视觉系统利用的是简单的处理芯片,后来发展为专用集成电路(IC)、门阵列、数字信号处理芯片(DSP),现在已发展为集成的因特网器件。电子产品和半导体器件是目前机器视觉最大的应用领域,所投入的费用为数十万美元,占世界机器视觉市场销售额的 50%(图 1.3)。新的处理器、特殊照明和相机,以及先进的算法极大地提高了机器视觉的性能[10]。更严格的质量控制竞争推动视觉技术进入最保守的金属切削和金属成形领域,用于柔性制造业时,将实现与快速、新的制造技术的自然融合。机器视觉将在第 2 章进行详细讨论。

图1.3 机器视觉广泛用于电子工业的零件检测,以实现自动化处理和装配
（验证完所有引线在芯片的位置正确后,机器人将在PC板上自动定位该芯片）

1.4　3D 探测器概述

正如将一幅二维(2D)图像轻松地扫描到计算机内存中一样,商用三维(3D)探测器也同样可类似处理3D零件。许多工具可用于3D形状物的数字化。有些应用需要在非常小的区域获取高密度数据以重建复杂形状。例如,25美分或10美分。对于其他应用而言,零件的尺寸可能很大,但从一个区域到另一个区域的变化却很小(图1.4)。测量系统可工作在图中所示测量范围的两端和中间多点之间。为特定的任务选择最佳工具,对设计师而言是一种挑战。从机器人导航到表面结构分析的一系列应用中已经用到了多种3D系统[11-12]。在不久的将来,没有任何一个单一的测量系统能够解决所有的3D轮廓问题。

(a)　　　　　　　　　　　(b)

图1.4　需要非常高的3D数据密度测量小特征
(a)1美分硬币背面,需要高分辨力测量更大的零件;(b)汽车面板,不需要较高的区域分辨力。

例如,机器人焊接区域绘制系统,需在几平方米的范围内分辨力达到几毫米,而表面激光处理系统需在几毫米范围内达到亚微米级。所有应用对于数据密度的需求都不相同。如果关注的是裂缝部位的特征点,那么探测器需要采集裂缝区域的点。在许多机器人制造应用的情况下,如果关注的是距零件的距离以及零件上的一个或两个边缘的位置。那么,只需采集一行或一个由十几个点组成的数组。

早期3D信息的应用之一是通用汽车公司开发的Consight系统[13]。该系统的目的不是测量零件的3D形状,而是利用3D图中已知的差异对零件进行分类。在该应用中,零件是灰色传送带上灰色的金属铸件。仅用2D图像很难区分该零件。2D轮廓差异不大,由于都是灰色,从2D视图中得到的金属铸件对比度太低,难以区分。在该情况下就需要较小的数据密度。利用从特定角度投射出的一条白线指示零件形状变化的横截面轮廓。该信息足以完成零件的分类工作。

在某些情况下,获取低数据密度的探测器可建立面形数据。通过探测器的扫描,测量单点或一行点建立完整的三维形状。对于像机翼表面或塑料模型等复杂形状,利用单点扫描的方式重建该形状可能是一个漫长的过程,如果需要通过实时数据控制成型过程,则需要多个采集全视场数据的探测器。但这并不意味着任何时候都必须利用全部数据点。一帧视频含有25万个数据点。如果在图像中,每个数据点都有深度信息,那么在生产过程中,数据量比实际所需的大得多。

由于3D探测器技术的广泛应用,出现了多种多样的3D系统。上述探测器可分为以下几个基本类型:

(1) 点扫描探测器,通常只在连续模式下,测量特定的兴趣点。

(2) 线探测器,提供感兴趣区域轮廓横截面内沿一条直线的点。

(3) 全视场探测器,提供场景中所有点的 x、y、z 映射,对感兴趣信息进行分析。

采用适合应用需求的技术开发不同类型的探测器。在某些情况下,该技术能够实现多种操作模式(在表面上测量一个点,或测量整个表面),但通常会扩展到与其他技术交叉的领域。在工业应用中,没有任何一个探测器能够单独完成所有的工作。因此,需找到适合特定应用场合的探测器类型。

1.4.1 3D技术的讨论

在讨论特定探测器的性能之前,需要讨论基本技术。确定目标距离的方法较多。简单的方法是在给定距离上把光束聚焦在物体上[13-27]。当物体表面移动到更近或更远时,物体表面的光斑就会扩大,因为该光斑的大小与表面高度的变化成正比。上述方法并未应用于工业生产,所以在此不做进一步讨论。其他的方法如扫描和全视场方法,已经产生商业化测量仪器,并且有可能用于过程控制,具有精细的测量功能。

1.4.2　点三角测量法

三角测量法是商业中用到最多的方法,以特定角度将一束光投射到物体表面,在另一个角度观察该点或线的图像(图1.5)。随着目标距离的变化,光斑将沿物体表面移动,表达式如下:

点位置变化量=距离变化量/(tan(入射角度)+tan(观察角度))

大部分单点测量商用测量器件均基于该三角测量原理。为了将离散点测量作为过程控制工具,此探测器可指向感兴趣位置,在大多数情况下,在离零件较远距离处以每秒数千个点的速率发送数据。为获得轮廓图,上述系统通常扫描整个零件[27-29]。利用机械方法实现探测器扫描和扫描镜扫描。基于扫描镜的系统以接近摄像机采集数据的速度获取全视场数据;基于点三角测量的探测器实现几微米到几十微米的分辨力。

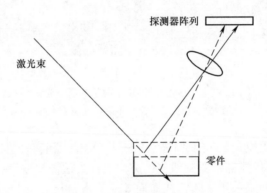

图1.5　利用点光源确定距离的三角测量系统

大多数现代基于三角测量原理的器件选择激光光源。当激光束入射到不透明、粗糙的表面时,表面的微结构类似于一系列指向多个方向的微反射镜组。上述微型反射镜的反射光沿某一特定方向,也可以沿零件表面传输。由于微反射镜指向的随机性或方向性,故在零件表面的光斑不是直接入射到表面的入射光束。影响粗糙表面激光束反射效果的因素包括[28]:

(1)由表面脊线引起的定向反射;

(2)由高光产生反射光倾斜分布;

(3)由微表面结构引起的激光光斑扩展。

图1.6所示的表面噪声信号是激光反射或“散斑”所造成的结果。提取该信号的质心会导致测量结果产生误差。类似于塑料或电子电路板等半透明表面可能会出现误差。对于半透明的表面,激光将通过介质发生散射,并产生虚假回波信

号。对于激光探测器,测量光滑、非镜面且不透明的表面时会产生最佳测量结果。类似于接触式探头测量柔软或易碎的零件(如金属箔零件的垫片)时会存在问题一样,必须调整激光探头,以适应不易进行光学测量的部件。利用激光测量零件的方法较多,通常通过将观察零件表面的视角限制到激光光束可探测的区域,并结合智能数据处理方法。由于激光探头只能测量零件上的某一特定点,因此限制视角的方法完全合理。

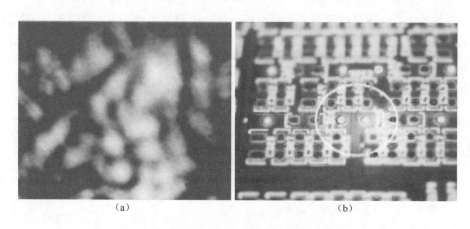

(a)   (b)

图 1.6   激光无法提供用于测量的清晰光斑(a);
在散射面或半透明表面不能确定光斑位置(b)

图 1.7 为有限视角的同步扫描系统[29]。激光光束和成像点扫描整个视场。通过同步扫描法,探测器只跟随激光的方向。该方法需要主动扫描,能够灵活地选择探测视场角。如果采用了阵列或横向效应光电二极管,同步扫描的方法则不能完全限制视角。

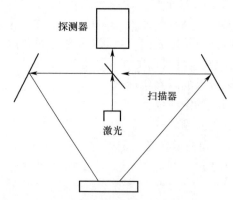

图 1.7   有限视角的同步扫描系统

1.4.3 线三角测量法

如图 1.8 所示,线三角测量法与点三角测量法相比,通过成像或扫描将一束光线投射到物体表面,当该光线移动通过物体表面轮廓时,会发生变形[18-23]。其效果为该零件提供轮廓图像(图 1.9)。在只需要进行轮廓测量的应用中,线三角测量法能够实现快速测量。如果需要测量整个轮廓,那么就利用线扫描,沿每一条轮廓线采集视频。

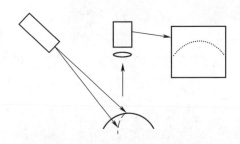

图 1.8 基于线三角法测量表面轮廓

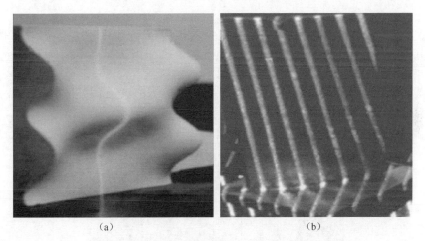

（a）   （b）

图 1.9 利用零件上的一条或多条光线获得零件横截面形状

1.4.4 面积三角测量法和莫尔测量法

随着工业流行趋势的发展,线三角测量法已经扩展为多线或者十字线模式,同时处理更多区域。上述模式可采用点编码模式、弯曲网格线或简单光栅形式[19-20]。

目前许多系统都采用白光光源而不是激光光源,是为了减少与激光光源相关的噪声。通常利用相移技术分析结构光模式,使系统在图像的每一个像素(图像元素)中产生X、Y、Z测量点(图1.10)。关于相移技术的更多内容,将在第7章讨论。

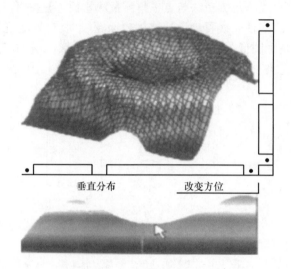

图1.10 利用结构光模式实现对图像各像素中X、Y、Z值的测量与处理

利用简单光栅结构照明的一个特例是莫尔测量[11,30-31]。在莫尔测量中,不是直接分析光栅线,而是分析主光栅与第二块光栅或次主光栅图形在零件上重叠而产生的莫尔条纹。拍频图形或莫尔条纹产生等高线,类似于地形测绘的方式(图1.11)。拍频效应具有很多优势,由于不需要直接检测光栅线的变化,可在单幅视频图像中获得每个点上的数据。上述优势在平面度检测等特殊应用中发挥作用,因其深度分辨力比$X-Y$平面上的分辨力要高很多。

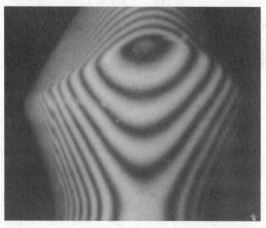

图1.11 莫尔条纹勾勒出一个塑料肥皂瓶子的形状

莫尔测量系统的光学系统比简单的结构光学系统复杂(图 1.12)。因此,只有在深度方向需要高分辨力的特定应用,例如图 1.13 所示测量钢板平面度时,才利用该技术。莫尔条纹的缺点是难以区分峰和谷,分界面模糊,以及数据量大。在当前商业系统和计算机技术的情况下,大多数关于莫尔条纹和结构光的问题已得到解决。分析上述模式的方法也已完善[32-42]。事实上,已有许多商业结构利用与光学工业中干涉测量法相同的分析方法直接分析投影网格。干涉测量法提供了纳米级分辨力,通常超出了大多数制造领域的应用需求,因此本书不做进一步探讨。

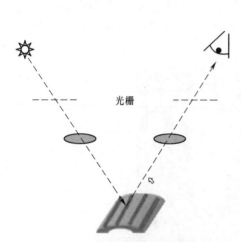

图 1.12　莫尔测量系统中两个
用于产生拍频图形的光栅

图 1.13　用于在线钢板平面度
监测的莫尔测量系统

1.4.5　激光探头的应用现状

古埃及时期,出现基于三角测量的距离探测器。现代探测器的分辨力接近几微米。最常见的工业应用是在半固定式探测中,即在固定装置中测量一组或几组固定点。整个车身、发动机或其他机械部件均通过该方式测量。针对反向工程测量学,扫描式三角测量探测器的灵活性更具有优势。

在过去的几年中,激光探头的分辨力提高了近 10 倍。在以能源为基础的制造系统中,由于机械接触测量系统不能进行反馈控制而无法使用,因此,激光探头具有明显优势。扫描式和固定式的三角测量系统已用于诸如飞机、机翼形状和轧制金属的平面度等大型结构的测量中。大区域测量系统主要利用一条或多条光线获得横截面的轮廓。在多数情况下,线探测器与机械工具轴相连,以扩展探测器的工作范围。系统的分辨力一般均小于 1mm,通常是 2.5μm 左右。

基于三角法的测量系统已出现很长一段时间,而且测量轮廓线具有良好的有序性,该项技术在焊接等能源领域制造业已取得很好的进展。许多系统都有计算机辅助设计(CAD)接口功能,并且能生成计算机辅助制造(CAM)类型的数据。大多数第三方软件可将大量的"云"数据简化为 CAD 类型的信息,以便直接与该零件的计算机数据进行比较。类似的比较大多数都是通过专用软件实现的,但是随着计算机性能的提升,该类软件的用户交互性也在增强。

扫描三角测量探测器已用于小型零件的制造,如激光加工制造的精密零件[43-44]。小型探测器可同时实现微米范围的分辨力,以及超过几毫米距离的动态范围内的测量,数据速率接近兆赫。专门用于小零件全视场坐标的测量系统已经商业化,并在电子工业中得到广泛应用(图 1.14)。在制造业中,探测器测量尺寸信息,并实现数据传输。

图 1.14　利用小型 X-Y 坐标范围的点扫描系统为电路板等零件
实现非接触式坐标测量系统(CMM)

基于网格投影或与莫尔条纹相关的全视场结构光技术也已实现商业化。此类型探测器主要用于测量连续弯曲的非运动零件,如涡轮机翼片、钣金、黏土模型和类似形状的零件,如图 1.15 所示。

机床上特殊的小型探测器也利用全视场结构光技术。该技术主要用于需要密集数据的应用中,但也可用于增加数据量,以实现从轧制钢板(平面度)到汽车车身的 3D 对比测量。单次测量覆盖 $2m^2$ 区域可保证以几微米的分辨力对大型结构实现高速相对测量。商业的全视场结构光系统的典型分辨力在亚毫米到几微米(达到 0.0001 英寸),以几秒或更短时间采集 1~5 帧视频。由于涉及较大数据量(在几秒内高达 25 万个数据点),全视场结构光技术的发展得益于计算机运算能力的提升。该系统的接口提供直接的 CAD 数据输入。与选择零件区域相比,基于区域的结构光系统,针对复杂形状所需大量数据而言,其测量速度更高。

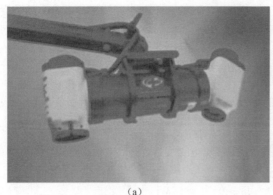

(a)   (b)

图 1.15   结构光技术可用于绘制连续形状(如压缩机叶片)

1.5   误差分析

与接触式探测器相比,非接触式探测器更适合于能源领域制造业。接触探头可用于传统机床的工艺控制。在制造系统中,工具夹持器和机械尺寸都不适于利用接触式探测。然而,为了更好地理解在任一控制过程中可能出现的误差,对接触式和非接触式探头分别进行分析。

接触式探测和光学探测都有与操作相关的误差。误差往往由探测器固有特性导致。每个探测器技术都有擅长的测量对象,而测量其他对象时会出现问题。利用接触式探头测量任意一个曲率较大表面的特性时,无论是孔的直径还是边缘,都需要更多的测量点补偿接触式测量结果。利用光学探头测量时,最大的误差往往来源于零件边缘,或是由于探头无法探测到边缘,或是测量点大于边缘的情况。了解探头用于过程控制探测时的基本误差,是正确应用光学测量技术并获得有用数据以控制过程的重要步骤。

1.5.1   接触式探头误差

利用接触式探头测量时,接触式操作会产生与探测器相关的潜在误差类型。在机床上利用接触式探头的误差与接触方向有关[45-47]。误差分为两类:分别为因不确定接触方向而导致的误差以及凸起误差。首先,介绍第一类误差,接触探头末端是有限大小的球,机床轴提供的测量结果必然要将球半径的偏移量叠加到测量结果中,以补偿探头上球接触方向的测量结果。当然,准确地知道接触角度比较困难。对于一个球体而言,可在360°的任何一个方向接触。因此,测量时在第一个接触点设置其他点,尝试建立接触物体的局部平面。利用该平面的方向确定被测量值的偏移方向。

减少接触误差的方法较多,包括确定接触方向的最少接触点个数,以及设计小型接触探头,以减少精密机器中的可能误差。图 1.16 为因不确定接触球的接触方向而产生的接触方向误差。对于接触式探头而言,测量角和小孔等特征时仍存在问题。通常,通过相交的平面确定直角位置(图 1.17)。

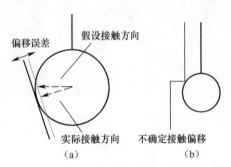

图 1.16　因不确定接触球的接触方向而导致的接触方向误差

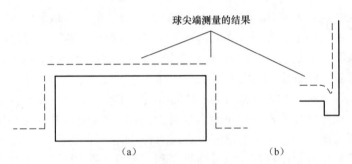

图 1.17　实际形状与接触式探头所探测到形状的对比
(由于接触方向(a)或与特征不符合(b),该探头的球尖端不能探测到直角)

与接触方向相关的第二类误差是许多接触探头中出现的凸起误差(图 1.18)。凸起误差是探头设计和使用过程中产生的结果。探头在某些方向上的响应速度比其他方向快。其结果是产生一个与接触探头方向一致的系统误差。校准测试必须对视场范围内和测量速度内的所有响应进行校准。接触式探头通常利用已知大小的球进行测试。通过确定球心,可修正凸起和球接触角度所产生的误差。

应用于机床上的大多数点接触探头都是通过机器上的标尺进行实际测量。接触式探头本身并不能提供任何测量信息,只是作为一个开关指示何时开始测量。模拟式接触探头直接实现小范围测量。如果测量结果一部分来自于机床的运动,另一部分来自于探测器的运动,那么一个测量源相对于另一个测量源的校准和对整体测量性能的校准非常重要。在上述两种情况下,机器标尺在测量零件过程中起到非常重要的作用。机器轴本身通常用于加工处理,因此,机器轴测量是自洽的,不论其测量结果是对还是错。

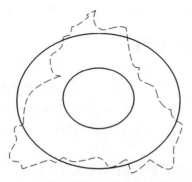

图 1.18　因探头电子器件的方向响应引起的凸起误差
（通过探测多个方向如球或洞，或增加校正因子消除误差）

1.5.2　设备轴线误差

与机器轴相关的误差包括读数误差，如 X、Y、Z 轴的线性误差以及三个轴的垂直度。上述误差的具体性质由机床工具操作所决定。缩放误差往往是线性的，通常由于轴的方向与假设的方向不一致，两者之间有一个小夹角。轴线与假设方向的小角度会产生余弦误差效应（图 1.19）。

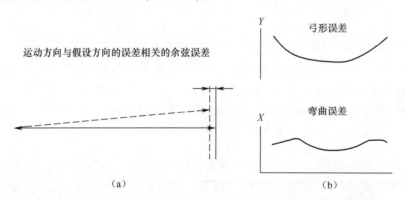

图 1.19　因轴对齐误差导致的余弦误差会使测量值比实际运动值大

笛卡儿坐标系下的机床运动轴垂直度也会产生余弦误差。然而，运动轴对齐更像是设计参数，并不是用户自行对齐即可解决问题。也就是说，由于安装切割头或工具架的机械臂受重力作用，实际轴线可能发生轻微的弯曲或扭曲。此外，最初用于直接构建机器的方法可能并不完美。由于是综合作用的结果，机床上的接触式探头位置通常采用球棒标定。该球棒末端的球要确保将接触式探头的误差考虑在内，而标定棒的长度和角度位置用于确定机器标尺的精度和机器运动轴的垂直度。

1.5.3 非接触式探头误差

在非接触式测量系统中,产生误差的原因不同,需要根据不同类型的测试进行分析。与测量机器上的接触式探头不同,非接触测量并不关注变化量或误差,而是关注如何产生变化量。光学测量系统具有多样性。3D 光学系统的多样性可分为三个基本领域[48]:

(1) 从中心位置沿视轴距离的径向扫描测量系统,如激光雷达或锥光测量系统。该测量系统中的误差与扫描角度误差相关[49],通常采用 R theta(径向坐标)作为基本坐标(图 1.20(a))。扫描的特殊情况是扫描中心位于无限远处时。在该情况下,扫描是远心或平行的。如果扫描是平行的,那么就不会产生角度效应,但是线性转换可能会带来微小误差。

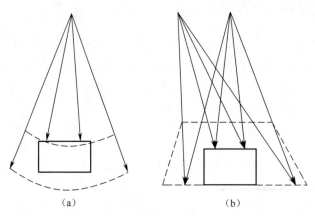

图 1.20 不同的 3D 光学扫描方法形成的坐标系统,可以产生(a)径向或(b)梯形扫描测量模式
(a)径向扫描;(b)梯形扫描。

(2) 三角测量系统,如点状激光探头和结构光探头,从两个视角获取信息。两个视角都是被动探测视角,类似于立体视角,以投影点或某种模式产生主动探测视角。三角测量系统的坐标系统通常是笛卡儿坐标系,但实际上梯形模式(图 1.20(b))最好。与三角测量系统相关的误差往往会产生弯曲或马鞍形区域。弯曲区域的误差包括放大效应以及三角测量角度的变化。放大效应和角度都随着位置和距离的变化而改变[50-51]。实际校准时,必须考虑两个或多个光学系统的相互作用。

(3) 干涉系统,如经典的干涉仪或相移结构光系统,是基于测量相对于参考面(实际或虚拟)的光程差。在该情况下,校准与用于测量光程差的真实波长有关。莫尔测量是基于有效光周期(即莫尔条纹的周期宽度,通常比光波长长得多)的干涉分析方法。而莫尔测量也是三角测量方法,因此会受到放大率变化和视角限制。

显然,采用非接触式 3D 系统测量时,必须解决的最基本问题是采用哪个坐标系统。机器工具通常建立三个坐标轴,而三个坐标轴相互垂直。光学 3D 系统测量区域可能是弯曲的,也可能是梯形或球形。坐标系中大部分变化都符合探测器的校准规程。球面坐标系有可能是正确的,但通常情况下,零件采用笛卡儿坐标系来描述。

为了利用光学方法,需把光学探测器的固有系统坐标系转换为与机械加工等效的笛卡儿坐标系。而坐标转换会产生误差和近似值。对梯形或球形区域的测量,有可能在测量值精度最差区域中获得测量结果,因此精度会降低。精度最差区域通常是距离探测器最远或最偏离中心的区域。如果最初采用的是球坐标系测量,那么利用光学测量工具进行测量比较简单。对于某些制造系统而言,可采用球坐标系。两种坐标系各有优劣,关键在于根据应用场合选择合适的坐标系。

光学测量系统应用于机器操作时,另一个主要问题是如何测量边缘。我们已经介绍了当接触式探头测量边缘时可能产生误差,并由于表面的探测角度可能产生偏移量引起的测量不确定度。基于确定激光光斑中心的光学探头通常与接触式探头相反。当激光光斑探测边缘时(图 1.21 和图 1.22),探测器探测不到部分光斑。如果整个光斑都可见,那么该光斑的中心并不在同一位置,测量结果显示边缘产生实际并不存在的凸起。

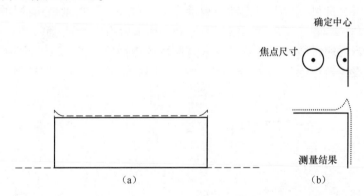

图 1.21　因部分激光光斑在边缘消失,导致许多激光探头的边缘误差引起边角虚假凸起

通常,三角测量探测器的激光光斑不到 $50\mu m$,甚至可能只有几微米。即使如此,有限的光斑尺寸也会产生偏移误差,当光斑经过边缘时,误差会增加。实际质心计算可能依赖于光斑的强度、表面的粗糙度、光斑形状,以及中心估计算法。对于大多光学系统(除了干涉或激光雷达),是否真正有边缘或只是明暗区域的转换产生的虚假边缘。

显然,即使不考虑误差的影响,基于区域平均的光学 3D 系统测量边缘时,如何判断是否到达边缘也存在诸多问题。例如在单个像素内计算边缘的干涉测量法或基于相位步进系统方法,通常比利用多个像素计算边缘的基于光斑或扫描线的系统更接近边缘。偏移误差和系统探测边缘的差异通常反映测量系统的准确度。能更接近物理边缘进行测量的探测器比只能接近边缘 1mm 的探测器测量准确度高。事实上,接触式探头测量边缘时,需要在分析中进行补偿,光学探头亦是如此。对于光学和接触式探头两种测量方法而言,相应的边缘偏移量的校正方法不同,但是均可计算偏移量。

例如,如图 1.21 所示,激光光斑是圆形光斑,可通过确定光斑的质心进行测量。因此光斑的质心误差以二次函数形式变化:

$$\mathrm{delta}(Z) = Z + \frac{P \times X^2}{R^2}$$

式中:P 为 $Z(X)$ 的三角因子;R 为光斑半径;X 为边缘的偏移。

当激光光斑探测边缘的底部时,某些光斑会突出显示侧边。根据侧边的斜度,会在底部产生圆角,满足

$$\mathrm{delta}(Z) = Z - \frac{P \times R^2}{X^2}$$

与从边缘顶部探测的情况相反(图 1.21)。基本的数学公式与实验数据非常吻合,如图 1.22 所示。一旦激光光斑中心从侧边移动 1/2 光斑直径,那么该光斑就完全在底部,即可直接得到正确的测量结果。对基于三角测量法的探测器校正时,假设三角测量的光线未被遮挡。边缘遮挡比虚假边缘的问题更严重,因为遮挡后没有可校正的数据。为此,基于三角测量法的探测器从两个或多个垂直方向测量,以避免发生遮挡。

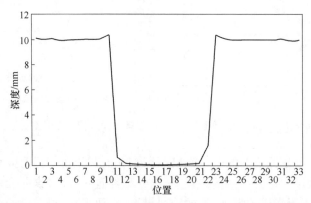

图 1.22　点状激光探测器测量边缘的性能曲线图显示了顶部的向上翻转和底部的圆角

本次讨论的目的是证明光学探头在边缘处所产生的误差是可理解和可预测

的,并且类似于接触式探头的球半径一样可以校正。另一个复杂的问题是如果边缘产生光闪烁,那么基于质心的标准三角测量系统会产生复合误差。某些制造商通过检测灰度量级变化,以识别闪烁条件,要么弃除数据,要么校正光斑。

在类似情况下,如果台阶样品的一侧不陡峭,那么位于样品侧边上的探测器可探测到光线,如图 1.23(a)所示,产生非常细长的光斑,导致误差增加如图 1.23(b)所示,凹槽上可能出现两个光斑,难以确定质心。

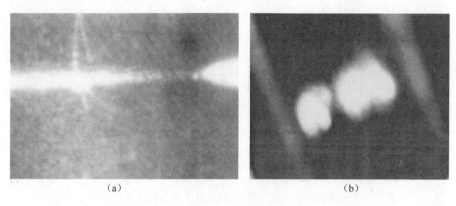

(a)   (b)

图 1.23   (a)两个激光光斑显示侧边反射部分光斑;
(b)凹槽中的激光光斑由一个光斑变为两个亮的不规则光斑

上述反射问题是表面粗糙度和边缘几何图形的函数,因此很难预测。对于基于相位和基于频率的探测器而言,如果探测器动态光照范围适应强光照,那么光闪烁通常不是问题。因此,如果基于三角法测量的探测器可与沿边缘的三角法测量得到的平面结合,那么即可探测到相对较小的偏移量。然而,由于光斑的探测原理,导致基于区域的测量系统将沿 Y 方向的位移变化误认为是沿 Z 方向的变化。

1.5.4 3D 探头误差

光学 3D 测量所产生的测量范围或误差与利用机械测量系统实际测量零件遇到的问题有本质差别[52-53]。如径向坐标、边缘效应,甚至是光源变化和光学畸变的影响,都可能使任何类型光学系统的测量结果发生改变[54]。类似于接触式探头和 CMM 完成校准后的测试均证明光学测量系统的性能。我们将抛砖引玉地讨论一些潜在的测试示例。这些测试的目的是突出光学测量系统可能出现的误差,但同时也找到光学系统的最佳使用方式。考虑到光学系统对表面粗糙度、反射率以及表面角度等诸多因素的灵敏度,任何性能测试都不可能完全包含所有因素。对于任何特定应用,应由使用该系统的用户对特定工件进行测试,以便确定系统最佳参数。

光学 3D 系统相当于利用一个接触式探头测试球面,即测量两个平面之间的夹角,从水平和垂直方向观察或通过立方体或金字塔的顶点观察,利用距离边缘较远的数据定义表面然后计算表面的交点(图 1.24)。该测量提供了对局部区域内的平面和深度尺度精度的量化,这是该测量的目的。当测量物体时,在平面上至少增加一个观察角度,确定系统的角度灵敏度。超出测量点视场角度的测量相当于利用接触式探头的轴探测较远处的角。

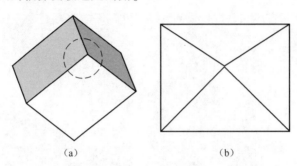

(a)   (b)

图 1.24　将平面安装到(a)立方体或四面金字塔的平面上,
然后(b)利用交点来定义顶点,为探测器的数据提供统一的参考点

CMM 的普通测试是确定球棒测量点到点距离的误差。球棒是两端各有一个球体的长棒,在测量范围内围绕待测物体移动。在测量范围内棒的长度相同。为利用光学 3D 系统的等效球棒实现测试,需要光学系统测量多个方向,类似于接触式探头测量球体一样。然而,利用球体直径描述的方法,将 3D 探测器的长距离定标和视角引起的变化相结合,进行单独测量,而不是补偿与球棒接触方向相关的误差。为避免结合角度灵敏度和距离标定,测量应利用如前所述的有限数据计算球体的中心,将球空间内的间距测量结果与球直径的测量结果分开。

为了确保有足够的点确定球体中心,通常需要至少 10000 个点。如上所述,如果利用球体中心,则不应该利用球体上超过 90°减去 30°减去三角测量角度的点,或是在定义球体中心时,不能利用超过公差的点。如果在可用表面上没有足够的点,则需要更大的球体。对于包含平面交点的工件(立方体、四面体)末端而言,基于区域测量的探测器可通过三个表面的交点定义一个点,利用光学 3D 探测器的优势提供了更高可信度的位置测量和长距离、体积校正的集中测试,这是球棒测试的重点,如图 1.25 所示。角点可用作测量立方体的分离点。

当使用 CMM 进行测量时,一次只能测量一个点。因此,在 CMM 中,利用一个球棒,并将其在体积内移动所花费的时间比利用多个球棒测量的时间长。在光学 3D 系统中,可同时并行测量多个点。人工移动球棒需要一定的时间,可能会导致热膨胀和漂移,使测量结果产生变化,影响预期精度。

光学 3D 测量系统中,常用的是球棒或含有锥体目标的类似板状结构,如

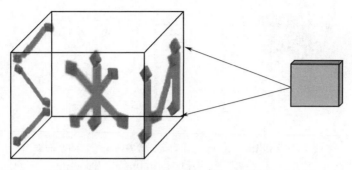

图 1.25　两端都有一个球或立方体的长棒(更适合于光学系统),
用于检查 3D 光学系统的误差,冗余的方向用于识别位置和光轴的相关性

图 1.26所示。测试的目的是确定空间测量精度,而不是在多个位置测量球体。因此,充分利用由光学方法确定的平面交叉点的测试板的性能,从而从测量中分离局部噪声(类似于 CMM 中标定球的作用),可确保高效、迅速测试,以避免受到任何热效应或漂移的影响。

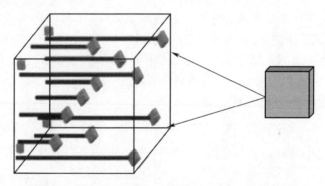

图 1.26　球棒(位于左边)提供了利用一组数据集
测试光学 3D 系统精度(无须改变视角的方法)

　　平面测量是最简单的测量。理想情况下,测量系统任意位置测量结果均显示待测面是平面。光学 3D 系统可能会产生局部误差,如较窄的球棒探测不到波动。光学系统通常提供清晰的局部及全局变化图像,因此其优势是快速地获取多点数据,有利于探测较大表面[55]。可观察近、中、远位置(图 1.27 中的竖线)。然而,由于光学探测器的性能是表面入射角的函数,对于同一平面,应采用两个不同的倾斜角度观察。缺少多个角度信息,可能会忽略与相位相关的误差(针对相移系统)。

　　对角线和垂直角度的测量是冗余的。当采用较大平面而非较窄球棒测量时,可同时测量对称和非对称变化。倾斜角度难以测量,而且相对于光学 3D 系

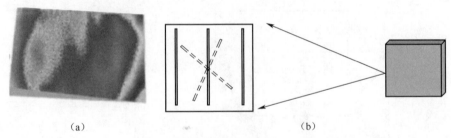

(a)　　　　　　　　　　　(b)

图 1.27　利用测试板的位置确定光学 3D 系统中的平面误差

(a)俯视图;(b)测量体积内的平面位置。

统误差而言,不能提供额外信息。光学 3D 系统的误差不一定只是球形误差,可能包括由于球形(方形)拟合而忽略的马鞍点和数据波动,因此需要更高阶的拟合。考虑到区域偏差,通过对比待测表面与参考面,更好地理解光学测量系统的所有误差。

我们所讨论的单次测试主要是利用零件的单一视角进行测量。事实上,零件有多个面,需要从多个视角测量,然后综合所有测量数据。可利用典型的零件或工件检验系统的整体准确性和稳定性。在光学系统中,不同类型的误差相互影响。因此,为了测试整体性能,利用一个与已知关键尺寸零件类似的零件进行测试,并利用其他公认方法测量尺寸[56]。该测试可提供局部的、多方面的系统性能测试(如厚度重复性),从而完成对零件的最终测量。

建议的测试过程如下(图 1.28)。

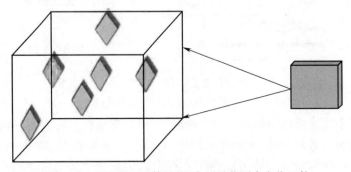

图 1.28　用于测试整体性能,在测量范围中定位工件

(1)利用一个类似于低反射率的零件作为参考零件,在该零件上采集大量 CMM 数据,并且利用至少 5 个轮廓线确定零件边缘 20% 处的厚度值,以及最厚位置。至少在零件的每一边采集 20000 个点。

(2)以最佳角度测量零件的两侧,并计算轮廓和厚度值。

(3)将零件移动到测量范围的最上端并重复测试。

（4）将零件移动到测量范围的一侧并重复测试。

（5）将零件移动到测量范围中心的后端并重复测试。

（6）把零件移动到测量范围中心的前端并重复测试。

（7）将零件移动到测量范围的一个远端并重复测试。

用户可确定基于光学测量系统(包括测量范围、三角测量法、点扫描或基于结构光测量)的误差,也可以作为比较不同测量系统的方法。然而,将特定的光学测量系统用作生产工具时还需考虑其他因素。需要仔细考虑光与零件如何相互作用、整个系统如何操作,以及如何使用测量系统中的数据,是利用光学测量技术的重要步骤。

1.5.5 测量基准误差

当测量某个零件的任意特性时,是在相对于某些预定参考点或基准点的特定位置处进行测量。基准点可能在零件上,或是在零件的固定装置上,或是由零件形状确定,或是由零件的配合件确定。基于机器的测量,通常确定关键数据特征,如平面或者零件的孔作为起始测量点。可利用简单的点探测器确定关键特征。对于生产应用而言,通常以加工机床固定位置的夹具作为参考。

夹具可重复夹持并可移动,机器轴或其他测量装置如量规,在正确的、规定的位置测量。如果夹具脱落或零件没有正确地放置,即在夹具中由于零件的边缘几何尺寸产生轻微的误差,系统仍能很好地测量,但不在正确的位置处测量。很明显,在之前的讨论中,如果测量的位置不同,利用接触式探测器和光学 3D 探测器时,测量的结果不同。在上述两种情况下,如何校正误差是实现精准测量的关键。

1.6 总结和展望

我们已经讨论了用于柔性制造的各种类型的探测器。使用上述探测器的目的是在无法接触待加工或成型零件的情况下控制加工过程。探测器包括目前广泛应用于传统的金属切割机床的点接触探测器、非接触式激光探测器、2D 机器视觉相机和 3D 探测器。表 1.1 展示了各种方法和典型功能的总结。

表 1.1　用于机器监控的主要探测器类型概述

探测器	数据比率/(('')/s)	分辨力	问题
接触式探测器	1/s	无	采用电子标尺测量
点激光探测器	500~20000Hz	1~3μm	反射,边缘
激光线探头	20000Hz	10~50μm	激光散斑

（续）

探测器	数据比率/((′)/s)	分辨力	问题
机器视觉	达到 50000Hz	$5 \sim 100\mu m$	分辨力取决于视场角大小
3D 探测器	>1×10^6(大数据集)MHz	$10 \sim 50\mu m$	分辨力取决于视场角大小

满足应用需求的合适探测器,非常依赖于为过程提供反馈所需数据的特性和数量。作为过程控制工具,为监控几个关键点,接触式或点激光探测器可提供足够的反馈,并广泛应用于大多数行业。

激光线探头通常用于连续过程如挤压过程,轮廓测量是控制过程的关键步骤。该探测器的一个广泛应用是监控焊缝的形成过程。

机器视觉广泛用于产品特征的检测工具中,包括诸如电火花加工和激光钻孔的对准和查验。全视场光学 3D 探测器在市场中仍然是新生力量,主要用于验证生产中的第一批零件质量。然而,光学 3D 探测器的测量速度快,便于监控快速的制造过程。

计算机处理能力的提升,使探测器处理速度更快,便于与制造系统进行交互,更便于理解。将 3D 探测器与能源领域制造相结合,有可能实现从绘图到成品的完全自动化。现在已经有了制造 3D 复印机的能力,它可以像 2D 复印机一样轻松地工作。该设备将会彻底改变未来的制造方式。

参考文献

[1] C. W. Kennedy and D. E. Andrews, *Inspection and Gaging*, Industrial Press, New York(1977).

[2] E. O. Doebelin, *Measurement Systems Application and Design*, McGraw-Hill Book Company, New York(1983).

[3] P. Cielo, *Optical Techniques for Industrial Inspection*, Academic Press, Boston, MA(1988).

[4] A. R. Luxmore, Ed. , *Optical Transducers and Techniques in Engineering Measurement*, Applied Science Publishers, London, U. K. (1983).

[5] R. G. Seippel, *Transducers, Sensors, and Detectors*, Prentice-Hall, Reston, VA(1983).

[6] R. P. Hunter, *Automated Process Control Systems*, Prentice-Hall, Englewood Cliffs, NJ(1978).

[7] L. Walsh, R. Wurster, and R. J. Kimber, Eds. , *Quality Management Handbook*, Marcel Dekker, Inc. , New York(1986).

[8] N. Zuech, *Applying Machine Vision*, John Wiley & Sons, New York(1988).

[9] K. G. Harding, The promise and payoff of 2D and 3D machine vision: Where are we today? in *Proceedings of SPIE*, *Two- and Three-Dimensional Vision Systems for Inspection, Control, and Metrology*, B. G. Batchelor and H. Hugli, Eds. , Vol. 5265, pp. 1-15(2004).

[10] K. Harding, Machine vision lighting, in *The Encyclopedia of Optical Engineering*, Marcel Dekker, New York(2000).

[11] K. Harding, Overview of non-contact 3D sensing methods, in *The Encyclopedia of Optical Engineering*, Marcel Dekker, New York (2000).

[12] E. L. Hall and C. A. McPherson, Three dimensional perception for robot vision, *SPIE Proc.* 442, 117 (1983).

[13] M. R. Ward, D. P. Rheaume, and S. W. Holland, Production plant CONSIGHT installations, *SPIE Proc.* 360, 297 (1982).

[14] G. J. Agin and P. T. Highnam, Movable light-stripe sensor for obtaining three-dimensional coordinate measurements, *SPIE Proc.* 360, 326 (1983).

[15] K. Melchior, U. Ahrens, and M. Rueff, Sensors and flexible production, *SPIE Proc.* 449, 127 (1983).

[16] C. G. Morgan, J. S. E. Bromley, P. G. Davey, and A. R. Vidler, Visual guidance techniques for robot arc-welding, *SPIE Proc.* 449, 390 (1983).

[17] G. L. Oomen and W. J. P. A. Verbeck, A real-time optical profile sensor for robot arc welding, *SPIE Proc.* 449, 62 (1983).

[18] K. Harding and D. Markham, Improved optical design for light stripe gages, *SME Sensor '86*, pp. 26-34, Detroit, MI (1986).

[19] B. F. Alexander and K. C. Ng, 3-D shape measurement by active triangulation using an array of coded light stripes, *SPIE Proc.* 850, 199 (1987).

[20] M. C. Chiang, J. B. K. Tio, and E. L. Hall, Robot vision using a projection method, *SPIE Proc.* 449, 74 (1983).

[21] J. Y. S. Luh and J. A. Klaasen, A real-time 3-D multi-camera vision system, *SPIE Proc.* 449, 400 (1983).

[22] G. Hobrough and T. Hobrough, Stereopsis for robots by iterative stereo image matching, *SPIE Proc.* 449, 94 (1983).

[23] N. Kerkeni, M. Leroi, and M. Bourton, Image analysis and three-dimensional object recognition, *SPIE Proc.* 449, 426 (1983).

[24] C. A. McPhenson, Three-dimensional robot vision, *SPIE Proc.* 449, 116 (1983).

[25] J. A. Beraldin, F. Blais, M. Rioux, and J. Domey, Signal processing requirements for a video rate laser range finder based upon the synchronized scanner approach, *SPIE Proc.* 850, 189 (1987).

[26] F. Blais, M. Rioux, J. R. Domey, and J. A. Baraldin, Very compact real time 3-D range sensor for mobile robot applications, *SPIE Proc.* 1007, 330 (1988).

[27] D. J. Svetkoff, D. K. Rohrer, B. L. Doss, R. W. Kelley, A. A. Jakincius, A high-speed 3-D imager for inspection and measurement of miniature industrial parts, *SME Vision '89 Proceedings*, pp. 95-106, Chicago, IL (1989).

[28] K. Harding and D. Svetkoff, 3D Laser measurements on scattering and translucent surfaces, *SPIE Proc.* 2599, 2599 (1995).

[29] M. Rioux, Laser range finder based on synchronized scanners, *Appl. Opt.* 23 (21), 3827-3836 (1984).

[30] K. Harding, Moire interferometry for industrial inspection, *Lasers Appl.* November, 73 (1983).

[31] K. Harding, Moire techniques applied to automated inspection of machined parts, *SME Vision*

'86,pp. 2-15,Detroit,MI(June 1986).

[32] A. J. Boehnlein and K. G. Harding,Adaption of a parallel architecture computer to phase shifted moire interferometry,*SPIE Proc.* 728,183(1986).

[33] H. E. Cline,A. S. Holik,and W. E. Lorensen,Computer-aided surface reconstruction of interferen cecontours,*Appl. Opt.* 21(24),4481(1982).

[34] W. W. Macy,Jr. ,Two-dimensional fringe-pattern analysis,*Appl. Opt.* 22(22),3898(1983).

[35] L. Mertz,Real-time fringe pattern analysis,*Appl. Opt.* 22(10),1535(1983).

[36] L. Bieman,K. Harding,and A. Boehnlein,Absolute measurement using field shifted moire,*Proceedings of SPIE*, *Optics*, *Illumination and Image Sensing for Machine Vision*, D. Svetkoff, Ed. , Boston,MA,Vol. 1614,p. 259(1991).

[37] M. Idesawa,T. Yatagai,and T. Soma,Scanning moire method and automatic measurement of 3-D shapes,*Appl. Opt.* 16(8),2152(1977).

[38] G. Indebetouw,Profile measurement using projection of running fringes,*Appl. Opt.* 17(18),2930 (1978).

[39] D. T. Moore and B. E. Truax,Phase-locked moire fringe analysis for automated contouring of diffuse surfaces,*Appl. Opt.* 18(1),91(1979).

[40] R. N. Shagam,Heterodyne interferometric method for profiling recorded moire interferograms, *Opt. Eng.* 19(6),806(1980).

[41] M. Halioua,R. S. Krishnamurthy,H. Liu,and F. P. Chiang,Projection moire with moving gratings for automated 3-D topography,*Appl. Opt.* 22(6),850(1983).

[42] K. Harding and L. Bieman,Moire interferometry gives machine vision a third dimensional,*Sensors* October,24(1989).

[43] K. G. Harding and S. -G. G. Tang,Machine vision method for small feature measurements,*Proceedings of SPIE*, *Two-and Three-Dimensional Vision Systems for Inspection, Control, and Metrology II*,K. G. Harding,Ed. , Vol. 5606,pp. 153-160(2004).

[44] K. G. Harding and K. Goodson,Hybrid,high accuracy structured light profiler,*SPIE Proc.* 728, 132(1986).

[45] S. D. Phillips,Performance evaluations,in *CMMs & Systems*,J. A. Bosch,Ed. , Marcel Dekker, Inc. ,New York,pp. 137-226,Chapter 7(1995).

[46] S. D. Phillips,B. R. Borchardt,G. W. Caskey,D. Ward,B. S. Faust,and S. Sawyer,A novel CMM interim testing artifact,*CAL LAB* 1(5),7(1994); also in *Proceedings of the Measurement Science Conference*,Pasadena,CA(1994).

[47] S. D. Phillips and W. T. Estler, Improving kinematic touch trigger probe performance, *Qual. Mag.* April,72-74(1999).

[48] K. G. Harding,Current state of the art of contouring techniques in manufacturing,*J. Laser Appl.* 2 (2-3),41-48(1990).

[49] I. Moring,H. Ailisto,T. Heikkinen,A. Kilpela,R. Myllya,and M. Pietikainen,Acquisition and processing of range data using a laser scanner-based 3-D vision system,in *Proceedings of SPIE*,*Optics*,*Illumination*,*and Image Sensing for Machine Vision II*,D. J. Svetkoff,Ed. ,Vol. 850,pp. 174-184(1987).

[50] K. G. Harding, Calibration methods for 3D measurement systems, in *Proceedings of SPIE*, *Machine Vision and Three-Dimensional Imaging Systems for Inspection and Metrology*, K. G. Harding, Ed. , Vol. 4189, p. 239(2000).

[51] K. G. Harding, Sine wave artifact as a means of calibrating structured light systems, in *Proceedings of SPIE*, *Machine Vision and Three-Dimensional Imaging Systems for Inspection and Metrology*, K. Harding, Ed. , Vol. 3835, pp. 192-202(1999).

[52] K. Harding, Optical metrology for aircraft engine blades, *Nat. Photonics—Ind. Perspect.* Vol. 2, pp. 667-669(2008).

[53] K. Harding, Challenges and opportunities for 3D optical metrology: What is needed today from an industry perspective, *SPIE Proc.* 7066, 706603(2008).

[54] K. Harding, Hardware based error compensation in 3D optical metrology systems, *ICIEA Conference*, *SPIE*, Singapore, pp. 71550-1—715505-9(2008).

[55] Q. Hu, K. G. Harding, and D. Hamilton, Image bias correction in structured light sensor, *SPIE Proc.* 5606, 117-123(2004).

[56] X. Qian and K. G. Harding, A computational approach for optimal sensor setup, *Opt. Eng.* 42(5), 1238-1248(2003).

第2章
基于机器视觉的测量

Kevin Harding, Gil Abramovich

2.1 机器视觉技术

　　机器视觉是利用计算机系统感知和分析视觉信息,进而获得制造过程信息的系统。机器视觉系统通常由用于照明特征的光源、成像的光学元件及感知场景的摄像机、将视频转换成计算机格式的数字转换器,以及包含数据分析软件的计算机系统组成(图 2.1)。过去,机器视觉只应用于制造领域[1-6]。然而,机器视觉技术日趋成熟,在医学图像分析、交通运输和安全等其他领域得到应用,目前,机器视觉技术是研究热点。

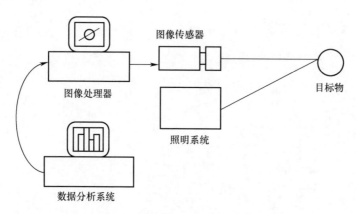

图 2.1　机器视觉系统的组成部分

　　照明系统照明目标物,其反射光经光学系统后成像在图像传感器上,产生感兴趣区域(ROI)或视场内的图像。首先,由图像传感器记录图像;然后,由数字转换器将其转换成一组图像元素或"像素"阵列,每一个像素或图像元素都表示图像中的一个点;最后通过均值滤波的方式对图像进行平滑处理,分割出感兴趣的关键特征。

每个像素值是灰度值,或者二值化为黑(0)或白(255),如图2.2所示。通常利用与像素相关的简单算法进行边缘识别,计算区域内的黑白像素数量,或者找到像素排列或像素值中的特定模式。

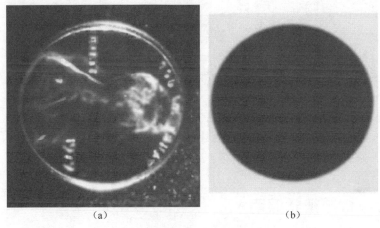

(a)　　　　　　　　　　　　　　　(b)

图2.2　零件图像
(a)二值化图像;(b)只显示黑白像素图像。

多年来,专用的计算机系统和用户交互软件方面已取得许多进展。计算机系统更易进行图像编程,也为机器视觉提供了更易操作的软件。在更快的计算机操作系统中,有些新版本的视觉算法在旧版本上做了改进,而其他算法则直接利用新版本。近年来,由于家用数码相机普及,推动了相机系统的改进。相机技术和计算机的结合,创造了一个全新的小型相机。小型相机含有内置处理器,首先,可对已预设的操作如工件ID、定位和简单测量等一系列(有限的)操作进行有效处理;然后,通过网络接点共享结果。我们需要不断关注和思考当前机器视觉技术的应用领域,以及未来机器视觉可应用于柔性制造业的哪些方面。

2.2　搭建机器视觉

长期以来,机器视觉领域取得了较大进展[7]。机器视觉的首要任务是得到待分析的高质量图像,也是目前发展最慢的技术。问题并不是缺少高质量成像的技术,而是机器视觉市场还没有达到像家用相机这样的大宗商品的种类体量,因此机器视觉行业投资开发多类型的产品有利可图。然而,近年来出现了例外。

机器视觉系统的第一个基本模块是照明和光学元件。清晰的图像很容易区分场景和故障之间的差别(图2.3)。某些零件并非光学零件,但是却具有明确的光学特性。例如,轴承、泵、紧固件以及其他不太关注外观特性的零件。然而,该零件的光学性能对机器视觉系统的最终性能有很大的影响。

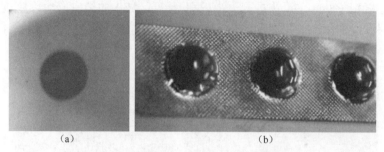

图2.3　利用良好的光学系统获得可用图像的示例
(a)一幅无法使用的图像；(b)用于测量的图像。

2.3　机器视觉照明

专门为视觉系统设计的照明技术及通用照明技术均可用于视觉系统的照明[8-9]。对目标物照明是为了突出图像中感兴趣的特征,意味着必须在黑白图像中清楚地显示感兴趣特征。黑白相机为机器视觉提供高分辨力、低成本和灵活性。即使目标物是有色零件,黑白相机采用特定的彩色滤波片区分颜色,能更好地观察零件的色彩,而不必采用彩色相机。

对图像的要求决定了视觉系统的预期任务及性能的限制。简单的形状识别任务可能不需要高分辨力,以精确测量微小特性并达到较小的公差即可。当达到镜头系统的极限分辨力时,镜头会使图像的对比度下降,直至从图像中无法分辨微小尺寸变化。最初,由光照导致的低对比度图像会进一步降低视觉系统的极限分辨力。

在机器视觉应用中还有许多其他注意事项,如机械振动、固定装置和空间限制。然而,选择合适的照明方式和光学元件,对于应用而言还远远不够。为了获得合适的图像以实现机器视觉,在过去的几年里,市面上已经出现了各种各样的工具。图2.4为新型LED照明模块。

照明光源有以下四类:

(1)漫反射照明模块,不论安装在轴上还是轴外,类似于圆锥形半透光模块,都有助于减少局部光斑或表面不规则性的影响。

(2)定向照明模块,包括线照明光源、暗场照明光源及可以突出表面纹理、点缺陷如刮痕,以及表面不规则性等平面度的准直光源。

(3)保证异步图像拍摄的高频光源。

(4)高稳定性和高光均匀性光源,以提供高重复性图像。

应用于能源制造的机器监控和探测的光源中,最显著的进步是发光二极管

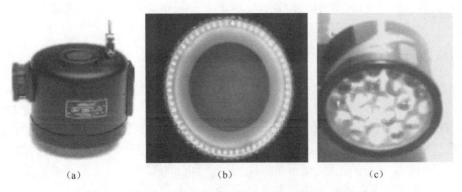

图 2.4　提供各个方向的漫反射照明的新型 LED 照明模块

（LED）的发明。在过去的几年里，LED 的亮度提高、寿命延长，使其取代了卤素灯或荧光灯，卤素灯会释放热量，寿命也很有限，而荧光灯太笨重，无法适应机器环境，而且定制成本高。尽管还不能应用于较大视场范围的场合中，价格方面比白炽灯更昂贵。但是 LED 在设计上具有一定的灵活性，而且在机器视觉的应用中具有耐用性。利用 LED 制成的特殊形状线光源，汇聚光源，或者可调整象限的环绕光源等光源目前已经全部应用于机器视觉中（图 2.5）。利用 1000 个 LED 灯珠照亮一个很大的零件是不可取的。然而，对于需要观察更精细的尺寸的应用，LED 尺寸较小，比较合适，随着大量 LED 光源进入消费市场，如汽车和家电，很可能将两个市场整合为更强大的市场，共同成长，变得更具竞争力。

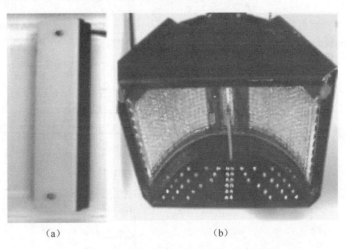

图 2.5　专用线照明（a）和环绕圆柱照明光源（b）

利用为机器视觉专门设计的新光源，很容易实现大规模的基本照明结构，有助

于突出感兴趣的特征,同时抑制不感兴趣的特征。机器视觉最常见的照明形式包括:

(1) 漫反射背光照明或定向背光照明。

(2) 漫反射正向照明或定向正向照明(通常是从侧面)。

(3) 结构光照明。

当仅测量单个零件的轮廓时,通常选择漫反射照明方式,以实现直径、普通尺寸或横截面的测量。图 2.6 展示了一种基本的漫反射背光照明示意图。在该示例中,用方形表示圆柱体。漫反射背光照明平面物体,如两侧有管脚的集成电路(IC)芯片,获得物体的轮廓图。漫反射光线的缺点是如果零件有一定的高度,我们看到的是上边缘的投影,而不是零件"最宽"部分的横截面。为了获得更高的精度,则需要利用定向的背光照明方式,如图 2.7 所示。

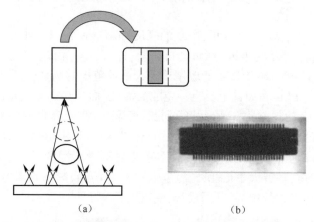

(a)　　　　　　　　　　(b)

图 2.6　(a)漫反射背光照明提供的零件轮廓图。该方法便于找到 IC 芯片上的引脚(b)。但当靠零件太近时,零件会变得更大

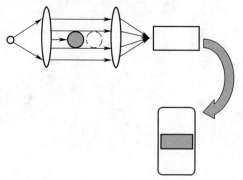

图 2.7　定向背光照明,零件的轮廓保持不变,其代表了零件最大宽度

另一种照明方式是照亮相机观察方向或正向照明。此外,照明光线发生漫反射,可能来自不同的方向,或具有指向性。上述照明方法针对室内照明。利用间接

照明光线通常会反射到天花板或墙壁上。此时,光线发生漫反射,并从多个方向照亮整个室内。照明结果几乎没有阴影,而且肉眼所看到的物体上亮度均匀。如果照明光线来自太阳光,那么会看到明显的阴影。在机器视觉中,每种照明方式都有相应的理论。图2.8展示了多个面板的漫反射照明,或是如上所述的完全围绕该零件的间接照明。这种情况下,对于任一平面而言,都不会产生阴影或亮点。因此,零件上明暗不均的区域都会被均匀地照亮。

在其他情况下,需要利用阴影来凸显纹理或形状。在图2.8(a)~(c)金属薄片褶皱,但是在漫射光下图2.8(b)却没有出现该情况。图2.9为定向照明系统,它能够凸显零件上极小的纹理。光线和照射物体表面所成的角度越小,阴影产生的时间就越长,就会出现更明显的小凸起。

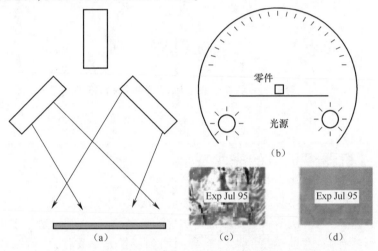

图2.8　光源在零件上形成"圆锥形半透光"漫反射的正向照明。多向照明去除所有阴影和亮闪光,可识别金属薄片上的印制图案

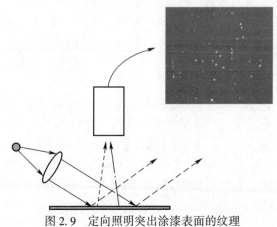

图2.9　定向照明突出涂漆表面的纹理

定向照明的特例是在光场中引入结构光模式,利用三角法测量结构光载频条纹通过零件表面时的变化,进而测量零件特性(图2.10)。实际上,结构光模式将三维形状编码成一个可用3D相机识别的模式。第1章和第7章详细地介绍了如何利用三角测量技术实现3D测量,但作为增强和凸显关键特征(如零件的曲率高度)的工具,也完全符合标准机器视觉分析工具的要求。

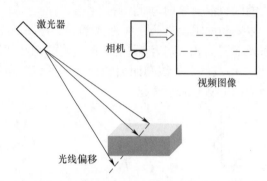

图2.10　用于2D图像中增强物体轮廓的结构光照明方法

2.4　机器视觉中的光学成像

在图像传输至机器视觉处理器,或转换成视频信号之前,需对图像进行采集处理、转换或传输。为了从图像中提取最终的检测数据,数据必须以适用于机器视觉处理器的形式存储。"前端"光学元件,即照明和成像光学元件,可调制从待测零件反射回去的光波中所包含的信息,以优化信息容量,并在多数情况下,将所需的信息从噪声中分离出来。

机器视觉光学前端的组成部分包括透镜、滤光片、反射镜和棱镜、光栅、光阑、光源、漫射器、背景,以及不可被忽略的待测零件本身。这些元件需互相配合,并作为整体考虑,以获得最佳的结果。虽然,通常认为待测件是终端,但更应该将其看成整个光学链路中的一部分,因为待测件与任一透镜或系统中的其他元件一样或更多地对光线产生扰动。

为了正确地设计最佳光学系统,需考虑光学链路中在每个阶段的光场参数,以便了解每个元件最终对该光学系统的影响。在分析任意光学系统时要考虑的参数包括畸变、像散、光线方向(方向余弦)、偏振、颜色、空间频率(形状如何影响光)和衰减(易忽略的因素)。光学链路上每个元件对上述参数的影响最终会累积到一起,比任何单一扰动产生的影响都大,根据墨菲定律会得到最差和最不期望的结果。

本节首先回顾关于光学元件规范的细节;然后将讨论光学链路中的传统和非

传统元件。为了阐明所涉及的累积效应,将在典型的案例中分析衰减参数和一些其他参数的影响。

这里简单回顾成像基础知识(大量优秀书籍讨论过该问题)[10-13]。图2.11展示了一些与透镜相关的基本术语。透镜的焦点是指透镜将一束平行光(光线来自无穷远处)汇聚到一个点上,该点即焦点。平行光线经过特殊平面时光路发生弯折,然后汇聚到焦点处,该特殊平面为主平面,或是针对空气中的透镜而言,该平面也称为节面。除理论上的"薄透镜"以外,透镜通常会有多个主平面。主平面的分离和定位可以用来确定镜头的最佳使用状态(最佳物像距比值)。

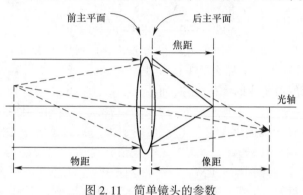

图2.11　简单镜头的参数

一种用于确定后主平面位置的方法是将透镜绕着与光轴垂直平面上的不同方向的直线倾斜,同时观察非常远距离(实际上无穷远)物体的像。当透镜相对于主面(或节面)倾斜时,图像不会移动。另一种情况是由于焦距通常是给定的,光线会聚焦于这一点,该点是镜头的焦点。后主平面不一定位于透镜组的后面(也不一定在第一个主平面的后面),后主平面到焦点的距离是透镜的焦距。通常,透镜的后焦距是确定的,是透镜的后主平面到焦点的距离。

透镜的 F 数是指焦距与透镜孔径直径(最大孔径)的比值。例如,50mm 焦距、10mm 孔径的透镜是 f/5 透镜。F 数有助于确定图像的相对照度。照度实际上是汇聚到图像上一点的光锥角的函数(数学上是光锥半角的正弦平方,因此可做小角度近似)。该函数随着孔径面积变化而变化,通常在照相机镜头上,光圈数随照度的 2 次方变化。标准光圈 F 数为 1.4、2、2.8、4、5.6、8、11、16 等。由于 F 数是透镜孔径的倒数,所以照度会随着 F 数的平方倒数而改变。因此,F/8 照度变化是(其平方为 64)F/11 (平方是 121 或约为 64×2)的 2 倍。

任何商业镜头的焦距和 F 值一般都标示在镜头筒上。根据焦距和 F 值,利用基本的成像方程计算像面位置及放大率(假设理想透镜没有厚度):

$$\frac{1}{镜头焦距} = \frac{1}{像距} + \frac{1}{物距}$$

$$横向放大率 = \frac{像距}{物距}$$

$$纵向放大率 = 横向放大率的平方$$

物距与像距之比是系统的物像共轭比。1/10 的放大率意味着物像共轭比为 10∶1)。

经过光学成像,根据物像关系,确定物体位置和大小,计算在像平面上的物体大小以确定给定系统的视场。例如,探测器的尺寸为 10mm,在探测器前 70mm 处放置一个焦距为 50mm 的镜头,物距可表达为

$$\left(\frac{1}{50}\right) - \left(\frac{1}{70}\right) = \left(\frac{1}{物距}\right) = \left(\frac{1}{175}\right)$$

横向放大率为 70/175＝0.4(物像放大率为 2.5 倍),视场为 25mm。

如果像距只有 30mm,那么所需的物距是－75mm 或在探测器后 45mm 处。在这种情况下,探测器所成的像是虚像,而不是实像,则无法应用。

值得注意的是,当确定像平面时,透镜的倾斜会导致图像倾斜。理解像面倾斜最简单的方法是扩展物平面(图 2.12),使物平面与穿过透镜中心的平面(实际是透镜的主平面)相交,并垂直于光轴(光轴就是穿过透镜组中心的光线,该光线不发生偏折,能正常成像到像平面)。物平面与主平面交汇形成一条直线。如果透镜的光轴垂直于物平面,那么该交汇点在无穷远处。最佳像面将位于由物平面和主平面的交线与光轴共同决定的平面上。上述情况称为沙姆定律。

例如,考虑如下情况,透镜的光轴与被观测表面成 45°夹角,而放大率为 1,此时像平面垂直于物平面。另外,如果透镜光轴垂直于物平面,那么物平面、主平面与像平面就会在无穷远处相交,即像平面与物平面平行。

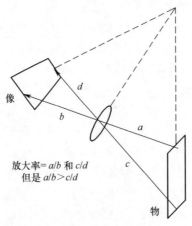

图 2.12　透镜倾斜会使像平面倾斜,图像放大率改变,从而形成梯形图像

值得注意的是,即使通过倾斜透镜和相机使物成像在探测器上,但是由于所成

的像有视角误差而无法使用。除非,如图 2.13 所示像平面、透镜平面和物平面保持平行,否则在整个区域内放大率会发生变化。放大率误差会使矩形的一边看起来更宽,从而产生梯形畸变效应(图 2.12)。如果是标定测量或需要确定位置,那么梯形畸变效应会使测量结果发生改变。对梯形畸变的校正看起来非常费力,但是通常利用光学方法很容易实现校正。

如果理论像面与实际探测器所在位置之间的差值大于系统景深,那么会得到成像质量下降的模糊图像。因此,引出了一个问题,在成像系统中,景深到底是什么。

物方景深是指物体沿光轴方向(通过透镜的中心线)能被定位并清晰成像的一段距离。像方景深是指探测器上的像沿着光轴方向一直能聚焦的一段距离。为了确定景深,首先必须介绍弥散圆的概念。弥散圆是指在图像质量没有退化的情况下,传感器所允许的最小模糊区域。在许多视觉系统的情况下,允许产生一个像素大小的模糊。像方景深是模糊的极限值,即 F 数(透镜的焦距与孔径的比值)乘以可接受的弥散圆。

确定物平面的景深并不简单。根据图 2.14,需要考虑以下两个景深:

$$远场景深 = \frac{co}{(A - c)}$$

$$近场景深 = \frac{co}{(A + c)}$$

$$景深 = 远场景深 + 近场景深$$

式中:c 为在物体上的弥散圆直径;o 为物距;A 为透镜孔径直径。

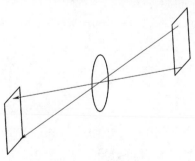

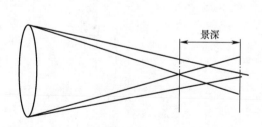

图 2.13　使透镜、像平面与
主平面平行,确保放大率一致
(测量时通常采用此光路)

图 2.14　图像的景深定义为所关注
特征的大小不会发生变化的区域

从像面到最近对焦距离(离透镜最近的聚焦距离)是近场景深。从像面到最远对焦距离(距离透镜最远的距离)是远场景深。近场景深和远场景深的总和是观测系统对于指定特征尺寸的可用景深。这意味着在摄像机的景深距离范围内的物体上的点,将会聚焦在焦点上。

若特征尺寸远小于透镜有效孔径,对焦范围缩小为弥散圆乘以物方有效 F 数(物距除以镜头孔径)。若物体上某一个特定的特征尺寸待分辨,这意味着该特征尺寸可移动的范围受系统有效 F 数的限制。值得注意的是,该特性在最佳聚焦位置的两侧以不同的速度发生模糊。事实上,如果该特征尺寸与镜头孔径尺寸一样大,那么该尺寸的特征位于焦平面至无穷远的任意位置可成像(这并不意味着该特征可分辨,只是在焦平面图像质量不退化)。通过缩小光圈,可明显地增加景深,但也会降低分辨力(增大允许的弥散圆尺寸)和图像亮度。

经验法则是物方的可接受弥散圆尺寸(也就是最小可分辨的特征尺寸)等于物像放大倍率(物距除以像距)乘以像元大小。景深是有效的 F 数乘以弥散圆大小,或是横向放大倍率的平方乘以图像的焦深(纵向放大率是横向放大率的平方)。

基于对透镜成像的术语和方法的理解后,接下来解决镜头性能的问题。分辨力是光学图像质量的关键参数。在光学方面,图像的分辨力是指区分两个相邻点的能力。由于该定义比机器视觉出现得早,所以仍然采用该定义进行讨论。镜头的分辨力中固有的限制因素是衍射极限。在考虑畸变或其他可能影响图像质量的因素之前,衍射极限限制了镜头收集信息的频率。

衍射极限的定义如下:

可分辨的极限直径 = 2.44 × 波长 × 焦距 × 孔径或光束尺寸

该等式表明除了像平面外,其他任何限制或传输光线的孔径都会限制系统的最终分辨力,如图 2.15 所示。因此,要正确地分析光学系统,必须在考虑像差及限制"极限"孔径的条件下,对光学系统进行光线追迹。

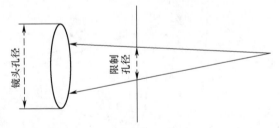

图 2.15　成像系统中的小孔径限制了镜头采集图像的分辨力

例如,如果观察孔底部的特征,孔的深度是其开口尺寸的 10 倍,那么该孔入口的衍射极限约为 12μm 或是 0.0005 英寸。利用两个平板玻璃镜反射,并通过一个 5mm 厚的彩色玻璃滤光镜,然后再通过一个约 5mm 厚的平板玻璃。理论衍射限 12mm 已经变为约 25μm 或 0.001 英寸,并未考虑成像镜头的影响。

针对本例中提到的大多数元件,通常关注点是光损失,直接影响成像性能。事实上,透镜的视场角越大(物方视场角),透镜的大小或光锥度(有效 F 数)越大,则在光路中透镜的作用越大。通常 F 数较小,尺寸较大的镜头用于收集更多的光,然而,像差如球差会随着 F 数的减少而增大(球差会使焦面图像模糊,随着 F 数的 3 次方增加而减少),额外的光能用于补偿滤波器、反射镜和视场中透视窗的光能损失,该光能损失可能会导致图像质量或镜头调制传递函数(MTF)的退化。

某些镜头(如双透镜)在实际设计时,视场角只能达到几度。当考虑到更复杂的镜头时,通常视场角可达到 30°~50°(如普通的摄影镜头)。广角镜头的视场角为 80°~100°,需经过特殊设计,通常是通过牺牲调制传递函数以获得更大的视场角。若尝试将镜头用于超出其设计视场角的应用场合,将会使图像质量退化,并且产生的图像无法正常利用。

由于相干光会产生干涉效应,早期的分辨力定义并不适用于相干光。在相干光中,目标的每一个特性都与一组光线相关。实际上,相干传递函数具有两种状态,或产生高对比度的特征图,或根本不能传递信息。阿贝准则给出了应用于显微镜的相干分辨力,极限半径或特征直径大约为 $1/(2F)$。相干分辨力为

$$\gamma = 0.61 \times \left(\frac{波长}{透镜的数值孔径} \right)$$

透镜的数值孔径是半孔径角的正弦乘以介质的折射率,或大约 $1/(2F)$。通常,必须考虑每束光的方向和传输特性,以分析相干光系统的分辨力和性能。一般而言,相干成像系统的分辨力和对比度始终优于不相干系统,但极限分辨力不高。理论上,相干传递函数的截止分辨力是不相干情况的一半,但在不相干情况下,对比度会随着空间频率的增加(特征尺寸减小)而逐渐减小,而无法达到在相干情况下,直至截止频率,对比度都比较高。总而言之,相干成像系统的对比度始终优于类似的不相干系统,但是,极限分辨力不高。

2.5　光学性能

像差、反射损耗、杂光和分辨力都是镜头或其他光学元件性能的典型度量量。对一个特定的应用而言,并不是所有上述因素都同等重要。例如,在零件识别或分拣操作中,由于叠加来自视场的其他光,强光或重影图像会使零件看起来与实际形状有差别。然而,球差、彗差或色差等像差,将在整个视场中削弱对特征的识别,当简单地识别视图中是哪个零件时,上述像差影响不会太大。如果试图测量零件上两个边缘的尺寸,"像差"会使测量参考的细节产生模糊,从而使任务变得更加复杂。待测量的图像某处的强光或重影,虽然会产生不好的影响,但由于它与我们实现测量所利用的特性不一样。因此这不是问题。大量参考书中涉及光学参数的详细讨论,本书不再赘述[12-14]。

2.5.1 透镜

人们说一句"需要完美的透镜"很容易,但实现起来却非常困难。因此,需要仔细考虑系统的约束,以确定合理的规范。衡量透镜性能主要参数之一是 MTF。MTF 是表征进入透镜前后的空间频率响应的变化。换句话说,对于给定大小的特性或边缘变化,图像中所观察的是该特性的清晰度或对比度。如果 20lp/mm 时的MTF 值为 0.5,意味着图中 1/20mm 尺寸特征的对比度只有 50%。对于 12 英寸视场,零件上的局部特征尺寸大约为 2mm 或 1/10 英寸。

通常,透镜规范中仅提供极限分辨率(按要求给出 MTF 曲线)。极限分辨率所对应的对比度不是 100%,而是 20%。100 年前瑞利(Rayleigh)提出分辨两个距离很近的点所需要的最低对比度为 20%。对于机器视觉系统而言,不能接受 20%对比度(因为机器分辨率更差)。透镜的分辨率应该是最终所需的极限 MTF 所对应线对数的 2 倍(2 倍通常是最小的安全系数)。如果已知 MTF 曲线,在要求的分辨率处曲线对比度为 80%(即 MTF=0.8)是一个较好的可用基准。对于任意一个成像系统而言,100%对比度是不现实的,而对任意一个简单的光学成像系统而言,50%~60%的对比度是合理的,而且通常可接受。

当 MTF 值变小时,也需要考虑系统中其他元件的 MTF。正如所预期的那样,通常每一个光学元件的 MTF 都会影响图像的保真度(对比度是相乘关系而像差是累加关系)。在某些情况下,一个透镜的像差可能会抵消另一个透镜的像差。球差会相互抵消,使色差变小。在中继系统中,就会出现球差抵消。尽管每一个单独平面凸透镜的球差较大,但将两个平面凸透镜按照一定方向以适当的间距组合,可产生接近零的球差。事实上,双透镜的组合通常是复杂的成像透镜组的基础。

在光学领域,制造商也发现采用机器视觉方案成本较低,主要体现在两个方面。第一个方面是经过视场校正的高分辨力透镜可用于机器视觉中的高准确度检测。在机器视觉的早期,人们常常认为利用"软件"可"校正"图像。然而,需要时间和算法才能实现校正,在许多情况下,只有一部分校正能够成功。目前,一些公司已经引进了小型的、高度校正的 C 接口镜头系列,以减少场曲和失真等像差。其他公司已经为现有的镜头制造了适配器,如目前市场上广泛应用的放大镜头。采用放大镜头可获得更好的目标几何形状复制和平面度,以及亮度均匀化的像平面,有助于利用图像测量零件特征。用于相机 C 接口的标准镜头的光学误差通常高达 10%。新型机器视觉镜头可实现 0.001 英寸级别的测量,具有较高的使用价值和经济效益。

另一方面,机器视觉作为测量工具的优势是远心光学元件的应用。如果均匀照明目标,远心镜头首次实现在相机上呈现均匀亮度的图像。利用远心光阑均匀照明的透镜提供了均匀的光锥角,如图 2.16 所示。事实上,大多数普通透镜会对非中心光线产生渐晕,从而不会得到均匀的光锥角,导致边缘的光线减少。当观察一幅图像时,大多数人可能不会注意到渐晕情况,因为人们对光线变化的适应性很强。然而,鉴于视觉系统利用同一阈值对图像进行阈值处理以便于检测,该级别的光照变化会带来问题。即使采用自适应阈值处理,且光源本身可提供均匀照明,但由于相机的有限动态范围和滤波所需的处理时间的影响,无法得到亮度均匀的图像。

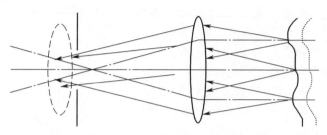

图 2.16 提供均匀照明的带有固定光阑(左边)的远心透镜

利用远心光学元件(物方远心)的第二个好处是所产生的图像不会随物距的改变而导致放大率变化(图 2.17)。这就意味着在视场角或物距范围内,系统可接受待测零件位移的变化量更大,不会在透视图或放大率方面改变图像特征。这意味着当机器视觉系统进行测量时,允许零件发生位移,而不会降低测量的准确性。远心光学也有局限性。为了使远心光学系统完全有效,F 数的增大会导致光能损

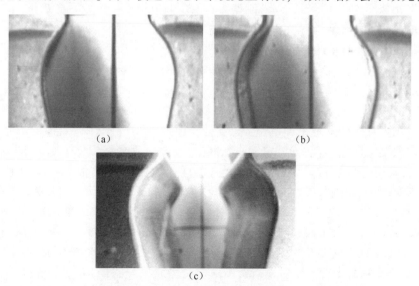

图 2.17 远心视场(a)观察缝隙、标准透镜的视图(b)和广角透镜的视图(c)
用不同放大倍数可自上而下看清缝隙的两边

失,而且透镜系统需要比待测零件更大。但是,大多数的精密测量应用是针对小零件区域或特征的检测,目前远心光学元件已经成为一种常用的工具。

2.5.2 窗口

系统的最终 MTF 考虑的不仅仅是透镜的影响,其他部分如相机传感器的性能、滤波器、反射镜或棱镜,甚至是光源发光模式,都可能对成像系统的 MTF 产生影响。光透过 1 cm 的玻璃介质时,会引入约 $5\mu m$ 或 0.0002 英寸的球差。这是由于光线以倾斜角度穿过玻璃介质时,其传播方向相对于原始传播路径会发生偏离或者平移,最终导致在垂直穿过玻璃介质的光线的聚焦位置之后聚焦(图 2.18)。

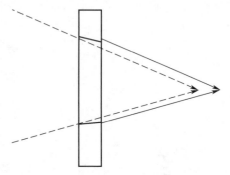

不规则的玻璃片会引入不规则性,且严重影响图像质量。由普通的平板玻璃制成的窗口经常会出现该问题。对于大多数应用而言,由浮法玻璃制成的窗口只会在图像中产生几个波长的像差

图 2.18　由玻璃厚度引起的位移

$(0.5\mu m)$。对于关键尺寸的测量或高分辨力情况,以较高的价格(几英寸直径的价格从 70 美元到几百美元不等)制作窗口,光传输的像差为 $\lambda/4$ 或更少。即使会产生如前所述的球差(不是窗口质量问题,而是由于物理原因产生的球差),上述光学窗口对图像质量的影响很小。

2.5.3 反射镜

尽管认为反射镜是平面的,但也会引入像差或不规则性到图像中。厚度为 6mm 的典型二次表面镜(如浴室镜),实际上为 45°入射光线提供了 2mm 的玻璃路径长度,大约会产生 $12\mu m$ 或 0.0005 英寸的球差(当然也包含像散、失真和色差)。这意味着最开始极限分辨力已经由于反射镜球差的影响而下降,球差为 $12\mu m$(加上大约 $20\mu m$ 的其他像差)。第一表面平板玻璃镜比第二表面玻璃镜的问题要少,通常会引入大约 1/2 的像差(大约 $6\mu m$ 或 0.0003 英寸),主要是由于表面面形不规则,使图像对比度降低几个百分点。浮法玻璃的像差又会减少大约 1/2(2～3μm)。研磨和抛光后的反射镜衍射极限定义为波峰波谷值,其值为 $\lambda/4$,这意味着除了光入射到平面上的物理原因导致图像质量退化外,反射镜不会引入额外的像差。

设计窗口或反射镜、单透镜时,应该注意的是在光学元件边缘需要留有一定的

安装区域。根据惯例,光学规范只涉及物理孔径中间部分的80%。由于光学元件的制作工艺限制,使其边缘有效成像非常困难。

2.5.4 面形质量

对于镜头、反射镜、窗口以及棱镜而言,经常被忽视的参数就是面形质量。表面粗糙度的工业光学等级是划痕/麻点规范为80/50。由于不能用表面粗糙度定义抛光过程的面形质量,因此利用划痕/麻点定义。实际的RMS表面粗糙度通常低于1微英寸(实际上是100~200Å,250 Å = 1微英寸)。在表面上留下的划痕和麻点会变大,不会经抛光而消失。规范中的第一个数字是表面上划痕的“明显宽度”。光学表面上划痕的宽度,可能会受到划痕边缘的锐度、划痕周围的未抛光区域,甚至是表面力的影响。在类似条件下,第二个数字指的是麻点的允许直径。上述参数不依赖于面形精度,面形精度是指与平面、特定球面或其他圆锥曲线匹配的精度。面形精度会产生像差,而表面的质量因素如划痕和麻点会导致散射光和噪声进入系统。

除了划痕和麻点,可能还有其他夹杂物,如气泡、条纹(实际上是材料折射率的局部变化),甚至包括玻璃材料中泥土在内的夹杂物。玻璃材料表面局部条纹会使图像产生“摆动”或“变形”。由于大量玻璃制品被“快速”生产,因此窗口玻璃和其他玻璃制品经常会出现局部的不规则。工业质量等级玻璃受各种各样的噪声影响。粗糙表面可产生1%~2%的散射光。散射会使图像的对比度降低,类似于通过较脏的窗口或其他散射镜成像。反射镜、窗口和透镜的噪声都可能使图像整体对比度降低几个百分点。

表面质量和玻璃质量的典型标准分为三类,根据供应商的不同而有所不同。

工业质量或第三类,划痕/麻点为80/50,可能产生类似大小的气泡和条纹。成本示例,2英寸光学窗口需要花费几美元(主要是切割玻璃的成本)。散射率为1%~2%。

光学质量A级或第二类,划痕/麻点为60/40~40/20,基本上没有气泡和夹杂物,可能会有一些条纹。成本示例,在镀增透膜(AR)之前,2英寸的光学窗口预计需要花费20~50美元。大多数标准透镜光学质量为第三类。散射率通常小于0.1%。

科研、激光、纹影等级或 I 类等级,划痕/麻点只有40/20(实际上是20/10)~10/5,几乎未见有夹杂物和条纹(质量高,成本大)。成本示例为,一块质量好、未镀膜的2英寸玻璃,早期的成本为150~300美元。其散射率非常低,通常小于0.001%,以至于很难分辨出其表面问题。

如果是靠近像平面的窗口或滤光片,那么表面质量尤其会影响图像质量。为减少反射或实现滤波,会在光学表面镀膜,而光学薄膜会产生散射等噪声。高质量的表面镀较差的膜会形成质量差的表面。因此,下面将分析镀膜对光学系统性能的影响。

2.6 滤光片

本书不再详细讨论偏振和颜色等光学特性的问题,在其他文献中已有详细介绍[15-18]。偏振片是产生理想机器视觉应用所需图像的有用元件。尽管不需要经常考虑该因素,但滤光片能够对光的特性进行分类,以不同的方式产生不同的特性。我们已经讨论过各种滤光片的应用,所以现在介绍滤光片的分类。滤光片可分为以下三种:

(1) 用于产生光波干涉的薄膜,称为干涉滤光片;

(2) 块状材料、彩色玻璃滤光片和塑料偏振片等吸收型滤光片;

(3) 选择性地遮挡或反射某一特性光的滤光片,如偏振棱镜、眩光或选择角度的块状材料(后续将详细讨论)。

薄膜干涉滤光片可通过作用于一部分性质的光而不作用于其他性质的光来实现不同性质光的分离。其中一种类型的元件是分束器,如前所述,它用于分束或组合不同光束。在某些情况下,分离偏振态的膜层作用是分离偏振光束。通过反射可将一种偏振态转换为另一种偏振态。以上述方式工作时,可在一个视图中观察到镜面眩光,而另一个视图中只有漫反射,而没有眩光。

在某些情况下,偏振分束器用于提高光效率,如一束利用偏振光照明,而另一束则反射到同一分束器上。$\lambda/4$ 波片将线性偏振光变为圆偏振光。经过零件反射后,光线再次经过 $\lambda/4$ 波片,将光束再变为线性偏振光,但偏振状态旋转 90°(水平或 p 偏振光会变成垂直或 s 偏振光)。返回光束将会进入分束器的另一端,也就是说,如果光束最初通过分束器传输,就会完全反射回来。该装置也被用作光学隔离器,以防止反射光线返回光源。如果照明沿光轴方向(照明方向几乎与相机的光轴方向一致),就会阻止反射光返回到相机。按相同方式使用塑料圆偏振片。

偏振分束器是孔径为 1~2 英寸的分束立方体,分光比可达到 400~1 或更高(偏振光与非偏振光的比值),光能损失小于 1%。有些器件能同时覆盖大部分可见光波段(成本为几百美元),但在通常情况下,偏振光束器将波长限制在较小的范围内,其原因在前面已讨论。

2.6.1 干涉滤光片

对光特性操控效果最佳的彩色滤光片是薄膜干涉滤光片,包括:

（1）带通滤光片,使一定波长范围的光通过。

（2）高通滤光片,使较长的波长直至红外波长的光通过。

（3）低通滤光片,使较短的波长直至蓝光波长的光通过。

干涉滤光片可用于反射或传输过程(与偏振片一样)。一个用于反射和透射的干涉型彩色滤光片的特例是二色镜或分光镜。二色镜反射特定波长的光,同时使其余波长的光通过。某些投影彩色电视机利用该原理将三基色光(红-绿-蓝)混合,使其沿同一路径传播。通过将三基色光混合,沿投影电视系统的共同路径传输,就不会出现由于投影仪未对准导致颜色重影或距离重叠(在每一个聚焦位置)而产生误差。通过改变设计,光学系统可将光路分割成两个视图。例如,一个相机采集灰度图像,同时利用激光照明的结构光或利用正向照明(阴影)在另一个相机上产生图像。

由于干涉滤光片依赖于驻波,因此膜层的光学厚度至关重要。干涉滤光片对路径长度变化的灵敏度会导致其对光束的入射角敏感。因此,干涉滤光片在一个有限的角度内正常工作,通常在10°～20°范围内。干涉滤光片的倾斜会导致波长改变,如图2.19所示。

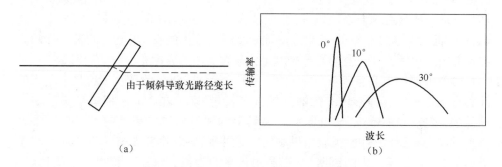

图2.19　干涉滤光片的倾斜使通过滤波片薄膜后的路径
长度发生改变(a)与波长和特征发生改变(b)

干涉滤光片的性能非常高。通常情况下,光的传输损耗是20%～50%(取决于价格高低),但是信噪比非常高,因为其以1～10000的比例阻挡不需要的光或改变光的方向。想要得到较高的性能参数,所需的费用较高。使某波段光通过的普通干涉滤光片只需要25mm(1英寸)的光阑,费用为25美元。更专业滤光片和更大光阑的费用为几百到几千美元。特殊滤光片的最低成本是600～800美元,取决于复杂程度。在大多数可见光谱,滤光片厂商都有标准产品,几乎涵盖了所需的大多数各种规格的组合,价格在100美元以下。

2.6.2　彩色玻璃滤镜

另一种彩色干涉滤光器是玻璃滤镜。实际上,玻璃和塑料薄膜都可用,如已经讨论过的塑料偏振片。塑料的机械稳定性和光学质量通常远低于玻璃(容易受振动影响),但大多数情况下塑料薄膜的成本更低。由于玻璃滤镜依赖染料吸收不需要波段的光,因此其光谱传输特性不如干涉滤光片。彩色玻璃滤镜也可用作带通、高通或低通滤波器。彩色玻璃(或等效塑料)滤镜比干涉滤光片更有可能显示可见光波段内多个区域的透射光。同时,必须考虑被吸收光的情况。例如,热吸收玻璃滤镜实际上是可吸收红外光的低通滤波器。通常采用的空气冷却对玻璃降温,否则玻璃会破裂。利用对红外光响应的红外滤波器时,红外滤波器实际会辐射出红外信号,并产生背景噪声。如果在系统中利用紫外光,也会产生类似的情况。许多彩色玻璃滤镜实际上会发出荧光,利用紫外光产生可见光。利用吸收型滤光器时,不仅需要考虑透射光的情况,同时也要考虑吸收光所发生的情况。

在给定波段内,吸收滤光器的传输率非常高,接近95%以上。在光谱的其他波段,传输率可能只会减少10%或20%。在应用中,考虑到成本和性能,通常利用彩色玻璃制成高通或低通滤镜,与薄膜技术相比,滤镜的截止波长不明显。事实上,许多滤镜都通过在彩色玻璃的表面镀膜产生截止波长(在截止波长以外的光波不能通过滤镜),在较宽的彩色区域上使较宽波段的光截止,且成本较低。

彩色玻璃滤镜有各种各样的尺寸,从几美元的25mm(1英寸)到几十美元的几英寸的滤镜。成像彩色滤镜的选择很多,包括安装在35mm相机镜头前的玻璃滤镜,或安装在35mm相机镜头前夹具上的塑料滤镜。相机的滤光片通常比塑料的原色玻璃成本更高,但如果利用的是匹配透镜,则需要有固定滤光片的夹具(但这不是选择镜头的依据)。当利用较厚的彩色玻璃滤镜获得高信噪比时,玻璃的厚度将会影响光学系统的像差和分辨力,在前面的规范部分已经做过介绍。

2.7　薄膜

图像几何形状是光学性能唯一需要考虑的技术要求。光的反射也会影响图像质量,光损耗和光学表面散射,光谱传输特性、偏振态以及环境的鲁棒性,如在较大的温度变化或振动条件下的稳定性。控制后面一组参数的关键方法是利用合适的膜层。光学膜层可控制反射性、偏振性、光谱传输,甚至可以在不同的灰尘条件、温度和湿度环境条件下,使系统性能稳定。

2.7.1 增透膜

在光学元件上利用的一种比较常见的增透膜层或 AR 膜层。AR 膜层是由一层或多层的介质材料组成,如氟化镁、氟化锂或硅氧化物,其厚度与波长相当。通过严格控制膜层的厚度,在膜层表面和膜层与光学透镜材料的表面之间形成光学干涉的驻波。干涉光波的作用是消除光学元件表面的反射,实际上产生了传输率更高的光波,如图 2.20 所示。

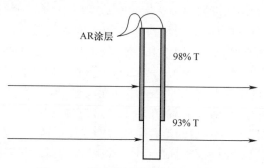

图 2.20 增透膜抵消玻璃上的反射光

透镜中一个表面的杂散反射,可能会以某种方式反射到其他表面,从而产生低强度的图像("鬼影")。在未镀膜的窗口上也会产生同样的鬼影。透过窗口的光线在窗口背面发生反射,然后从窗口正面直接进入成像透镜,除了比未发生反射的光传输的光路径更长,还会产生比原始图像更接近窗口的图像。如果获得的视图与窗口有一个角度,那么相比原始图像,鬼影图像会产生微小偏移,那么会影响合成图像的测量。如果窗口未发生倾斜,那么就不会观察到鬼影图像,但存在微离焦图像,会在主图像上产生轻微的模糊图像。上述问题可通过光线追迹方法发现并予以剔除。

常见的 AR 膜层是单层 MgF,将玻璃的反射率从约 3% 降低到不足 1%。多层 AR 膜层,通过简单叠加,使每个表面的反射率降低至 0.25%,而利用更复杂的膜层组合的反射率会低至 0.1%。由于驻波是波长的函数,所以 AR 膜层只在有限的光谱范围内有效。一般而言,膜层越复杂(多层),波长范围越窄,滤波效果更明显(波长范围也可设计得很宽,需要一定的费用)。在设计的波长范围之外,AR 膜层可减少反射或增强反射。误用改进的膜层,比如将一个峰值在可见波段的膜用于红外的场景,通常比没有膜层更糟。

2.7.2 反射膜

另一种受欢迎的膜层是镜面膜层。标准的廉价反射镜通常会镀单层铝膜,表面再镀一层 SiO。因为铝很容易氧化,使反射图像模糊(这就是为什么需要制作反射镜第二表面不会曝露在空气中,否则透过玻璃所获得图像的质量会退化)。好的铝膜层可反射90%的可见光,对于红外光会有更佳的反射效果。许多便宜的铝膜层是单层铝,直接蒸镀到基板上。单层膜往往会有小孔,会增加光的散射(产生轻微的雾度,使每一层表面变得更糟),并使可见光的反射率降低到80%。好的膜层通常是多层薄膜(类似于油漆罐上薄膜),并且相邻膜层的孔不能对齐。

其他类型的反射膜层带有银保护层,反射率超过97%,但如果覆盖层上有洞,则会很快氧化,对于蓝绿光是中等反射率,而对于红外光,反射率超过95%,同时是介电膜层。介电膜层的反射率可达到99%以上,但也有一些缺点。介电膜层实际上是利用干涉效应,这意味着膜层对波长和角度都很敏感(因为角度的改变会改变通过膜层的光路径长度)。用于 He-Ne 激光的介电镜可使其他波长的光完全通过。如果介电镜的工作角度为45°,那么对于垂直入射而言,反射特性会很差。

分束器就是通过镀膜的方式可使一部分光反射,另一部分光透射。通过在平面玻璃板镀分束膜形成平面分束器,在两个合适角度的棱镜之间镀膜形成一个立方体分束器,或者增加一层薄薄的塑料膜或透明膜形成薄膜分光镜(图2.21)。分束器表面面形和成像质量的技术规范与已经讨论过的窗口和透镜一样。

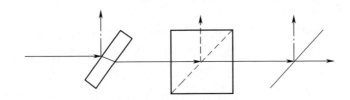

图 2.21　平板、立方体和薄膜分束器

厚玻璃板是最常见、最容易制作的分束器。倾斜的玻璃板在光束中引入一定量的球差和像散。由于平板有两个表面,第二个表面没有分束膜层,通常 AR 膜层可去除鬼影反射。如果立方体的表面没有镀 AR 膜层,会产生鬼影反射。立方体分束器会引入更多的球差,但由于不是倾斜的玻璃板,因此不会像平板分束器那样出现光束平移或像散。制作立方体分束器的主要目的是允许分束膜层不受刮痕,甚至不受空气的影响(类似于透镜中的第二表面)。由于薄膜分束器非常薄,因此不会产生像差。薄膜分束器的第二个表面的反射影响不大,因为与第一个表面的反射相比,平移量不明显。薄膜的主要缺点是非常脆弱,容易损坏,而且容易受到振动的影响。振动会调制反射光,或使图像模糊。

最常见的分束器通常采用中性有色金属,如铬镍铁合金。铬镍铁合金的主要缺点是会吸收超过20%的光,这意味着最佳分束比为40%反射和40%透射。介电分束器的损失通常在1%以下。介电分束器覆盖了大部分可见光谱,产生极微小的偏振效应(两种偏振态的差异只有不到 10%),但是扩展到红外范围就不可用,而且可能对角度敏感。介电分束器膜层的特殊情况是偏振分束器,稍后将详细讨论。

所有反射膜层都会影响光的色彩平衡以及偏振状态。金色的涂层会使白色的物体看起来更像金色,而绿色的介电膜层则会使物体看起来更绿。对于 AR 膜层,会产生相同的情况。如果 AR 膜层通过减少绿光的反射损失使绿光的传播效率比红光更高,则增加了红光的反射损失,因此物体看起来就有点绿。如果检测的特性与颜色相关,即使相机是黑白的,也需要考虑色彩平衡问题。如果光源的大部分光线都是特定颜色(如白炽灯的近红外),那么系统的光效率会比预期的差(且会出现预料之外的鬼影图像)。

光的偏振特性易受到介电膜层的影响,但是金属膜层也会改变偏振状态。在非正入射的情况下,反射镜的反射率将不同于垂直或水平偏振光。虽然对于大多数金属而言,通常只有几个百分点的差异,但是对于介电质来说,差异是 50% 甚至更多。实际上,椭偏仪就是利用偏振态的改变测量膜层的性能(光学指标和厚度)。关于椭偏仪的更多介绍,读者可参考其他文献[19]。该效应意味着利用线性偏振光可消除眩光,例如,检偏器应该放置在所有反射镜前,以达到最佳效果。经过几次反射后,线性偏振光很容易地变成椭圆或圆偏振光,或者当使用介电镜时,由于特定偏振的反射性差,可能完全从系统中消失。

2.7.3 孔径

整个系统的设计中,遮挡块(遮挡块是光学系统中阻挡干扰光的元件)和孔径也是滤波器。大多数透镜的孔径实际上可减少眩光和镜头边缘的散射光,在某些情况下可减少像差。孔径也可用于选择光的某些特征。例如,在焦平面(不要与像平面混淆)上放置一个孔径光阑,焦平面是指成像透镜后焦面,零件上反射的光线进入透镜的角度受限。通过限制系统的角度范围可分离零件反射光,使表面的不规则性增强。例如,类似于镜面上的划痕,或控制光学系统的观察方向。当接近零件时,利用远心视图以相同角度观察零件上的每一个点。当观察 3D 形状零件时,角度归一化非常重要。通过连续角度观察零件,焦点的改变不会改变该零件的放大率(其他放大率的图像无法进入像面),从而使得测量系统对离焦所造成的尺寸变化不敏感(图像仍然会模糊)。

相干光照明,有利于增强与零件特性相关的光束。当利用激光等相干光作为光源时,该零件的特定尺寸的特征将会以与该特性大小相关的角度产生衍射光。小特征会产生大角度衍射光,而大特征则会产生小角度衍射光。漫反射零件的表面类似于一系列反射镜,每一个反射镜都指向略微不同的方向。光的漫反射制约了筛选只与该尺寸特征相关的光的能力。然而,如果零件类似于镜面,或是全透光,那么在透镜焦平面上放置的物理块会使来自特定的尺寸或特征方向的光通过或不通过。在集成电路芯片(IC)或玻璃零件中利用相干空间滤波方法探测亚微米的缺陷或细裂纹[15]。

遮挡块是光学系统中阻挡干扰光的有用元件,但也会影响系统的最终性能。由于衍射效应,小孔径限制系统的分辨力。大孔径会使小特征的景深变小,同时更易探测大特征(图2.22)。孔径也会产生渐晕,当均匀照明时,图像边缘变暗。即使视场内没有渐晕,透镜中的小孔径阻挡进入光学系统的大部分光线,也使系统光效率变低。

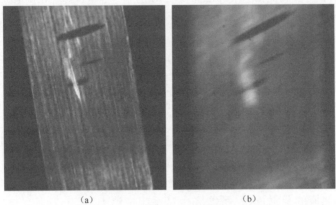

(a)　　　　　　　　　　　　(b)

图2.22　通过减少景深,使复杂图像转换成更简单图像(a),
对精细结构离焦成像而保留更大的特征(b)

2.8　棱镜

为了产生偏振光或使光线分束,或实现90°反射的反射镜,已提到了几种类型的棱镜。在机器视觉光学系统中可采用一些特殊类型的棱镜,含有棱镜的系统需要考虑特殊的注意事项[11]。9°棱镜在90°方向上有效地反射光束,光从棱镜的一侧入射,通过全反射(如前所述)从斜边射出。如果棱镜的入射面和出射面没有镀AR膜,那么每个表面将会损失3%~4%光能,还可能出现鬼影图像。整个玻璃路径(通过玻璃的距离)将产生系统球差和其他像差(通常是色差)。然而为得到较高的鲁棒性,通常更倾向于利用固体棱镜,因为反射表面可通过安装固体支架保护,从而减少反射镜老化造成的光损失。

2.8.1　恒偏向棱镜

如果要考虑对准稳定性,那么恒偏向棱镜非常有用。恒偏向棱镜的两个特殊情况是五棱镜和角锥棱镜。五棱镜,也称为光学正方形,不论棱镜在入射面如何旋转,出射光线均以90°恒定角度出射,如图2.23(a)所示。当棱镜平移时,光线仍会线性平移,可调整棱镜在光学链路中的位置以减少该效应,当反射镜倾斜时,即使是倾斜量很小,依然会导致图像位置产生剧烈变化。例如,反射镜放置在距离物体1m(3英尺)处,2.5cm(1英寸)的反射镜移动5μm(0.0002英寸),物体的位置明显变化约1mm。如果移动量足够大,那么图像中感兴趣区域会发生模糊。当分辨力低于光学系统的分辨力(受衍射极限影响)时,五棱镜平移5μm,那么物体位置移动5μm。

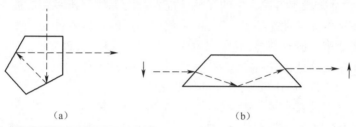

(a)   (b)

图2.23　恒偏向五棱镜以固定角度改变光束的角度(a),旋转图像棱镜使图像旋转(b)

　　类似地,角锥棱镜将会沿着原路径返回光束(角度改变180°),但是也会使图像平移。角锥棱镜已经用于将从月球发射的光直接返回月球。利用恒偏向棱镜,光的方向不会发生变化,月球上的反射镜将光束反射回空中。角锥棱镜与方位角和俯仰角的变化无关。五棱镜基于一对一原理使光束发生偏折(入射平面外),只对出射角为90°的光线引入较小的误差。两个直角棱镜固定在一起,等效于一个角锥棱镜,使光束沿着平行光路返回。当因空间限制需要光学路径折叠时,通常,直角棱镜组合性能更稳定。

2.8.2　旋转图像棱镜

　　对于一类特定应用而言,更专业的棱镜是图像旋转棱镜。Dove棱镜是最简单的类型,如图2.23(b)所示,但也有很多其他类型,如Pechan、Schmidt和Abbe棱镜等。当上述棱镜旋转时,图像也会发生旋转,图像的旋转速度是棱镜的2倍。图像旋转棱镜使一个场景旋转或不旋转,以保证在不同的方向观察图像,或者将旋转的零件变为静止零件。图像旋转棱镜的一个应用例子是对大型环形零件的检测,利用线阵相机沿零件半径方向产生连续图像。采用该方法可快速实现高分辨的检测,无须快速旋转大零件。另一个应用实例是检查旋转风扇,需要在不对称旋转或振动情况下检查扇页(利用光学全息图和莫尔条纹成像技术完成大部分测量)。
　　在上述所有棱镜的应用中,由于光程导致的像差以及"隧道"效应会使系统的有效F数变小,从而影响衍射受限系统的性能,因此,必须考虑光程对系统分辨力的限制。

2.9 光学测试元件

我们一直关注各种能够提高或降低光学系统性能的特殊光学元件。也许光学系统中最不可控但必不可少的元件是待测零件。如果待测零件是传统的光学元件,如棱镜或透镜,类似于其他元件,将其代入公式中,预测其性能。大多数情况下,在零件设计阶段不考虑零件的光学性能,因此,无法分析零件的光学特性。尽管对待测零件的光学性能缺乏了解,但是我们利用的是该零件对光学系统最终性能的主要影响来完成对其检测(如果没有影响,我们将无法对其检测)。

对系统中的其他元件所考虑的问题,同样适用于待测零件:

(1) 用于零件照明的光线方向如何变化?

(2) 零件对波长有什么影响?

(3) 零件对光的偏振有什么影响?

(4) 零件传输光(损耗)的效率如何?

最后一项光损耗通常是零件对光学系统造成的主要影响,通常比光学系统的其他部分所造成的损失要大得多。零件的光效率很大程度上受到光线的影响,以及其对波长和反射系数的影响(零件不是100%反射,例如钢反射率只有50%),在光学系统中光偏振影响的变化不明显。

关于零件表面,我们关注的问题如下。

1. 表面粗糙度

(1) 高镜面度:

① 平面;

② 曲面;

③ 不规则表面。

(2) 高漫反射:

① 平面;

② 曲面。

(3) 部分漫反射、定向反射:

① 方向敏感(细沟槽表面);

② 定向均匀反射。

(4) 反射、漫反射和定向混合的表面。

2. 表面几何形状

(1) 平面;

(2) 稍微弯曲;

(3) 大曲率和有棱角的变形;

（4）混合表面。

3. 表面反射

（1）高反射率(白或灰)；

（2）低反射率(暗或黑)；

（3）高反射区域和暗区混合；

（4）半透明；

（5）透明。

零件的所有初始特性都会影响入射光的方向。

4. 颜色

（1）单色：

① 较宽的色域(灰色)；

② 单色。

（2）感兴趣区域的颜色变化：

① 细微变化；

② 离散色。

（3）较宽色域和离散色的混合。

如果零件反射的颜色是光源中强度较弱的颜色,那么零件就会显得暗淡。如果零件不能反射光源中强度较大的颜色,那么光会被零件吸收而损失。零件反射光的颜色类似于滤波器,为了得到最佳的性能,系统中任意膜层或透镜需要匹配设计。如果零件主要反射红光,而设计光学元件时利用的是氙气灯(蓝光多),AR 膜层对蓝光优化设计,但对红光的反射性能一般,这意味着没有发挥透镜的最好性能。了解获得待测零件对图像的影响因素,从而推动机器视觉的设计与应用[5,6,20,21]。

2.9.1　反射面

表面粗糙度和几何形状会影响光学系统的光效率。真正的镜面,类似镜面的表面粗糙度会将所有光线或仅仅来自特定区域的光,如眩光,引入光学系统中(图 2.24(a))。如果镜面零件是简单的几何形状,如平面或球形,那么照明光与零件匹配,以便将零件当作光学元件。同样的道理也适用于透明的物体(类似于透镜或窗口)。如果形状不规则,有多个波谷,那么在整个表面上反射光就比较困难。在某些情况下,仅仅需要从表面特定的点反射光。例如,在某些情况下,只需通过平行于圆柱轴的线形光源的镜面反射,可识别并检测出转动零件形状的宽度或直径。

需要观察镜面、不规则形状上的一个特殊点,那么就有必要追踪照亮该零件的光线,以便将该零件的光引入到成像系统中。在特例中,通常通过将零件放置在一

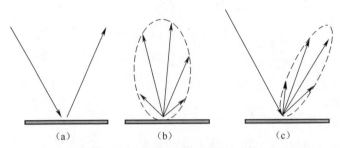

图 2.24　零件表面产生类似于镜面反射(a)和各个方向的
漫反射(b),或某个方向更亮的定向反射(c)

个提供照明所有方向光的半透明圆锥形中。光源照亮圆锥形,该圆锥形围绕着该零件产生多个漫反射面,避免光线直接照亮零件(图 2.8)。半透明圆锥形光的照明结果是使待测零件看起来是均匀的漫反射面,即使待测零件表面是镜面。有时,不可采用均匀照明,因为该照明方式会无法分辨镜面表面。如果零件是半漫反射半镜面反射,或者类似于刮痕等感兴趣区域具有漫射性特性,那么半透明圆锥形光源非常有效。

2.9.2　漫反射面

半透明圆锥形光源和散射体零件通常光效率很低。漫反射面,也称为朗伯表面[15],是指将任意入射角度的光线反射至以表面法线为中心的更宽广的区域(利用与法线夹角余弦函数的四次方描述),如图 2.24(b)所示。这意味着,对于一个固定孔径而言,如果从与法线夹角 5°(汇聚角度为 10°)变化到 45°左右,那么光线亮度会下降 1/10。从另一个角度出发,如果从 5°的固定视场(透镜视角)照亮平面,那么从 45°照亮表面时,会覆盖约 10 倍的面积,减少约 1/10 倍的表面辐照度(W/m^2)。利用平行光束照明的区域随着与表面的夹角余弦值变化而变化。探测器所观察到的区域随着视角的余弦增加而增加。将漫反射表面作为光源,其投影面积会随着辐射角度的余弦而减少(朗伯余弦定律)。随着离表面距离的增加,光线会扩展到不断增大的半球形状,因此光强随着距离平方减小(平方反比定律),按照余弦四次方变化。

探测器的实际辐照度由透镜的 F 数和放大率决定。然而,据此可知,漫反射表面的角度极大地影响系统所能利用的光能。假定零件反射了全部照明零件的光(通常是不可能的),由于零件不是完全的漫反射体,将 $f/5.6$ 透镜(约 10°)($f/2.8$ 透镜,1∶1 放大率)放置在与零件表面法线夹角 45°处,只能收集大约 1/2 的光能。其余光能均损失,不能被光学系统收集。

2.9.3　定向反射/投射面

在许多情况下,零件表面的反射光会发生漫反射,因此,不能将其当作反射镜,但光具有方向性,其中心是镜面反射光束的位置,如图 2.24(c)所示。我们可能需要使沿特定方向的光最大化,但是视场的中心可能会出现明亮的眩光。漫反射不能保持偏振状态,也就是说,如果光照射到零件之前是偏振光,经过零件反射后基本上不会是偏振光(取决于零件实际的漫反射程度)。如果反射光是半漫反射半反射,在视场中会出现明亮的“闪光”或镜面眩光,上述现象可利用偏振技术予以消除。由于眩光是光的自然漫反射分布,因此不能有效地保持偏振态,所以从漫反射的图像中无法去除眩光。

在某些含有加工标记的表面,或部分透明即半透明表面,类似于从表面整体几何结构中分离的表面,反射光的方向由加工标记的斜坡或表面其他的微结构决定。当光源移动至零件法线附近(法线下方的固定角度)时,从另一个固定方向(通常不是法线方向)观察零件,会观测到光栅效应。选择性定向反射导致运动零件的照度或零件一侧的照度在平面的不同方向发生变化,类似于打开和关闭百叶窗时照度的变化。

2.9.4　余弦图

根据面形的变化,绘制出镜面反射的方向或零件上的光线反射方向比较困难。可能的辅助方法是通过余弦图观察光线的方向[19]。本书不详细讨论余弦图,只介绍观察零件光线反射或透射的可视化有用工具。光的余弦方向是光传播的角度范围。根据图 2.25,透镜收集光线的角度可归一化为投影在单位球上的立体角。零件上的反射或透射的光以上述方式投射到同一单位球上。为了形象地追踪光线,单位球形圆顶的几何投影变为圆周上的光线,从球形圆顶的投影边缘到圆的法线方向(垂直向下)画辅助线。

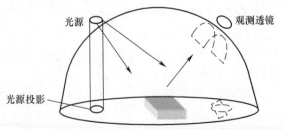

图 2.25　利用余弦图将光源和反射投影到单位球上,以方便观察零件上的反射光

当透镜在零件法线方向(垂直向下)收集光能时,余弦图的中心为圆心。如果透镜偏离中心,那么入射透镜的立体角在圆的投影将会以菜豆形状偏离中心(图 2.25)。利用相同的方式增加反射式照明。以给定方式定义圆上的镜面反射,而漫反射将覆盖整个圆。利用余弦图可直观观察哪束光会进入观测系统以及光能损失。通过绘制光线,可追踪零件的镜面反射或定向反射光线,通常在零件表面最陡的斜坡上确定角度范围,或通过实验确定反射光场。通过余弦图为光的传播提供一种直观视觉感受,以分析零件上的反射光方向,而不是随机地移动相机方向。

余弦图帮助我们确定观察整个反射区需要多大的透镜以及透镜应放置的位置。另一种目的是将光源沿着零件长度方向发生散射,即可得到图中 180°内的散射光线。

把零件作为光学系统的组成部分定量分析其影响并不容易。然而,基于零件的已知信息,在最糟糕的情况下,将零件作为光学系统的一部分进行考虑,以指导系统中还需要哪些元件,并且提供一种确定光学系统的最佳理论性能而非实际性能的方法。

2.10　光学系统的设计

除非是一名光学设计师,否则不可能为一个应用设计特定的透镜。许多供应商和设计公司才进行设计。然而,在光学系统中,了解单个元件的影响是针对机器视觉系统指导光学设计的第一步。一系列元件对诸如分辨力、偏振或噪声等参数的影响总和可能会大得惊人,即使每个元件只会对图像产生很小的影响。所以需要解决的问题是如何开始设计。与其他任何问题一样,问题本身的定义是实现可行解决方案的重要一步。根据手头的信息描述问题,而信息的采集受系统约束条件的制约。部分约束条件包括:

(1) 为获得良好的信噪比相机所需的光能;

(2) 分辨零件特性所需的最终分辨力;

(3) 分辨零件特性所需的视场和景深;

(4) 待测零件的表面粗糙度或表面特性;

(5) 偏振态,包括零件对偏振态的影响;

(6) 对波长要求,包括从光源获得的波段范围,以及零件的反射特性;

(7) 系统元件位置的物理限制;

(8) 环境制约,如必须承受的温度变化、振动和噪声(大多数情况下,影响分辨力);

(9)照明的类型或功率制约(以至于不会"灼伤"目标);

(10) 成本制约——节约光学系统成本,通常光学成本会比其他方面的成本更高(首先需要确定合适的系统是什么,然后再考虑实际成本)。

上述问题适用于几乎所有应用,除此之外,在检测过程中还有特殊需求,如需保留零件的颜色信息,对运动零件的拍摄,或是如何获得零件上难以观察区域的图像。例如,运动的目标需要频闪灯定格其运动。频闪灯与其他光学元件的输出光相同,但是实际上一系列独特的特性会对系统的其他元件产生限制。某些频闪灯是氙灯,具有较多的紫外光。如果利用紫外光,光学元件上的膜层必须与光源波长匹配,否则会产生高损耗和鬼影图像。某些玻璃透镜会吸收紫外光,最终由于热应力而破裂,因此可能需要石英光学元件。不能采用石英光学元件制作普通玻璃透镜,会限制系统中的透镜尺寸、焦距或影响设计。如果该零件包含有机部分(包括许多塑料制品),频闪可能使元件产生荧光。荧光波长与光源波长不同,而且可能会引起鬼影图像,由于 AR 膜层与荧光波长不匹配,荧光也是不偏振的,所以即使大部分光都是镜面反射(如不含油脂),偏振片也可能无法有效阻挡来自零件的反射光。由于油脂可能是零件上的污点,所以有必要遮挡来自油脂的反射光。然而,在紫外光照明下,由于可能存在油脂污渍,荧光会产生明显的不均匀照明。

前面例子表明,系统中很少有变量是真正独立的。整个系统需要作为整体进行考虑,以寻找最优设计方案。考虑到前面讨论的限制类型,系统设计通常遵循如下标准步骤:

(1) 采集系统必须满足相关约束条件。

(2) 确定光学系统必须具备的功能——针对特定应用,获得高质量图像的系统构成(需要观察"哪个"特性)。

(3) 确定可能需要的元件。

(4) 在确定最佳可能解决方案的基础上进行系统设计。

(5) 对系统分析要根据①必须满足的约束条件;②哪些参数可变(如更大的图像尺寸是否可行);③不是必需的但却要求的系统特性。

(6) 根据实际元件(可购买的元件)参数重新设计系统。

(7) 系统的构建、测试和优化。

上述步骤并非只针对光学系统的设计,其他设计也适用,需要注意的是理解约束条件,以及每个元件对照明、透镜、滤光片或零件本身的容差对最终图像性能的影响。

2.11　相机

机器视觉系统的第二个基本模块是相机。早期的机器视觉中,相机是困扰工程师的一个问题,只有闭路视频相机,或是昂贵的高质量相机。典型的模拟相机可用灰度级只有 50~80 个,不同相机的噪声不同。如今,消费市场推动了古老的相机产业的数字化革命。当今,许多视觉系统都在利用或至少可选择高稳定性、高动态范围和高像素数的数码相机。

目前,分辨率超过 1000 × 1000 像素的相机非常常见。10 位或 12 位像素深度,即动态范围超过 1~1000(即使允许一定程度的噪声)的相机价格在许多机器视觉应用的预算范围内。在没有复杂得多相机系统的情况下,更容易可靠地实现更大视场范围或更高像素。相机新接口的出现,包括火线、高速互联网、USB、GigE(千兆以太网)和适用于摄像头的 camera link 接口(提供非常高的图像传输速度),使得摄像头更易安装在工业制造环境中,利用互联网将各个相机连接起来,并采集更多的数据。

但是,虽然相机数字接口选择性较多,"小型"相机依然朝着更多的像素个数和更小的噪声以及日益数字化的趋势不断发展。小型相机将摄像头与片上处理器和内存结合在一起,产生手掌大小的视觉系统。20 世纪 80 年代,已经出现了多种形式的小型相机,但是该系统功能非常简单,且比较笨重。早期系统通常一次只能执行一次操作。简单地确定两个边缘之间距离的边缘探测器,对于组装件如汽车车身零件的对准或测距非常有用。基本的 Blob 识别方法可实现简单的光学特性分析或形状识别。上述系统的功能简单,只是比高端条形码扫描仪功能稍微复杂,但是价格却要高得多。

目前,小型相机的应用范围变广(图 2.26),其内存和处理能力(通常是奔腾处理器)比 10 年前的老式计算机要有所提升。在典型的小型相机系统中可利用的操作类型包括:

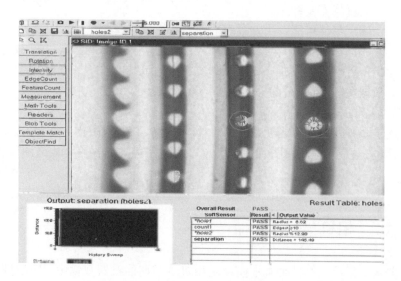

图 2.26　小型相机通常可执行一系列操作,如特征位置、
尺寸或计数,通过简单的菜单或图标(左)可访问

064

（1）识别零件位置和旋转角度（允许零件位置变化）。

（2）对多个边缘位置的分析包括计数、分离和计算两个边缘之间的角度。

（3）Blob 分析以匹配复杂的模式，包括完整的光学特性读取（而不仅仅是验证）。

（4）提供广泛的输出类型，从简单的逻辑输出到详细的数值报告，包括公差、误差和统计信息。

在很多情况下，利用互联网将相机连在一起。由于大部分都是本地处理，所以只有结果或者每日报告需要在网络上传输，从而不需要独立的专用计算机。

小型相机的复杂程度和成本范围仍非常大，从上千美元的简单模式匹配器，到几千美元的完整系统。一般而言，该软件的交互很好，含有下拉菜单和图标设置应用，而不是 C 代码和低水平的通信协议。然而，上述系统并不能完成测量所需的所有操作。

图像预处理、形态学运算、傅里叶分析或类似的数学分析和相关性等复杂操作，通常超出了小型相机的功能。然而，以小型相机目前的功能，可实现大量"效果较好"的视觉应用。诸如简单的检测、孔的识别或计数，如图 2.27 所示，以及对基本零件的测量，小型相机实现起来的难度和成本适中。上述问题对整个行业意味着什么？将机器视觉系统用于实现类似的基本测量不太合理，因为视觉系统本身的费用为 3~6 万美元，而小型相机的成本只有机器视觉系统的 1/10，故利用小型相机即可。实现工程应用固然重要，但是目前硬件投资的成本也需控制。

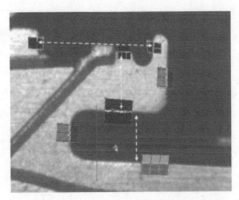

图 2.27　利用小型相机确定特征的分割和方向以查找边缘

2.12　机器视觉软件

机器视觉的第三个基本构建模块是软件。近几年前，实现任何视觉应用都需要利用 C 语言或类似的语言,或者通过一种专用的视觉语言,利用助记符、命令字符串和控制器实现软件编程。目前,可利用基本的 C 代码库,而且已经变得相当包容,为程序员提供了广泛的功能。对于许多应用而言,一些专用的视觉系统软件包提供了用户界面,可调用公用函数、滤波器、通信功能等,而不需要编写代码。在某些系统中,操作员或用户界面生成可执行文件,在工程中应用,以提供更高的操作速度。通过脚本,通常是基于 Visual Basic、Visual C++、或者 C#添加简单的操作,为终端用户提供清晰的示例和说明。

目前,视觉系统利用某种形式或专用硬件。它们可利用多个处理器、高速内存和快速图形卡,但是对于需要实现只保证系统正常工作的终端用户而言,通常不采用专用硬件。以前通过编写特殊的配置文件实现相机设置,而现在可实现即插即用。现代高速计算机取代了价值 10 万美元的高端工作站,其入门级系统的售价不到 500 美元。在连续制造工艺如卷式生产方式或初级金属的加工生产系统中无法采用非专用硬件和软件,标准的 PC 可能达不到所需的速度。

现代机器视觉软件良好的交互性特性使得不具备丰富编程经验的工厂工程师能够实现设置、编程或改变参数,同时许多车间维修人员轻松地维护系统,而在过去,系统维护工作只能由高级工程师完成。不再需要供应商实现对新零件的编程。生产经理即可测量新零件、改变容差或在制造过程增加新的检测。由于以前许多用于工业检查、对准和简单的测量应用中的视觉系统的购买费用、维护费用以及配置费用过于昂贵,而现代机器视觉的易用性以及较低的价格更具吸引力。

机器视觉软件是数学算法的实现,它展示了摄像机捕捉图像的过程,便于对目标对象进行判断和检查。例如,确定目标尺寸是否正确的,表面缺陷是否可接受,或是否缺少某些元件。接下来,将简要回顾与数字图像和图像处理算法相关的基本术语,每个机器视觉软件包中均采用图像处理算法。

1. 灰度和彩色图像生成

灰度图像的每个像素都有一个单独的灰度值,一个灰度级对应于入射的一个光强值。产生灰度图像的相机是黑白相机,而产生三种不同强度的红、绿、蓝颜色的相机称为彩色相机。在彩色相机中,通常在相机芯片前放置滤光片,将像素分成红色 R、绿色 G 和蓝色 B 的组合(称为 Bayer 滤光片),但相机的可用分辨力就会降低。通过插值得到每个颜色通道数据之间的灰度值,但并不能真正增加分辨力(图 2.28)。

唯一的例外是三片式相机,具有独立的红、绿、蓝芯片,并且精确地排列起来。三片式彩色相机的设计需要更多的光线,因为光线必须分成三组,而且制作成本更高。

由于处理时间、光强级别、分辨力和成本的原因,目前大部分的机器视觉操作都利用灰度图像。特别是在测量应用中,通常更关注物理特性,如边缘或孔,而不是零件颜色。但某些情况下,利用颜色检测边缘。在制造过程中,通常在相机前放置彩色滤光片以便在灰度图像中突出特征,而非采用彩色相机。

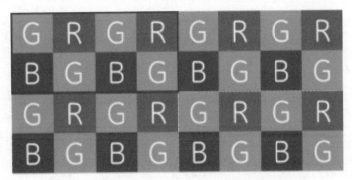

图 2.28 用于相机的 Beyer 滤片是该模式的重复

2. 阈值分割

机器视觉处理中最常用的方法之一是阈值分割。阈值分割是将连续或离散的灰度映射到两个或多个灰度级的过程。最常见的阈值分割称为灰度阈值分割。将阈值分割应用到灰度图像中,产生两个灰度级的二值图像,通常区分前景(如目标或局部缺陷)和背景,如图 2.29 所示。可手动或自动选择阈值。原始图像中目标与背景具有较高的对比度,可实现自动阈值分割。该算法可利用图像像素灰度直方图,确定最佳分割阈值。当照亮零件的光强不均匀时,通常可自动更改阈值,以分割图像的每一区域(图 2.30)。

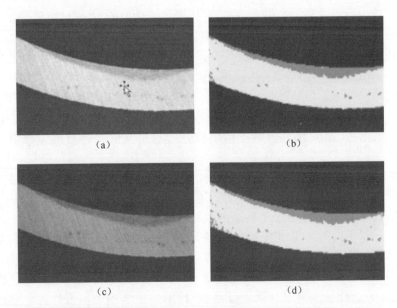

图 2.29 (a)简单的灰度阈值分割,(b)多阈值和(c)、(d)位置相关的阈值分割

256×256   64×64   16×16

图 2.30　灰度量化对图像清晰度的影响

3. 灰度量化

灰度量化是一个多阈值分割过程,即将图像原始灰度级映射到较少的灰度级。利用图像分割,灰度量化在计算过程中减少了计算量,从而加速了处理过程。普通的机器视觉数码相机产生图像的灰度级为 256~65536(分别对应 8~16 位相机)。当算法需要灰度级较少的图像时,通常调整相机参数,以产生较低的比特率,因此会产生较小数据量的图像文件,有利于传输和存储。然而,当需要利用非线性映射算法时,就会采集高比特率图像,并采用量化算法完成映射。

4. 边缘和边缘检测

为了减少所需处理的数据量,一旦利用阈值或类似的方法分割后,测量应用的下一步通常就是确定特征的边界,以作为测量的参考点。图像中的边缘如目标的外边界代表相邻像素之间存在灰度变化。边缘检测是提取图像中边缘的过程、突出边缘。一组边缘可能代表某些纹理、深度、几何特征(如孔)或物质属性。边缘图像不包括灰度或彩色信息。边缘图像通常是利用阈值提取原始图像的梯度或强度变化。根据图 2.31,首先,通过原始图像计算梯度图像,梯度图像描绘了灰度级发生变化的区域,而变化量由程序给出;然后,利用阈值将梯度图像映射到边缘图像。

Sobel、Robert 和 Prewitt 都是简单的梯度边缘检测算子。Marr 边缘检测算子依赖于高斯滤波图像的 Laplacian(LOG)过零点(图 2.32 展示了该过程)。将原始图像与高斯函数的作用(卷积),(高斯函数是低通滤波器)去除像图像高频变化,如图像噪声。卷积后的图像如图 2.32(c)所示,而图 2.32(b)所示图像是简单的平均化。高斯滤波模板的像素数越大,去噪效果越好。但是会牺牲提取边缘位置的精度。Laplacian 算子,其过零点代表边缘。另一种常见的算法是 Canny 边缘检测算子。Canny 边缘检测算子计算差分高斯(DOG),边缘检测可看作去除噪声的低通滤波图像中的高通滤波器。

Canny 算子中的另一个步骤是利用两个阈值分割梯度图像,以检测梯度较高

| 256个灰度级
（a） | 16个灰度级
（b） | 2个灰度级
（c） |

图2.31　256个灰度级,16个灰度级的原始图像和阈值图像

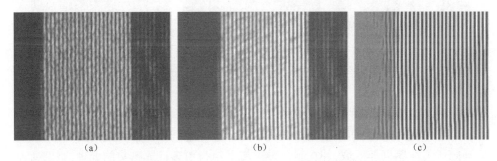

（a）　　　　　　　　　（b）　　　　　　　　　（c）

图2.32　原始含噪声的线条图像(a)、简单平均化(b)和利用高斯函数滤波后的图像对比(c)

的边缘区域(所有边缘检测算子的标准),同时提取与梯度较高的边缘相连的任意梯度边缘。在许多工业场景中,某些区域的边缘对比度不够高,但人眼可将弱边缘与强边缘连接起来,Canny算子试图模拟该过程。首先,利用高阈值检测边缘,然后再利用低阈值进行检测。结果提供了包含完整边缘的图像。

需要权衡选择边缘检测算子,当处理大批量图像时,简单的梯度算法更适合于实时检测应用。低复杂度的算法通常利用较少的内存空间,处理时间较短(能够在几毫秒内处理完整图像),并且可与嵌入式硬件兼容。然而,一些算法,如Canny边缘检测算子等算子,通常运算量较大,可嵌入到硬件中实现加速,以满足生产线的速度要求。

边缘检测与其他方法均可实现图像分割任务。阈值分割通常效果不好,因为零件或背景在亮度或颜色上的变化较大。边缘检测通常是图像处理算法中的第一步,即利用不同区域之间纹理相关的对比度算法,例如边缘定位、纹理曲率和类似特征,检测边缘。

总而言之,当零件或背景不具有纹理时(零件和背景在外观上是平滑的),边缘检测对于检测零件特性或缺陷检测非常有用。另外,当每个区域的特征是近似一致的纹理时,边缘检测也可用于基于纹理的区域分割,如图 2.33 所示。

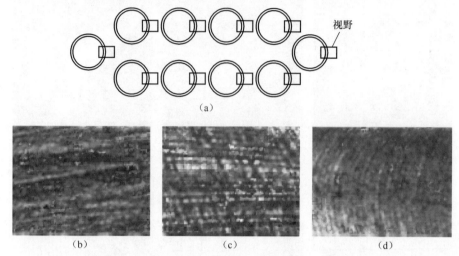

(a)

(b)   (c)   (d)

图 2.33 不同的环(a)利用不同的表面纹理变化分割具有接近均匀纹理的区域,
如直线纹理(b),重叠加工痕迹(c)或曲面加工痕迹(d)

5. 感兴趣区域选择

通常,图像分析之前需在相机视场中选择感兴趣区域。在可能的情况下,人们更倾向于关注感兴趣区域,并在感兴趣区域上执行更多计算密集的处理,以解决制造过程中典型的关键瓶颈问题,节省内存空间和分析时间。感兴趣区域的选择可利用前面提到的分割过程进行处理。例如,感兴趣区域是定位零件上的孔。通过边缘检测,找到弯曲的边缘进而确定孔的位置,一旦孔被定位,后续只对孔周围的局部区域进行处理,该区域可能是整幅图像的一部分。选择感兴趣区域的例子如图 2.34 所示。

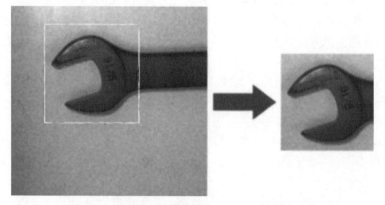

图 2.34 选择感兴趣区域后,只处理感兴趣信息

6. Blob 查找与分析

另一种用于分割的常见算法是 Blob 查找和分析。Blob 查找假设特定目标与周围图像不同,最简单情况是目标是亮的,而图像的周围背景是黑色的,反之亦然。在机器视觉应用中,利用合适的照明,以及背景涂漆和材料控制等方法,突出目标与背景的区别。更复杂的算法依赖于每个像素与邻域像素的相对强度,而其他的算法则依赖于灰度相近像素的连接形成一个 Blob(图 2.35)。对于 Blob 查找的后处理是利用先前的知识只选择"有意义的"Blob。滤波器与几何形状(面积、伸长率、纵横比、圆度、凸度等)、颜色、强度及对比度等因素有关。

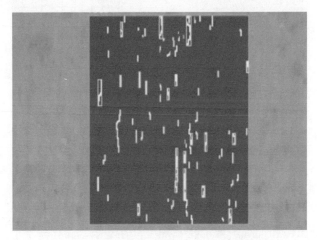

图 2.35 Blob 查找分割特定形状,滤除背景

7. 形态学处理

另一组用于分割、选择感兴趣区域和去除图像噪声的处理方法是形态学处理,即以不可逆转的方式处理图像中的几何形状。利用上述方法,突出目标的某些特性,并且为测量做好准备,可去除噪声,并选择边缘(如外边缘或内边缘)。

然而,现代形态学操作可用于灰度图像,我们将展示用于二值图像的常用操作符。形态学操作的概念是将一个形态结构元素作用于图像中的每个像素上,根据形态结构元素与每一个像素邻域像素的相互作用改变像素的值。该形态结构元素简称为"结构元素",它与图像的交互方式由每个操作符的基本数学公式决定。例如,结构元素可以是圆形、正方形或十字形。

最简单的形态学操作符是膨胀、腐蚀和骨架。膨胀使形状"变胖",腐蚀使形状"变瘦",而骨架用于确定中心线。在图 2.36 中,先膨胀再腐蚀,可将特征缩小到特定尺寸或去噪。另外,与预处理或后处理图像相比,可突出所要探测的细小特征。

8. 图像分析与识别

许多算法都基于机器学习的方法,需进行训练以识别目标,例如,识别什么是

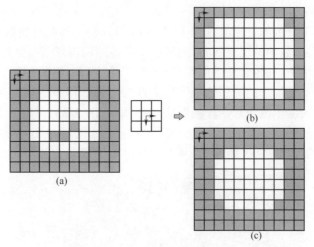

图 2.36　形态学操作

(a)原始图像;(b)膨胀;(c)腐蚀,去除图像中的噪声特征。

目标(或选中多个目标中的特定目标)和什么是背景。通常,上述方法都需要离线的训练过程,即通过软件读取已知类型的图像。该方法需提取数学特征,例如,每幅图像的特定尺寸和比例、平均形状的向量以及该特定类的形状分布。代表图像特征的集合称为特征子空间。在线操作过程中,对被测图像重复相同的特征提取过程,并在被测图像和训练图像的特征子空间中进行比较(分类),以确定被测图像与训练图像是否类似。

在机器学习方法中,基于外观的方法用于识别目标、区域、缺陷或场景,该方法基于高阶相似度或视角的方向、阴影,整体形状或大小的差异。简单的机器学习方法是利用主成分分析法(PCA)提取特征,将图像的平均值或平均形状定义为主要向量。为了便于解释,假设每幅图像只包含 2 个像素。图 2.37 所示为用于训练的所有图像。

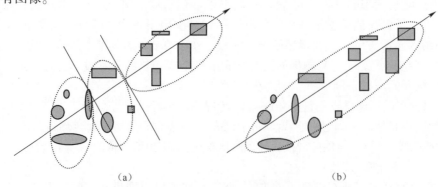

(a)　　　　　　　　　　　　　　(b)

图 2.37　主成分分析显示不同的分类

如果每幅图像由n个坐标表示(n为像素数),沿最大分布的方向对图像组分类。最大分布方向由主成分分量表示。通常,图像沿主成分方向分为不同的类。例如,图像中所有高且窄的特征可能属于一类,而短且宽的特征则会划分为另一类,或其他特征,如圆度特征。

如果图像确实属于不同的类(由于零件不同),那么在描述中,根据不同分类器的数量将图像划分为不同的类。不同的类别对应于不同的零件形状,分类器形状和方向(图2.38)、表面特征等。第一个主成分向量定义了最大分布方向,从而确定了类可能分布的方向。第二个主成分向量在最大横向分布方向上与第一个成分分量正交。通常情况下,图像有数十万或数百万的像素,所以只选择几个主要分量进行特性分析。与最大的主成分值相关的向量(图2.37中椭圆的长度和宽度)将作为要素被保留。

图2.38　一组训练图像。为实现对零件的选择与放置,需要零件类型和方向的信息

因此,特征向量只包含一些元素,而不是原始图像的全部像素,同时,提取特征后,每幅原始图像的像素数量和衍生特征数量之间的比率会降低。在特征子空间中实现分类,会显著减少时间、内存和 CPU 消耗。在特征子空间中,利用最近邻域分类器测量距离,并进行分类。

许多算法(Duda、Hart 和 Stork)能够给出智能策略。为了减少在生产应用中测量和检查的计算时间,算法应该具备以下条件:

(1) 与应用兼容。

(2) 测量和维护尽可能简单,高效的 CPU 和内存以及满足快速在线检测的需求。

(3) 提供可重复性测量结果。

没有哪一个特征提取和分类方法能够满足所有应用的所有需求。因此,将根据视觉应用需求对不同方法进行组合。

用于机器视觉的软件包通常是机器视觉的完整专用系统,或者是为实现特定机器视觉系统组件功能的数据库。该数据库包括相机控制、运动控制、图像采集、图像处理和分析、特征提取和分类以及图形显示的例程。

典型的机器视觉编程平台是基于微软公的 Windows 操作系统,使用 MS Visual C++或 C#。然而,也可利用混合模式,例如,软件框架是用 C++编写的,而其他的函数则是调用不同编程语言(如 Visual Basic)。常见的机器视觉软件包是 Matrox 成像库(MIL)[22]、英特尔(Intel)公司的 IPP[23] 和 Halcon[24]。视觉-图书馆(VXL)是一个公司和大学共享图书馆的软件包,它提供了一套非常强大的函数,其中很多数据库提供最终算法。VXL 提供了一种优秀、灵活的原型设计工具。然而,该数据库的层次结构差,且编程效率低(为整合最新算法付出的代价),不适用于实时在线应用。

除了视觉和图像处理数据库之外,英特尔还提供了一系列函数,其中之一就是"集成性能基元"(IPP)安装包,它为英特尔(Intel)公司 CPU 优化了计算机视觉算法代码,从而极大地提高了处理速度。当软件级别的计算速度达到极限时,开发人员可选择嵌入式工具,如现场可编程的门阵列。

2.13 应用

机器视觉作为一个测量工具,其测量方法在某些应用中能够提供较好的检测能力,而对于机器视觉测量效果不佳的应用,可采用其他方法。机器视觉的应用领域特性包括:

(1) 非接触,破坏脆弱零件的概率极低。

(2) 数据采集快,可能需要点测量的应用,如 SPC 应用。

（3）轻松对准零件,如果无法对准零件,则无法利用机器视觉测量。

（4）利用光线交互,意味着零件的外观比触感更重要。

上述特性本质上既不比其他测量类型的特性好或差,也不同于其他测量类型的特性。机器视觉已经应用于非常恶劣的环境中,如在铸钢厂检测零件的宽度和厚度,或在核反应堆中检测零件缺陷。但是机器视觉与机械量具的应用不同。杂散光、反射光和闪烁将影响机器视觉测量效果,但是不会影响机械量具的测量。极端的温度和机械冲击会影响机械量具的测量,但不会影响机器视觉的测量。这意味着,视觉系统与机械测量技术的应用方式不同。根据应用条件的选择最适合应用环境的光学或机械测量工具。

将机器视觉作为测量工具的最大错误之一是试图把它完全当成其他技术来应用。利用制造螺丝的工具制造的锤子和锯子质量很差,类似于用机器视觉完成机械探针的测量工作。

可对目前机器视觉的潜在应用和不能应用的环境进行总结分类。但是总结也有例外,只提供了指导方针。机器视觉测量效果较好的应用包括:

（1）零件需要较大的支撑件,在运动机器人上进行装配。

（2）对于机械测量而言,环境比较恶劣,如在热轧钢厂或锻造厂。

（3）零件无法接触,如脆弱的陶瓷零件。

（4）需要测量零件较小的特性,如电路板。

（5）零件与光会发生可预测的相互作用,如荧光油脂。

同样地,因应用环境的特殊性,不建议选择机器视觉作为测量技术。机器视觉测量效果较差的应用包括:

（1）零件的外观变化很大,实际我们并不关心。

（2）无法获得目标感兴趣的特征,因此无法观察到特征。

（3）由于烟雾或微粒的原因,很难利用光学透过空气观察。

（4）只需要测量几个点,机械/电气测量即可实现。

机器视觉并不能逐一取代其他测量技术,但是可应用于由于其他方法不能进行测量或是不实用的情况,以致过去无法完成的某些应用,如测量在挂载板表面上锡膏的体积或检测电子芯片的间距。例如,手动检查冲压件中大量的孔,意味着将针规插入每个孔中,人工工作量非常大,但机器视觉很快就能完成（图2.39）。目前,对于工作量大的工作而言,机器视觉的应用效果较好。例如检测材料不足导致的药丸缺陷,弯曲或缺失导线的电子元件和连接器测量,以及检验垫圈的形状。由于小型相机技术的出现,尝试利用机器视觉技术使成本更低。

目前,机器视觉在制造业中应用很多,如用于断路器的小塑料零件的抽查,消费品如玩具上油漆饰面的视觉缺陷测量,洗衣机上的电机装配检验,或汽车上的导线长度检验以及焊接中机器人对零件的对准或轴承的装配。尽管测量要求密切相关的,但每一项任务本质上都是不同的。每个应用对系统的处理器、光学系统、机

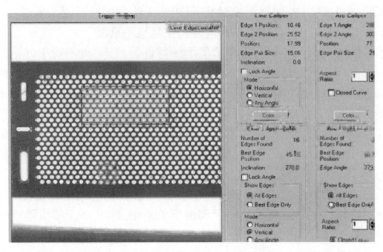

图 2.39　利用手工或是机械手段如针规检测大量的孔,工作量较大

械系统,甚至是电缆都有不同的要求。

目前,机器视觉系统在旋转或平移位置产生小偏差情况下仍能提供可靠的测量。对于固定机械测量而言,关键因素是夹具。机器视觉的关键因素是对比度,不论感兴趣目标在什么位置,图像中都要包含感兴趣目标。均匀性高的光源,如LED 阵列和远心光学可实现该目的。这并不是说零件夹持对机器视觉不重要,而是可利用图像处理的方法定位零件。长期以来,零件定位可能需要几秒钟的时间。目前,很少需要超过 0.1s 来纠正小的位置偏差。灵活性是机器视觉作为测量工具的关键特性之一。

一般而言,有很多领域的精密测量,要求达到计量精度,这是当今大多数 2D 或 3D 机器视觉上达不到的。利用干涉测量对光学元件进行亚微米测量,测量精密轴承表面的微结构,或测量生物细胞细节,都需要比在工厂环境中更高的稳定性和可控性。然而,在许多在线应用中,机器视觉可为控制生产过程提供有价值的信息。

机器视觉较常用的例子是汽车车身的安装和完成。经过工厂工人和高校研究人员的共同努力,可利用机器视觉技术控制汽车装配的尺寸,当利用视觉技术时,其精度优于 1mm。对于制造商而言,这是质量持续进步的重要一步。另一个重要的应用领域是对纸张、塑料和初级金属等小表面缺陷的检测。

小型相机已经用于由人工控制的光学比较器完成的应用,如测量钻孔尺寸(图 2.26)、确定固定的关键边缘之间的关系(图 2.27),以及检测基本的轮廓公差(图 2.40)。3D 视觉技术通常用于指导电子元件的布放。与机械测量和坐标测量设备相比,机器视觉对于锻件和冲压件的快速测量刚刚取得进展,但其快速计算能力更具优势。机器视觉能够在几秒钟内以 0.001 英尺的精度测量 1 英尺体积的 3D 系统,与质量较好的自动 CMM 价格一样,但是对于复杂的零件而言,其速度甚至比扫描 CMM 要快 1000 倍。

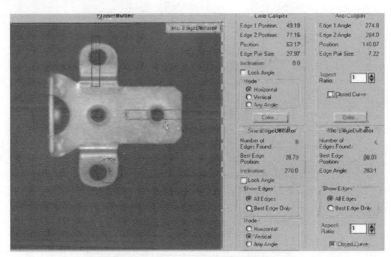

图 2.40　通过简单的边缘检测确定孔的位置、直径和弧度

　　针对较大的目标而特征较小的一类应用,机器视觉测量范围需要覆盖厘米到米量级,如今,有许多系统将 CMM 的运动轴与机器视觉相机局部测量功能相结合(图 2.41)。上述系统通常称为数字比较器,其作用类似于光学比较器或投影检查器。传统的光学比较器利用高度定向背光照射零件,采用远心光学系统将零件轮廓投影到更大的屏幕上实现测量。对于人工系统而言,通常通过比较透明的聚酯薄膜上的线条图和零件的阴影轮廓进行测量。公差带显示了零件的放大视图与零件图的比较情况。

　　利用数字比较器对相机采集的局部图像进行测量。相机的 FOV 比较小,可达毫米级,以便为测量提供较好的局部图像分辨力。为了将区域的小特征与另一个零件上的该特征或另一个特征联系起来,相机在 X、Y 和 Z 坐标系中移动,利用平台上标尺在单幅图像中增加测量范围。通过多个像素确定诸如孔和边缘等特征,需要具备 $1\mu m$(0.00004 英寸)的分辨力。

　　一般通过聚焦分析和摄像系统的移动对系统深度信息进行测量。深度测量的分辨力通常受区域测量分辨力,而非局部点测量分辨力的影响,利用边缘的表面纹理精确地确定焦点位置。数字比较器结合了激光探头(在第 3 章讨论),在局部位置提供 Z 方向高分辨力的测量值,或者通过扫描简单的轮廓,再利用机器平台扩展测量范围并采用在 X-Y 平面上精确定位零件测量点的方法。

　　将视觉摄像机安装在机器人上实现对数字比较器的扩展应用。为实现该目的,将用于指导装配和焊接应用的视觉摄像机安装在机器人上。机器人系统可完成大型零件测量,但是通常通过固定 CMM 实现更高的分辨力,在该系统中,位置标尺可提供亚微米读数,而高质量机器人的水平定位精度为 $20\sim30\mu m$(0.001 英寸)。

图 2.41 数字比较器(光学测量器件)将含运动轴的 CMM 与摄像机结合实现局部检查

利用数字比较器作为测量工具的应用示例包括：

(1) 在较大的电路板上布放电子元件。

(2) 测量含有通道的金属板,如用于汽车变速器中的金属板。

(3) 检验加工零件关键孔的位置。

(4) 测量机械传动零件的加工半径、插槽或沟道。

2.14 小结与展望

2.14.1 小结

下面是小型相机以及 2D 机器视觉系统的小结。表 2.1 中的数值是典型值,但仍在提高。

表 2.1 2D 机器视觉系统典型值

操作	零件速度	特征个数	分辨力
边缘定位	30 /s	每个零件 30 个	1/2000 视场角
孔中心/尺寸	30 /s	每个零件 5 个	1/10000 尺寸
特征定位	15 /s	每个零件 10 个	1/1000 视场角

在设计任何生产系统时,必须始终考虑经济成本。机器视觉应用应考虑的经济成本包括:

(1) 检测功能有多重要?

(2) 资本、服务和劳动力成本之间的关系是什么?

(3) 长期需求趋势是什么?

(4) 在没有自动化的竞争市场中,成本是多少?

(5) 再次培训的成本是多少?

举例说明,要制造用于引擎中的轴承,需要检查油槽。如果不检查油槽,缺少油槽会导致引擎失灵。用于自动化检查和再培训成本的初始资金,可能与一年的人工检查费用相当。如果零件很快过时,那么则不需要自动化。如果零件长期使用,那么就会有回报期,有些人可能认为时间太长。然而,也必须考虑引擎失灵和竞争所付出的费用。如果竞争者能够生产没有缺陷的更好零件(通过任何手段),那么你就会失去100%的生意。因此,在目前的市场中,必须要问,在考虑安装像机器视觉新工具的成本时,"企业"价值是多少。这是当今机器视觉工具真正的潜在回报。

2.14.2 展望

在过去的30年里,机器视觉已经从比条码扫描器功能略复杂的工具变成在许多制造领域中可接受的过程控制工具。与任何新技术一样,接受机器视觉的过程一直很缓慢。机器视觉与过去的制造商所利用的技术不同,但它是将现代计算机集成到工厂中。在如何处理过程控制和生产人员如何考虑数据收集方面发生了变化。工业不再满足于剔除质量不佳的零件,而是根本不想制造质量差的零件。大多数制造商通常不太了解类似于机器视觉的光学技术,但他们正在学习。

就在几年前,机器视觉与计算机出现时一样,被认为是某种形式的黑科技。正如在工作场所甚至我们的日常生活中接受计算机一样,机器视觉也逐渐被接受。机器视觉已发展了二十余年,并得到广泛应用,目前机器视觉每天也有新的应用。尽管机器视觉比二十余年前做得更多,但它不是万能的。2D视觉技术目前应用于从瓶子到平板产品的大规模标准化系统中的检测中。现在可购买机器视觉的"标准产品"——用于检测纸张、印刷标签、药丸、油漆表面和塑料制品。

尽管尝试开发机器视觉的新应用,但并不是每一个应用都像过去那样需要从头开发。早期应用的许多开发工作已经实现并文档化,同时在实践中得到证实。即使有了如此的开端,机器视觉系统仍然还没有商品化。然而,随着人们对机器视觉的普遍接受和计算机在我们生活中的大量应用,现在已经应用于日常消费产品相关的领域,从安全系统、汽车视觉,街道标志扫描到走入家庭照顾婴儿。未来,机器视觉作为一种测量工具将继续发展。

参考文献

[1] A. Teich and R. Thornton, Eds., *Science, Technology, and the Issues of the Eighties*: *Policy Outlook*, American Association for the Advancement of Science, p. 7, Westview Press, Boulder, CO, 1982.

[2] K. Harding, *The promise of machine vision*, *Optics and Photonics News*, p. 30, May 1996.

[3] N. Zuech, *The Machine Vision Market*: *2002 Results and Forecasts to 2007*, Automated Imaging Association, Ann Arbor, MI, 2003.

[4] S. P. Parker, *McGraw Hill Dictionary of Scientific and Technical Terms*, 3rd edn., McGraw Hill, New York, 1984.

[5] N. Zuech, *Applying Machine Vision*, John Wiley & Sons, New York, 1988.

[6] B. Batchelor, D. Hill, D. Hodgson, Eds., *Automated Visual Inspection*, pp. 10-16, IFS Publications Ltd, Bedford, U. K., 1985.

[7] K. Harding, The promise of payoff of 2D and 3D machine vision: Where are we today? *Proceedings of SPIE*, 5265, 1-15, 2004.

[8] K. Harding, Machine vision—Lighting, in *Encyclopedia of Optical Engineering*, R. G. Driggers (Ed.), Marcel Dekker, New York, pp. 1227-1336, 2003.

[9] E. J. Sieczka and K. G. Harding, Light source design for machine vision, in *SPIE Proceedings*, Vol. 1614, *Optics, Illumination and Image Sensing for Machine Vision VI*, Boston, MA, November 1991.

[10] K. Harding, Optical considerations for machine vision, in *Machine Vision*, *Capabilities for Industry*, N. Zuech (Ed.), Society of Manufacturing Engineers, Dearborn, MI, pp. 115-151, 1986.

[11] R. Kingslake, *Optical System Design*, Academic Press, New York, 1983.

[12] D. C. O'Shea, *Elements of Modern Optical Design*, John Wiley & Sons, New York, 1985.

[13] R. E. Fischer, *Optical System Design*, SPIE Press, McGraw-Hill, New York, 2000.

[14] J. E. Greivenkamp, *Field Guide to Geometric Optics*, SPIE Field Guides, Vol. FG01, SPIE Press, Bellingham, WA, 2004.

[15] E. Hecht and A. Zajac, *Optics*, Addison-Wesley Publishing, Reading, MA, 1974.

[16] F. Jenkins and H. White, *Fundamentals of Optics*, McGraw-Hill, New York, 1957.

[17] C. S. Williams and O. A. Becklund, *Optics*: *A Short Course for Engineers and Scientist*, John Wiley & Sons, New York, 1972.

[18] D. L. MacAdam, *Color Measurement*, Springer-Verlag, New York, 1985.

[19] R. M. A. Azzam and N. M. Bashara, *Ellipsometry and Polarized Light*, North Holland, Amsterdam, the Netherlands.

[20] K. Harding, Lighting source models for machine vision, *MVA/SME's Quarterly on Vision Technology*, pp. 112-122, (1989).

[21] G. T. Uber and K. G. Harding, Illumination methods for machine vision, *Proceedings of SPIE Opcon 90*, Boston, MA, November 4-9, 728, pp. 93-108, (1987).

[22] http://www.matrox.com/imaging/en/products/software/mil/(last accessed on April 01, 2012).

[23] http://software.intel.com/en-us/articles/intel-integrated-performance-primitives-intel-ipp-open-source-computer-vision-library-opencv-faq/ (last accessed on March 30, 2012).

[24] http://www.mvtec.com/halcon/ (last accessed on April 03, 2012).

第 2 篇　大尺寸物体的
光学测量

第3章
激光跟踪系统

Scott Sandwith， Stephen Kyle

本章介绍激光跟踪仪的目的是提供简明实用的激光测量技术和技术指南。它可帮助人们更好地了解激光跟踪测量及相关技术和目标需求，以便做出合理的决定和选择。它也可作为在现场布置和应用激光跟踪仪的一般使用指南。

本章主要介绍：

（1）激光跟踪仪的用途和局限。

（2）为测量、建构和数字化大型结构提供实际帮助。

（3）激光跟踪仪的最佳应用指南以及应用技巧。

3.1 概述

激光跟踪仪是一类便携式坐标测量系统（PCM），可用于大型制造物如飞机、船舶、潜艇、桥梁和与之相关的工具的构建、对准和检查。激光跟踪仪还可用于更大尺度上的粒子加速器的构造，如欧洲核子研究组织（CERN）的大型强子对撞机，该结构跨越千米，但要求达到亚毫米准确度。

图3.1（a）~（f）显示的是激光跟踪仪在航空航天、汽车应用、船舶制造和核聚变研究领域的应用。激光跟踪仪的应用大大提高了大体积结构物体的测量准确度，降低了制造和维护成本。作为便携式测量系统，该系统可在1h内搭建并运行，这使得激光跟踪仪的应用越来越广泛[1]。

本章首先简单介绍激光跟踪仪的工作原理。其次介绍解决视距限制的方法。再次深入讨论关键技术，角度、距离测量范围以及目标反射镜的设计。接着讨论环境对激光测量的影响以及补偿方法，并给出了激光跟踪仪的应用指南。最后对激光跟踪仪的应用进行综述。

(a)

(b)

(c)

(d)

(e)

(f)

图 3.1　航空航天、汽车应用、船舶制造和核聚变研究

3.2 激光跟踪仪的操作

本节介绍激光跟踪仪如何实现 3D 测量的概况。

3.2.1 从固定 3D 到便携式 3D

激光跟踪仪为实现 3D 测量系统带来了十分重要的变化。可将 3D 测量系统带至被测量物体所处的位置,而不是将物体带到固定的测量站点。图 3.2 所示为小型和大型的坐标测量设备。

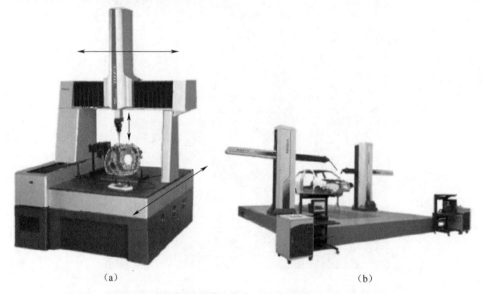

(a)　　　　　　　　　　　　　　　　(b)

图 3.2　(a) DEA 坐标测量设备(来自 Hexagon Metrdogy,London,U. K.);
(b) 车体坐标测量设备(2004)(来自 Mitutoyo America Corporation,Aurora,IL.)

利用常规三轴坐标测量设备实现固定尺寸测量技术,这在当时是一项重要的技术革新,而且现在依然应用广泛。坐标测量设备通常用于测量发动机外壳和机械部件。它们往往有接触探头,并与线性编码器配合沿三个相互垂直的轴进行测量。三个编码器读数确定测量对象表面接触点的三维位置。近年来,坐标测量设备已经发展到可以测量大型物体,如完整的车身。然而,在室内,坐标测量设备的一个普遍特点是坐标测量设备是固定的,而且大部分情况会受环境影响。利用坐标测量设备测量时,必须将被测物带到坐标测量设备所处的位置。对于大型笨重的物体,如大型铸件,这几乎是不可能的。某些测量任务需根据要求就地测量,例如,将组件放置在特定的相对对齐位置。激光跟踪仪和其他大体积测量系统

(LVM)能提供就地测量。图 3.3(a)和(b)展示了一个激光跟踪仪应用的例子(FARO 技术有限公司)。然而,坐标测量设备在尺寸测量时仍然存在优势,特别是在较小的制造部件上需要达到很高的准确度。

　　因此,与坐标测量设备相比,激光跟踪仪可携带至待测物体处进行测量。它有一个固定的底座和一个将激光束指向移动反射器的旋转头。反射镜有如下特性:任意角度入射的光束都能沿指定路径反射回仪器中。这是跟踪和距离测量的要求。反射镜安装在球形外壳上,利用手持接触"探头"确定物体的形状和位置。图 3.3(a)所示为一个移动反射器的单次操作,图 3.3(b)所示为其作为接触探头的应用(虚线代表激光束)。激光束是激光干涉仪(IFM)或激光测距仪发射的光束,可测量到达反射镜的距离。当利用弧角编码器与光束水平和垂直夹角配合

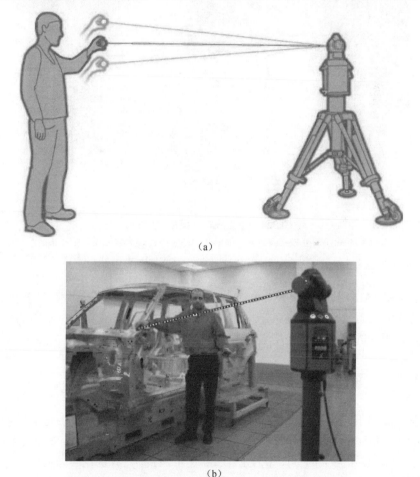

(a)

(b)

图 3.3　激光跟踪仪的操作。用于激光跟踪仪的反射镜(a),
跟踪测量实际物体(b)(来自 FARO Technologies,Inc.,Lake Mary,FL.)。

测量时,以 1000 点/s 的速度提供了反射镜在球坐标下的全部 3D 位置。静态位置准确度是 $10\sim100\mu m$,取决于环境因素以及目标尺寸。

目前,激光跟踪仪有三家制造商:

(1) 自动化精密公司;

(2) 莱卡测量公司(海克斯康测量集团);

(3) FARO 技术有限公司。

图 3.4(a)~(c)展示了三家制造商的激光跟踪仪模型。

(a)   (b)   (c)

图 3.4　激光跟踪仪模型(2012)

(a)来自 Automated Preision,Inc.,Rockville,MD,(b)Leica Geosystems,St. Gallen,
Switzerland;(c)FARO Technologies,Inc. Lake Mary,FL)

API 和 FARO 技术有限公司是美国厂商。莱卡测量公司是一家瑞士制造商,也是海克斯康测量集团的一部分,这家瑞士公司注册总部在英国。不同的激光跟踪仪具有相近的测量准确度及测量方法,测量范围超过 30m。

3.2.2　跟踪机制

制造商将不同的设计特性融入其设备中,但是基本的跟踪概念几乎是通用的(在测量总站中发现 2010 年推出的莱卡 AT401 型号采用了一种不同的方法)。为了便于说明,利用莱卡的早期型号 LTD500 展示该机制,但是在激光束的产生与指向上主要存在以下不同之处。

API:从直接安装在旋转头的外壳中产生激光光束。

FARO:在仪器的固定基座上产生激光光束,并通过光纤传输到旋转头。

莱卡：在仪器的固定基座上产生激光光束,反射到旋转头的反射镜上(莱卡的AT401型号再次成为一个例外,由安装在旋转头的外壳中产生激光光束)。图 3.5(a)和(b)为莱卡 LTD500 的示意图。

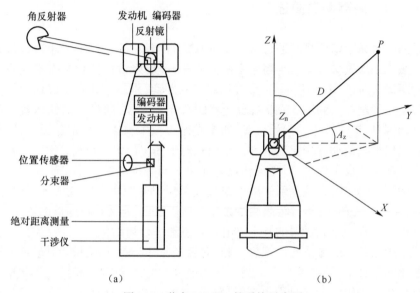

图 3.5　莱卡 LTD500 的系统示意图
(a)组成;(b)坐标系统(来自 Leica Geosystems,St. Gallen,Switzerland)。

在莱卡 LTD500 中,激光干涉仪发射一束光束经过旋转反射镜的反射,将其反射到目标角反射器上。该结构将反射光线沿入射方向返回,使光束重新返回设备。分束器将返回光束分为两束:一束用于干涉距离测量;另一束射入位置传感器(PSD)上。沿着光束方向的反射光束被激光干涉仪探测,并转换为跟踪仪与反射器之间的距离。反射器上反射光的任意横向运动,都会使返回的光产生相应的横向位移,位置传感器探测该位移,得到偏移量(x,y)值。当光束照射到目标上时,定义为零偏移量。当出现非零值时,可用偏移量计算对光束角度的校正值,使其返回到目标上,从而将偏移量减少到 0。光束的角度是由两个正交轴上的角编码器决定的。利用干涉测量的距离 D、顶角 Z_n 和方位角 A_z,反射器位于以跟踪仪作为参考的球坐标系中,输出时,将坐标转换为笛卡儿坐标系的 XYZ 值。

3.2.3　调平和非调平

对跟踪仪而言,不需要精准地调平或找一个垂直方向的参考面。根据实际情况选择测量位置,使得便于用 X 和 Y 坐标值代表水平面,Z 值代表高度。通常,将跟踪仪调到近似水平的位置。在一些应用中,为了从上而下测量垂直轴,将跟踪仪垂直悬挂或旋转90°横向悬挂。

3.2.4　距离测量简述

早期的激光跟踪仪只是通过激光干涉仪进行测量,能够测量的距离范围称为量程。激光干涉仪(3.5.1节)测量距离的变化,即反射镜从任意起点沿光束方向移动的距离。对于3D测量而言,需要测量绝对距离,也就是相对于跟踪仪原点即旋转轴交点的距离。利用3D跟踪激光器的激光干涉仪,通过在已知位置上的反射镜开始测量,该位置也称起始位置,通常是跟踪仪本身固定的定位点。此后,激光干涉仪以准确值加减变化值的方式给出相对于固定位置的距离。

为了使干涉仪工作,出射光束和反射光束之间必须连续且不受干扰。如果反射光被中断,例如,有人从反射光束中走过或是反射光距离跟踪仪太远,导致没有光返回(3.5节),那么,绝对距离测量必须重新初始化,要么在跟踪仪的固定点上,要么在测量过程中事先设置的某个临时位置重新进行初始化。

光束中断恢复的方法并不理想,因此对激光追踪器的发展,很快就转变到开发绝对距离测量技术,该技术在大地测量仪器中很常见,但针对高精度的测量应用需要进行优化。采用同轴绝对距离测量仪(ADM),通常测量时间约几秒,如果在绝对距离测量期间,反射镜处于稳定位置仪,则可将激光干涉仪的读数初始化为绝对初始值。该位置不需要已知的3D位置,虽然跟踪仪通常需要利用搜索技术或辅助相机视图确定反射镜位置。图3.5(a)和(b)所示为利用同轴绝对距离测量仪和激光干涉仪配合的示意图。

近年来,我们已经能够实现快速绝对距离测量而且对移动的目标反射镜实现精确3D跟踪。激光干涉测量技术仍然有望成为距离测量精度最高的技术,所以结合激光干涉仪/绝对距离测量技术的设备成为特定应用场合的选择之一。然而,多数激光跟踪仪目前只提供绝对距离测量,如能实现干涉测量技术的混合距离测量技术,将会大大提高距离测量精度。

绝对距离测量解决了难以避免的光束中断问题,特别是在杂乱复杂的环境中所出现的问题。通过在光束周围增加同轴的相机,利用二次照明获得图像,那么在该图像中,反射镜就是一个亮点。如果目标跟踪丢失,但反射镜仍然在相机的视场范围内,则可利用反射镜的成像位置校正波束指向。将光束指向目标,而且利用实时绝对距离测量技术,重新测量距离,可继续实现3D测量。利用上述方法,可快速捕捉被中断的光束。

利用绝对距离测量技术还可以测量多个反射镜,例如,在监控应用中,为了确保安全,需要对多个位置进行检查。针对该情况,采用激光干涉仪不是理想的方案,因为激光干涉仪方法需要将反射器从一个位置移动到另一个位置,测量数据难以获取,漫长的测量周期以及搬运不方便导致激光干涉仪方法不受欢迎,转而采用绝对距离测量方法。

3.2.5 反射器

只有当输出光束沿原路径反射回来,输出光束与反射回来的光束在仪器上叠加并发生干涉时,激光干涉仪才能工作。因此需要对反射器进行特殊设计,反射器通常也称为原向反射器。在测量仪器中,绝对距离测量在没有反射器的条件下也能工作,可以利用大多数不太光滑或是未进行抛光的表面的漫反射实现测量。然而,绝对距离测量只能实现与激光干涉仪要求相同的反射器的测量精度。

图3.6(a)所示为一种常见的原向反射器,通常称为露天或是空气路径的角锥镜。该原向反射器由三个互相垂直的平面镜组成,形成立方体的角。用三个平面镜构成的角锥体的角点或是顶点来定义目标点。2D图展示了利用平面反射的简单几何图形显示入射光束如何沿平行路径返回(回到产生光束的仪器中)。对于3D空间而言,情况要复杂一些,但是简单的矢量几何可证明在3D空间中,反射光束也平行于入射光束。

反射器的中心轴线与每一个反射面垂线的夹角相等。显然,入射光束与中心轴线的夹角是受限制的,以较大的入射角入射的光束将不会产生返回到仪器的光束。该限制定义了反射器的可接受角,该角度通常描述为正/负值。

我们将反射器想象成在反射镜的交点处有一个锥面,锥轴定义为反射器的轴,半角 A 等于可接受角。如图3.7所示,入射激光束必须位于圆锥内。对于空气路径角反射器而言,入射到反射器的光束必须以小于25°的角度指向激光跟踪仪。

在当前的应用中,关于角反射器还有其他设计,如角反射器的角由实心玻璃或是同轴玻璃球体制造。将在3.6节中详细讨论。

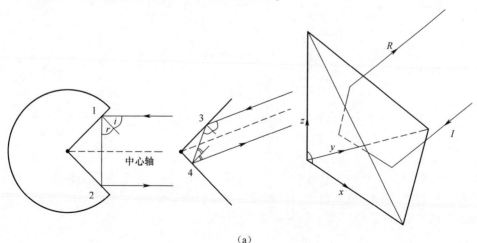

(a)

图 3.6 （a）角立方体式反射器的 2D 几何反射图、3D 轴和反射光束
（来自 S. Kyle；Leica Geosystems，St. Gallen，Switzerland）；
（b）角立方体式反射器（来自 Leica Geosystems，St. Gallen，Switzerland）

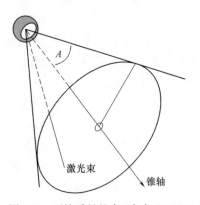

图 3.7　可接受的锥角（来自 S. Kyle）

1. 反射器补偿

反射器通常固定在球形的外壳上，反射器的中心和目标点在同一位置。球体式原向反射器（SMR）可直接作为接触探头测量物体表面的点，就像坐标测量设备探头上的红宝石球一样，用于接触测量待测物体。

如图 3.8 所示,测量的是目标的中心,而不是目标的接触点。因此,必须对球体式原向反射器的半径进行修正(同样也适用于坐标测量设备探头红宝石球的半径修正)。

图 3.9 所示为修正反射半径的解决方案。图中,测量得到的反射镜的中心位置可拟合成在同一平面上的曲线,即可计算出平面上的曲线法线,从而沿着法线方向,根据测量点到真实的表面接触点距离进行修正。例如,更简单的校正方法是基于待测量对象的局部坐标系信息,沿某个坐标轴实现修正补偿。

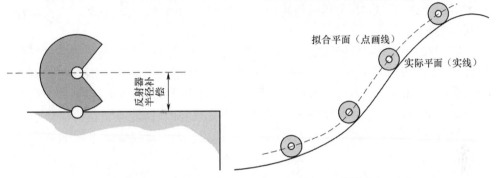

图 3.8　反射器半径补偿(来自 S. Kyle)　　　　图 3.9　修正反射器半径(来自 S. Kyle.)

2. 目标适配器

球体式原向反射器与目标适配器配合使用。为了定位钻孔的中心位置,必须校正错位偏移,如图 3.10 所示。适配器本身是测量工具,定位销(pin nest)目标适配器将用于展示适配器作为定位和探测设备的功能。

图 3.11 所示为定位销目标适配器。该适配器有一个强大的磁铁,可利用三点动态稳定的方式固定球体式原向反射器。目标适配器还有一个精密的轴或销,当安装在底座时,它的轴穿过球体式原向反射器的中心。精密销插入物体的孔中,使

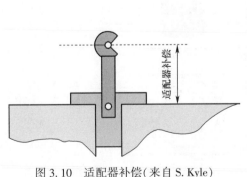

图 3.10　适配器补偿(来自 S. Kyle)

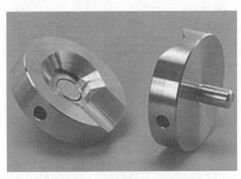

图 3.11　定位销目标适配器

球体式原向反射器中心能够以一致且可重复的方式重新定位。实际测量点(球体式原向反射器中心)位于孔的上方,与孔的距离为球体式原向反射器的半径加上适配器厚度。普通的定位销适配器的半径补偿是球体式原向反射器直径 1.5 英寸加上适配器厚度 0.25 英寸。产生的效应是测量点在孔的轴线方向有 1 英寸(25.4mm)的补偿。该值是已知的,必要时在跟踪仪的软件中进行补偿。

只要定位销适配器安全地固定在孔或螺栓的顶部和侧面,即可利用定位销适配器测量比销钉孔直径更大的加工孔,或是物体的螺杆(销钉)。安装球体式原向反射器配合的适配器时,使销钉与孔的内表面接触,同时适配器的底部与孔或螺杆的顶部接触。

图 3.12 所示为定位销适配器测量分解视图(固定球体式原向反射器的较低面从孔和螺栓的表面中剖开)。在使用过程中,至少将适配器移动到围绕孔或螺栓的三个位置,在每个位置上记录球体式原向反射器的中心。当测量孔时,三个反射镜中心(小圆)产生一个半径小于测量孔半径的圆,该半径是适配器的探头半径值。当测量螺栓时,该圆的半径要比螺栓的半径大。无论哪种情况,都要进行适当的修正。

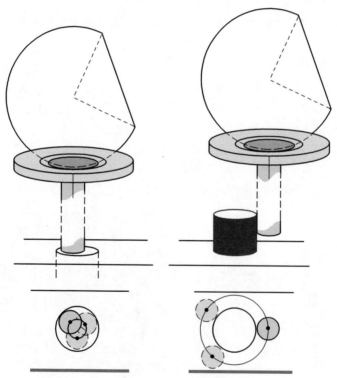

图 3.12　定位销适配器测量孔和螺栓(来自 S. Kyle)

3. 虚拟反射器(角锥镜镜面探头)

另一个校正反射镜半径问题的解决方案是采用虚拟反射镜,或称为镜面探头,如图 3.13(a)所示,也称为面反射镜(图 3.13(b))和原向探头(图 3.13(c))。图中,入射的激光束被面反射镜反射到角反射器上,测量的是反射器的虚像位置。在反射器的虚像中心放置一个小的探头,即可直接测量面形特性。然而,该仪器的应用并不广泛。

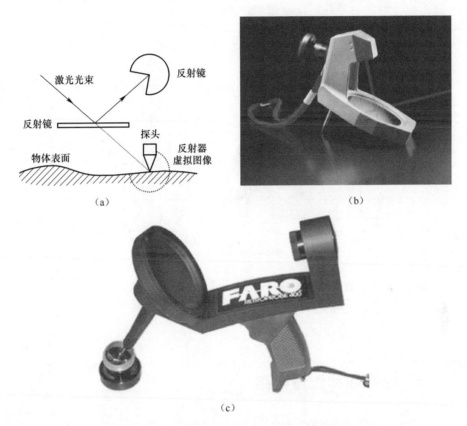

(a)

(b)

(c)

图 3.13　(a)虚拟反射器(来自 S. Kyle;Leica Geosystems/
FARO Technologies,Inc.,Lake Mary FL);(b)面反射器(来自 Leica Geosystems,
St. Gallen,Switzerland);(c)原向探头(来自 FARO Technologies,Inc.,Lake Mary,FL.)

4. 遮掩点测量棒

遮掩点测量棒,也称为矢量棒,是一种常见的测量点和特征的目标适配器,不具备瞄准线的跟踪仪。测量点称为遮掩点,适配器利用一个棒上的两个目标巢进行测量。在设计两个目标巢时,需要保证测量的球体式原向反射器中心形成一条直线,并穿过遮掩点。

图 3.14(a)所示为一种适配器的设计,图 3.14(b)所示为遮掩点的结构。通过计算两个球体式原向反射器的位置,计算出它们之间的向量 *V*,并与从任意位置到遮掩点(D1 或 D2)的距离相结合,以便计算出遮掩点的位置。遮掩点棒有很多不同的结构。其中一部分遮掩点棒是两个目标巢在棒的一侧,并把目标投影到遮掩点上。其他的遮掩点棒是在棒的两侧都有目标巢,并计算它们之间的遮掩点距离。

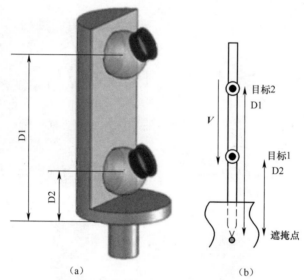

(a) (b)

图 3.14 (a) 遮掩点适配器(来自 New River Kinematics,Williamsburg,VA.);
(b) 遮掩点适配器的几何结构(来自 S. Kyle.)

3.3 瞄准线和测量网络

光学测量系统的固有特性是测量设备与待测点之间需要有瞄准线。然而,很多目标形状复杂。当多个目标需要被测量时,或给出目标之间的相对位置时,会更加复杂。简单地说,当从正面观察目标时,无法测量不透明物体的背面。为了测量复杂物体或是场景中的所有感兴趣点,最基本的策略是利用多个视图点观察所有感兴趣点。通过将单个测量仪器移动至多个位置,类似于将多个测量设备充满整个观察空间,或是进行组合布局。不论是利用单个还是多个测量设备,多个观察位置都会组成测量网络。然而,多个测量观察点,以及所有测量,必须在同一个坐标系中,以便给出包含待测物体或场景的单幅图像。测量网络必须确保每个测量位置(观察点)和至少一个其他测量位置之间具有共同的测量点。利用数学的方法将每组测量数据关联到同一测量网络中。实现该目的的方法,需要进行深入、详细地讨论。

介绍一种解决方案:首先以相同的方式分段测量物体,然后给出整个物体的测量结果。在图3.15中,圆柱体分割为两段进行测量,两段分别用亮灰度和暗灰度表示,但是每一段都有4个公用点。针对亮灰度段的测量,利用相对简单的3D数学变换,将亮灰段上的4个点与暗灰度部分对应的4个点相匹配,从而将所有数据整合到同一个圆柱体中。对于3D点测量而言,最少的公用点个数是3,这3个点组成一个"完整"三角形。例如,3个点在一条直线上,就会形成了一个铰链,从而使圆柱"展开"。

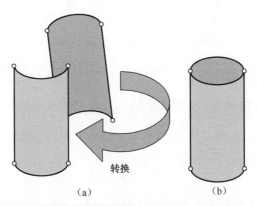

图3.15　分段测量(来自 S. Kyle.)

在图3.16中,当不能在同一位置上同时观察多个待测物体的特征点 i,j,q 和 r 时,则跟踪仪需要从观察位置1移动到观察位置2(或在两个观察位置分别放置一个跟踪仪)。一种解决方案(其他方法也可行)就是至少利用3个目标球,分别放置在两个跟踪仪均可观察到的位置上。在展示的例子中,有4个目标球,2个亮灰度目标球和2个暗灰度目标球。除了在每一个跟踪仪位置测量目标的感兴趣点外,还需要测量目标球上表面的另外一组点,计算它们的中心。从而确定两组数据集中的4个公共点。利用相同的3D转换方法将独立测量的两组圆柱体数据进行整合。事实上,位置2点处的数据通过变换计算后作为第1部分数据,从位置2继续测量得到的数据可以立即显示在位置1处所定义的坐标系中。以类似的方式增加更多的观察位置。但是必须强调的是利用简单的连续转换,定位每一个仪器的位置,当进行大量数据分析时,不能给出较精确的结果。利用优化测量网络能够同时兼顾所有测量站,得到最佳测量点位置,形成可行的测量方案。在第3.8节中介绍网络化测量的优势。

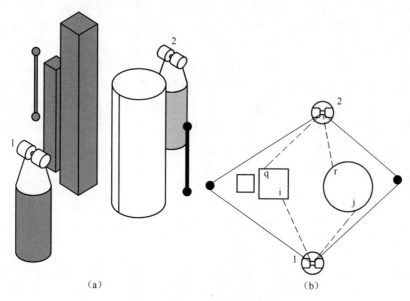

（a）   （b）

图 3.16 两个基站的测量网络(来自 S. Kyle；英国米德尔塞克斯 NPL)

3.3.1 6D 探头

  另一种观察物体的方法是利用激光跟踪仪与一个铰接的关节杆坐标测量机(AACMM)相结合,通常称为坐标测量设备机械手,或者简称为机械手。

  如图 3.17(a)所示,手臂就像一个手动操作的机器人,通过旋转的关节连接着刚性的连杆,并且将接触探头作为终端执行器。

  操作人员将机械手臂移动到接触物体感兴趣点的位置。由已知的连接长度 D_n 和关节角 A_n 的编码器读数计算机械手臂坐标系中的 3D 位置,并用 X、Y、Z 表示。

  机械手臂的接触范围有限,通常为 1 ~ 2m,但是没有瞄准线的限制,通过接触物体或是在物体周围实现测量。然而,由于接触范围有限,有时会与激光跟踪仪结合使用。图 3.17(b)所示为机械手臂上的跟踪仪如何利用至少三个机械手臂方向进行测量,能够使其自身的测量值转化到跟踪仪的坐标系中,以便提供测量信息。为了与整合多组测量数据所采用的 3D 转化技术相同,也需要对测量数据集进行整合。

  图 3.17(c)所示为测量大物体或是从单一观察点无法测量物体时,机械手臂如何在多个位置重新定位。

  机械手臂的重新定位可看作多个测量网络的另一种变形,它有助于引入探测

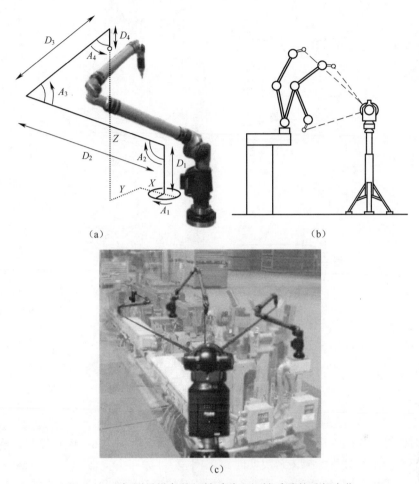

图 3.17　坐标测量设备的机械手臂和机械手臂的重新定位

(a)机械手臂的概念;(b)机械手臂定位;(c)多个机械手臂定位

(来自 Courtesy of S. Kyle;FARO Technologies,Inc. ,Lake Mary,FL.)。

设备的六自由度(6DOF 或 6D)的概念。任意一个物体,如制造部件、探测装置或是整架飞机,不仅需要 3D 点坐标,而且需要角度定位,以便充分地描述其在空间中的位置。

　　图 3.18 利用飞机的姿态如翻滚、俯仰和偏航三个角度提供角度方位信息,当与飞机上的 3D 坐标点相结合时,给出完整的 6D 位置和方向信息。

　　对于坐标测量设备机械手臂的重新定位而言,机械手臂的 6D 信息实际上是由测量空间中至少三个位置决定。该情况与前面介绍的分段测量圆柱的例子是一样的。四个共用的测量点有效地为每段数据提供完整的 6D 信息。

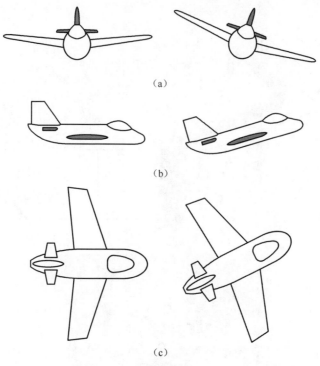

图 3. 18　飞机姿态(来自 S. Kyle.)
(a)转动;(b)俯仰;(c)偏航。

　　然而,如果物体是一个持续移动的手持测量探头,多点测量不能保证激光跟踪仪实时跟踪物体的 6 个自由度(DOF)。图 3. 19 所示为利用 6D 探头测量隐藏点。采用的方法是通过目标探头解决实时跟踪问题,目标探头类似于一个小型的坐标测量设备机械手臂,包括球体式原向反射器、触控笔和偏移探测点。根据跟踪仪上的球体式原向反射器的位置,给出接触探测点的位置,需要额外的信息:即顶端的偏移长度 d 和由空间角 a 定义的偏移方向。

　　补偿探针是探头的固定部分(可制作替换探头)。探头一经制造和/或校准,补偿探针就确定了。真正的任务是在由局部探头坐标系统所定义的相对坐标系中实时跟踪探头的转动、俯仰和偏航(图 3. 20)。

　　跟踪仪本身在 3D 测量过程中只能跟踪一个点,利用球体式原向反射器确定角度方位信息增加了测量范围。2012 年,Leica 和 API 提供了实时的 6D 探测,在后续两节内容中介绍。FARO 目前只提供了由坐标测量设备机械臂重新定位的解决方案,但是一旦机械手臂在指定位置中,就会提供实时测量数据。

　　关于 6D 探测的另一个应用是面形测量,需要配合激光扫描仪使用。激光扫描仪在物体表面上投射出扇形激光束,构建物体的轮廓。该轮廓由密集的 2D 点线记录,通过在表面上投射扇形激光束,再利用 2D 序列图形构建密集的 3D 点云。虽然扫描头进行了 3D 跟踪,但是为了测量偏移量需要完全、实时的 6D 分辨力。

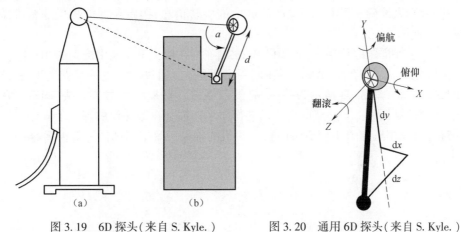

图 3.19 6D 探头(来自 S. Kyle.) 　　图 3.20 通用 6D 探头(来自 S. Kyle.)

3.3.2 6D 跟踪-莱卡测量系统

在莱卡系统的 6D 探头中,一组 LED 目标围绕着反射镜(图 3.21)。选择在旋转扫描头上安装可变焦的摄像机跟踪 LED 阵列(图 3.22)。根据 LED 阵列的图

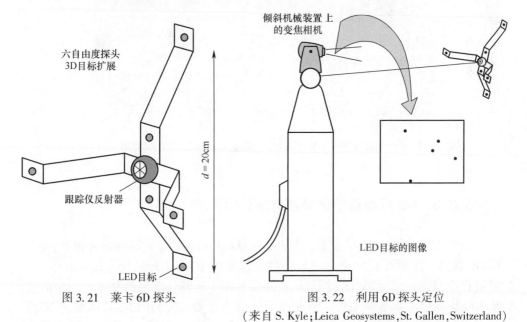

图 3.21 莱卡 6D 探头 　　　　图 3.22 利用 6D 探头定位

(来自 S. Kyle;Leica Geosystems,St. Gallen,Switzerland)

101

像,使用数学方法计算摄像机与 LED 阵列之间的相对 6D 位置,该方法在摄影测量学中称为空间交会。虽然摄像机提供 6D 数据,但是由于视角太窄,导致目标距离的测量不太准确。只有利用 6D 数据中的旋转信息,跟踪仪才能提供非常准确的3D 数据。

为了保证跟踪仪精度,必须已知 LED 阵列在探头坐标系中准确的 3D 坐标值,同时该坐标必须有 3D 坐标(不在同一个平面)。通过标定过程可获得 LED 阵列的 3D 坐标。图 3.23 所示为莱卡 6D 测量系统。该探头称为 T 探头,同时利用一个探针接触探测。T 扫描探头可以进行面形扫描。在跟踪仪的探头上安装一个变焦相机,该相机称为 T 相机(注意,在相机的辅助工具中可选择水平传感器)。

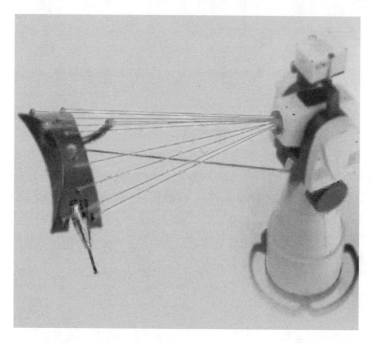

图 3.23   T 相机和 T 探头(来自 Leica Geosystems,St. Gallen,Switzerland Land)

3.3.3   6D 跟踪自动化精密有限公司

API 的第一个 6D 跟踪系统采用的几何原理与经纬仪定向原理非常相似,提供6DOF 数据。在如图 3.24 所示的经纬仪定位系统中,两个经纬仪互相观瞄(在测量过程中,其中一个可换为待测目标),即可在两个经纬仪之间的基线上产生向量R_1、R_2。选择每个经纬仪的重力(铅垂)方向(向量 G_1,G_2)作为参考基准,固定经纬仪之间的侧倾角。只需确定距离 D 即可完成 6DOF 的跟踪(利用经纬仪即可确

定 *D*)。在中间设计步骤中(图 3.25 中)经纬仪被测量总站(能够测量距离)和相机所替代。在实际操作中,跟踪仪代替测量总站和针孔棱镜反射镜(图 3.26),跟踪仪替代相机。将磨平顶点的普通的棱镜反射镜(3.6 节)与跟踪仪配合使用,使跟踪仪的部分激光束能够通过,并射入补偿传感器如位置传感器(PSD)中。在图 3.26中,光束的 XY 传感器位置有效地提供向量 *R*₁。图 3.27 所示为利用该机制的 API 6D 测量系统。API 探测活动目标时,采用 PSD 测量偏移量,作为发动机的反馈量(顶角和方位角),自动控制反射镜,使其面向跟踪仪。

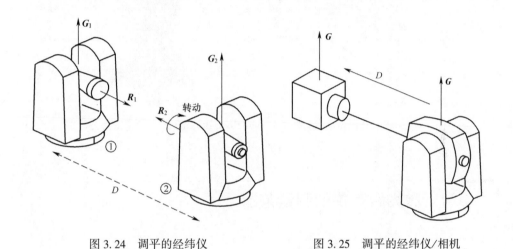

图 3.24　调平的经纬仪　　　　　图 3.25　调平的经纬仪/相机
　　　　(来自 S. Kyle.)　　　　　　　　　　(来自 S. Kyle.)

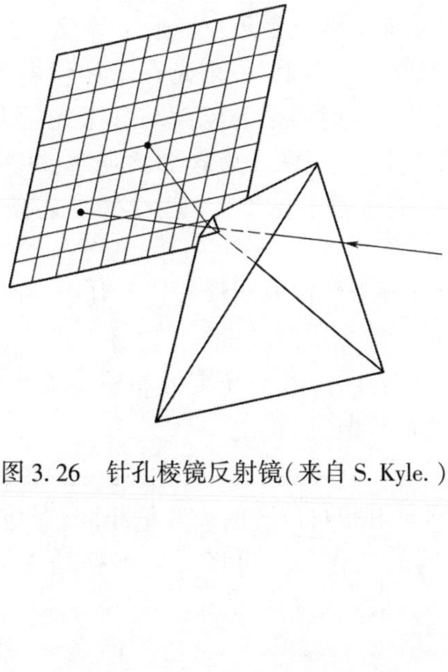

图 3.26　针孔棱镜反射镜(来自 S. Kyle.)

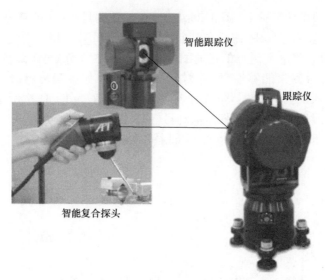

智能跟踪仪

跟踪仪

智能复合探头

图 3.27　API 6D 测量系统(来自 S. Kyle;Rockville,MD 的自动化精密公司)

3.4　激光跟踪仪的测量范围

3.4.1　干涉仪的相对量程

自从第一台激光跟踪仪问世后,测距技术发展迅速。第一台激光跟踪仪利用相对激光干涉仪测量距离,该干涉仪是迈克耳逊干涉仪[2]的变形。

迈克耳逊干涉仪将光束分为两束:一束光在干涉仪内部,作为参考光;另一束光射向反射镜,并反射回来。反射回来的光束与参考光相遇。由于激光光束的相干特性,因此两束光会发生干涉,当两光束叠加增强时(相长干涉)会产生亮条纹,或是光束叠加相消时(相消干涉)会产生暗条纹,上述条纹会被光电探测器所探测。

图 3.28 所示为迈克耳逊干涉仪的测量装置。其中一个是固定的反射镜,另外一个是可动的反射镜。对于激光跟踪仪而言,类似于球体式原向反射器。当动镜靠近或是远离相干光源(激光)时,返回光束的相位会发生变化,使干涉条纹图案在相长干涉与相消干涉之间反复交替。

当反射器移动的距离等于 $\lambda/4$ 时,光束射入到反射器并反射回来的往返距离为 $\lambda/2$。出射光束与返回光束相对位置的改变量相同,对应于与图 3.29 中所示的相长干涉和相消干涉之间的变化量。再将反射器移动 $\lambda/4$,条纹将变回亮/暗条

104

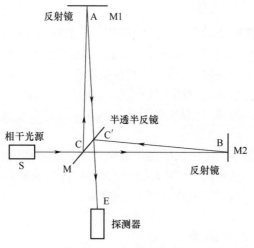

图 3.28　迈克耳逊干涉仪

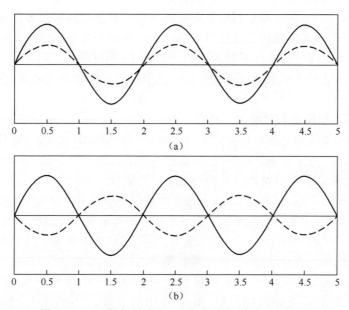

图 3.29　(a)相长干涉和(b)相消干涉(来自 S. Kyle.)

纹。探测器系统通过记录该变化,计算出亮或暗条纹的变化个数。采用多种技术确定条纹的变化是增加或减少,判断反射器是远离或是靠近仪器。

　　光束的波长是已知的。例如,氦氖(He-Ne)激光器在真空中波长为633nm。一旦环境条件改变,$\lambda/2$ 乘以传感器所计算出来的条纹变化个数,即

105

可确定出相对于初始位置的移动距离。该操作可快速实现,因此能够实时计算距离。

系统的准确度依赖于所有参数的准确度。参数包括初始位置,以及在当前的环境条件下,如何确定光波长,而环境条件由气象站测量。理论上,激光干涉仪系统具有纳米级准确度。通常,该系统的测量范围在$(2 \sim 10)\,\mu m \pm 2 \times 10^{-6}$。由于物体加工的不确定度、初始位置校准、气象准确表征和补偿激光束路径的能力以及激光器沿光束路径补偿的原因,激光跟踪仪的测量数值通常要高于激光干涉仪的公布值。

测量相对距离的激光干涉仪要提供准确且连续的距离,就需要将激光束连续地锁定在反射器上。光束的任意中断,会导致条纹计数的缺失。当光束中断后,相对激光干涉仪的初始值必须重置为事先已知的值。

3.4.2 绝对距离测量

在占有很大比例的工业应用中,激光束一直锁定在反射器上是不现实的。因此,激光跟踪仪的早期发展是利用绝对距离测量。基于绝对距离测量的跟踪仪可直接测量目标,不需要初始点或是参考点。绝对距离测量系统通常使用红外激光光源测量距离。每种技术都调制光源的一种属性,并利用相位测量技术来确定目标的距离。在激光跟踪系统中调制光源的三个常见属性分别是振幅(强度)、偏振和频率(颜色)。

1. 基于调制振幅的测量

振幅测量系统调制光的强度。主要优点是控制信号的速度快,并且可获得到反射器的距离。为了精确计算出距离,该技术要求反射光束不受外界环境的影响,然而,反射光束很容易受待测目标的特征差异的影响。

图3.30所示为正弦调制光束,在许多测量设备中得到广泛应用。在前面的干涉测量的讨论中,图3.29(a)展示了透射光与返回光束叠加增强产生的相长干涉,或叠加抵消产生的相消干涉。在该情况下,被测波是光波本身。与其探测实际光波的相长或相消干涉条纹,不如通过调制光强,除了被测光波外,叠加一个更长波长的光波。通过完善的电子技术实现测量调制光(图3.30中的实线)与返回光(图3.30中的虚线)之间的相位差(图3.30中的条带)。相位差与调制波长成比例,而且距离值与位相值无法确定未知波数,使得光波发射器与目标反射器之间的距离增加了2倍。同样,探测未知波数的技术比较成熟,所有方法都需要在不同的调制波长下重复测量相位。多次测量提供了两个或两个以上的距离方程,通过求解方程,再根据完整的波长个数计算距离。

调制振幅的多相位测量通常在测量仪器中能达到毫米级准确度(精度比较高,因此测量距离长,可以达到千米)。API和FARO对该技术进行了优化,激光跟

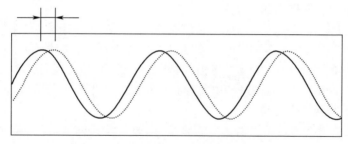

图 3.30　信号之间的相位差（来自 S. Kyle.）

踪器的准确度能达到数十微米，量程可以达到数十米。

　　另外一种测量调制振幅相位的方法是无须测量传输光与返回调制光之间的相位差，而是调整调制波长，使传输光与返回光束发生增强或是抵消叠加。与干涉法产生条纹的原理类似。可参考法国物理学家 Fizeau 和 Foucault 在 1850 年开展的光速测量的实验。

　　图 3.31 所示为旋转齿轮调制的透射光束，光束通过齿轮后继续传输至固定的反射镜，并反射回发射器。观察者通过仪器端望远镜上的半反半透镜观察反射光束。

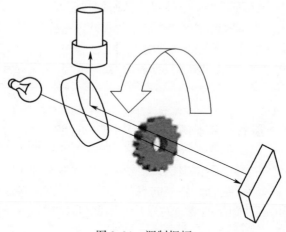

图 3.31　调制振幅

　　当齿轮中断光束时，它们会发送一连串的光脉冲投射至反射镜；当一个脉冲返回时，齿轮将轻微地向前移动，下一个齿轮将开始遮挡返回的光脉冲；当齿轮迅速转动时，返回脉冲正好被遮挡，观察者将再也看不到光束。根据齿轮转速计算齿轮移动到下一个位置所需的时间。这段时间是光脉冲往返反射镜所需的时间，且该距离事先已测量，因此，根据已知的时间和距离，即可计算出光的速度。一旦光速已知，就可以用于测量未知的距离，即根据时间和光速计算距离。

2. 基于调制偏振的测量

莱卡激光跟踪仪所采用的原理是调制激光光束的偏振角度而非调制振幅。探测偏振光角度的技术比探测振幅调制强度的技术准确。初始测量时频率较高,并且在测量路径上包含了所有未知的波长个数 N。然而,通过提高频率,在测量中利用波数 $N+1$ 产生两个测量方程,由此计算出距离 D 和所有波长数 N。

3. 基于调制频率的测量

第三种测量技术是调制输出光的频率,即改变波长,然后将其与返回光混合。当不同频率的信号混合在一起时,会产生拍频。通过调制频率使拍频很容易测量,而且与出射光束和返回光束之间的路径长度直接相关。此外,已知时间和光速,计算出所测量的距离。

该测量技术主要优点是不需要较强的返回信号,这意味着可测量物体表面的反射光或是从合作目标如工装球或是反光的被摄物体的反射光。在测量过程中,无须使用反射镜。

频率调制技术与振幅和偏振技术的区别是频率调制技术中探测器所接收的返回光束光强无须太大,只需评估其波长变化;而振幅调制技术对返回光束的质量要求较高。频率调制技术通常测量物体尺寸的时间较长。不同面形和入射角会影响测量性能,并且光斑尺寸不是无限小的,因此需要时间分析物体表面的反射光。该方法与尼康激光雷达系统配合进行测量(图 3. 32),本章不做进一步的讨论。

3.4.3 基于量程的准确度

图 3. 32　尼康激光雷达(来自比利时鲁汶的尼康测量公司)

在激光跟踪仪测量中,目标和仪器之间的距离通常有较大的变化。一些目标可能离测量仪器只有 1m 远,而另一些目标距离测量站 50m 甚至更远。测量范围(和角度)的准确度随着距离的增加而递减。因此,目标位置的不确定度取决于目标与站点的距离。

跟踪仪的性能规范要求角度测量速度为 1rad/s,测量误差是距离测量误差(如 $2.5×10^{-6}$),与由目标及其安装误差引入的基本模糊误差(0.0003 英寸或 0.0076mm)之和。需要注意的是,随着距离的增加,环境干扰将增加角度和测量范围的误差(3.7 节)。跟踪仪的探测距离约为 50m,随着跟踪仪工作距离的增加,目标位置测量的不确定度越来越大。

图 3. 33 所示为针对不同量程,测量不确定度的形状和尺寸变化[3]。

图 3. 33~图 3. 35 中,利用蒙特卡罗模型[4]计算了 1000 个样本的不确定度,假

设测量分量(两个角度和量程)都是高斯误差分布[5]。

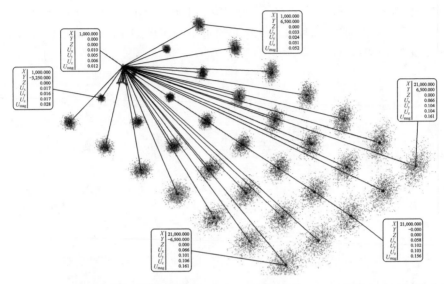

图 3.33　基于量程的跟踪仪不确定度(来自 New River Kinematics,Williamsburg,VA.)

当目标距离跟踪仪比较近时(小于 1m),基本量程模糊误差在目标测量不确定度中所占的比例最大。图 3.34 所示为由角度编码导致径向不确定度变大的情况。角度误差的影响与距离成比例。例如,1rad 的角度误差为 5μm/m,因此,不到 1m 的测量范围,角度误差的影响不大。

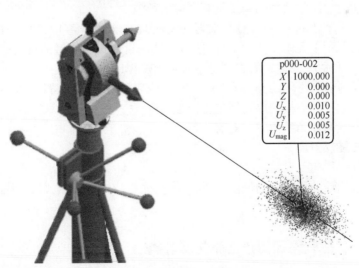

图 3.34　激光跟踪仪较小量程的不确定度(来自 New River Kinematics,Williamsburg,VA)

随着量程增加,跟踪仪角度测量的不确定度在总的不确定度中所占的比例增大。图3.35所示为当量程从1m变化到20m时,不确定度范围的变化。在该例子中,假设仪器的水平和垂直方向的编码器角度1rad范围内的测量不确定度为7μm + 2.5×10^{-6}(1δ范围)。目标在1m处的测量不确定度为12μm,变化到20m处时不确定度为156μm(1δ)。

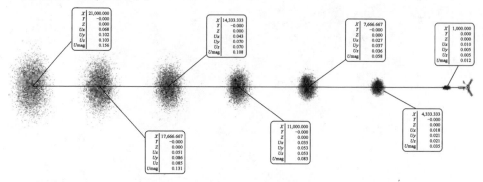

图3.35　激光跟踪仪不确定度(来自 New River Kinematics,Williamsburg,VA)

3.5　目标反射器设计

目标反射器是激光跟踪仪中最关键的系统组件之一。当反射器无法将不受环境影响的、平行的激光束返回到仪器时,则跟踪仪无法测量或跟踪目标。同时光学和力学性能也对跟踪仪的测量质量有直接的影响[6]。

如在3.3节中的解释,目标反射器通常安装在球形外壳上。精确安装的反射器,即球体式原向反射器(SMR),可作为与被测目标直接接触的接触式探头与目标适配器或目标巢一起使用,在测量中起到定位作用。

目标反射器有不同的类型和构造,每一种都具有不同的特性,有各自的优缺点。下面将对三种不同的反射器进行详细讨论:

(1) 空气路径角锥原向反射器。

(2) 棱镜反射器。

(3) 猫眼原向反射器。

为了正确地利用不同的反射器,需了解其光学和力学性能,以及适配器和外壳的特性。

3.5.1　空气路径的角锥原向反射器

最常见的原向反射器设计是由三个镜面玻璃板组成的结构,在球形外壳上互相垂直安装。该反射器通常称为露天角锥(图 3.36)或空气路径角锥,一般可接受角度为±25°。将镀特殊膜的反射镜粘合到安装球体中,它们的交叉点(立方角)精确地定位在球体中心。具体而言,激光只能通过空气而不能通过玻璃传播。这意味着无法实现折射率补偿或通过折射进行补偿。

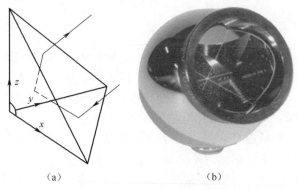

（a） （b）

图 3.36　空气路径角锥反射镜

　　空气路径角反射器适用于高精度单点和面形扫描的应用中。通常在成本和精确度之间取得良好的平衡,但是在应用过程中必须谨慎操作。例如,反射器易碎,当球体式原向反射器掉下时,通常会摔碎。同样,镜面被氧化或是不适当的清洗过程通常也会造成反射镜表面破坏。在腐蚀性环境中的操作对反射镜的破坏尤为严重。

3.5.2　耐摔原向反射器

　　为了避免标准玻璃镜球体式原向反射器的易碎性,开发了耐摔球体式原向反射器(图 3.37)。在金属球体中直接切割并抛光球体制作原向反射器镜面。该技

图 3.37　耐摔球体式原向反射器

术意味着反射镜不易碎,因此,它极大地改善了球体式原向反射器在车间环境中的几何稳定性和耐用性。球体式原向反射器具有类似的性能优势,但是值得注意的是反射镜面也曝露于环境中,会受到氧化及破坏。因此,必须对反射镜进行适当的清洁和保养。

3.5.3 棱镜原向反射器

棱镜原向反射器不是由三个独立的反射镜构成,而是采用更简单的方法,通过切掉玻璃立方体上的一个角完成。这就产生了带有四个平面的棱镜。一个平面是激光束的入射面,与棱镜的轴垂直。其他三个平面互相垂直,而且背面镀银,在棱镜的内部反射光线,并沿平行入射光束方向反射回来。

选择棱镜原向反射器之前,需了解其优点和缺点,棱镜反射器包括工具球反射器(TBR)和可重复使用目标器两种类型。

上述棱镜的制造相对简单,而且球体式原向反射器也是经济之选。此外,与标准玻璃反射器的球体式原向反射器相比,它们更耐用、更耐摔,而且通常更方便跟踪。

棱镜原向反射器比空气路径的角锥棱镜球体式原向反射器的可接受角要大,其可接受角为±40°,而空气路径的角锥棱镜可接受角为±25°。可接受角的提高是由于激光束从空气进入棱镜并向棱镜的顶端弯曲时发生了折射,但是折射也导致了两个误差:

(1)由于顶点位置(目标点)的明显偏移导致的指向误差;

(2)由于折射导致光在玻璃中传播较慢,光传播路径长度发生明显的变化而产生误差。

在激光干涉仪和绝对距离测量系统中存在指向误差。该误差依赖于入射光束与棱镜入射平面的入射角度。当入射角度增加时,指向误差就会增加。

图3.38所示为玻璃棱镜的指向和径向折射误差[7]。由于折射明显增大了棱镜的可接受角,因此便于跟踪。然而,当测量时,要保证反射器一直指向跟踪仪。当指向跟踪仪时,指向误差会变为零[8]。一般而言,固体角锥棱镜球体式原向反射器的测量误差为0.5英寸,水平误差为0.1英寸(2.5mm),径向误差为0.02英寸(0.5mm)。

第二个误差是由于在空气和棱镜中的反射率I变化而引起的。空气中的光速C和棱镜中的光速V的比值定义为$I=C/V$。对于棱镜而言,折射率大于1,因此光在棱镜中比空气中的传播得慢。传播的时间长导致棱镜的量程增加,可能是几毫米。

值得注意的是,可对折射率误差进行准确校正,该内容在3.3.2节介绍的莱卡T探头中已经描述过。棱镜反射器使可接受角最大化,并提高其可用性。然而,由

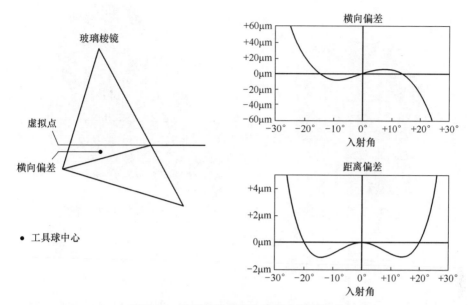

图 3.38　玻璃棱镜的指向和径向折射误差

于探头是在 6D 范围内进行跟踪,光束相对于棱镜轴的入射角是已知的,因此折射误差可被校正。为了限制折射所造成的误差,TBR 和可重复使用目标器的可接受角受机械环限制,但是 TBR 和可重复使用目标器的优势是重量轻、尺寸小和制造成本低。

3.5.4　工具球反射器

图 3.39 所示的 TBR 是在离散点测量(无须在多点跟踪)中广泛采用的棱镜反射器。低成本和耐摔性使其比空间路径角锥棱镜更具吸引力。为了将折射误差减少到可接受的水平,通常,通过调节安装在前面的机械环将可接受角限制至比理论值低的值。将棱镜固定在顶端,可减小棱镜距离球中心的偏移,有助于补偿误差。

3.5.5　可重复使用的目标器

图 3.40 所示为可重复使用的目标器,该镜通常用于评估目标随时间变化的漂移或变形。在初始测量时,需要已知参考点的位置。在固定的时间间隔,可根据需要,多次测量同一目标。测得的坐标与初始值进行对比,以确定目标或组件的变形或相对于固定点的运动。作为可重复使用的目标器,不需要给出高精度的绝对位置,因此不必严格地对准棱镜与安装球面的中心,可有效地降低生产成本。

图 3.39　工具球反射器　　　　　　图 3.40　可重复使用的目标器

3.5.6　猫眼原向反射器

图 3.41 所示为另一种固体玻璃反射器的设计,即猫眼原向反射器。简单而言,猫眼原向反射器有两个折射率相同半径不同的玻璃半球,而且通过同一个中心组合起来。在较大半径的玻璃半球背面镀膜以反射入射光线。通过分析反射光线路径可知入射光和反射光束是平行的,球体的中心是有效的目标点。在实际操作中,反射镜的详细操作更为复杂。

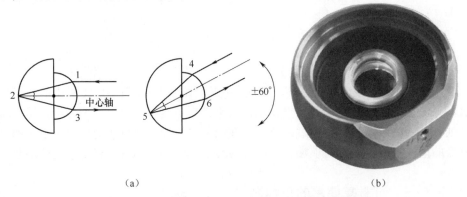

　　　　　　　　　　(a)　　　　　　　　　　　　　　　　　　　(b)

图 3.41　(a)猫眼反射器原理;(b)商用猫眼反射器
(来自 S. Kyle;Leic Geosystems,St. Gallen,Switzerland)

与空气路径的棱镜角锥反射器相比,猫眼反射器比较大、笨重而且相对昂贵。然而,其可接受角较大,大约为±60°。在应用中,当需要大的可接受角度,选择猫眼原向反射器,因此在机器人和机器控制应用中,猫眼原向反射器更为合适,其尺寸、重量和费用就不那么重要了。

114

3.5.7 反射罩

为了延长寿命并保证棱镜的耐用性,球体式原向反射器反射罩由镀铬钢制成。反射罩有几种标准直径,包括 1.5 英寸(38.1mm)、0.5 英寸(12.7mm)和 0.875 英寸(22.225mm)。

在球体式原向反射器中很重要的一点是光学目标点和反射罩中心点需要精确对准。通常,球体式原向反射器的中心公差范围是 ±0.0005 ~ ±0.0001 英寸(±0.0127 ~ ±0.0025mm)。

然而,可重复使用目标器并没有设计成球体式原向反射器,为制造方便,其外壳是球形结构。

3.6 环境补偿

激光跟踪仪操作员通常需要考虑两个环境补偿因素:一个因素是大气对激光的影响,也就是说,由于空气温度、压力和相对湿度的变化,会导致波长产生变化;另一个因素是温度对被测物体的影响。当然,也存在其他因素的影响,如机械稳定性、大气折射,以及空气中存在有机溶剂,但是上述因素所导致的误差无法直接补偿。通过适当的参数设置和现场检查,可减小影响。

激光的波长变化和对物体的热效应,通过适当的辅助程序补偿。由不补偿所带来的误差,或是补偿所产生误差,通常都是系统性而且影响较大。

3.6.1 精确量程的波长补偿

由于该跟踪仪的激光束在空气中传播,波长受温度、压力和相对湿度等环境条件的影响。为了获得准确的结果,必须精确地确定波长。

测量站的激光频率是真空中的激光频率与测量站的空气折射率的乘积。激光跟踪仪工作环境的大气条件(空气温度、气压和湿度)由气象站提供,也可由操作员手动输入。上述参数是用于精确估计测量站的折射率。

当传输介质密度较大时,折射率较高。光的波长变短,即频率增加。在海平面附近,空气的密度比高海拔高,高海拔的气压更低,空气密度低。在较高的海拔,空气的折射率低,从而导致光的频率降低。就温度而言,较高的温度会导致折射率变小,而较低的温度会导致折射率变大,因此随着温度的增加,波长会增加、相应频率会降低。基本的关系是激光的波长与介质的密度成反比。

激光跟踪仪利用激光波长(在真空中)的频率不确定度范围为 $1 \times 10^{-6} \sim 20 \times$

10^{-6}。在空气中的波长不确定度更大,由于折射率受空气条件的影响,而空气条件不容易测量,因此不确定度更大。由于环境变化导致测量距离的变化的因素如下。

空气温度:$\pm 1 \times 10^{-6}$/℃;

压力:-0.25×10^{-6}/mbar①;

相对湿度(RH):-0.01×10^{-6}/%RH[9]。

跟踪仪的气象站测量空气温度、压力和湿度。根据公式例如修正过的 Edlén 或 Ciddor 方程计算空气的折射率。然后利用折射率计算当前环境下的波长。通过真空中的波长 λ_{vac} 和空气折射率 n 可计算空气中的波长 λ_{air},表达如下:

$$\lambda_{\text{air}} = \frac{\lambda_{\text{vac}}}{n}$$

利用补偿波长确定激光干涉仪和绝对距离测量系统的量程。

3.6.2　温度变化导致光线弯曲

由于热变化导致折射率的变化,对波长的变化有很大的影响。然而,折射率变化最明显的后果之一就是折射本身,光线在传播过程中发生弯曲,即从空气到玻璃或密度较低的空气到密度更高的空气的折射。在炎热的天气里,表现为空气闪闪发光。当激光束在不同的温度下穿过不同层的空气时,指向目标反射器的方向就会出现误差。

尽管已经对温度变化进行评估,可实现温度补偿,但是并没有形成商业化的解决方案,补偿技术如下:

(1) 避免靠近热或冷物体(如加热器或室外的寒冷空气)。

(2) 尽可能保证视线短。

① 距离短时,环境影响变化小,不容易发生弯曲;

② 如果有指向误差,空间效应随着距离增加线性增加。

3.6.3　气象站

激光跟踪系统利用气象站提供局部的空气温度和气压,而且通常也包括相对湿度。上述参数可自动读取,且每隔一段时间更新激光的波长,从而补偿整个测量过程中激光波长的变化,进而使系统误差最小化。如果系统没有自动化气象站,操作员需要手动输入大气条件。

---

① 1mbar=100Pa。

3.6.4 激光跟踪测量物体形状的热效应补偿

激光追踪器通常在不受温度控制的环境中甚至可能在室外测量大型物体。在测量过程中,由于时间或季节的变化,温度很可能会发生变化。因此,在测量过程中,物体会膨胀(温度升高)或收缩(温度下降)。通过缩放测量结果实现热效应补偿。

需要注意的是,当温度变化时,假设物体的形状变化一致。只有当物体是由单一材料制造时才严格满足该要求,但即使采用单一材料,大多数大型物体也会由许多以不同方式连接的部件(螺栓、铆钉、焊接等)连接。物体也可能被固定在混凝土地板上,实际上,地板的散热并不能抵消显著的温度变化。随着温度的变化,可能会引入不同的应力和应变,从而形成不均匀的形状变化。研究者并未对不均匀形变开展深入研究,实践经验表明,均匀形变的假设是合理的。但是,需清楚均匀形变的假设及其潜在影响。

缩放过程的目的是将所有测量结果都校正到参考温度(通常是20℃,68℉)下的测量结果。一旦完成校正,则待测物体的测量结果可与 CAD 标称数据进行比较,或与其他测量方法的结果进行比较,或与待装配的组件进行比较,那么该比较具有较高的可靠性和一致性。因此,关键在于将待测物体的测量结果校正到参考温度下的结果。

举例说明维度变化的幅度。10m(32.8英寸)长的铝质物体由于热膨胀和收缩,每摄氏度变化约 0.24mm(0.010 英寸)。类似钢铁的物体每摄氏度变化约0.12mm(0.005 英寸)。在大多数检查、建筑和装配等应用中,温度变化是重要的误差来源,因此必须利用一致的补偿程序校正。

有很多技术可实现对跟踪仪温度效应的补偿,并将测量数据缩放到一致的参考温度。测量人员根据应用选择最佳的缩放技术,同时确保所有 3D 测量过程都可利用缩放技术并记录缩放结果。

激光跟踪仪测量的三个最常见的缩放过程如下:

(1)材料热膨胀系数(CTE)——温度标定。

(2)材料可溯源比例尺。

(3)自动缩放至参考网络点。

1. CTE 热补偿

物体的 CTE 是建筑材料(如铝、钢、碳纤维)的基本特性和测量的关键。CTE定义了特定材料随着温度变化膨胀或收缩量。如果已知环境温度,就可用参考温度减去环境温度得到"温度差"[10]。再用温度乘以物体的 CTE 计算出每单位长度(mm 或英寸)的物体尺寸变化。物体在当前温度而不是参考温度处的长度利用长度补偿公式进行建模,即:

$$L_i = L_0(1 + \alpha\Delta T)$$

式中:L_i 为实际温度的长度;L_0 为在参考温度处的标定长度;α 为物体材料的 CTE ($\times 10^{-6}/℃$);ΔT 为温度差(实际温度–参考温度)℃。

图 3.42 所示为 2m 长的铝质物体在不同温度下的长度变化。

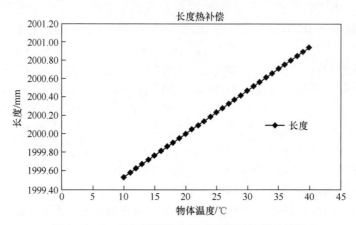

图 3.42　2m 长铝质物体在不同温度下的长度变化

在参考温度下,物体长 2m。在 30℃(86℉)时,根据长度热补偿公式,物体的长度膨胀到 2000.47mm(78.7587 英寸)。

缩放因子计算如下:

$$s = 1 + \alpha\Delta T$$

式中:α 为物体材料的 CTE($\times 10^{-6}/℃$);ΔT 为温度差(实际温度–参考温度)(℃)。

在坐标转换为被测坐标系统之前,通常,缩放因子 s 作为跟踪仪量程或是单次测量坐标值(相对于工作坐标系)的比例系数。

2. 标尺缩放热补偿

通过比较跟踪器测量值与标尺点之间的标定距离,可以利用经过标定的标尺以一致的方式缩放激光跟踪器的测量值。然后,将缩放因子作用到跟踪仪的测量结果上,以使其与在参考温度下的标定值进行比较。利用多尺度缩放标尺时,采用优化技术尽可能地减少标尺上不同点之间的距离和相应标定距离的差异,以确定缩放因子。

测量结果取决于标尺的相对长度、不同点之间距离的不确定度、标尺的类型以及标尺的数量。一般而言,标尺应该由与被测物体相同的材料制成。标尺的首选材料是与物体类似的材料,因此物体和标尺具有相同(或相近)的热膨胀系数,进而会以相近的速率膨胀或收缩。当在温度可控的条件或直接评估由于环境条件的变化(例如温度和湿度变化导致物体长度的改变)时,不能采用相近材料。在大多数应用中,标尺通常采用不胀钢制作而成,不胀钢具有比较低的热膨胀系数,因此

118

不会随着温度变化产生显著的膨胀或收缩。

在理想情况下,标尺的长度应与物体的对角线长度接近。当采用更长的标尺时,需确保测量误差不会被放大[11]。

当物体长度比标尺长度长时,通过增加测量次数,可减少标尺测量误差的影响。

利用标尺测量时,实现缩放比例的方法如下:

(1)采用实验室标定和可溯源的标尺。

(2)采用与待测物体相近材料的标尺。

(3)将标尺和待测物体置于同一环境,保证标尺和物体在相同的环境温度下。

(4)多次测量并检查。

(5)确保标尺的长度足够长,以便在测量过程中显示误差。

3. 参考点网络缩放热补偿

还可通过在待测物体上集成参考点网络对测量结果进行缩放。通过每隔一定时间定期测量参考点,计算测量点与参考点之间的变换关系,(包含七个参数,其中缩放系数是第 7 个参数)。使测量值与参考值一致。然后,被测物的测量数据也进行数据转换,由此使上述数据与参考数据保持一致。该技术可产生与参考坐标系一致的尺寸缩放。

上述操作通常称为"自动缩放"或是"七参数匹配转换"。优点在于在测量过程中,缩放因子会随着待测物体的膨胀或收缩的变化而发生变化。转换参数、缩放因子和参考点网络需要定期标定与溯源。

上述技术的关键是建立可靠且一致的参考网络,并具有可溯源的缩放因子。利用上述的两种缩放技术中的任意一种确定参考网络的可溯源缩放因子。

3.7 激光跟踪仪典范示例

本节介绍了 10 种常见的激光跟踪仪的装置以及测量和分析方法。

3.7.1 稳定的设备支架及夹持装置

激光跟踪仪是一种现场测量解决方案,应用广泛。然而,成功利用该仪器的一个主要指标是在整个测量过程中,激光跟踪仪相对于测量、检查或构建的目标而言,能够保持几何稳定。实现该稳定性有三个要求:

(1)坚固的、机械稳定的仪表架;

(2)安全可靠的部件、工具或被测对象;

(3)在测量开始和结束时的漂移检查。

激光跟踪仪必须固定在一个坚固的、稳定的仪表架上。把仪表架放置在能够直接瞄准物体特性的位置。然而,选择固定激光跟踪仪的位置时要尽可能减少操作员或附近其他人员、行驶的车辆撞到或干扰的可能性。确保跟踪仪及仪表架不直接曝露于阳光下,因为这可能会导致仪表架或仪器的非均匀性热膨胀。即使很小的变化,特别是仪器角度方向的改变,也会导致较大的测量误差。另外,将跟踪仪及其工作所需的空间进行适当的标记,以避免对跟踪仪或待测对象的干扰。也应该考虑到待测件的夹持装置等问题。采用合适的跟踪仪固定方式和待测物体夹持方式,是得到可靠、一致测量结果的基础。

在测量开始和结束时,记录漂移检查结果,确保仪器和待测物体在整个测量过程中保持稳定,为激光跟踪仪的操作员和客户获得准确的测量结果提供保障。

如果探测到激光跟踪仪与待测物体之间的相对位置变化,大多数激光器跟踪软件包可实现在运动发生后对测量结果进行删除并取消该测量站。然后将一个新的测量站添加到网络中,以便继续在该位置开展测量。

3.7.2　确保视线瞄准

激光跟踪测量技术的基本要求是仪器能够清晰地瞄准目标,同时利用算法保证瞄准也非常重要。单个测量位置不需要对所有目标位置瞄准或是在单个测量位置进行大量程的测量,会导致测量不确定度接近或是超过目标公差。一般的经验法则是测量不确定度应(控制)为目标或零件公差的4倍。

单个测量位置无法对所有点进行测量,通常将测量仪器移动到目标周围的多个位置,产生测量网络。3.4节解释了利用被测目标的公共位置建立各个测量站的统一坐标系的技术。为了建立统一坐标系,至少需要测量不在同一直线上的三个目标,通常测量不在同一个平面的六个或是更多的目标。如果简单的点对点连接方法不能提供所需的准确度,则应该选择更高级的测量网络。

3.4节还讨论了当跟踪仪不能直接瞄准目标时,应采用多个跟踪仪测量站的技术。例如,利用特殊的目标适配器(如遮掩点棒)或采用完整的6D目标探头。

3.7.3　可溯源的环境补偿

如3.7节所述,激光跟踪测量结果会受环境变化的影响。造成系统误差的两个主要因素是空气折射率的变化和目标的温度差异。折射率变化会影响跟踪仪的测量,温度差异会导致目标热膨胀或收缩[12]。上述两类误差都可以通过辅助设备和应用程序进行适当的补偿。

利用气象站提供的空气温度、气压和湿度参数补偿影响测量结果的空气效应是相对直接的方法[13]。目前所有的激光跟踪系统都包括经标定的气象站数据

120

的输入接口。将标定的气象站信息更新集成到系统中有助于保证仪器测量的可靠性。记录每个点的实际值有助于对测量结果进行溯源。

补偿测量目标温度变化的技术较多。监测物体温度变化的重要元件是经过标定的组件或目标温度探头。所有的激光跟踪系统包含零件温度的输入接口。在整个测量过程中,利用标定的温度探头记录零件或是目标的温度有助于确保测量结果的溯源。

在典型的工业应用中,通常通过跟踪软件自动监控进程,或是由操作员定期手动监控。当检测到一个重要的目标温度变化时(如 4°F 或 3℃),应暂停测量过程以确认温度的变化。如果在采集所有需要的测量数据之前发生了温度变化,那么需要在测量网络中引入一个新的跟踪测量站。

3.7.4　测量采样策略

获得可靠测量结果的重要因素是采样点个数和采样时间。根据应用需求及采样方法,在软件中设置采样策略。

在动态数据采集过程中,当测量对象在一个表面或是运动的机械装置上移动时,测量采样通常为每一个点采样一次。然而,当跟踪仪测量离散单点时,用户利用软件设置多点测量取平均的方式,以减少因空气湍流或仪器、目标或零件本身的振动所引起的局部变化所带来的影响。该局部变化会产生随机误差,因此在一段时间内多次采样,通过对测量结果取平均,从而减少误差。对于离散单点而言,通常在 1~2s 内采样 50~1000 次。利用采样点的平均角度和范围计算被测物体的平均坐标值。通过对测量结果取平均减少车间环境所带来的影响。给出采样点的统计结果,可提高整个系统的可溯源性。

通常,跟踪仪软件利用采样点的统计结果为操作员提供实时反馈。将采样点的标准差或均方差与操作员所设置的阈值进行比较,比较的结果作为反馈。如果超过阈值,那就显示在测量过程中出现问题,意味着需要进行重复测量。

测量点采样策略应该综合考虑被测件期望公差、环境变化(包括机械和环境的变化)、仪器到目标的距离、采样时间以及最小的采样数量等诸多因素。

3.7.5　利用最少参考点转换为待测件坐标系

在初始设置中,跟踪仪的实际位置必须与待测件或目标的坐标系统相关联。其中一种技术是测量一组在待测件的坐标系统中有标称值的参考点。目的是确定仪器的空间转换关系,使测量的待测件坐标与参考点坐标相匹配。通过最小二乘法最小化测量值与参考值的差值,确定最佳转换函数。一旦仪器的坐标转换,就可在被测件坐标系中记录测量坐标数据。

最佳转换函数至少需要三个参考点,但是建议选择 6 个或是更多的参考点,因此,确保严格对准,显著地提高测量重复性和准确度,同时有助于确定误差。

待测件周围的测量点分布能够确保无偏差的最佳拟合转换,并进一步减少测量及校准误差。

例如,利用三个参考点测量 10m×10m×1m 的物体。假设在适配器上未正确设置目标反射镜,在转换过程中会产生小的系统误差。在本例中,假设被测件位置产生 0.05mm(0.002 英寸)的误差。则可能会在体积对角线的另一侧产生 0.25mm(0.010 英寸)的误差。图 3.43 所示为利用最少参考点进行坐标转换时产生的对准误差。

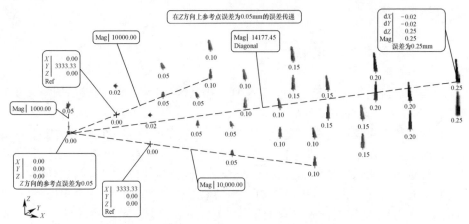

图 3.43 采用三个参考点进行坐标变换时的对准误差
(来自 New River Kinematics,Williamsburg,VA.)

在一个对比鲜明的例子中,测量待测件周围的 8 个参考点。利用最小二乘拟合法可以使误差最小化。在本例中,图 3.44 中的对角线误差为 0.01mm(0.0004 英寸),与使用最少参考点转换相比,误差减少,提升了对准精度。

当测量体中有大量冗余的参考点时,识别测量误差或是未被定位的点更为容易。在上例中,当利用 3 个参考点时,残差最大点不易发现,而利用 8 个参考点的测量结果,就很容易发现残差最大点。

3.7.6 漂移检查

对待测件进行现场测量时,在数据采集过程中,利用漂移检查确保仪器和待测件保持刚性和稳定性。测量之前,在固定位置或在被测件附近放置一组可重复目标,对待测件开展测量前、后分别测量可重复目标。

漂移检查通过比较测量前、后的可重复目标的坐标,计算两者的差值。如果任

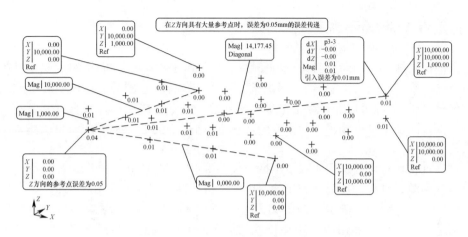

图 3.44 采用 8 个转换点时,误差减小,提升了对准精度
(来自 New River Kinematics,Williamsburg,VA.)

意一个差值超过程序中设置的测量容差时,意味着可重复目标或设备发生了移动。当存在差值时,那么就必须对测量结果进行评估,或直接删除测量结果,并需要重新建立测量站。为了获得连续、准确可信的测量结果,应该采用重复测量取平均的方式减少漂移的影响。

3.7.7 测量网络定位

通常,利用多个激光跟踪站对大体积物体进行测量。在某些应用中,单个仪器需移动到被测件周围的多个位置进行测量,通常将每个测量位置称为测量站。在其他应用中,多个仪器可以单独使用,也可以同时使用。不论采用哪种方法,多个测量站构成一个测量网络,所有的仪器都必须在同一个坐标系中。

通常,通过测量公共物体有效地将所有测量站连接起来,实现测量网络。然而,网络构造的几何形状影响测量站和测量网络的相对强度,进一步影响测量结果的可重复性和准确度。弱的测量网络会导致测量不确定度变大。提高网络强度的策略是确保公共测量目标和测量站均匀地分布在被测物体周围。

利用软件技术在公共坐标系统中确定测量站和目标位置的方法通常称为网络定位、网络调整或是集成校准。不仅可以从测量结果中获得最佳点坐标,而且在分析测量不确定度以及溯源中起到至关重要的作用[13]。软件可以同时完成对所有测量站和目标的调整,从而产生最佳对准结果。通常,软件会报告目标和测量站的不确定度。利用蒙特卡罗法[14]或是协方差矩阵技术评估不确定度。

构建测量网络还有其他方法,如"点对点最佳匹配"(有时也称为"跳点法"),也能产生合理的结果,但是也会导致误差叠加。

123

3.7.8 测量不确定度及溯源

溯源是通过不间断的对比链,将测量结果与国家或国际标准相关联,给出其中所有的不确定度[15]。当采用不同设备、不同的供应商、不同的测量团队和不同的测量程序时,溯源可以保证测量结果的一致性。大型系统的部件来自世界各地的制造商。测量结果可溯源至国家或国际标准,确保不同的测量团队和组织测量结果的一致性。

通过在具有计量资质实验室中标定设备和辅助部件,并记录标定过程中的参数实现溯源。具有计量资质的实验室中的设备可溯源至国家或国际标准。

在测量过程中不确定度被定义为"该参数与测量结果相关,表征待测量值的分散性"[16]。可以利用激光跟踪仪软件估计激光跟踪仪的测量不确定度。将不确定度估计与通过标定的仪器和辅助部件的测量结果相关联,对于实现可追溯性至关重要。

3.7.9 一致和严格的可溯源方法

在激光跟踪仪的测量结果中,缩放误差是系统误差的最大来源[17]。在整个测量范围内,缩放过程中的误差会被放大。为了减少测量结果的变化并确保测量的一致性,必须采用缩放技术,并在整个测量过程中保持一致。已经讨论过多种缩放技术,如 CTE、自动缩放和可溯源标尺。因此,在实际应用中,需要选择合适的缩放技术,同时保证测量团队在测量过程中采用同一缩放技术。在测量过程中,每一步的缩放和平移的结果都需要记录,以确保测量过程的一致性,同时溯源至国家或国际标准。

3.7.10 对仪器、靶标和附件的校准及定期核查

激光跟踪仪的常规校准和现场核查是实现可靠测量的另一个关键步骤。在测量过程中,所采用的标尺、气象站、靶标以及在测量工作中所采用的适配器需进行定期标定以及现场检查。

每一个激光跟踪仪的制造商都提供指导从初始设置到数据获取和分析标定过程的具体步骤的程序和软件包。必须满足特定的标定标准,并编制文档,以确保该系统符合其性能指标。

用户在设置仪器时,特别是发送数据至测量站时,应执行规定的现场核查和校准过程。现场检查方法能够快速确定系统校准的潜在问题。

为得到最佳的测量效果,建议在具有计量资质的实验室进行定期的系统标定,

并溯源至国家标准实验室,如美国 NIST、英国 NPL 和德国 PTB。标定有助于确保激光跟踪仪的测量结果符合国家和国际标准。

3.8 激光跟踪仪应用综述

采用激光跟踪仪实现空间测量任务的主要行业包括航空航天、汽车制造、船舶制造、能源生产以及大规模产品的研发。激光跟踪技术与相关领域(如测量风能)的发展要求非常吻合,同时也满足粒子物理学等非常专业的科学领域的测量需求,例如,准确地对准磁铁对于大型机器的使用而言至关重要。然而,其他制造行业,如铸件、机床和机器人的制造都得益于激光跟踪技术的应用。

主要应用领域如下:

(1) 检查(验证)。最常用的测量任务是为了检查某些零件的形状或大小,或者是否在正确的位置或方向,也就是说,必须符合设计所规定的公差范围。因此,上述过程也称为验证。通常,检查或验证过程需要与 CAD 模型或 CAD 值进行比较。检查包括测量某些特性或是需要通过与 CAD 模型中几个或数百万个点进行比较,实现详细的面形分析。

(2) 对准。将一组组件按特定的几何关系布放。例如:同步加速器中的磁体(粒子加速器);造纸厂的轧辊;机器人制造单元的传感器。

对准可以是一个简单的检查过程,但也可能涉及对组件位置和方向的物理调整,然后重复检查。

(3) 构建测量基准工具。许多制造过程,需要一套工具或夹具提供物体的参考点位置,以用于组装零件,或固定装置,例如铝或复合材料板,以便利用该工具作为模板或基准实现正确加工。在构建工具时,关键位置和固定点必须相互准确定位。对于激光跟踪仪的实时 3D 输出而言,建立反馈循环就是一个构建基准的过程。该构建过程与校准和调整程序有相似之处。

(4) 逆向工程。当检验无 CAD 模型的面形时。该过程中不是与 CAD 模型进行比较,而是建立 CAD 模型。如重构一个无图纸的旧涡轮机替代部件和制作缩小版的 3D 打印雕像复制品。

(5) 校准。激光跟踪仪在大量程范围内提供了非常准确的 3D 参考点。这些参考点可用于机器人和机床的检测与校准。

从设备制造商的中选取如下的应用实例展示激光跟踪仪在工业中的应用。

3.8.1 航天:航天器全面形扫描

在图 3.45 中,展示了在苏黎世附近的博物馆里对一个具有历史意义的瑞士战斗机模型进行扫描和检查。

图 3.45　对战斗机模型进行全面形扫描和检查
（来自 Leica Geosystems, Hexagon Metrology, St. Gallen, Switzerland）

3.8.2　航天：工具夹具检验

图 3.46 所示为空中客车如何利用 3D 激光跟踪仪实现对夹角工具的检查。

图 3.46　空中客车工具的检查（来自 Leica Geosystems, Hexagon Metrology, St. Gallen, Switzerland）

3.8.3　汽车：轿车检查

如图 3.47 所示，在德国莱比锡的宝马工厂，利用 6D 探测系统测量汽车底盘尺寸。

图 3.47　汽车底盘的检查(来自 Leica Geosystems, Hexagon Metrology, St. Gallen, Switzerland)

3.8.4　赛车运动:一级方程式合法性检查

如图 3.48 所示,英国的红牛车队利用了 6D 探测系统检查赛车尺寸是否符合比赛要求,如赛车的宽度和踏板的位置。

图 3.48　赛车规范性检查(来自 Leica Geosystems, Hexogon Metrology, St. Gallen, Switzerland)

3.8.5 核动力:涡轮叶片检查

德国西门子公司为芬兰一家核电站提供发电涡轮机。如图 3.49 所示,利用 3D 激光跟踪仪检查其叶片与壳体是否紧密配合。

图 3.49 发电涡轮机检查(来自 Automated Precision, Inc., Rokville, MD.)

3.8.6 风力涡轮机组件的检查

如图 3.50 所示,西班牙 Labker 公司利用 6D 探测系统检查风力涡轮机中的大型部件。

图 3.50 风力涡轮机部件检查(来自 Leica Geosystems, Hexogon Metrology, St. Gallen, Switzerland)

3.8.7 机器与设备工程:大型变速箱检查

图 3.51 所示为德国 Ferrostahl 公司采用 3D 激光跟踪仪检测大型钢发动机变速箱。

图 3.51 钢发动机变速箱的检查(来自 Automated Precision, Inc., Rockville, MD.)

3.8.8 机器人校准

如图 3.52 所示,在德国 KUKA 机器人制造厂,用激光跟踪仪提供 3D 参考坐标完成对机器人的校准。

图 3.52 机器人的校准(来自 FARO Technologies, Inc., Lake Mary, FL.)

3.8.9　核聚变研究:激光束对准

如图 3.53 所示,美国国家点火设备(NIF)采用 3 个 3D 激光跟踪仪实现对 192 个激光器的校准,使它们的光束对准氢燃料舱,产生核聚变反应。

图 3.53　激光光束对准研究(来自 CMSC,Simultaneous multiple laser tracker alignment at NIF,Archives of CMSC 2010,www. cmsc. org,accessed October,2012.)

3.8.10　无线电天文望远镜的装配

如图 3.54 所示,在阿塔卡玛大型毫米阵列(ALMA)的 15 台望远镜中,每台抛物面天线的每个花瓣体都是利用 3D 激光跟踪仪对齐并组装在阵列中心。

图 3.54　ALMA 中 15 台望远镜天线的组装和检查(来自 FARO Technologies,Inc. ,Lake Mary,FL.)

3.8.11　海军工程:射击定位准确度

如图 3.55 所示,在美国海军的新型驱逐舰上,BAE 系统公司采用 3D 激光跟踪仪检查驱逐舰上火炮系统(AGS)的定位准确度。

图 3.55　驱逐舰上火炮系统的定位(来自 FARO Technologies,Inc.,Lake Mary,FL.)

3.8.12　海洋文化遗产的 3D 建模

如图 3.56 所示,利用 3D 激光扫描系统对一艘历史悠久的美国海军监测船的锚进行数字建模,便于保存和展示。

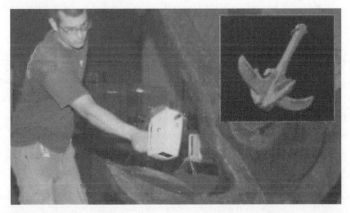

图 3.56　历史文物数字建模和扫描(来自 Leica Geosystems,Hexagon Metrology,St. Gallen,Switzerland)

3.9 小结

20多年来,一直利用激光跟踪仪实现高精度的三维坐标测量,用于大尺寸物体的测量。在20世纪80年代后期,激光跟踪仪开始应用于建造和检查大型航空航天工具及部件。它们的成功应用以及在快速准确的绝对距离测量、自动环境补偿和实时6D数据获取方面取得进展,极大地扩展了工业应用范围。

目前,激光跟踪仪是针对小型、单一操作系统的主要测量方案,同时也是用于装配和集成来自世界各地零部件的关键技术。由于激光跟踪仪便于现场操作,具有便携性、准确性和可靠性,不同行业的制造商均采用激光跟踪仪。

未来,作为控制过程中的嵌入式传感器,激光跟踪仪将越来越多地应用于生产线上。高准确度和高数据采集率是机器人钻孔机或自动化大型部件组装例如飞机制造的机翼与机身连接的理想选择。

与传统的质量保证方法相比,机器引导和校准使跟踪仪作为制造过程中的一个环节,确保制造准确性[18]。与加工后再检查并剔除已生产的不合格零件的质量保证技术相比,嵌入式激光跟踪仪提升了制造高质量部件的能力。这也有助于制造商降低成本,制造更大、更灵活的机器。

参考文献

[1] B. Bridges, D. White, FARO Technical White Paper, Published by *Quality Digest*, February 1998.

[2] A. A. Michelson, *Studies in Optics*, University of Chicago Press, Chicago, IL, 1927.

[3] J. Calkins, Quantifying coordinate uncertainty fields in coupled spatial measurement sys-tems, Dissertation, 2002, etd-08012002-104658, http://scholar. lib. vt. edu/theses/available/etd-08012002-104658/.

[4] *Guide to the Expression of Uncertainty in Measurement*, 1st edn., ISO, Geneva, Switzerland 1995.

[5] Spatial Analyzer Software, New River Kinematics, Williamsburg, VA, www.kinematics.com.

[6] J. Palmateer, Those #%&! $ corner cubes, Paper presented at the *Boeing Seminar* 1998; A. Markendorf, The influence of the tooling ball reflector on the accuracy of laser tracker measure-ments: Theory and practical tests, Paper presented at the *Boeing Seminar* 1998.

[7] S. Kyle, R. Loser, D. Warren, Automated part positioning with the laser tracker, Leica Geosystems, St. Gallen, Switzerland.

[8] A. Markendorf, The influence of the tooling ball reflector on the accuracy of laser tracker measurements: Theory and practical tests, Leica Geosystems, St. Gallen, Switzerland.

[9] Effect of environmental compensation errors on measurement accuracy, Renishaw, New Mills,

Wotton-under-Edge, Gloucestershire, U.K.

[10] T. D. Doiron, Temperature and dimensional measurement, NIST report on CTE material property, NIST, Gaithersburg, MD, Web Site: http://emtoolbox.nist.gov/Temperature/Slide2.asp

[11] S. C. Sandwith, Scale artifact length dependence of videogrammetry system uncertainty, *Proceedings of SPIE* 3204-04, November 1998.

[12] S. Sandwith, Thermal stability of laser tracker interferometer calibration, *Proceedings of SPIE* 3835, Vol. 93, November 1999.

[13] B. Hughes, W. Sun, A. Forbes, A. Lewis, Determining laser tracker alignment errors using a network measurement, *J. CMSC*, 2010, 5(2), 26-32, National Physical Laboratory, Middlesex, U.K.

[14] M. Basil, C. Papadopoulos, D. Sutherland, H. Yeung, Application of probabilistic uncertainty methods Monte Carlo simulation in flow measurement uncertainty estimation, *Flow Measurement-International Conference*, Peebles, Scotland, May 2001.

[15] VIM, 1993, *International Vocabulary of Basic and General Terms in Metrology*, 2nd edn., VIM.

[16] J. Calkins, S. Sandwith, Integrating certified lengths to strengthen metrology network uncertainty, *CMSC Journal* 2007.

[17] CMSC, Simultaneous multiple laser tracker alignment at NIF, Archives of CMSC 2010. www.cmsc.org (accessed October 17, 2012).

[18] T. Greenwood, Laser tracker interferometers in aerospace applications, SME Paper, 1992.

第4章
位移干涉测量

Vivek G. Badami，Peter J. de Groot

4.1 概述

利用光波测距的精度较高,也是商业干涉测量工具的基础,测量工具能够以优于 1nm 的分辨力监视飞行速度为 2m/s 的目标位置。在空间系统中应用范围广,包括机床平台定位和距离测量,可测量长度范围为几毫米到几千米。

位移干涉测量(DMI)与其他位移检测方法相比有很多优势。除了分辨力高外,还具有测量范围广,响应速度快的优点,DMI 激光束作为测量过程中的一个虚拟光轴,可直接通过测量点(POI)消除阿贝(Abbe)偏移误差。图 4.1 所示为 DMI 与电容测量法、光编码器法和线性可变微分变压器法(LVDT)在分辨力和动态测量范围坐标系下的分布情况。位移干涉测量是一种非接触式测量,并且可精确到长度单位。自从 20 世纪 50 年代利用位移干涉测量技术首次实现自动化亚微米级控制以来,DMI 在高精度定位系统中发挥了主导作用。

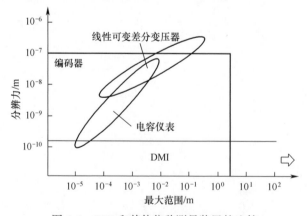

图 4.1　DMI 和其他位移测量装置的比较

本章旨在根据现有技术和专利文献概述 DMI 目前的发展现状。本章结构系统全面,很容易找到某一特定的主题,不必从头至尾精读全章。

4.2 节介绍 DMI 基本原理,4.3 节回顾了实际应用中常见的相位检测方法,并介绍了零差和外差检测的基本概念。4.4 节讨论产生稳定波长光源的方法,对于实现外差 DMI 而言,稳定光波长的相干性和调制性的特点十分重要。4.5 节列出了一些较为常见的测量位移、角度和折射率等参数的光学干涉仪装置。4.6 节研究包含干涉装置的系统性能,分析波长不稳定性、阿贝偏移误差、周期误差、空气扰动和热漂移等误差源所引入的测量不确定度。4.7 节介绍了 DMI 的一系列实际应用,并将 DMI 集成到一个完整的机器中,实现连续运动控制和/或测量,并完成标定和验证。关于 DMI 应用部分包括了一些非常规技术方法的例子,该方法后续会有广泛应用。

4.2 基本原理

DMI 是基于光传播时相位快速变化的原理,每 2π 相移相当于可见光移动小于 $0.5\mu m$ 的距离。利用干涉方法,比较参考光束、普通光源所产生的测量光束及两者汇合后的干涉光束以获得高准确度和可溯源的测量结果。

为了规范术语及符号,利用如下数学公式描述测量原理。振幅为 E_0 的光源电磁波场为

$$E(t,z) = E_0 \exp\left[2\pi i\left(ft - \frac{nz}{\lambda}\right)\right] \tag{4.1}$$

式中:f 为振荡频率;λ 为真空波长;z 为光程长度;n 为折射率。

可见光波长的频率很高,接近 6×10^{14} Hz,因此很难直接检测 $E(t,z)$ 的相位 $2\pi(ft-nz/\lambda)$。为了以波长作为测量单位,需要降低光频率。这也是利用干涉法的原因。

根据图 4.2 可知,非偏振光束分束器(NPBS)将光源发射的光束分为两束,图中所标的 1 和 2 分别代表测量光束和参考光束。两束光传播路径不同,因此具有不同的相位变化,该相位变化与传播项 nz/λ 相关:

$$E_1(t,z_1) = r_1 E_0 \exp(2\pi i ft) \exp\left(\frac{-2\pi i n z_1}{\lambda}\right) \tag{4.2}$$

$$E_2(t,z_2) = r_2 E_0 \exp(2\pi i ft) \exp\left(\frac{-2\pi i n z_2}{\lambda}\right) \tag{4.3}$$

式中:z_1、z_2 为光束从 NPBS 分离后重新回到该点的传播路径长度;r_1、r_2 为原始复振幅 $|E_0|$ 的相对强度。

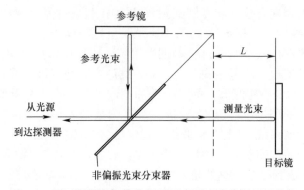

图 4.2　用于测量目标镜位置的迈克耳逊式分振幅干涉仪

当两光束相干叠加时,得到的平均光强为

$$I(z_1 z_2) = |E_0|^2 \langle |\exp(2\pi i ft)|^2 \rangle \left| r_1 \exp\left(\frac{-2\pi i n z_1}{\lambda}\right) + r_2 \exp\left(\frac{-2\pi i n z_2}{\lambda}\right) \right|^2$$

$$(4.4)$$

频率项 ft 随着时间的变化趋于一个常量,即

$$\langle |\exp(2\pi i ft)|^2 \rangle = 1 \qquad (4.5)$$

但是最终的表达式保留了光程差 $z_1 - z_2$:

$$I(L) = I_1 + I_2 + \sqrt{I_1 I_2}\cos[\phi(L)] \qquad (4.6)$$

其中,

$$I_1 = |r_1 E_0|^2 \qquad (4.7)$$

$$I_2 = |r_2 E_0|^2 \qquad (4.8)$$

$$\phi(L) = \left(\frac{4\pi nL}{\lambda}\right) \qquad (4.9)$$

$$2L = z_1 - z_2 \qquad (4.10)$$

DMI 的基本原理是根据干涉相位 $\phi(L)$ 和对平均强度 $I(L)$ 的影响检测距离 L 的变化。

4.3　相位检测

与干涉测量法的其他形式一样,DMI 的技术重点在确定相位 $\phi(L)$ 的方法上。追溯到迈克耳逊时代,最早的干涉仪利用目视法估计相位变化[2-3]。目视法是靠眼睛观察条纹图案,而干涉条纹通过倾斜干涉仪反射镜生成。有经验的观察者在十字线或可调节的补偿光学元件的辅助下,可估计约 1/40 条纹宽度或 15nm,足以满足常规标准块测量[4-5]。另一种对运动物体测量特别有效的传统方法是条纹计数法,实质上是记录输出光束从亮到暗的全部变化次数,该方法适用于低精密度应用,例如位移估计的精度为 $\lambda/2$,但无法确定运动方向。

现代的 DMI 系统依赖于电子探测和数据处理,对一系列可控的相位调制引起的强度变化进行评估,以确定运动方向和对分数阶条纹进行分析。在大多数系统中,通过偏振对参考和测量光束编码,即可在两束光之间产生三个或更多个相移 α[6]:

$$I(L,\alpha) = I_1 + I_2 + \sqrt{I_1 I_2} \cos[\phi(L) + \phi_0 + \alpha] \tag{4.11}$$

利用基于正交检测的信号处理方法对相位调制后的条纹进行分析,通过拟合正弦和余弦或等值法计算 $\phi(L)$。附加相位 ϕ_0 是固定补偿,其值为位置 $L=0$ 时的相位值。

图 4.3 所示为一种对参考光束和测量光束进行偏振调制的干涉仪示意图。偏振分束器(PBS)[7]分别根据 s 和 p 线偏光将光源的光分成参考光束和测量光束。理想的偏振源是线性的,与图平面成 $45°$ 角。参考光束和目标角锥棱镜反射的光束经 PBS 调制后在同一直线上或者互相平行。出射的光束包括被正交线性偏振调制后的参考光束和测量光束。

基于偏振–编码干涉仪检测相位的两种方法分别是零差法和外差法。

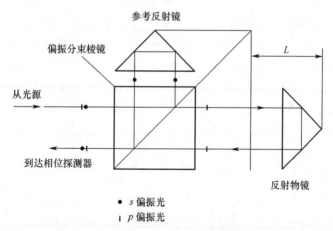

图 4.3　对参考光束和测量光束进行偏振调制的线性位移干涉仪

在零差法中,偏振光学器件和多个探测器件测量经过多个静态相移后的偏振光波强度[8]。图 4.4 举例说明采用 $\lambda/4$ 波片和 $\lambda/2$ 波片(分别为 QWP 和 HWP)的零差检测仪。图中的四个探测器探测到信号强度存在 $\pi/2$ 相对相位变化:

$$I_j = I(L,\alpha_j) \tag{4.12}$$

$$\alpha_j = \frac{j\pi}{2} \tag{4.13}$$

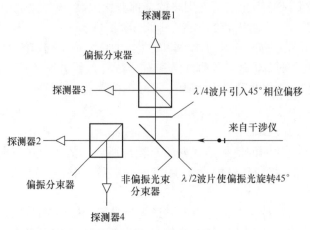

图 4.4　零差相位探测器的光学元件组成

相位通过下式获得(在固定的偏移量内)：

$$\tan\phi = \frac{I_1 - I_3}{I_2 - I_4} \qquad (4.14)$$

该方法对光源强度波动和条纹对比度波动不敏感,并通过设计或补偿算法[9-10]在一定程度上弥补检测光学中的缺陷,提供了瞬时相位和位移 L 的精确估计。零差检测法适用于低成本、单轴的 DMI 系统[11-12]和光学编码器[13]。类似于早期的干涉法,在条纹的不同位置设置固定采样点,通过改变图 4.4 中的波片方向,或对测量光束和参考光束引入微小角度,生成干涉条纹图形[14]。

外差法中,参考光束和测量光束之间引入一个频率差,使干涉光强随时间变化[15-17]。通常在光源处设法在参考光束和测量光束之间引入一个偏移频率 $\Delta f = f_2 - f_1$,并非公共光学频率 f,导致产生随时间连续变化的相移,即

$$\alpha(t) = \Delta ft \qquad (4.15)$$

输出光束的强度以几千赫兹至数百兆赫兹的速度成正弦变化,它取决于系统的设计和预期的最大目标速度。单元探测器捕获每个测量方向或轴向信号(图 4.5)。分析上述信号有多种方法,包括锁相法、过零点法和滑动窗傅里叶分析法,并为高速伺服控制提供数据补偿[18]。通常由产生频移 Δf 的电子器件,以电子方式或光电方式产生电子参考信号,用于测量外差信号的相位。

在外差系统的几个优点中,我们注意到了探测器的简单性,该特性对于低成本的多轴系统尤为重要,其信号转换频率远低于直流信号,以避免热效应和其他与频率成反比的噪声。图 4.6 所示为外差干涉仪系统的各个组成部分,涉及各种测量装置。外差干涉法尤其适用于高精密度的测量应用,如显微光刻台(4.7 节)。

138

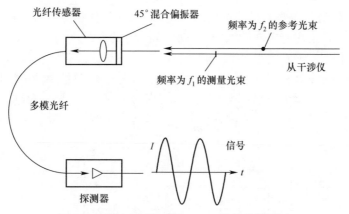

图 4.5　利用光纤传感器(FOP)的外差检测图

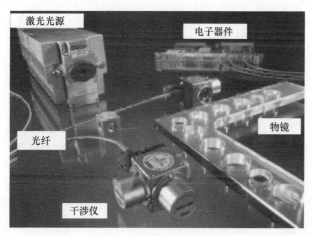

图 4.6　外差干涉仪系统组成(来自 Zygo Corporation,Middlefield,CT)

4.4　外差位移干涉法的光源

外差干涉法的光源必须满足多种光学测量的要求。产生两束具有频率差的相互正交的线偏光,且具有已知的稳定波长。要求建立长度单位的可溯源性,并提供将干涉仪输出的相位变化量转换成长度单位所需的比例因子。尽管短相干长度的光源对某些应用有一定的优势[19-20],但常见应用中的相干长度需要达到米量级。其他的实际需求包括体积紧凑、散热低、光输出功率高、指向和偏振状态相对于机械数据的稳定性高、避免受到反射光束的干扰和波前质量高。

激光光源,尤其是气体激光光源,满足了几乎所有的要求。最早应用于位移干涉测量的双频激光器之一是改进型氦-氖(He-Ne)气体激光器[15]，该激光器是在1962年诞生的，是在产生连续波长为632.9nm的激光器之后不久出现的。虽然，专业应用中利用其他类型的激光和波长[22-23]，同时，其他光源也满足测量要求[24]，但是波长为632.9nm的氦-氖激光器仍然是位移测量干涉法应用中选择较多的激光器。该选择源于多种原因，包括结构简单、便于可见光对准，以及可与硅光探测器配合使用[25]。后续讨论仅限于此类型的激光，特别是常见商业化和稳定化方案。

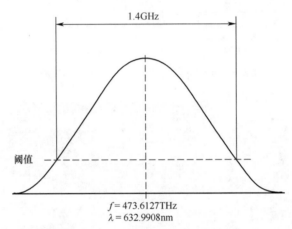

图 4.7　氦-氖激光器(约633nm)的增益曲线。频率和波长是 CIPM 的建议值
(Stone,J. A. et al.,Metrologia,46,11,2009)

氦-氖激光器的波长值及其不确定度是 DMI 的关键参数。真空波长值(以及折射率)将测量的相位变化转化为长度单位，故波长的不确定度直接传递到位移测量的不确定度(4.6节)。氦-氖激光器的真空波长为632.9nm(在氖中实现$3s_2 \rightarrow 2p_4$转换)，其基本原子物理学对测量原子长度单位具有影响，原子跃迁可实现具有一定不确定度的标准波长。如图4.7所示，增益曲线中高于阈值的频率宽度为1.4 GHz(或3×10^{-6}的相对频率)，通过调节激光器的物理机制控制频率宽度。最近，国际度量委员会(CIPM)的长度委员会(CCL)提出了一项建议，将工作波长为632.9nm的非稳频氦-氖激光器列入用于实现长度单位的光源清单中。CIPM 建议相关相对标准不确定度为1.5×10^{-6}，该值覆盖范围比增益曲线阈值覆盖范围宽2倍。虽然建立可溯源的氦-氖激光器，但是不确定度为1.5×10^{-6}不能满足大多 DMI 应用的，同时激光波长的稳定性也是必要条件。

图4.8所示为基于稳频法的外差式 DMI 氦-氖激光光源的分类。双频激光器(以下称为计量激光器)可用于外差式 DMI 系统。根据 BIPM[24]的指导建议，图4.8右侧分支中的基准激光器如碘-稳频氦-氖激光器[127]，可实现对计量激光器极高准确度的校准。虽然增益曲线表明实现多模式输出有助于稳定化，但是大

部分商用 DMI 激光系统遵循图 4.8 的左侧分支,采用单模式输出。小部分激光器直接利用两种或两种以上的激光输出模式,其外差频率由光学频率和激光输出模式的差异确定[28-30]。

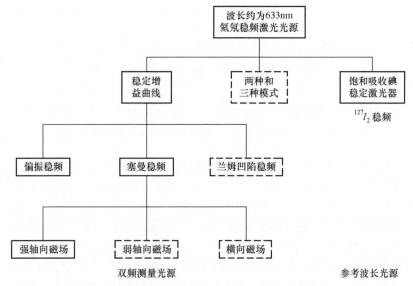

图 4.8　激光光源的分类(虚线表示仅限于实验室使用或有限商业用途的光源)

商业计量激光器通过控制两个正交偏振化的 TEM_{00} 模式相对于 He-Ne 增益介质的增益曲线的位置实现稳频输出。在闭环控制下调节谐振器的长度,可使两种模式的光强差值为 0。稳定增益曲线的方法分为塞曼稳频和偏振稳频方法。

4.4.1　塞曼-稳频激光器

塞曼激光器[31-33]源于 Tobias 等[34] 和 de Lang 等[15] 提出的器件。该器件依赖于塞曼效应,沿电子管轴向产生相对较强的磁场,产生"分裂",如图 4.9 所示,即单激光模式分成两个正交圆偏振模式,频率略高于和低于原来的中心频率 f_0,分别用 f_+ 和 f_- 表示。塞曼分裂提供了外差干涉法所需的频率差,以及稳定激光频率的方法。频率的差异取决于磁场的大小,频率差范围为 1~4MHz。虽然商业激光器依赖强大的轴向磁场产生上述两种模式,但在文献中也报道了实现横向磁场的方法[36-38]。

图 4.10 是塞曼稳频激光器的示意图。内部空腔氦-氖激光器工作模式为单纵模和单横模,工作波长为 633nm。在谐振器空腔最大长度下输出单模激光,从而设置可实现的上限功率。环绕激光管的永磁体适用于轴向磁场。为达到光源稳定性,分束器(BS)从激光器输出光中将两束正交圆偏振光束的一小部分分离出来。两个圆偏振态转换为正交的线性偏振态,反馈系统产生一个控制激光腔长度的误

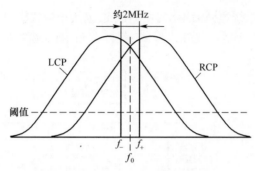

图 4.9　塞曼分裂将单纵模分成两个正交偏振态模式(左旋圆偏振或
LCP 和右旋圆偏振或 RCP)。为清晰起见,该分裂为放大显示

差信号。典型的商业实现是通过分离两束线偏振光,并被两个检测器探测,然后将输出信号的差值作为误差信号[31,33]。另外一种实现稳频输出的方法无须与探测器实现增益匹配,采用一个探测器和一个可编程的液晶偏振旋转器交替地采集两束偏振光的强度[33]。两种模式光强度的差是谐振长度的函数,与未漂移的中心频率对应点处的斜率有一个零交叉点。通过压电(PZT)传动装置[15,31]或加热元件控制谐振器长度,从而稳定波长。实现稳频激光器方法还包括利用两种模式[32]之间的拍频,通过线性偏振片使两束光在探测器上相遇并发生干涉。将拍频的最小值作为谐振长度的函数,控制谐振器的长度。

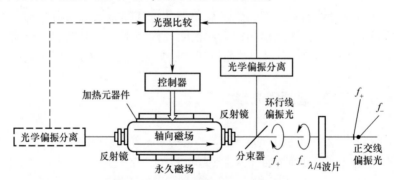

图 4.10　塞曼稳频激光器的示意图

如图 4.10 虚线所示,激光器输出的稳定光束光强较弱,从而使激光的输出光束均可用于测量。近年来的设计是利用激光管固有各向异性得到的椭圆偏振光束产生反馈信号,而不依赖偏振光学器件[39-40]。光源输出的光通过 QWP 转变成两束相互正交的偏振光(两束光的频率稍微不同)。在该类型的激光器中,产生外差DMI 所需的两个频率是稳定方案中不可或缺的一部分。

虽然从控制的角度出发,塞曼效应存在一些缺点[41],但是 Hewlett-Packard (现在为 Agilent)[31,33],Zygo 公司[42]和其他制造商生产的塞曼激光器 DMI 系统

142

在测量方面发挥了重要的作用。该方法的一个缺点是低外差频率,同时导致对目标最大转换率的限制;另一个缺点是对激光管单模操作有要求[43-44],将激光管的长度限制在 10cm 以内,相应地,与偏振稳频激光器中的长激光管相比,减少了输出功率。

光束质量的正交性和椭圆度是影响周期误差的关键参数,该内容将在 4.6 节中介绍。在早期报道中,正交偏离值为 4°~7°[45],但近期的测量结果表明可达到更小值 0.3°以及 1∶170 椭圆率的电场强度[46]。

4.4.2 偏振-稳频激光器

与塞曼稳频系统相比,偏振-稳频 DMI 激光源系统具有将稳频和变频技术分开的功能[17,47-49]。稳频技术依赖于两个相邻纵模的强度匹配,如图 4.11 所示[50-51]。在增益曲线中展现两个正交偏振模式,偏振-稳频激光光管比塞曼-稳频激光管更长(约 30cm)。

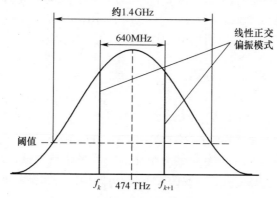

图 4.11　偏振-稳频激光器的两个模式

图 4.12 为偏振-稳频激光器原理图,光束分离器从输出光束中分出一部分光。采用 Wollaston 棱镜(或其他合适的双折射棱镜)根据两个正交偏振光和两种激光模式将光束进行分束,并分别利用两个探测器 D_1 和 D_2 探测[50]。控制系统通过调节谐振腔的长度,尽量减少两个探测器 D_1 和 D_2 上的光强差异。图 4.11 展示了当激光处于稳频状态时两种模式的相对强度,上述两种模式相对于增益曲线峰值的波长对称。

放置在分束器后的偏振片只使其中一种模式通过,然后利用声光调制器(AOM)产生两个相互正交的线偏振频移光束;通过第二个双折射棱镜(未显示)[47],两束光将会重叠,并在激光器中彼此平行输出。频率差 Δf 对应 AOM 的驱动频率。虽然其中一种模式不能通过,但在两种模式下,激光管长度的增加(与塞曼-稳频激光器相比)弥补了一种模式的损失,从而保证了输出功率的净增益。

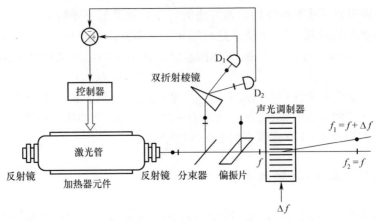

图 4.12 偏振－稳频激光器的原理图

与塞曼稳频方法相比,频移方法允许频率间有很大的差异,20MHz 频差比较常见,同时允许更高的目标转换速率。然而,频移方法在利用自然光时效率较低。减小损耗功率的方法是两个独立的干涉仪[52]分别采用两种激光模式。

商用稳频激光光源的说明书中通常会给出相对"真空波长精度"或"单位长度可变性"为 ±(0.1~0.8)×10^{-6}[42,52-53]。上述数据作为估计真空波长标准不确定度的依据。如果需要一个更精确的波长值,那么应该选择比碘－稳频氦－氖激光器更精确的光源[41,54]或频率梳[55]确定波长。商用光源稳定性通常限定在多个时间范围内,短期(1h)、中期(24h)和长期(超过激光寿命)的相对波长稳定性分别为±(0.5~2)×10^{-9}、±(1~10)×10^{-9}和±(10~20)×10^{-9}[53,56]。最新研究报告表明,在 20 年时间内,对 28 种不同类型激光器的测量结果与碘－稳频氦－氖激光器的测量结果比较,结果证实了一般情况下,制造商提供的参数都能达标或是超过波长稳定性要求[57]。

为了实现激光的稳定性,需要一些特殊的保护。激光稳定性下降的原因之一是由外部光反射回激光谐振腔引起的光反馈造成[58-59]。甚至激光输出 0.01% 的弱反射光也是造成系统不稳定的原因之一,它源于外部谐振腔的不稳定性[43,58]。解决光学反馈的传统方法包括通过法拉第单元以非交互方式旋转反射光束的偏振片,以防止反射光束通过交叉偏振镜再次进入谐振腔[60]。

利用 AOM 产生两个频率,以提供固有的高反馈隔离度[47,61]。通过激光系统反射回来的光束要么偏离原来的光束路径,要么产生激光的增益带宽之外的频率偏移[41,62]。先进的系统通过专业 AOM 设计,进一步加强了隔离,能有效地消除光学反馈的问题[52,63]。

所有类型激光器的通用问题包括光束大小、散热、指向稳定性和其他操作特性。

激光束通常通过望远镜扩束至直径为 5mm 以上,以限制高斯光束传播过程中

144

造成光束的发散,允许在合理的位移范围内进行测量[64]。另一个影响光束尺寸的原因是测量光束和参考光束之间的剪切容差。光学和对准误差可能造成测量光束相对于参考光束的横向平移和角度失调,而光束直径必须提供足够的测量范围[65]。商用系统通常会产生直径为 6mm $1/e^2$ 的光束,在测量范围和干涉仪光学尺寸之间取得平衡[53,56,66,67],3mm 和 9mm 的光束直径可作为备选[53]。

激光器散热是应用需求中的热辐射管理问题。在操作过程中,激光器工作时通常会消耗 20~40W,并且必须精确定位,以最大限度地减少热负荷[53,56]。专用激光器采用液体冷却,将消耗功率降低至 10W[66-67]。另一种方法是把激光器放在较远的位置,通过光纤将光束耦合到应用中[66]。

4.4.3　利用饱和吸收的稳频技术:碘-稳频氦-氖激光器

饱和吸收的稳频激光器,在计量领域提供了最高的稳定性和再现性,被国家计量机构(NMI)作为实现测量长度单位的主要器件[68]。图 4.8 分支所示的是可校准两个频率的测量激光器。20 世纪 70 年代早期研发的 633nm 碘(I_2)-稳频氦-氖激光器是最常见的用于尺寸测量的标准激光器,主要由于易校准,通过混合氦-氖激光器的输出频率与碘-稳频激光器的输出频率的拍频信号作为测量结果。

吸收式稳频激光器的优异性源于照明和稳频功能的分离,因此可作为参考激光器,实现不同类型激光器的转换。稳定子系统与激光管物理分离,放置在一个稳定的环境中,与光产生过程中的扰动(如放电管的压力变化)相分离。分离结果使频率复现性提高了近 10^3 倍[41]。

碘-稳频氦-氖激光器依赖于碘元素的吸收饱和度[69],以消除多普勒展宽,获得碘光谱中的超精细吸收线。由于腔内是双向驻波,吸收饱和导致碘元素吸收成洛伦兹型下降,其宽度与转换的自然线宽度密切相关,吸收饱和发生在吸收线中心。图 4.13 为氦-氖等离子管和碘激光器腔的增益曲线,碘元素的吸收下降导致多普勒展宽以质量因素峰值的 10^8 倍叠加在氦-氖激光器的多普勒扩展增益曲线上。上述超细线是高度可复现,并不易受干扰[70],在很大程度上是由于超细吸收线是基态转换的结果,消除了励磁机制的扰动影响,保证频率复现性高。

频率峰值处的功率增益是该波长基本输出功率的 0.1%,将该峰值作为鉴频器信号,锁频技术必须能从强背景信号中恢复出弱信号。通常由三次谐波锁频方法确定峰值位置,有效地确定信号的三阶导数[71-72]。如图 4.13(c)中所示,峰值点处出现反对称零交叉点,与图 4.13(b)中所示的一阶导数不同,一阶导数不一定产生过零点。

图 4.14 所示为碘-稳频氦-氖激光器的典型示意图。虽然有多种不同的设计

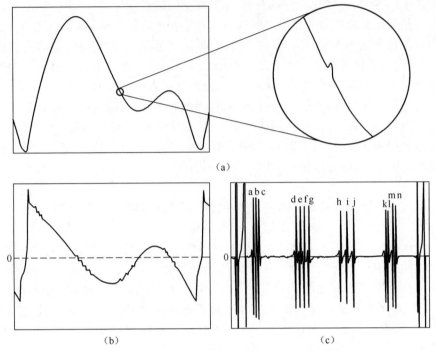

(a)

(b)　　　　　　　　　　　　(c)

图 4.13　(a)氦-氖等离子管和碘激光器腔的增益曲线；
(b)和(c)分别为增益带宽曲线在频率上的一阶和三阶导数

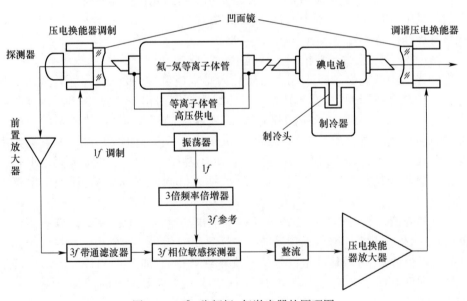

图 4.14　碘-稳频氦-氖激光器的原理图

146

均可实现[70,71,73-80]，但几乎所有方式都采用直流电压激发等离子体管，其中包含氦-氖气体和碘分子，两者都有布鲁斯特窗。该单元包含低压碘，以减少压力展宽[127]。控制温度的制冷头和碘构成整体以控制碘的压力。两个反射率高的反射镜（通常是球形）形成谐振腔，而PZT驱动器则以可控的方式取代一个反射镜或两个反射镜。为了锁定激光频率，PZT驱动器在反射镜上施加一个正弦调制，光电探测器可探测到输出信号中产生的调制。光检测器信号的三次谐波对于调制频率的三次谐波相位敏感，并进行解调。由此产生的三阶导数信号作为误差信号，在闭环控制下的第二个PZT中，改变谐振腔的长度，并将三阶导数值提高到0。

CIPM定期发布特定转换条件下的[127]碘-稳频氦-氖激光器的标称波长的相对标准不确定度，以及达到所述不确定度所需的条件。目前推荐采用2001年指定数据，其中，修改了推荐频率值，将基于频率梳[24,81]的 a_{16} 或 f 的 $R(127)11^{-5}$ 转换为[127]碘波长测量值的相对标准不确定度降低为 $2.1×10^{-11}$。

通过氦-氖激光器和碘-稳频激光器之间的相互比较，证实了碘-稳频氦-氖激光器的可复现波长[127]为633nm[82-83]。长期比较表明85%的激光器能够满足规定的相对标准不确定度为 $2.5×10^{-11}$[84]，所有的激光器满足 $k=3$ 时的相对扩展不确定度[85]。目前，通过直接与飞秒频率梳比较，表明上述激光器的频率复现性为 $1×10^{-12}$[86]。

通常碘-稳频参考激光器的输出能量更低，约100μW，只产生用户设定的一个频率，因此不适合直接用于外差测量系统中的计量激光器[87]。另一个限制是激光器输出的光强作为微调制的结果被强加在谐振腔中的一个反射镜上，成为第三次谐波锁频技术的一部分[88]。在高准确度应用中，激光器的稳定性不够，或者额定波长的不确定度太大，将碘-稳频激光器嵌入到机器中，持续监测测量激光器的波长[89-90]。碘-稳频激光器也可用作多种高功率测量激光器的参考激光器，利用碘-稳频氦-氖激光器实现补偿锁频，从而将产生碘-稳频激光器的高稳定性和传统的氦-氖激光器较高输出功率结合在一起的光源[88-89,91]。

表4.1所列为在没有任何特殊校准的情况下，根据制造商的规格表中估计出

表4.1 稳频氦-氖激光器的相对波长准确度和稳定性

激光类型	频率	相对波长"准确性"	波长稳定性		
			1h	24h	寿命
塞曼稳频	双频	准确度(3σ)±0.1×10⁻⁶	±2	无规定	±20
偏振稳频		准确度或变化范围 ±(0.1~0.8)×10⁻⁶	±0.5①	±1①	±10①
碘稳频	单频	$\dfrac{u_c(\lambda)}{\lambda}=2.1×10-11$	Allan方差为 $10^{-11}/\sqrt{t}$，t 为测量时间		

① 3σ 值

的相对精度和波长的稳定性。双频激光器的数据由制造商的命名,因为在规范方法中缺乏一致性。相比之下,至少有一种商业的碘-稳频激光指定了波长的相对标准不确定度,并根据以时间为自变量的 Allan 方差函数确定稳定性[87,92,93]。

4.5　干涉仪设计

继续讨论光学干涉仪,图 4.3 给出了线性位移干涉仪装置,与原向反射镜配合即可实现对单轴运动位移的测量。参考光束与测量光束在目标反射镜上汇合时仍是平行光束。即使目标镜发生微小倾斜[7]。

对于在 x–y 平台上的双轴运动,首选平面镜而非原向反射镜。图 4.15 所示为利用原向反射镜实现 PMI,在测量光路中采用 QWP。QWP 将线性偏振光转换为圆偏振光,然后再反射到目标镜,经反射后变为正交的线偏振光,沿正交视线方向自由地移动目标镜,不会影响光束路径。图 4.16 所示为如何利用两个原向反射镜补偿目标镜的倾斜。原向反射镜提供了更好的测量分辨力,同时,目标每运动 $\lambda/4$ 对应完整 2π 相位周期。

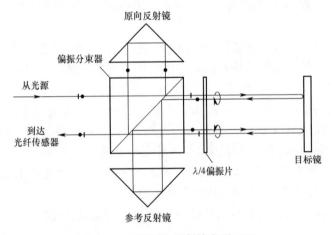

图 4.15　利用原向反射镜实现 PMI

另一种平面镜干涉仪(PMI)的设计是高稳定性类型或高稳定性的平面镜干涉仪(HSPMI),如图 4.17 所示。几何结构可以补偿干涉仪的光学变化(如热膨胀),通过对称地配置基准和测量路径,在每一个测量路径中都有相同数量的透镜。在 HSPMI 的设计中,该方法的热灵敏度低于 20nm /℃[95]。

虽然在 2D 图中展示了位移测量功能,但实际干涉仪是 3D 的,光束路径更复杂,如图 4.18 所示。采用 BK7 光学元件或水晶石英,真空、低挥发性胶黏剂和不锈钢外壳进行设计。虽然在不同的光学表面会产生大量的反射和透射,但商业 HSPMI 的光效率约为 60%[95]。

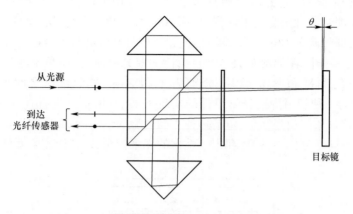

图 4.16 目标镜倾斜时利用两个原向反射镜实现 PMI

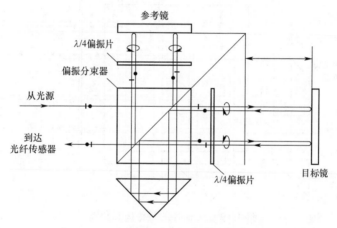

图 4.17 高稳定性平面镜干涉仪(HSPMI)

图 4.18 HSPMI 和相应的光束路径的 3D 示意图

针对平台的测量,通常需要测量多个自由度(DOF),包括平台俯仰和偏角。为此,研制了测量各种角度的干涉仪,采用 HSPMI 作核心器件。图 4.19 所示为一种实现方法,即将两个 HSPMI 子系统集成到一个具有温度和机械稳定性的单片系统中[96]。在本书中,距离测量只涉及目标镜的双光束路径,而角度测量则涉及目标的上下路径,测量和参考光束(分别为 1 和 2)在两个路径之间发生逆转。图 4.20所示为一种利用拼接光学组件的实现方式,并用于产生直径为 3mm 的光束。多轴干涉仪系统相当复杂,包括多种不同类型的运动测量,通常以机械系统或测量框架的不同部分作为参考,利用个性化的光束控制,以补偿光学元件的缺陷。

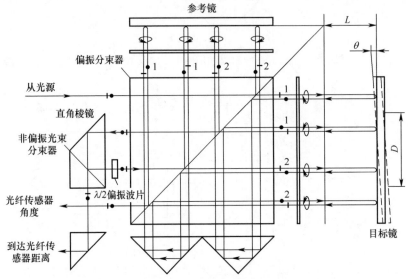

图 4.19　双 DMI 测量距离和角度

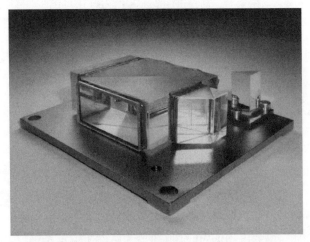

图 4.20　图 4.19 中的距离和角度干涉仪。底板为 54mm(来自 Middlefield,CT,Zygo 公司)

除了光学干涉仪的基本测量功能以外,通常利用干涉仪的辅助函数实现 DMI 系统周围介质的有效波长 λ/n 变化量的测量。差分平面镜干涉仪(DPMI)如图 4.21 和图 4.22 所示,是测量波长变化的理想结构,得到测量路径 $(n-1)L$ 的变量以及折射率和有效波长[17,97]。

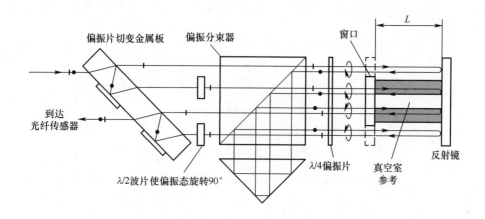

图 4.21 将 DPMI 作为波长跟踪器,利用真空单元检测折射率的变化

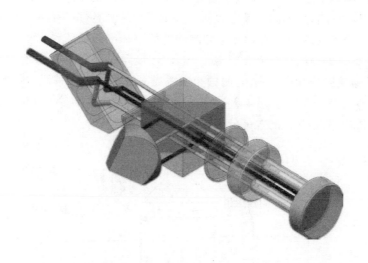

图 4.22 用于波长跟踪的 DPMI 的 3D 展示

图 4.23 所示为测量直线度的干涉仪,采用一种与标称运动台正交的运动测量方法[98]。在上述情况下,安装到移动平台上的干涉仪测量双折射棱镜的横向位移。检测直线度偏差 Δx 产生距离变化可表达如下:

$$\Delta L = 2\Delta x \sin\gamma \qquad (4.16)$$

式中:γ 为双面镜两个部分之间的夹角。首先,该设计对双折射棱镜的尖角和倾斜不敏感。在另一个利用相同元件的结构中,平台上的双面镜和双折射棱镜是固定的。此测量也遵循式(4.16),但需要在图 4.23 的平面中测量和补偿双面镜的角运动。当运动范围为几百毫米时,可监测到运动直线度,并控制在几纳米的范围内[99]。

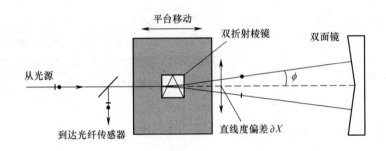

图 4.23   测量直线度的干涉仪

利用不同的干涉仪装置测量不同类型的运动,除此之外,由于减少误差的方法不同,干涉仪设计有所不同。其中包括一些专门组件,如偏振-保持反射镜[100],减少虚反射的分束波片[101],采用动态控制部件的单通平面镜装置[102],以及测量平台时,屋脊型反射镜组件代替平面镜。图 4.24 展示了一种利用双折射棱镜的设计,根据传播角度的微小差别,对测量和参考光束进行编码和解码,减少了与光束混频相关的误差[104-105]。图 4.25 展示了一种将测量光束和参考光束完全分离的干涉仪,消除与偏振相关的大部分周期误差来源[106-110]。

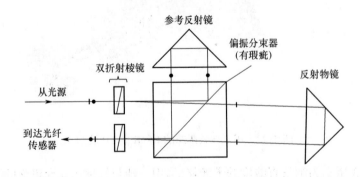

图 4.24   双折射原理的干涉仪,利用分束器将参考和测量
光束分离出来,以避免无效偏振光的示意图
(de Groot,P. J. et al. ,US 6,778,280,2004)

152

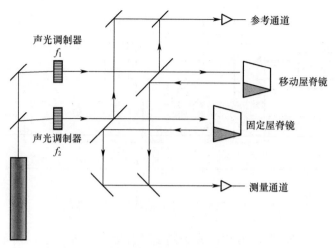

图 4.25　测量光束与参考光束分离的干涉仪

(Tanaka,M. et al. ,IEEE Trans. Instrum. Meas. ,38,552,1989)

4.6　DMI 的误差源和不确定度分析

位移干涉法可实现高准确度测量,也是很多应用中最终参考标准。尽管如此,干涉法测量位移与其他方法一样,都有误差源并且测量不确定度决定了 DMI 是否适用于某一特定应用[111]。任何不确定度估计都需要先确定误差来源,然后再对误差源进行组合分析。

本节讨论了典型测量应用中主要不确定度的来源,在应用中利用角锥棱镜实现的线性干涉仪测量线性位移。图 4.26 所示为两种不同的位移:一个是被测变量 D,即 POI 在测试平台上的位移,另一个是测量位移 D_{m}。一般而言,由于误差来源不同,被测变量 D 和测量位移 D_{m} 不同。

各变量间的关系为

$$D = D_{\mathrm{m}} + \sum_i \delta D_i \tag{4.17}$$

式中:δD_i 为不是直接由被测量引起的位移,称为虚假位移,被测量的不确定度 $u(D)$ 受各项不确定度分量 $u(D)$ 的影响。如果没有虚假位移,D 等于测量位移 D_{m},$u(D)$ 等于测量位移微分 $u(D_{\mathrm{m}})$ 的不确定度。当相位变化为 $\Delta\phi$ 时,式(4.17)中的 D_{m} 变为测量位移 $D_{\mathrm{m}'}$[112],则

$$D = \left(\frac{\lambda'}{N\cos\beta}\right)\left(\frac{\Delta\phi}{2\pi}\right) + \sum_i \delta D_i \tag{4.18}$$

式中:N 为整数因子,它是测量光束到达目标的往返次数;λ'(有效波长)为真空波

153

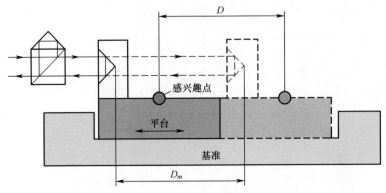

图 4.26   线性测试平台测量位移的装置图

长 λ 和折射率 n 的比值;$\cos\beta$ 中的 β 为测试平台运动方向和光束之间的夹角。

针对图 4.26 中的结构,往返的次数为 $N=2$。式(4.18)是测量数学模型,也是后续章节讨论不确定度的基础。根据测量不确定度表示指南(GUM),总测量不确定度是各个不确定度分量的组合[113]。

4.6.1   不确定度来源

表 4.2 为位移干涉仪不确定度的典型来源,但并不局限于此表。不确定度的主要来源可分为两类。

第一类:参数的不确定度。该类不确定度分量的数量相对较少,与式(4.18)中的第一项参数的相对应。该类不确定度分量与测量值成正比,即其量值大小与位移 D 成比例。

表 4.2   位移干涉仪不确定度的典型来源

第一类	第二类
真空波长的不确定度	相位变化测量量的不确定度
未校正的折射率的不确定度或是校正引入的不确定度	空程的影响
余弦误差	周期误差
	光学热漂移
	阿贝误差
	目标误差
	光束剪切
	数据时效不确定度
	扰动
	目标安装的影响

第二类:影响测量结果但非直接因素产生的不确定度,即来自虚假位移的影响。$\Delta\phi$ 和式(4.18)中的第二项代表了该类误差因素,与第一类的因素不同,不受 D 的影响。

表 4.2 中列出了大多数测量技术的共同不确定度来源(如余弦误差和阿贝误差),阐明了它们在位移测量中的影响。一些测量技术中常见的不确定度来源,例如,测量过程中的热变化,在这里并没有讨论,但是会像测量中其他不确定度来源一样影响最终测量不确定度。

4.6.2 真空波长

真空波长 λ 建立了单位长度和相位变化之间的关系,任何相关的不确定度 $u(\lambda)$ 直接影响被测位移。被测变量的不确定度 $u_\lambda(D)$ 取决于相对不确定度和波长的比值 $u(\lambda)/\lambda$,正比于被测变量 $D^{[114-115]}$,即

$$u_\lambda(D) = \frac{u(\lambda)}{\lambda}D \qquad (4.19)$$

真空波长 λ 的不确定度有多个影响因素:波长绝对值和短期、长期波长漂移[116-117]。位移干涉仪通常采用由稳频氦-氖激光器产生 633nm 光波作为光源,其波长的不确定度和相应的稳定性取决于表 4.1 所列的稳频方法。对于真空波长不确定度小的应用场合,系统通常采用一种参考激光器如碘-稳频激光器,用于监测干涉测量中激光器的波长。

在双频激光器用于外差系统的情况下,两种不同真空波长因其频率的不同(偏振态不同)可能引起一个相当小的误差。该误差取决于频率差(或分频)。在上述系统中,重要的是跟踪测量臂上光束的波长,并根据适当的波长测量相位。否则会导致位移测量时的系统误差,在应用中可能会非常重要。

4.6.3 折射率

折射率 n 和真空波长 λ 均对位移测量的溯源有直接关系[118]。因为 $\lambda' = \lambda/n$ 将相位测量转化为长度单位,所以所有与折射率相关的不确定度将直接影响 λ' 和被测变量,也就是说,被测变量的不确定度取决于 $u_n(D)$,$u_n(D)$ 是直接将折射率相对不确定度和位移 D 相乘的函数[115],即

$$u_n(D) = \frac{u(n)}{n}D \qquad (4.20)$$

DMI 测量方法的典型介质是空气,空气的折射率 n_{air} 取决于多个环境变量如压强 p、温度 T、潮湿度 H 和准确成分。环境条件和/或测量时成分的偏差将会导

致空气折射率 n_{air} 产生显著变化。

空气折射率 n_{air} 的标称值通过气象站数据得到[119]或是采用不同类的折射仪直接测得[97,120]。第一种方法更实用,依赖于仪表测量的 p、T 和 H 的值,将上述测量值作为计算折射率的输入。空气折射率是关于 p、T 和 H 的固定函数,并且一些研究者已经给出了相关的经验公式[121-125]。现在实验室条件下(温度近 20℃)普遍使用的公式是 Edlén 提出的公式修正版[122]。Edlén 公式的修正版有时候也称为 NPL 版,用于解释试验性测量和实际计算的差异,同时包含了在原始公式发布后国际温标(ITS)的变化。在最近的研究中,修正公式和试验值[128]是一致的,控制在 $3×10^{-8}$(3σ)和 10^{-8} 量级之内[129-130]。完整的表达式(有些烦琐),实际上是三个相关方程式,详见 Birch 和 Downs 所发表的论文[126-127]。最近 Ciddor 提出的方程式适用于在更大波长范围和更极端的环境条件下描述不确定度[131-133]。

由于计算折射率标称值的完整表达式与环境条件有关,因此当真空波长为 633nm 时,折射率的相关不确定度需要计算每个环境参数的偏微分。然后按照标准条件($p = 101325Pa$,$T = 293.15K$,$H = 50\%$)计算该偏微分,得出折射率对应环境变量的敏感系数 K_T、K_p 和 K_H,数值为

$$\begin{cases} K_T = -0.927 × 10^{-6}/K \text{ 或 } K_T \approx -1 × 10^{-6}/K \\ K_p = +2.682 × 10^{-9}/Pa \text{ 或 } K_p \approx -1 × 10^{-6}/3mm\ Hg \\ K_H = -0.01 × 10^{-6}/\%RH \text{ 或 } K_H \approx -1 × 10^{-6}/100\%\ RH \end{cases} \quad (4.21)$$

式(4.21)同时以更常用单位(整数形式)给出了产生 $1×10^{-6}$ 的折射率变化所要求的关键环境参数变化值。折射率对于温度和压强变化相对更敏感,要想得出相同的折射率变化需更大的湿度变化。请注意上述系数有正负符号,虽然不影响不确定度的结果,但是对于确定误差的正负非常重要。空气折射率的相对不确定度 $u(n_{air})$ 是温度 $u(T)$、压强 $u(p)$ 和湿度 $u(H)$ 不确定度的函数,即

$$u(n_{air}) = \sqrt{K_T^2 u^2(T) + K_p^2 u^2(p) + K_H^2 u^2(H)} \quad (4.22)$$

该经验公式还有"固有"的不确定度,来源于计算不确定度时所用到的数据的不确定度[121,125]。换句话说,即使公式输入的数据是准确的,计算得出的折射率依然存在不确定度,来源于 Edlén 修正公式中系数的不确定度。利用式(4.22)估计不确定度约为 $3×10^{-8}$(3σ),或是一个标准不确定度,或 $10×10^{-9}$,相当于 1m 位移产生 10nm 的误差[126-127]。固有不确定度应该包含在空气折射率的不确定度 $u(n_{air})$ 之内[136]。大多数的实际应用中,与输入参数相关的不确定度因素相比,固有不确定度影响可忽略不计。

气象站参数估计法基于固定成分假设,导致计算折射率时可能存在未考虑的重要不确定度。Edlén 修正公式假设 CO_2 浓度为 $450×10^{-6}$[126]。CO_2 的浓度会产生变化,例如,人类的呼吸会导致浓度高于假设值[137]。但是,只有当 CO_2 浓度变化高于 $150×10^{-6}$ 时才使计算值产生约 $2×10^{-8}$ 的变化,故只在最苛刻的应用中才有

意义[138]。另外更重要的不确定度来源取决于成分变化中是否存在碳氢化合物，如丙酮，130×10⁻⁶级别的改变会产生10⁻⁷的不确定度变化[59]。很多的测量环境存在有机溶剂，如光学测量仪，经常会使用类似丙酮、酒精和其他类型的挥发性溶剂清洁，造成了与假设成分明显的偏差。在这样的环境中，通常不检测空气成分，一般情况下，可探测到气味表明存在一种不稳定的碳氢化合物，而该浓度对于高准确度非常重要[59]。将碳氢化合物不确定度分量引入到式(4.22)的一种方式是通过增加一个附加项描述特定碳氢化合物浓度的不确定度和灵敏系数。

如Estler的经典论文中的描述，对于高精度折射率的测定，要求高度关注温度、压强和湿度的测量[139]。现如今，关于环境参数的测量也成为溯源链的一部分[118]。对现有折射计的比较表明：通过测量，减少输入参数中不确定度的影响，使得上述参数的不确定度在Edlén修正公式中具有一定的影响甚至占主要地位[120,130]。然而，在非实验室条件下仔细测量输入参数通常是不容易实现的。其他因素，如传感器的位置、温度和压强的变化、热惯性、传感器自热等，均使环境参数的测量变得复杂[140]。

作为代替气象站参数估计法，基于折射计的试验测量方法可保证更高的精度[141]。折射计本质上是固定物理路径长度的干涉仪。折射仪测量的是折射率的变化，在测量过程中路径长度的变化，以及长度绝对值的不确定度，都是折射率测量中不确定度的来源[142-143]。折射率绝对测定值是当参考臂在真空中，通过测量臂测量从真空到环境的压力变化所带来的相位变化。参考臂的压力达到环境的压力后的相位变化代表了折射率变化，折射计可探测到该变化。测量值为折射率$n-1$，在折射率测定时，当折射率的不确定度为10⁻⁸，相对湿度的相对不确定度为10⁻⁵量级[143]。许多不同的干涉仪装置用来测量与折射变化相对应的相位变化[97,144]。由于折射计和跟踪仪的测量方法不受折射计和跟踪仪的测量光束路径之间的梯度变化所带来影响，对成分变化非常敏感。该方法无需对各种环境传感器进行仔细的校准和维护即可达到所需的折射率不确定度。选择折射率测定方法的一个标准是得到所要求测量不确定度时，参数补偿技术的不确定度大于或等于10⁻⁷，并且折射仪的不确定度低于该值[43]。

针对任意一种折射率的测量方法而言，都需关注的问题是随海拔变化重力引起的压力变化。海拔梯度为0.1mmHg/m，每增加1m海拔导致折射率降低3.5×10^{-8}[139]，表明了测量光束路径和测量仪表的海拔高度不同是影响不确定度的一个重要因素。这也意味着对于垂轴测量而言，折射率随光束路径变化，并且有必要校正该变化。类似问题也存在于由空气分层引起的垂直温度梯度。在严格控制平均温度的实验室水平表面，0.1K温度下的水平梯度也很常见，因此，需要沿水平方向光束路径进行多点监测，并从多次重复测量得出的温度值确定合适的值[139]。

如果在非空气介质中测量，折射率对不确定度的贡献可能降低。例如，氦对于环境参数的变化敏感指数大约减小一个数量级[145]。真空环境测量是精度最高等级,具有减少扰动对不确定度影响的优势[89,90,146]。

图 4.21 和图 4.22 分别展示了用波长跟踪器或补偿器测量折射率及其随时间变化的混合方法[147]。跟踪器的光学装置与折射计的光学装置几乎完全相同,其主要区别在于装置细节和使用方式[148]。与折射计相比,波长跟踪器并没有测量绝对指数,而是跟踪从开始测量时初始折射率的变化。初始值是基于对环境参数的测量而进行的参数评估,因此从补偿器测量中得到的折射率不确定度与初始折射率不确定度一致。与环境参数测量过程中的固有时间延迟相比,补偿器提供更高的带宽,可瞬间响应折射率的变化。

4.6.4　空气扰动

为控制温度、确保清洁等,高精密机械中较高的高空气流速,以及设备之间的狭小空间的相互作用都会产生空气扰动。由于局部压力和温度波动会产生空气湍流,引起光束路径中的折射率随时间的变化,并且所产生的光程长度变化表现为在测量位移中空气的相对高频的随机扰动[149],在显微光刻等高精度的应用中,空气扰动往往是不确定度的主要来源[150]。湍流还通过气流与测量环路内的组件(如反射镜和安装件)的直接相互作用影响测量结果,导致测量的光束产生振动。

虽然影响辐射传播的空气扰动测试数据很多,但与典型干涉仪应用(特别是光刻应用)相关的空气扰动的测试数据却很少,本书大部分讨论都来自于 Bobroff 的经典论文[149]。空气扰动的影响大小随光束的路径长度变化,减小该影响的策略是将空气路径的长度减到最小,同时最小化空程的影响(4.6.8 节)。针对长度为 150mm 的光束路径,垂直光束方向的流速为 100 线性英尺/min,波动的 RMS 幅度能够从亚纳米级别(针对封闭光束路径)变化到 2.5nm[149]。

扰动也会影响用于测量 OPI 的两束平行光束的相关性。这一点对干涉仪装置有重要意义,采用差分测量方式时,测量和参考光波检测紧贴在机器或结构上的两个目标,如显微光刻工具中的投影透镜和晶圆片。在该装置中,两波束路径通常是平行的,长度几乎相同(测量臂的测量行程除外)。在没有空气扰动的情况下,折射率变化与双臂的共同路径相关,所以很大程度上降低了空程的影响。当存在空气扰动时,上述相关性会降低,在高频时不会完全消失。利用普通目标反射镜测量反射镜的角度运动时,两个空间分离的干涉仪也存在类似的情况。在该装置中,两个干涉仪的测量臂是平行的,缺少相关性是角度测量不确定度的来源。

利用时间平均法减少空气扰动的影响。平均周期取决于相位波动的时间尺度,一般而言取决于数据传输速率,不宜采用高频伺服回路。当控制器试图补偿测量位移时的高频变化时,空气扰动还会导致高带宽系统的机械噪声。

另一种减少空气扰动影响的方法是专门设计传播路径,通常将空气中的路径减小到最小值。屏蔽路径中的空气是有效的方法,但对于测量光束路径而言,不能保证该方法总是有效的。通过在真空环境下使用干涉仪,消除空气扰动[89,151],或将整个装置封闭在一个真空环境中,如通过将远紫外线光刻机(EUVL)和电子束光刻机整体封闭在真空环境中[153]。另一个更具探索性的方法为色散干涉法,在4.8.3节中进行讨论。

4.6.5 余弦误差

余弦误差来源于测量方向和目标运动轨迹平均线之间的角度偏差。虽然该误差普遍存在于位移测量设备中,但在位移干涉法中,误差的表现形式更为微妙,且与被测目标的类型有关[59,154]。在后续测量中,尽管在平面内各个方向都会产生角度偏差,但在3D空间,利用向量点积表示法,夹角是3D空间中的向量。本书讨论了两种不同的情况:角锥棱镜反射镜目标的余弦误差和平面镜目标的余弦误差。

图4.27所示为角锥棱镜目标的相关光路几何结构。向量 $\boldsymbol{D}$ 代表了运动的方向,单位向量 i 代表了入射光的方向。测量位移 $\boldsymbol{D}_\mathrm{m}$ 表示为

$$\boldsymbol{D}_\mathrm{m} = \overline{D}\hat{i} = D\cos\beta \tag{4.23}$$

从式(4.23)看出,测量位移总是小于实际位移 D。忽略 $\boldsymbol{D}_\mathrm{m}$ 的不确定度影响,则不确定度为

$$D_\beta \approx Du^2(\beta) \tag{4.24}$$

由式(4.24)可知,不确定度与测量值成正比,独特之处在于还会产生与角度方差成比例的偏差。

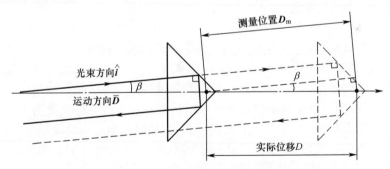

图4.27 角锥棱镜的余弦误差

平面镜的情况比较复杂,因为涉及三个向量的相互比对,如图4.28[154]所示。附加单位向量 N 用于描述镜面方向,附加角度 α 代表入射光 i 和 N 之间的向量夹角。图中角度 β 代表向量 N 和运动方向向量 D 之间的夹角。表达式由两个向量点乘组成,每一个向量代表其中一个角。测量位移为

$$\boldsymbol{D}_\mathrm{m} = D(\hat{N} \cdot \hat{i})(\hat{N} \cdot \hat{N}) = D\cos\alpha\cos\beta \tag{4.25}$$

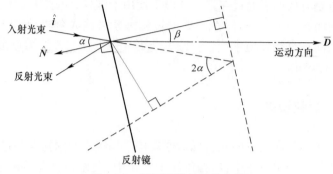

入射光束 $\hat{i}$

α

$\hat{N}$

反射光束

β

运动方向 $\overline{D}$

2α

反射镜

图 4.28 平面镜像的误差参数

(来自 Bobroff,N.,Precis. Eng.,15,33,1993)

类似于式(4.24),不确定度遵从于 ISO GUM 的规则。

一般而言,严格地对准会减少未对准对不确定度的影响。通常,在测量范围内移动目标时,垂直于光束轴的方向上,对激光光束点的平移进行对准。当目标发生较大平移时可实现最佳的对准方式,在该情况下,通常需要严格对准。

余弦误差也是角度干涉仪中不确定度的一种潜在来源,如双角锥结构,依赖于平行光束之间的微分位移测量角度。在光束或多个干涉仪的测量光束之间存在未对准的情况,即使目标沿光束方向上只做平移运动,也会产生不同的余弦误差,从而导致角度发生明显变化[156-157]。

4.6.6 相位测量

相位变化 $\Delta\phi$ 的测量不确定度直接影响被测量值。相位 $\Delta\phi$ 的测量不确定度影响因素包括相位测量值的线性和分辨力(噪声层)。Oldham 等讨论了用当时刚刚问世的时间间隔分析仪(TIA)解决相位测量的问题[158]。相位测量技术不断发展,从商用相位测量电子设备数据表[159]和制造商发布的不确定度指南中可以看出相位测量的重要性[111]。针对目标的不同测量速度,引入不同准确度数据指标。静态目标的准确度数据指标表示为"静态准确度",或者为电子设备的背景噪声。不同目标测量速度的准确度数据则用"动态准确度"的指标衡量,一般情况下,由于测量准确度受相位计非线性响应的影响,动态准确度往往大于仪器的噪声下限。仪器的背景噪声是信号电平的函数,制造商说明书针对探测器的总光量和交流信号的调制深度,规定了特定的信号电平[18]。在给定的光输出功率下,外差干涉仪比零差干涉仪的背景噪声小。当在光源功率较低的条件下工作时,外差干涉仪的输出信号漂移小且 $1/f$ 背景噪声大,使其噪声也可达到极低的噪声水平。使得可利用一个激光光源实现十几个或更多个测量通道,同时噪声不会变大。

在某些单独建立长度标准的应用中,如测量物理工件上基准点之间的间距,折射率、真空波长、校准等不确定因素产生的比例系数的不确定度就不重要。如在光刻技术中,测量晶圆上两个或多个基准点之间的距离,可构建长度比例尺,并搭建干涉测量系统,该系统可方便地实现位置测量。在持续测量过程中,各尺度的稳定性变得更加重要,以保证标定的稳定性。

4.6.7　周期误差

周期误差是依赖相位估计系统的特征。图 4.29 所示为小信号波动与已知组件和对准偏差相关的典型周期误差。尽管大多数情况下,周期误差可能与产生干涉相位的原因相关,但在 DMI 中,最常见的原因涉及经过光学系统或非必要的反射或散射光束混合导致测量和参考光束无法完全分离。

由于周期误差不确定度服从正弦分布,因此,周期误差的不确定度估计比较困难。蒙特卡罗(Monte Carlo)采用模拟图形演示由周期误差产生的 U 形分布[160]。通过假设正弦概率分布函数和适当地缩放振幅评估周期误差的标准不确定度。[115]。

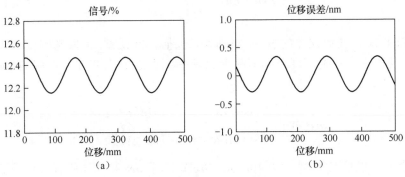

图 4.29　小信号波动模拟

(a)位移测量周期误差;(b)平面镜 DMI 系统。

根据图 4.30 所示的功能框图,以光学系统模型评价周期误差来源和大小。主要考虑量化和偏振混合、虚反射和其他周期性非线性的虚假信号引起的误差[161-162]。偏振分离的重要性意味着利用琼斯微积分符号代表每个模块或功能元素,用于后续的数学分析[163-164]。

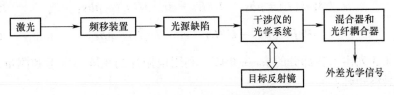

图 4.30　外差法 DMI 测量轴的原理框图

在上述 DMI 系统中,外差光信号为

$$I = |Mix \cdot Int \cdot Src \cdot Frq \cdot Las|^2 \tag{4.26}$$

式(4.26)中三个字母变量是助记符,对应图 4.30 中的功能模块。Las 向量代表激光光源,均匀发射 s 和 p 偏振态光,向量表示为

$$Las = \frac{1}{\sqrt{2}} \begin{bmatrix} 1 \\ 1 \end{bmatrix} \tag{4.27}$$

下面的矩阵方程 Frq 对应在两个偏振态之间提供频移的装置,即

$$Frq(t) = \begin{bmatrix} e^{+i\pi\Delta ft} & 0 \\ 0 & e^{-i\pi\Delta ft} \end{bmatrix} \tag{4.28}$$

两者的乘积为

$$Frq \cdot Las = \frac{1}{\sqrt{2}} \begin{bmatrix} e^{+i\pi\Delta ft} \\ e^{-i\pi\Delta ft} \end{bmatrix} \tag{4.29}$$

式(4.26),光源误差的 Jones 矩阵 Src 包括校准误差、偏振椭圆度和噪声的影响。其中一个不确定度来源是两个源频率偏振态的正交性。对应的 Jones 矩阵为

$$ort(\delta\chi) = \begin{bmatrix} \cos(\delta\chi/2) & -\sin(\delta\chi/2) \\ -\sin(\delta\chi/2) & \cos(\delta\chi/2) \end{bmatrix} \tag{4.30}$$

其中,一般情况下 $\delta\chi$ 约为 10mrad。Src 矩阵是 ort 和其他所有的琼斯矩阵的乘积[165]。

干涉仪光学系统的 Jones 矩阵是 Int,取决于特定的光学几何形状。以图 4.2 中的迈克耳逊干涉仪为例,并假设完全对准,则

$$Int(L) = Ref + Mes(L) \tag{4.31}$$

其中,

$$Mes(L) = pbs_T \cdot U(L) \cdot rtr \cdot U(L) \cdot pbs_T \tag{4.32}$$

$$Ref = pbs_R \cdot U(L) \cdot rtr \cdot U(L) \cdot pbs_R \tag{4.33}$$

表 4.3 列出了各部分的 Jones 矩阵。利用偏振片的矩阵与参考和测量光束矩阵得到最终矩阵:

$$Mix(\alpha_{mix}) = anl(\alpha_{mix}) \tag{4.34}$$

表 4.3 干涉仪组成的 Jones 矩阵

矩阵名称	矩阵形式	典型值
光束传播	$U(x) = I \cdot \exp\left(\dfrac{2\pi ix}{\lambda}\right)$	$\lambda = 632.8\,\mathrm{nm}$
增透膜	$arc = I \cdot \sqrt{T_A}$	$T_A = 99.5\%$
偏振片	$pol(a,b) = \begin{pmatrix} \sqrt{a} & 0 \\ 0 & \sqrt{b} \end{pmatrix}$	
锥棱镜分光镜反射	$pbs_R = arc \cdot pol(Rc_s, Rc_p) \cdot arc$	$Rc_s = 99.9\%$ $Rc_p = 0.1\%$
锥棱镜分光镜透射	$pbs_T = arc \cdot pol(Tc_s, Tc_p) \cdot arc$	$Tc_s = 0.1\%$ $Tc_p = 99.9\%$
光束传播	$U(x) = I \cdot \exp\left(\dfrac{2\pi ix}{\lambda}\right)$	$\lambda = 632.8\,\mathrm{nm}$
偏振片旋转	$rot(\vartheta) = \begin{pmatrix} \cos\vartheta & \sin\vartheta \\ -\sin\vartheta & \cos\vartheta \end{pmatrix}$	
角锥棱镜反射镜	$rtr = arc \cdot \sqrt{R_{rtr}} \cdot rot(\zeta) \cdot arc$	$R_{rtr} = 80\%$ $\zeta = 85\,\mathrm{mrad}$
偏振混合(色散分析仪)	$anl(\delta\alpha_{mix}) = arc \cdot rot(45° + \delta\alpha_{mix})$ $\cdot pol(T_{mix}, 0) \cdot rot(-45° - \delta\alpha_{mix}) \cdot arc$	$\delta\alpha_{mix} = 10\,\mathrm{mrad}$ $T_{mix} = 80\%$

其他误差来源在本书中未作讨论,包括表面反射和测试平台角度变化的误差。所有上述误差都被纳入到扩展 Jones 矩阵模型中。直接利用该模型可实现计算机对信号波动的模拟,如图 4.29 所示。

实验室条件下,在量化周期误差的技术中,最有效的方法是当目标反射镜运动时,对干涉信号进行傅里叶或光谱分析,从而产生多普勒频移,然后通过频率的不同将误差分离出来[166-168]。图 4.31 所示为对 DPMI 的分析(图 4.21),图中标识 1 为期望的外差峰值及若干次峰,对应于非期望的周期误差[169]。示例中标号 2、3、4、5、6 次峰的位移幅值分别为 4nm、2nm、1.2nm、0.6nm 和 0.1nm。每一个峰值均对应特定的周期误差。例如,峰值 4 和 5 对应 PBS(干涉仪误差)偏移量和光源的偏振混合(光源误差)。在多数情况下,通过调整干涉仪的光学元件,如,倾斜元件或者调整波片方向,可在实时观察光谱分析的同时,减少其中的误差[170]。

4.6.8 空程

空程指当干涉仪电子归零时,参考光束和测量光束的光路长度的差异[171]。并不一定是干涉仪中最接近目标的位置,如图 4.32 所示。

163

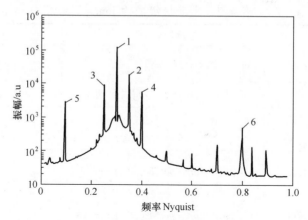

图 4.31　DPMI 外差干扰信号的光谱分析
（来自 Hill, H. A. , Tilted interferometer, U. S.　Patent 6, 806, 962, 2004. ）

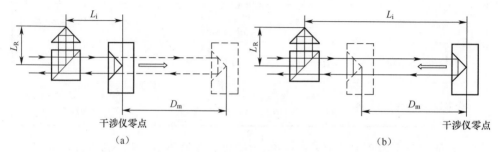

图 4.32　(a)初始位置决定空程长度 L_i 和(b)空程长度更长

　　测量臂与参考臂之间的不平衡导致对折射率 Δn 和光源波长 $\Delta \lambda$ 变化敏感,其结果是将使测量点在干涉仪零点位置产生漂移(下面用"零漂移"误差描述)。相同折射率变化会导致测量臂与参考臂的光路径长度变化不同,因此会产生虚假位移[166]。光源波长的变化产生了类似的效果。尽管可补偿波长和折射率的变化,但上述修正通常只针对测量的位移,位移干涉仪对测量臂与参考臂之间的初始不平衡无法进行补偿。

　　目标初始位置和参考臂之间长度差异（$L_0 = L_i - L_R$）的空程误差为[172]

$$\delta D_{DP_1 \Delta n} = - L_0 \left(\frac{\Delta n}{n} \right) \qquad (4.35)$$

折射率变化 $\Delta n = n_f - n_i$,则有

$$\delta D_{DP_1 \Delta \lambda} = - L_0 \left(\frac{\Delta \lambda}{\lambda} \right) \qquad (4.36)$$

　　对于波长变化 $\Delta \lambda = \lambda_f - \lambda_i$,下标 i 和 f 分别代表测量开始和结束。空程的定义根据式(4.18)中波长和折射率的值计算假设位移,当采用其他值时需利用不同

164

的表达式[173]。尽管空程误差不依赖被测变量的大小,但是空程误差对于不确定度的影响与空程长度成比例。忽略空程长度本身的不确定度,空程对应的不确定度表达式为[172]

$$u_{\mathrm{DP}_1 \Delta n} = L_0 \frac{u(\Delta n)}{n} \tag{4.37}$$

和

$$u_{\mathrm{DP}_1 \Delta \lambda}(D) = L_0 \left(\frac{u(\Delta \lambda)}{\lambda} \right) \tag{4.38}$$

式中: $u(\Delta n)$ 、$u(\Delta \lambda)$ 分别为在测量期间折射率和光源波长变化的标准偏差。

减少空程影响的方法较多。利用算法的解决方案是预先设置相位值对应的 L_0,干涉仪就会在"零"位置显示该值。因此,干涉仪能够确定空程长度,但折射率和波长的修正会影响空程长度的结果。该技术所提供的修正会产生残余不确定度,由于空程长度的不确定度是总的测量不确定度的一部分。另外的方法是在干涉仪装置的约束下,将 L_0 减小至允许的最小值。通常包括将干涉仪移动到接近目标的位置,通过光学元件的摆放和目标接近干涉仪时将干涉仪调零[171]。另一种方法以牺牲系统的稳定性为代价,增加参考臂的长度,匹配测量臂上零位置的距离。当然,该情况假设测量臂与参考臂的折射率变化相同。另一种零漂移估计法适用于某些应用,如需要在测量循环后重新设置"零点"读数的测量,将任何偏差,包括零点漂移都表示为漂移[43]。

4.6.9　阿贝误差

1890 年阿贝(Abbe)第一次阐明 Abbe 法则,也称为比较仪法则[174]。经 Bryan 修正后[175],Abbe 原理表明进行位移测量时,为了避免目标的角运动误差所产生的影响,应保证测量轴线与位移测量轴线一致。图 4.33 为阿贝偏移及其误差的示意图,其中线性干涉仪的测量轴线与测量平台的安装平面发生偏移,测量平台为感兴趣点待测量 D 所在的平台。根据反射的节点确定测量轴位置,由光束方向确定轴向方向[59],两个方向的夹角即为测量线与 POI 之间产生的 Abbe 偏差 Ω。图中描述了在平面上的固有节距或角运动的影响。为了清晰起见,将反射镜和基座旋转角度 θ,而不是将整个测试平台旋转。当存在角运动误差 θ 和偏差 Ω 时,Abbe 误差为

$$\delta D_{\mathrm{Abbe}} = \Omega \tan\theta = \Omega \theta \quad (\text{对于小角度 } \theta) \tag{4.39}$$

利用小角度近似简化 Schmitz[134]表达式,给出相关不确定度:

$$u_{\mathrm{Abbe}}^2(d) = \theta^2 u^2(\Omega) + \Omega^2 u^2(\theta) \tag{4.40}$$

θ 和 $u(\theta)$ 值通常来源于测量平台的角误差先验值,如来源于测量平台的使用说明书或测量值,其中 Ω 取决于目标类型和光束对准技术。对于任意 POI,产生两

165

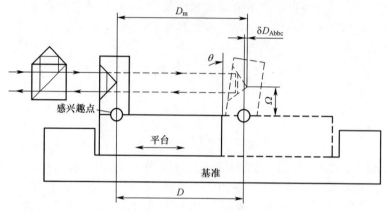

图 4.33 阿贝偏移及其误差

个典型 Abbe 误差(通常在两个相互正交的方向上)和两种角误差(两个相互正交的方向)。换句话说,类似于式(4.40)描述了正交方向上 Abbe 偏差的影响以及该方向上的角运动。在最简单的情况下,由于两偏移量正交,两个方向上的误差运动不相关。但是,在现实情况下,两个方向的运动误差不可能完全不相关,因此必须包含一个附加项计算相关性[113]。

需要确定通过 POI 的测量线方法。意味着要确定测量线的空间方向和点,而测量线上的点与测量设备特性相关。各种类型的位移测量设备,例如,LVDT 和编码器很容易实现,而干涉仪系统对于测量线的识别更加精细,依赖于干涉仪和目标的类型。图 4.34 所示为双通道 PMI(图 4.15)和单通道反射镜干涉仪的测量线。对于 PMI,测量线平行于 $\hat{N}$ [154]。此外,干涉仪所记录的相位变化是每一条测量线与镜面相交后的相位变化平均值,也意味着测量线位于两束测量光束中间。相比之下,反射镜干涉仪测量线的轴线平行于入射光束方向 $\hat{i}$(图 4.34),利用角锥棱镜

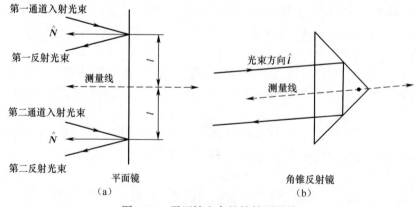

图 4.34 平面镜和角锥棱镜测量线

166

的交点或者光学中心确定测量位置[59,176]。针对 PMI,必须依据参考虚拟基准即两束光的位置确定测量线位置。这就意味着确定测量线位置的不确定度与 POI 相关。经验表明,在没有特殊测量情况下,对于标准光束直径,可将 Abbe 误差减小至 0.5mm。当利用角锥棱镜时,由于精确控制参考点,可实现较小的误差,但在某些情况下,反射镜的安装误差导致不能精确控制参考点。位移精度受所有积累的误差和/或用于定位角锥棱镜的夹具的影响。

干涉仪特别适用于测量装置,可以尽量减少 Abbe 误差,干涉仪通过建立虚拟的测量轴,对系统的其他部分不产生机械干扰。由坐标测量仪(CMM)测量原理可知干涉仪轴线与探头保持共线[177-178]。当 POI 不能直接获取或者需要对多个 DOF 进行测量时,可利用多个干涉仪以及对输出结果进行加权处理以建立虚拟测量轴[134,179]。

其他减少 Abbe 误差影响的方法包括使角运动误差 θ 变为 0,或测量并修正角误差运动。第一种方法中,通过主动控制,消除角运动,使影响最小化,因此角 θ 和一阶Abbe误差理论值为 0[180-181]。不确定度来源于角运动残差。

第二种方法依赖于对角运动的测量[182]。可通过二次测量装置测量角运动误差 θ,干涉仪具备同时测量位移和角度的优势,从而容易实现校正[183-184]。修正的不确定度影响角运动误差 θ 的不确定度。该类型的补偿只适用于刚体运动,也就是说,假设待测物体内部没有明显的弯曲变形。如果此类型的变形可预估,且满足所需的测量精度等级,需以更高精度校正变形或者必须消除 Abbe 误差。

4.6.10 光学热漂移

光学热漂移指光学元件的热效应导致的折射率和尺寸变化引起的光学路径变化而产生的位移。由于测量和参考光束通过不同数量和不同成分的透镜,因此,产生的光路径长度不同。图 4.15 所示为 PMI 装置,图 4.17 所示为 HSPMI 装置。两种干涉仪装置说明了干涉仪中的两路光束平衡的重要性:PMI 装置的测量和参考光束的光路径长度上不匹配。而 HSPMI 配置与路径长度匹配,导致对温度的敏感性明显降低。通常由制造商给出的干涉仪热偏移系数 C_1 量化温度灵敏度。两路光束路径不平衡导致热漂移系数 C_1 数值明显不同,分别为 $0.3\mu m/℃$ 和 $0.02\mu m/℃$[184]。

通过热漂移系数 C_1 和温度变化的乘积计算与干涉仪相关的位移幅值。相应的不确定度(忽略系数本身的不确定度)是热漂移系数和温度标准不确定度的乘积。通常,制造商指定热漂移 C_1 为正值,尽管在实际情况中可正可负,特别是在标称两路光束路径相等的构造中,热漂移与机械公差有关。固体角锥棱镜的热漂移效应可通过光路径长度、折射率温度系数和热膨胀系数相关的模拟漂移系数 C_T 进行量化。待测件对位移的不确定度影响是热漂移系数 C_T 和温度变化的乘积。

不过,除了 C_T 的不确定度外,其他对应的不确定度与前文的不确定度相同,但要将 C_1 替换为 C_T。

4.6.11 光束切变

光束切变通过多种机制影响测量不确定度。在含有角锥棱镜的干涉仪中,光束切变通常发生在光束和角锥棱镜的相对横向运动的情况下,源于运动方向和测量光束之间的偏差或者垂直运动方向的角锥棱镜的平移。进入角锥棱镜通光口径的光束运动引起了返回光束的相应运动,在检测器上的测量和参考光束之间发生切变[65]。在 PIM 装置中,目标反射镜的倾斜导致检测器光束切变(图 4.16),切变的大小(对于给定的倾斜)与干涉仪距离成正比[59]。光束切变导致两光束重叠部分产生变化,从而导致光束外差成分(交流分量)减少和两光束非重叠部分的恒强度分量(直流分量)的增加。交流-直流比值的降低,导致了电子噪声增加,从而增加了测量的不确定度。

光束切变的另一个影响是由光束波前畸变产生不确定度。由于探测器平面通常与束腰有一定的距离,会产生波前畸变,畸变产生的位置是平面波波前沿光束方向的唯一点。远离束腰位置的二次项控制波前的形状,其大小与束腰的距离成正比。除了两束光路径相等的干涉仪装置外,在多数情况下,参考光束和测量光束在不同的距离上传播,导致产生不同曲率的波面,光束切变对不确定度的影响用虚拟相位项表征[59,185]。该影响在平面镜产生相对较大角位移的应用中会变得很重要,例如 X-Y-θ 测试平台的应用[186]。即使在寄生运动和未对准应用中,约 0.1mm 量级的光束切变的不确定度约为 0.5nm[185]。Bobroff 提出了一种技术,以小口径孔径测量光束,并建议利用观测到的变化值作为不确定度的边界值,通过监测相位输出的变化,估算出光束切变产生畸变波前的不确定度[59]。

在目标镜产生大角度偏移的情况下,特制的"零切变"干涉仪装置,将光束切变减小至几乎为 0。该装置也可适用于光束切变较大的应用中,例如,长距离测量时,使小角度运动误差变大[187-188]。

4.6.12 待测件的影响

待测件缺陷会引入测量不确定度。待测件缺陷的范围包括平面目标镜中的图像误差等大缺陷,以及角立方体目标折射率的不均匀性等小缺陷。通常当待测件方向为正交于光束方向时,图像误差会影响测量值。在上述情况下,测量相位变化时,图像误差是待测件沿光束方向的变化及偏离预期形状(通常是平面)误差的叠加。对于平面镜而言,空间波长大于光束直径的误差来源只有图像误差。待测件上光斑有限尺寸引入多点平均效应,从而大大减小了比波束更小的空间波长变化的影响。通常,制造、安装压力和重力载荷会造成图像误差[189]。与应用相关的垂直光束的平移或光束切变中的寄生运动和未对准偏差会导致光束的平移。

对图像进行测量并生成相应的误差映射可补偿图像误差的影响。由于大部分镜面变形来自于安装应力,因此误差映射通常需要在安装中对平面镜进行现场测量。目标镜图像与位移干涉仪参考直尺进行比较测量[190],或者利用多个空间分离的测量点对目标镜进行测量[183,191-193]。后一种方法不需要外部工件,可实时复原目标镜图像。直尺反转技术可将目标镜的不平整度从测试平台的直线型误差运动中分离出来[189,194]。反转技术不适用于反射面方向与重力矢量垂直的目标反射镜,因此需要利用分析方法或者有限元方法分析由自重引起的重力下垂导致的平直度偏离[189]。

除了角锥图像误差外,固体角锥棱镜的折射率不均匀性也引入不确定度影响。当测量角度或者伺服跟踪时,角锥棱镜做旋转运动,该影响可能会变大[196]。更细微的影响来自于当棱镜旋转导致入射角度变化时,角锥棱镜的每一个反射面上的反射相位(PCOR)会发生变化[59,197]。涂有金属涂层的平面,或是具有较大角偏离的绝缘材料的介电涂层,也存在同样的问题。

4.6.13　数据时效不确定度

数据时效指一个运动事件发生时间到用户可控制系统信息的时间差。与数据时效相关的问题适用于多轴系统,该系统理论上可同时测量多个 DOF,为产生协调运动,可根据两个或多个轴的读数计算一个参数,如角度为准确测量参数,所有测量值必须具有相同的数据时效或者数据时效已知。数据时效误差效应的一个示例是,当测量平台做线性运动时,通过干涉测量平台上两点的位移计算角度测量值。很容易看出,如果两个干涉仪的数据未在同一时刻到达,计算角度时读数的误差等于滞后时间和平台速度检测值的乘积,导致产生角度测量误差。

信号路径的时间延迟包括光学和电子电缆的长度及电子处理延迟时间,时间延迟是数据时效不确定度的根本原因。最终,数据时效的不确定度会影响控制器产生协调运动的能力,并导致定位错误。

由于数据时效不确定度导致的误差为

$$\delta D_{age} = tV \tag{4.41}$$

式中:t 为数据时效不确定度;v 为目标的运动速度。

例如,当测试平台移动速度为 1m/s 时,10ns 的数据时效不确定度会导致 10nm 的误差。数据时效不确定度包含两个组成部分:固定的延迟和变化的延迟所产生的不确定度[200]。目前的相位测量为每个通道提供了数据时效的片上调制,允许用户在使用超过 60 多个通道和多个测量板时,将数据时效的固定延迟时间控制在 1ns 以内[192,201]。测量每个信号总延时的能力,会驱动电流限制从而调整数据时效。数据时效估计技术有多种类型：一类是基于计算和工程校准的技术；而另一类是基于组装系统的现场测量技术[192]。数据时效不确定度的变量是由于电子元件的非线性相位而产生的频率和速度的函数导致电子信号的延迟。研究者也提出了相关的技术调整不确定度中的变量[200]。

4.6.14　安装误差

由于目标和测试平台的任何相对运动是产生不确定度的来源，因此目标测试平台的装配，在位移检测时，对其动态性能和稳定性有很大的影响。实际中，由于装配和平台自身的热膨胀产生缓慢的相对位移，因此目标无法安装在 POI 上。目标相对于测试平台的振动是一个动态影响因素。上述振动通常是由测试平台本身的运动和/或与气流中的扰动相互作用引起[149]。在应用中，测量的长期稳定性是最重要的因素，安装中光学器件缓慢的机械偏移会导致测量不确定度。

4.7　位移干涉法的应用

许多高精度计量应用都采用 DMI。DMI 除了测量位移外，还可测量角度、折射率和折射率变化，用于微光刻[202]和卫星编队飞行[23]等多个领域。与位移相关的应用大致分为两类：一类是嵌入机器或仪表中的测量系统，作为控制系统的一部分；另一类是采用外部参考测量评价性能特征并进行校正。

4.7.1　主反馈应用

位移干涉仪能够提供高准确度的位置信息，可直接溯源至长度单位[203-204]，具有高线性度[205]和大测量范围[206]的特点。其应用范围覆盖面广，从高精度机床、CMM 到重力波天文台。

本书将机器定义为用于制造工件的设备。工件范围覆盖微光刻机加工的集成电路（IC）到单点金刚石车削（SPDT）和打磨等加工过程加工的高精度工件。

第一个具有特殊历史价值的应用是制造衍射光栅。最初，由机械系统控制的专用机器裁剪光栅（剪裁引擎），随后改为包含条纹计数 DMI 及改进装置[1,207-209]。如由 Harrison 和 Michelson 开发的麻省理工"B"引擎，已安装在现代位移干涉仪上，该干涉仪监测和控制裁剪针相对于光栅条纹的位置[210-211]。更现代化的发动机设计以外差式 DMI 为主要反馈机制[212]。光栅控制是具有挑战性的应用，在该过程中，控制可持续数周，提高了波长稳定性和折射率相关的要求。通过扫描光束干涉光刻技术（SBIL）[213]制作大型先进光栅的最新技术，也依赖于位移干涉仪,以实现平台运动与用于写入光栅条纹图案的同步。

　　用于集成电路的微光刻技术(如晶圆片曝光和掩膜检验),推动了高度先进DMI 的发展,以适应不断提高的线宽和套刻精度要求(ITRS 框图 www. itrs. net)。该行业是先进设备的应用领域,用于测量和同步遮光罩及晶圆台的运动,精度达到纳米量级,符合套刻精度[214]。为达到位移测量所需的测量精度,需要特别注意细节和多个高级特性,其中部分内容在下面讨论。

　　虽然显微光刻系统中的干涉仪(图 4.35)在晶圆和十字线所在平面测量位移和旋转角[183,215],但是现代工具测量和控制了上述平台的所有 DOF。额外的测量轴补偿了 Abbe 误差和其他测量值,并要求每一个曝光工具具有超过 50 个位移测量通道。基于电子信号处理和外差的低背景噪声的优势,利用一个激光器驱动多个测量通道,且噪声达到亚纳米级别。上述系统也可利用专门的干涉仪,通过对晶圆/掩膜板和投影/检测光学元件之间的差分测量,避免任何结构的变形[216-217]。此外,因制造和安装过程导致的平面度偏差非常明显,需要测量镜面形状。通过与外部直尺相比,或者利用多个干涉仪对反射镜进行多次重复测量实现在测量现场,测量已安装的镜面[192-193]。同样,需要计算参考反射镜和运动坐标轴上的垂直度偏差。通常利用反转技术在测量现场实现测量。

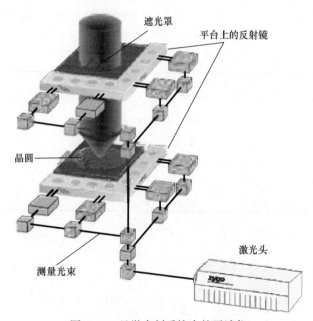

图 4.35　显微光刻系统中的干涉仪

　　在显微光刻法中,高速和高要求的同步运动对于数据时效所允许的变化提出严格的要求,详见 4.7 节。数据时效的不确定度导致定位误差与速度成正比,现代化电子测量的设计能够改变数据时效性，以最小化或消除数据时效的差异[18,220]。

现代化光刻工具利用光学编码器(4.8节)和传统的干涉仪相结合的方式克服空气扰动的影响。上述两个系统相互补充：光学编码器的短空气路径最小化空气扰动的影响，从而改善短期重复性，同时，传统的干涉仪与非线性编码器光栅相比，线性度更好[150,205]。真空环境中，如在反射电子束光刻系统[152,221]和EUVL系统[152,222]，因空气扰动所造成的限制将会消失。

平板显示器的显微光刻技术也面临着特殊的挑战。尽管相对于IC制造[223]而言，定位要求不太严格，但由于衬底尺寸越来越大，因此需要在几米范围内实现位移测量，适合采用干涉测量仪进行测量[206]。长测量行程需要沿多个反射镜放置一个长直尺，它用于干涉仪沿反射镜边界之间的"切换"测量[220]。针对该应用的一个问题是由于测量范围大，所需的杠杆臂长，使大量光束传播中断，导致角误差运动的影响变大。可通过专门的零光束剪切干涉仪解决该问题[187-188]。

干涉仪还能够保证高精度机器如SPDT机[145,203,224]和专用打磨设备[225-226]，的光学质量公差和表面处理质量，在SPDT中采用干涉仪的最初应用是在劳伦斯利弗摩尔国家实验室(LLNL)制造的大型光学金刚石车床(LODTM)——该机床是有史以来最精密的车床(图4.36)[203,227]。上述机器通过调整光束路径，降低折射率变化所造成的主要不确定度。LODTM的干涉仪实际上通过真空光束路径消除了该影响(图4.36)[89]，而另一个LLNL实验室建造的DTM#3,则利用氦填充的光束路径减少压力和温度引起的折射率变化[145]。商业DTM虽然没有调整光束路径，但是也利用激光干涉仪进行反馈。

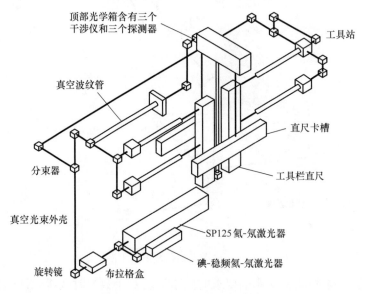

图4.36 LODTM的干涉仪系统

用于制造 X 射线的专业 DTM 设备与前面描述的机器有许多相同的特性。此外,结合玻璃分划尺和干涉仪实现超精密机械加工。该设备还包括多个带有干涉反馈的探头,用于检查成品零件的轮廓、圆度和直径[224]。

生产大型地面望远镜等大型光学元件的研磨机也采用了干涉测量的反馈系统,上述设备采用多个干涉仪,将所有测试运动引入到一个解耦的测量网络中。通过多个折射计校正折射率。该机器利用一个与磨削主轴相邻的探头实现干涉测量网络的现场测量。另一个实例是用于延展性的磨削和 SPDT 的非球面发电机[230-231]。目前,制造大型自由曲面的机器采用编码器作为加工轴的反馈,但采用干涉仪作为探测器的反馈进行检验。在干涉仪控制下操作螺纹磨床直接控制长度[233-234]。该干涉仪通过数控磨床而不是手工研磨校正螺钉螺距的变化。

在制造时,伺服跟踪器产生用于数据存储硬盘驱动的磁盘磁道。为增加数据密度,磁盘的轨道间距更细,可通过专用机器控制激光头在磁盘上读写。激光头的运动是线性的,也可是弧形的。对于弧形运动,利用角锥棱镜配合干涉仪实现对较大旋转角度的测量。

4.7.2　角度测量

角位移测量干涉仪(ADMI)并不是直接测量角位移,可采取以下两种方法计算:第一种方法依赖于对旋转目标位移的单次测量,获知其相对于旋转轴的垂直距离 R(图 4.37(a))[235];第二种方法计算对一个刚体上的两个或两个以上的点的差分位移,获知上述点之间的距离 S。第一种方法的缺点旋转中心沿测量方向的平移会影响位移的测量。第二种方法将角运动和平移对测量结果的影响分离,通常是测量一个刚体上两个或两个以上的空间点的位移(图 4.37(b))[236-237]。位移测量和分离不确定度决定了角度测量的不确定度,分离不确定度占主导地位。高精度测量需要通过外部校准建立有效的距离[238]。

角运动的范围和允许目标沿垂直测量方向平移的能力决定了 DMI 的选择。平面镜对于测量相对较小的角度变化是足够的,它和独立的 PMI 或者和专用的干涉仪结合起来使用,完成两个或三个位移量的测量,即在一个紧凑的干涉仪内测量两个或三个位移,或分别测量目标的一个或两个角度变化(图 4.19)[183-184,239]。角灵敏度与波束和旋转中心之间的垂直距离成正比,与单个 DMI 的测量值和 DMI 的测量轴线之间的垂直距离成正比。现代 DMI 系统具有亚纳米量级的位移分辨力,甚至对于 10mm 光束分离也能实现亚微弧度角分辨力。

角锥棱镜[235-236,240]、直角棱镜[195,238,241-245]和屋脊反射镜[237]是测量中间角度(约 10°)运动的常见元件。许多大型角位移装置利用一个或多个角锥棱角作为目标镜[195,235],可追溯到 Rohlin[235]所利用的光学装置。虽然利用角锥棱镜测量不受目标角度方向变化的影响,但较大的角度运动会导致测量和参考光束之间产

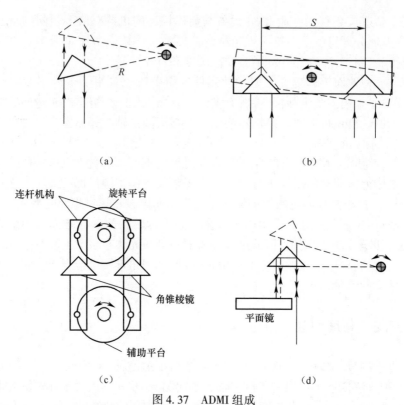

图 4.37　ADMI 组成

(a)单反射镜(Rohlin,J.,Appl. Opt.,2,762,1963.);(b)双反射镜(来自 Bird,H. M. B.,*Rev. Sci. Instrum.*,
42,1513,1971.);(c)固定反光镜的连杆机构(Shi,P. et al.,*Opt. Eng.*,31,2394,1992.);
(d)平面镜组合用于测量大角度(Murty,M. V. R. K.,*J. Opt. Soc. Am.*,50,83,1960.)。

生剪切,最大允许剪切力对应着最大的角度测量范围。基于角锥棱镜、直角棱镜和
屋脊棱镜(ADMI)的测量结果表明由光程长度的非线性变化引起的[59]测量角度
和相位变化之间是非线性关系。

在双角锥棱镜干涉仪装置中,测量光束和参考光束的平移量相同,从而消除剪
切,尽管角度测量范围[196]可能超过 40°,允许的角位移偏差为 ±10°(图 4.37
(b)[155]。由于两个角锥棱镜都发生旋转,该装置可减少大部分非线性影响。当
采用机械联动装置保证角锥棱镜的旋转[242](图 4.37(c)),可将量程扩展至 ±60°,
克服了测量限制。该方法导致测量装置结构复杂,其中的连杆结构配合所需的转
动接头构成了测量回路的一部分。

平面镜和角锥棱镜的组合已经用于测量大范围角运动[195,235,240]。Murty 在
测量光束路径中引入一个附加的平面镜,反射透过角锥棱镜的光束,在光束返回干
涉仪之前两次穿过角锥棱镜[246](图 4.37(d))。该装置使系统不受剪切影响,但
是需要附加组件,其稳定性、对准精度和图形质量直接影响测量结果。

4.7.3　测量设备

干涉仪作为主要的测量系统,用于大多数高性能的坐标测量机(CMM)。在本书中,术语 CMM 的应用比较宽泛,它包含了各种各样的测量机器,从传统的多轴加工 CMM[204] 和一些特殊的多用途 CMM[177-178,247,248] 到专用设备,如测量原子力显微镜(AFM)[249-252]、直线标尺量测器[146,253] 和编码器的评估设备[254-255]。

在 CMM 中利用干涉仪是高精度机器的特点[177-178,180,204,248,256]。如美国国家标准与技术研究所(NIST)的摩尔 M48 CMM[204](图 4.38(a))。该设备是传统 CMM,其优异的性能来自于机械运动的保真度、精细的误差映射以及严格的环境条件。其他设备不依赖机械运动的保真度,而是采用其他的方法减小 Abbe 误差的影响。依赖于 Abbe 原理和消除角运动误差的方法[180]。

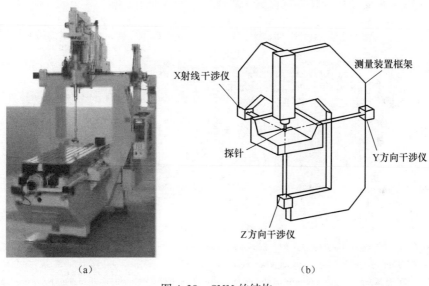

(a)　　　　　　　　　　　　　　　(b)

图 4.38　CMM 的结构

(a) Moore M48 CMM(图片由 Moore Special Tool 提供);(b)几何结构,理论上,Abbe 误差为零(Ruijl, T. A. M. and van Eijk,J. ,A novel ultra precision CMM based on fundamental design principles,in Proceedings of the ASPE Topical Meeting on Coordinate Measuring Machines,Vol. 29,pp. 33-38,2003)。

其他设备中干涉仪定位的测量线与探测器的位置相交,通过对准使 Abbe 误差最小化(图 4.38(b))。在该设备中,由于干涉仪提供了一种满足 Abbe 原则的方法,同时,允许目标运动方向正交于光束传播方向,与编码器相比有着明显的优势。该装置已经应用于部分高精度实验室设备[248] 和少量的商用设备中[177-178]。改进的 CMM 方法是在探测器周围采用三个正交反射镜,并以三个线性/角干涉仪作为目标,干涉仪与安装在高稳定辅助框架内的三个双轴自动准直器相结合[247],

利用探头的测量线进行测量。DMI 测量利用从角干涉准直仪获得的角度信息修正残余偏移引起的 Abbe 误差。

　　线比较器测量、校准和标定长度标准件如线条刻度、编码光栅、网络、终端标准件的长度和其他的工件长度。CMM 只在一个方向进行测量,附加的测量通道用于微分测量和补偿剩余的 Abbe 误差。通过对样品和干涉仪的调整,在严格控制的环境中开展测量。比较器由一个能够控制干涉仪与探头之间位置的线性平台构成。常见的方法是在精细控制的环境中[253]或真空环境的光束路径情况下,采用微分干涉仪进行测量[146,254,257]。联邦物理研究院(PTB)纳米比较器(图 4.39)进一步增加一个位移测量轴,测量携带探头的弯曲结构(图 4.40),以补偿探测点与光束轴之间的 Abbe 误差[151]。也通过在真空波纹管中的干涉仪测量滑动角误差(俯仰和偏航)[151]。另一种测量线性长度的仪器利用线性干涉仪和角干涉仪补偿角运动中的残余误差[181]。由于可溯源特性是一个关键要求,因此所有上述设备都采用具有良好溯源特性的激光 DMI 作为主要测量仪器。

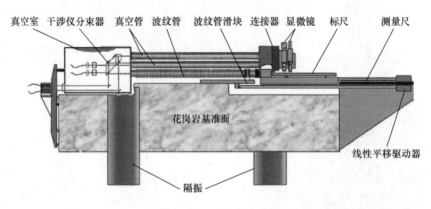

图 4.39　PTB 纳米比较器

(Flügge,J. et al. ,Interferometry at the PTB nanometer comparator: Design,status and development,in SPIE Proceedings,Fifth International Symposium on Instrumentation Science and Technology,Vol. 7133, pp. 713346 - 1 - 713346 - 8,2009; Köning,R. ,Characterizing the performance of the PTB line scale interferometer by measuring photoelectric incremental encoders,in SPIE Proceedings,Recent Developments in Traceable Dimensional Measurements Ⅲ,San Diego,CA,Vol. 5879,pp. 587908 - 1 - 587908 - 9,2005)

　　干涉仪也可用于检查特定部件或组件的专用 CMM。例如,一种用于测量自由曲面光学器件的设备,将线性轴、旋转轴以及铰接式光学探头相结合[258]。该仪器利用新颖的干涉仪系统测量铰接式探针的圆柱形转子相对于测量坐标系的位置,以补偿旋转轴的运动误差[259]。在测量臂中,干涉仪利用柱面透镜测量与光束共焦的转子位移,该装置也用于检测反射电子束光刻工具中的磁悬浮转子[153]。自由形式的 CMM 利用 PMI 跟踪满足 Abbe 原则的探头的器运动[260]。平面镜 DMI 也用于测量自由曲面光学器件的高精度分析仪[261]。掠射光学测量仪器利用多个

176

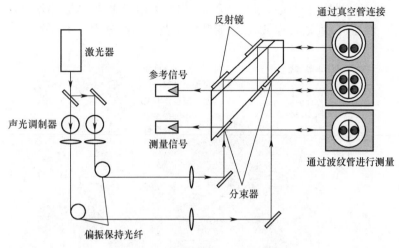

图 4.40　PTB 纳米比较器干涉仪

（Adapted from Flügge,J. et al. ,Interferometry at the PTB nanometer comparator：Design,status and development,in SPIE Proceedings, Fifth International Symposium on Instrumentation Science and Technology, Vol. 7133,pp. 713346-1-713346-8,2009；Köning,R. ,Characterizing the performance of the PTB line scale interferometer by measuring photoelectric incremental encoders,in SPIE Proceedings,Recent Developments in Traceable Dimensional Measurements Ⅲ,San Diego,CA,Vol. 5879,pp. 587908-1-587908-9,2005. ）

干涉仪同时检测机械探针的位移、搭载探头滑块的平直度,以及扫描头沿横向的位移[262]。另一种用于测量圆柱形 X 射线光学元件的内径和圆度的定制机器是圆度机和比较器的组合[263]。通过被测部件与位移干涉仪的参考工件长度的比较确定直径。

　　DMI 还可用于测量环形和塞规的高精度仪器中[264-265]以及用于校准标准压力的专业仪器[266]。DMI 提供了具有非常重要特征的测量结果,特别是在 NMI 级别,即长度可溯源的测量中,并在较大测量范围内保持高分辨力。利用该设备在比较模式下完成不同维度工件的测量。

　　在测量扫描探针显微镜中,DMI 比较常见,用于为临界尺寸扫描电子显微镜(CD-SEM)和其他扫描探头设备提供标准工件[249-250]。NIST 分子测量机器(M³)就是该类机器的一个例子(图 4.41)。图 4.42 所示为干涉仪之一,X 轴干涉仪的部件分解图,测量的是探针尖端相对于装载样品夹具上的反射镜位移[249,267]。上述仪器利用 DMI 最大限度地减少 Abbe 误差,并可直接溯源到长度单位。虽然理想装置在样本和探针之间实现微分测量,但是探针尖端尺寸小和其他实际因素使该测量非常困难。因此,几乎所有上述仪器都需测量支撑尖端结构的位移。干涉仪几何结构不相同,部分干涉仪利用样品架和尖端支架之间的微分测量[112,249,252,268],而其他干涉仪则以平移和角度监测平台的运动。某些干涉仪的设计是为了最小化空程[250],而另一部分干涉仪则利用 DMI 最小化 Abbe 误差[252]。利用扫描探针显微镜设计的测量平台,采用特殊的 PMI,测量光束将通过四次往返(四通道)到达目标,以在紧凑装置中获得超高分辨力[269,270]。

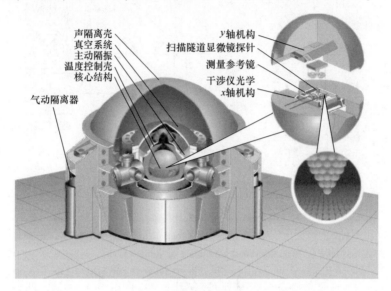

图 4.41　分子测量机 M³

(Kramar,J. A. et al.,Meas. Sci. Technol.,22,024001,2011)

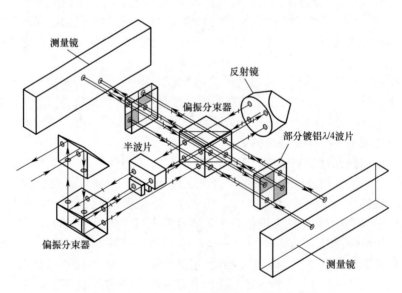

图 4.42　NIST M³ x 轴干涉仪的部件分解图

(Kramar,jA,Meas. Sci. Technol.,16,2121,2005;Kramar,J. A. et al.,
Meas. Sci. Technol.,22,024001,2011)

膨胀计对工件如量块[271-272]和直线标尺[273]的热膨胀系数(CTE)的精确测量几乎完全依赖于 DMI 测量仪。测量 CTE 的膨胀计配备改变样本温度的结构和监控温度变化的算法。膨胀计还可测量尺寸的稳定性[274]和超低膨胀材料[275]的 CTE。

在基于 DMI 的高精度膨胀计测量中[276],改进的迈克耳逊干涉仪对样品的一个端面和另一个端面的辅助参考面(图 4.43(a))[275,277-281]进行微分测量,或是采用环绕结构从样品的两侧(图 4.43(b))[282-284]进行微分测量。第一种方式相对简单,但会受远端和样品背面接触、测量回路中的参考光轴等因素的影响而引入相关的不确定度。第二种方式消除与光学接触相关的不确定度,能监控支架结构的变形和样品周围直接测量光束的光学路径变化,有效地消除结构对测量不确定度的影响。当干涉仪在真空环境中工作以消除环境对光程长度的影响时,或采用等效波长跟踪器[172]实时测量折射率,将充分发挥两种测量技术的优势。

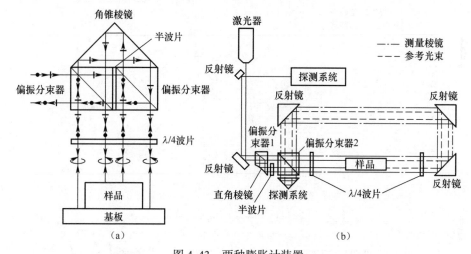

图 4.43 两种膨胀计装置

(a)单面式(Okaji,M. and Imai,H.,*Precis. Eng.*,7,206,1985.),(b)环绕式

(Ren,D. et al.,*Meas. Sci. Technol.*,19,025303,2008.)

其他测量稳定性高的例子包括在剪切应力下测量环氧树脂的蠕变[285]和螺旋扭转弹簧作用下测量旋转蠕变[286]。后者的应用不太常见,关于旋转蠕变通常通过设置干涉仪测量跟踪角度的变化实现。另外一种测量直线标尺稳定性的方法也采用 DMI[273,287]。

DMI 还经常嵌入安装在利用其他干涉仪如 Fizeau 干涉仪和相干扫描干涉仪(CSI)的内部。测量实例是对非球面表面的测量,一个或多个 DMI 在检测时跟踪球面位置[288-289]。上述设置利用 DMI 追踪从焦点位置到猫眼位置的位移[134,290],实现光学表面曲率半径的测量。采用专门设计的干涉仪可测量出更多的 DOF,用于在 6D 空间中确定一个零件相对于另一零件的位置[99]。9 个 DMI 确定 6 个 DOF,其他 3 个 DOF 提供冗余信息。

位移干涉测量结合 CSI(也称为扫描白光干涉测量或 SWLI)实现相关测量[291]。低相干干涉仪产生的条纹对需要建立相对关系的测量平面进行定位,而 DMI 测量定位条纹之间的位移。如图 4.44 所示,系统采用基于红外 CSI 结合双轴激光位移计和两个高稳定性平面镜干涉仪测量[292]阶梯高度,或完整的平面度、厚度和工业零部件的平行度。在 CSI 扫描过程中,DMI 还可测量显微物镜的位移[293]。相同的测量原理可用于需要在多个透明面之间建立相对位置的测量系统,例如,透镜组装过程中,对透镜表面透射率测量时,采用延迟线干涉仪,利用扩展扫描使相干区域位置发生变化。延时线测量中,利用 DMI 测量表面间的距离[294]。

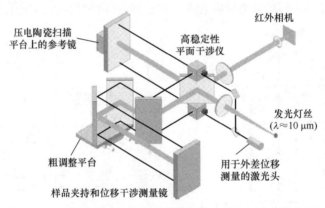

图 4.44 基于红外 CSI 结合双轴激光位移计和两个高稳定性
平面镜干涉仪的阶梯几何高度测量系统实例

(de Groot, P. J. et al. , Step height measurements using a combination of a laser displacement gage and a broadband interferometric surface profiler, in SPIE Proceedings, Interferometry XI: Applications, Vol. 4778, pp. 127-130, 2002)

4.7.4 超高精密度

虽然商业干涉仪系统通常在高速测量时精度能达到 1nm,但是高度专业化的应用中对测量精度要求不同甚至需要达到更高的精度水平。

在国家标准实验室,光学干涉测量法建立了激光频率标准和机械位移测量之间的关系。作为上述发展的一部分,研制的系统建立了光学干涉测量法和 X 射线干涉法之间的关系[295]。专业的外差迈克耳逊干涉仪也可达到 0.01nm 的定位不确定度[296]。另一种方法是利用法布里-珀罗(Fabry-Pérot)干涉仪,其物镜作为共振腔的组成部分之一,与可调谐光源配合使用。此时,测量问题简化为测量频率而不是测量相位,测量范围为 25mm[297],绝对位移测量的相对不确定度可达 $4×10^{-10}$。

经过长期研制的重力波干涉仪,其测量路径长度是以千米为单位,而不是毫米,对精度要求更高。激光干涉仪重力波气象台或 LIGO 和国际上类似项目能够通过测量任意质量块的相对位置,探测重力波的微小压力,如图 4.45 所示。LIGO 干涉仪将迈克耳逊干涉法与谐振腔和返回光束相结合,频率为 70~1000Hz,位移敏感度能够达到低于 $10^{-18}\mathrm{m/Hz}^{1/2[298]}$。

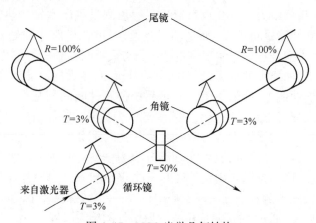

图 4.45　LIGO 光学几何结构

(Spero,R. E. and Whitcomb,S. E. ,Opt. Photon. News,6,35,1995)

4.7.5　基准或验证计量

干涉测量通常称为"捆绑式"测量应用,测量时位移干涉仪作为外部测试设备(具有内部反馈机制),测量期间是"捆绑"的,通常是为了描述或校准机器或传感器的性能。

自塞曼–稳频激光器问世[299]以来,在测量误差和误差补偿中发挥着关键作用[300],DMI 系统用于补偿机床随时间的运动误差。测试机床性能的商业 DMI 由稳频激光器头、读数器,或获取数据的专用计算机和用于测试机床特殊误差运动的光学配件组成[301]。DMI 系统可测量除光束光轴旋转以外的所有轴线的误差运动,也可通过沿两条平行线测量两个直线度获得误差运动信息[157]。图 4.46 所示为一个线性位移干涉仪测量滑动线性位移的实例[302]。图 4.23 所示为专用干涉仪,含有专门设计的准直光学系统,用于测量与光束垂直方向上直线度的偏离[98],然而,干涉仪通过测量双角锥目标的差动位移也可测量角运动误差[156,303]。专门设计的对光学系统还可用于替代机床平直度测量的自准直望远镜,并替代基于 Moody[306]方法的校准平板[304-305]。通过 PMI 将直尺作为待测件测得直线度误差[189]。利用对光学平直度和光学直角器的结合,很容易建立标称正交轴[301],可作为激光器测量对角线的方法[157]。

虽然任意一个与光学元件配合的干涉仪系统均可实现测量要求,但机床测量系统在光学元件设置、数据采集、专用软件方面具有使用方便的特点。某些系统无须类似于传统方法进行多参数设置,从而加速设备标定过程。激光球杆仪(LBB)属于该类仪器[307],在可伸缩磁球棒[308]基础上,采用三边测量原理研制。LBB利用光纤反馈外差位移干涉仪代替伸缩式磁球棒中的短程传感器,以大大增加运动范围,同时保证高分辨力。LBB也可通过三边法测量机床主轴的热漂移[309]。利用干涉仪对机器性能进行测量,如主轴误差运动,可在机床主轴处安装一个标准球,利用干涉探头配合标准球实现测量[310]。与采用电容量规的传统方法相比,干涉仪有多个优点,如更大的带宽,更高的空间分辨力,更大的运动范围,不牺牲分辨力条件下减少摆动偏差,并最终消除测量系统待测件间的相互作用[310]。采用会聚透镜的单光束配置方案一般以反射式主球作为基准。将反射球放置在镜头的焦点猫眼处或共焦点上,尽管后者对横向运动更敏感,可能会产生问题[311]。利用相同装置采用非接触圆度测量,也可实现高分辨力[312]。干涉测量法也可用于间接测量球棒的长度,球棒是已知固定长度的工件,通过比较工作区中不同位置和方向处球棒的已知长度和测量长度来标定CMM。在一个特殊仪器上完成长度校准,根据自动初始化原理,通过DMI测量位移获取工件的绝对长度[313]。

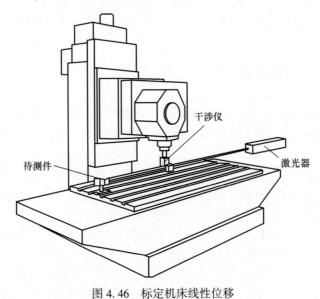

图 4.46 标定机床线性位移

(来自 Calibration of a Machine Tool, Hewlett-Packard, Application Note 156-4)

用激光光源实现干涉测量的测量范围较大,同时能在测量范围内保持高精度

（图 4.1），使其特别适合大规模待测件的测量，如飞机结构、船舶螺旋桨、大型装配工具的布局，以及对大型机床[314-315]、CMM[316-317] 和机器人等精确测量。然而，许多不同的技术都应用于该领域[318-319]，在激光跟踪仪中也采用了 DMI。该设备首次用于机器人测量[320]，测量结果超出了预期目标。激光跟踪仪包括 DMI，其测量光束主动跟随目标反射镜。DMI 从设置的零点位置（通常在仪器初始化时设置）测量待测件的径向位移，而光束控制装置中的高分辨力的编码器从水平和垂直角度方向测量光束点的位置。结合三个测量结果建立球面坐标系。待测件反射镜与普通 DMI 中的角锥棱镜不同，角锥棱镜安装在截断的球体上。针对待测件的反射镜有多种不同的设计[318]，但最常见的是标准目标反射镜（SMR），包含空心角锥棱镜，安装时其顶点对准球体中心。大角度入射测量时，空心角锥棱镜优于固体玻璃，使折射率误差最小化。也利用 DMI 实现跟踪仪的测量校准。参考 DMI 通过测量在数米长轨道上运动的目标组件的位移确定跟踪仪的测距性能，可改变目标组件的运动方向以验证不同方向的测距性能[321]。目标组件包含 SMR 和参考 DMI 中的待测反射镜，安装在相反的方向。在一根 60m 的轨道上以类似方式验证长距离测距性能[321]。由于 DMI 测量范围大，还可用于探测大地磁场的条带长度。光源的高相干性确保干涉仪能够测量 50 m 长的条带，干涉仪的设计能够测量安装显微镜支撑架之间的距离变化，而显微镜可测量标尺上的刻度[322]。

在采用可溯源校准法[323]或评价和验证驱动器[324]或其他类型位移传感器的性能应用中，可将 DMI 作为基准传感器[325]。如图 4.47 所示，在上述两种情况下，DMI 和测试传感器（SUT）（或校准）监控同一个待测件，尽量最小化两个设备间线性测量过程中 Abbe 误差，以避免待测件角运动误差引入的不确定度[182]。两个传感器同步采集数据非常重要，并且对于高速运动待测件或动态环境测量非常重要。

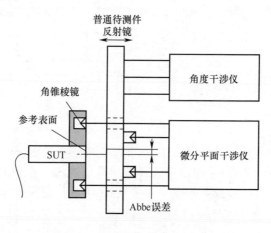

图 4.47　用于位移传感器校准的 DMI

采用 DMI 重力计测量重力引起的加速度的绝对值。利用迈克耳逊干涉仪测量真空室中自由落体工件以及夹载参考镜的夹具。真空环境可减少大气阻力和折射率引入的不确定度。重力计通常由碘-稳频激光器提供不确定度优于 10^{-9} 的已知长度标准,另一种稳频激光可用于周期性校准[326-327]。

基本压力标准利用干涉仪测量液体压力计的微分位移时,既可通过 Hg 表面[328-329]反射光束直接测量,也可通过在合适浮板上利用悬浮在 Hg 中的角锥棱镜进行测量[330]。

4.8 其他技术

4.8.1 绝对位移干涉法

根据本章引言中的定义,DMI 测量位移或位置的变化。DMI 仅反映待测件测量时的位置变化,而无法获得该待测件距空间指定参考点的距离。传统的 DMI 中,如果测量光束受阻,恢复后,将会丢失光束受阻时的待测件位置变化的所有信息。

对于大部分应用而言,测量目标位置到参考位置的距离非常重要,需在任意给定时刻测量,而不依赖于目标运动轨迹。仪器测量的绝对位移为 L,利用该值计算相对位移 $D=L_f-L_i$,其中,L_f 为第一个位置的位移,L_i 为第二个位置的位移。大量的文献研究该问题,提出一系列的解决方案[331]。除了通过时间脉冲或者微波频率调制的测距系统外[332-333],大多数相干波或绝对位移测量的干涉测量系统采用多个光源或扫频光源。

多波长方法最早起源于干涉仪测量长度标准[3-4]。测量原理依据干涉相位和波长的关系,即

$$\phi(L) = \left(\frac{4\pi nL}{\lambda}\right) \tag{4.42}$$

很明显,相位 ϕ 和角度波数 σ 之间存在线性关系,即

$$\sigma = \left(\frac{2\pi}{\lambda}\right) \tag{4.43}$$

相位随波数 σ 的变化率正比于测量和参考路径的光学长度 nL。超过整数的分数依赖于相位值的匹配,采用表格或其他计算规则将一系列离散波长转换为特定的位移。另一种方法涉及等效或合成波长 Λ,通过相应相位 ϕ_1、ϕ_2 的测量差值获得波长 $\lambda_1>\lambda_2$ 的合成相位 $\Phi(L)$[334],即

$$\Phi(L) = \frac{4\pi nL}{\Lambda} \tag{4.44}$$

$$\Lambda = \frac{\lambda_1 \lambda_2}{(\lambda_1 - \lambda_2)} \tag{4.45}$$

$$\Phi = \phi_1 - \phi_2 \tag{4.46}$$

最简单的情况是两个波长,在至少 1/2 合成波长所确定的范围内,可实现绝对测量。二氧化碳和其他气体激光器所产生的多波长都是绝对位移干涉仪的理想选择[335]。如图 4.48 所示,将两个或两个以上的单模激光器锁定于法布里-珀罗标准具,提供用于光学路径长度大幅变化的高相干性的稳定性波长[336-337]。一个或多个多模激光二极管实现短路径的紧凑结构[338]。近期,开展了利用频率梳激光器中梳状光谱特性的工作[339-340],以优化波长选择,实现更大的可测量范围[341]。

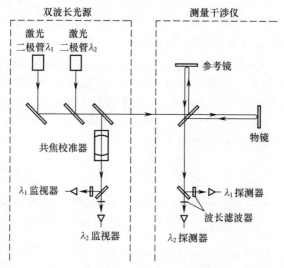

图 4.48 基于激光二极管对共焦法布里-珀罗标准具稳频的双波长干涉仪的简图
(来自 de Groot,P. and Kishner,S.,Appl. Opt.,30,4026,1991)

采用连续扫频波长可替代多波长方法,也称为调频连续波(FMCW)序列。类似于多波长的方法,干涉相位随波数的线性变化如式(4.43)的定义,与距离成正比:

$$\frac{\mathrm{d}\phi}{\mathrm{d}\sigma} = 2nL \tag{4.47}$$

激光波数的线性变化产生干涉信号,其频率与位移 L 呈线性关系,不限制测量范围,表明光源具有足够的相关性。在过去 20 年里,激光二极管在可调制光源的技术中占主导地位[342-343]。多数情况下,可用的调谐范围不足以解调波长量级的绝对距离,因此简单系统对于 FMCW 测距通常不能达到与 DMI 相当的精度。在先进光源和严格遵守测量规范的情况下,能够到达距离测量精度约为 10^{-9}[344]。

4.8.2　光反馈干涉法

到目前为止,我们已经讨论了干涉仪几何结构,将光源光分解为参考光束和测量光束,然后使两束光在探测器上相遇,产生干涉效应。然而,在激光器的早期历史中,反射光线直射进入激光腔即可产生波长和强度调制,以直接测量距离和速度[345]。该系统的基本几何结构非常简单:所需要的只是反射光束进入激光器的路径(几乎所有系统都需要)以及用于观察经反射光相位调制的激光束的探测器。

光反馈或自混频效应在半导体激光二极管中尤为突出,其强大的增益介质和激光腔前表面的微弱反射,导致微弱的反射光会影响激光器性能。由于该效应,反馈光的强度不需要太大,反馈光或后向散射光强度低至反射强度的 10^{-9} 倍就足以改变测量激光器的输出功率和频率。图 4.49 所示为简单的测速系统,能够探测激光功率输出的振荡,以及电压变化或激光器的驱动电流变化[346]。

对基于待测件本身作为激光腔一部分的激光器光学自混频原理进行深入分析[347]。附加的反射表面调节增益系统阈值。自混频干涉仪的特征是其信号形状不是正弦曲线,而更像是一个锯齿波,由于激光系统锁相的外部反射,提供了一种不需要相移就能区别外差信号的方法[348]。锁相还为激光输出引入了频移,提供一种在多模激光中更加有效的检测方法[349-350]。

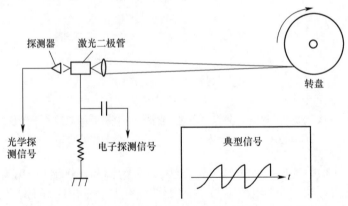

图 4.49　利用旋转盘产生散射光的自混频激光二极管干涉仪
装置用于测量沿光轴方向的速度分量

自混频干涉原理的优势除了简单以外,其对从待测件反射回来的光束的灵敏度非常高,上述光束不是反射镜或其他光学元件的反射光,而可能只是表面散射光。事实上,如果返回光束强度过高,激光会变得不稳定,测量结果会不准确。为了实现从位移测量到绝对位移测量[351],拓宽传感器应用的范围进而研制了自混频干涉装置,并且已经应用于 3D 图像共聚焦显微镜[352]。

186

4.8.3　色散干涉法

DMI 系统性能稳定,其不确定度的主要来源是自然空气折射率的变化。折射率的变化随环境温度和压力的波动而变化,包括外界环境条件的变化以及光束路径中长度和时间的波动。正如 4.6 节所述,想要实现环境补偿需进行环境监测和折射率计算[122,130]或采用固定路径测量的干涉仪实验验证方法,如图 4.21 所示[97,353]。

光束路径中的空气扰动产生更有挑战性的问题[149]。研究者提出了一种采用两个或两个以上波长的测量光路根据折射率色散探测空气密度变化的解决方案。色散干涉法的优点是对空气路径中的快速变动也能实现补偿。图 4.50 所示为通过外部试验数据阐明基本原理,通过包含两种波长(633nm,317nm)的 DMI 测量,利用压敏元件获得实验数据[354]。如图 4-50 所示,随着时间的推移,空气作用在压敏元件上,从左向右压力增加。随着空气压力增加,光程 nL 也增加。紫外光波长的折射率 n_1 比红外波长的折射率 n_2 大,从而导致对实际相同长度的测量结果 L_1、L_2 不同。被测路径长度不同,且正比于色散率:

$$\Gamma = \frac{n_1}{(n_1 - n_2)} \tag{4.48}$$

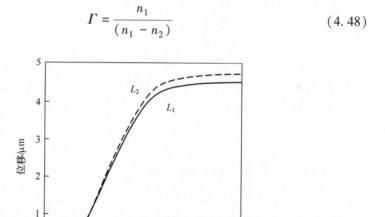

图 4.50　采用包含压敏元件的两种不同波长的光路测量试验进行大气补偿
(来自 Deck,L. L. ,Dispersion interferometry using a doubled HeNe laser,Zygo Corporation, Middlefield,CT,Unpublished,1999; de Groot,P. ed. ,*Optical Metrology*,Encyclopedia of Optics,Wiley-VCH Publishers,Weinheim,Germany,2004,pp. 2085-2117)

式中: Γ 为气体的固有属性,与温度和压力无关。为了校正该现象,利用两个波长中计算出长度 L,与测量中的压力无关,计算公式为

$$L = L_1 - (L_1 - L_2)\Gamma \tag{4.49}$$

利用干涉仪在大气中进行长距离几何测量(大于 1km)应用时色散干涉法最有效。在 1972 年的早期实例中,氦-氖激光器(633nm)和 HeCd 激光器(440nm)在便携式系统中实现了小于 $1×10^{-6}$ 的测量精度[355]。

20 世纪 90 年代,研究者致力于两个波长的色散技术以控制显微光刻平台,但是不确定度比干涉仪的要小很多[356-358]。图 4.51 所示的实例是采用两个氦-氖激光器验证了空气扰动中的标准差[354]可达到 1nm。然而,迄今为止,色散干涉法的成本和复杂性影响了该技术在高精密度商业中的应用,而短程外差式光学编码器更为可行。

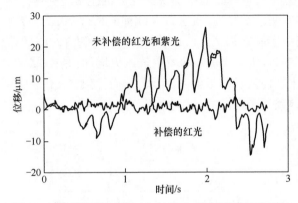

图 4.51 色散干涉法校正空气扰动,精度达到纳米量级
(来自 Deck,L. L.,Dispersion interferometry using a doubled HeNe laser,
Zygo Corporation,Middlefield,CT,Unpublished,1999)

4.8.4 光纤和位移干涉测量

通常,位移干涉测量(DMI)干涉仪与光源物理分离,很难测量包含复杂光路的区域。因此研究者对通过灵活、单模光纤传输光源特别感兴趣。虽然光纤传输有明显的优势,但是研制光纤传输系统比较困难。首先,对于可见光波的单模纤维,光纤的光耦合要求精度高且光机稳定性优于 $1\mu m$。其次,如果系统采用偏振外差光源,必须使两个频率光波保持偏振状态[359],在光束传输中利用两路光纤代替一路光纤或产生频移(图 4.52)。最后,每个干涉仪外差系统需额外布放一个探测器以监控两个频率光束的相对相位,否则当穿过光纤时,很难确定相位[360]。在上述系统中,如图 4.53 所示,通过共路干涉仪设计方式满足最终要求,两束光波均传输至待测镜和参考镜[15,361-362]。上述共路干涉仪方法的一个

优势是使测量分辨力提高 1 倍。

图 4.52　含有远程频移器的光纤耦合光源(来自 Zygo 公司 Middlefield CT)

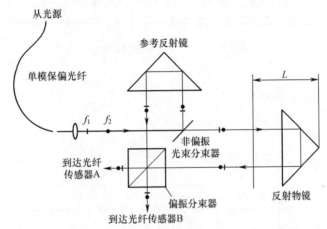

图 4.53　光纤反馈干涉仪,产生两种频率,并传输至待测件反射镜和参考反射镜的示意图
(来自 de Lang,H. and Bouwhuis,G. ,*Philips Tech. Rev.* ,30,160,1969.) A displacement
is calculated from the difference in the signals from the two FOPs A and B. (From Bell,
J. A. ,Fiber coupled interferometric displacement sensor,EP 0 793 079,2003)

　　在位移干涉测量法中,光纤的一个最大不同在于对光纤长度本身的精密测量,此处按照光纤的敏感元件进行分类。在该仪器中,光传输的距离正比于所涉及的物理参数或环境参数如张力、温度或压力,利用光纤传感器实现远程干涉测量[363]。如今常见的光纤传感器利用专门的光纤结构如布拉格光栅实现测量[364]。

　　基于光纤的 DMI 传感器可通过相干或其他机械结构实现[363]多路复用,为单光源或高度复杂的光源和检测系统提供可能性,有效实现多点探测。远程传感器可能是完全无源的,也就是说,无须供电,也可能含有多轴或具有绝对定位能力。

189

4.8.5 光学编码

通过光学方式探测网格或光栅模式的横向运动实现对线性位移和角位移的测量。根据光学编码器的原理,可实现结构紧凑和成本低的激光 DMI 系统,可应用于精密工业和机床行业[365]。正如 4.7 节所述,上述系统往往依赖于 2D XY 网格点,成为克服空气扰动和高精度控制平台系统的解决方案[366]。

图 4.54 描述了基于光学编码传感器的零差和外差 DMI 系统。利用改进后的迈克耳逊干涉仪,参考光束和测量光束均以 Littrow 角产生光栅衍射[367-368]。系统检测光栅的横向运动,完整的 2π 相位周期对应的横向位移等于光栅周期的 1/2。现代系统可实现亚纳米量级的分辨力,且降低空气扰动的灵敏度[369]。由于光栅的参考光束和测量光束对光接触点产生较大的分离,且有利于监测自由角度,因此,图 4.54 所示的装置受光栅倾斜的影响较大。对横向运动的测量,还提出了采用如 HSPMI 中相同的基本双光程原理进行设计,不受倾斜的影响[370 - 372]。

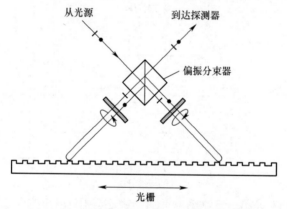

图 4.54 采用迈克耳逊干涉仪结合光学编码器探测光栅的横向运动
(来自 Akiyama,K. and Iwaoka,H.,High resolution digital diffraction grating
scale encoder,U. S. Patent 4,629,886,1986)

4.9 小结

本章主旨是介绍用于精密测量位移的激光位移干涉法的特点。主要包括在大位移范围(通常大于 1m,地球物理学和空间应用大于 1km)内的高分辨力(小于 1nm),小 Abbe 误差,高数据采集率(4.1 节和 4.2 节)。依赖于上述特性的应用包括显微光刻平台位置控制、机床工具标定和次级位置传感器校准(4.7 节)。但激光干涉测量法与其他方法相比,其缺点是相对较高的成本,对空气扰动敏感,商用系统不能提供绝对的距离信息。

假设应用中需要位移干涉仪,为达到位置测量要求,位移干涉仪的结构和必要的结构元件的选择有很多,包括不同的检测方法如零差或外差检测法(4.3 节)、不同的光源如塞曼或外部调制光源(4.4 节)以及不同的光学干涉仪的几何结构(4.5 节)。干涉仪的元件和系统的选择结合环境条件和测量方法决定了不确定度等级(4.6 节),根据各不确定度分量的大小决定是否需要修改或升级。

应用需求的提高持续推动位移干涉仪系统的发展。研究者们不断尝试探索克服传统局限性解决方案(4.8 节),并推动了实现新性能目标的技术进步。应用需求的提高以及性能目标的提升为光学干涉技术的创新以及在精密工程中的应用提供了机会。

参考文献

[1] G. R. Harrison and G. W. Stroke, Interferometric control of grating ruling with continuous carriage advance, *Journal of the Optical Society of America* **45**, 112–121 (1955).

[2] A. A. Michelson, Comparison of the international metre with the wavelength of the light of cadmium, *Astronomy and Astro-Physics* **12**, 556–560 (1893).

[3] R. Benoi t, Application des phénomènes d'interférence a des déterminations métrologique, *Journal de Physique Théorique et Appliquée* **7**, 57–68 (1898).

[4] S. P. Poole and J. H. Dowell, Application of interferometry to the routine measurement of block gauges, in *O·ptics and Metrology*, P. Mollet, ed. (Pergamon Press, New York, 405–419, 1960).

[5] D. C. Barnes and M. J. Puttock, National physics laboratory interferometer, *The Engineer* **196**, 763–766 (1953).

[6] D. Malacara, M. Servín, and Z. Malacara, Signal phase detection, in *Interferogram Analysis for Optical Testing* (Marcel Dekker, Inc., New York, pp. 113–168, 1998).

[7] E. R. Peck, A new principle in interferometer design, *Journal of the Optical Society of America* **38**, 66 (1948).

[8] R. Smythe and R. Moore, Instantaneous phase measuring interferometry, *Optical Engineering* **23**, 361–364 (1984).

[9] P. L. M. Heydemann, Determination and correction of quadrature fringe measurement errors in interferometers, *Applied Optics* **20**, 3382–3384 (1981).

[10] P. J. de Groot, Homodyne interferometric receiver and calibration method having improved accuracy and functionality, U.S. Patent 5,663,793 (1997).

[11] M. J. Downs and K. W. Raine, An unmodulated bi-directional fringe-counting interferometer system for measuring displacement, *Precision Engineering* **1**, 85–88 (1979).

[12] A. Dorsey, R. J. Hocken, and M. Horowitz, A low cost laser interferometer system for machine

tool applications, *Precision Engineering* **5**, 29–31 (1983).

[13] K. Taniguchi, H. Tsuchiya, and M. Toyama, Optical instrument for measuring displacement, U. S. Patent 4,676,645 (1987).

[14] S. E. Jones, Unique advanced homodyne laser interferometer system provides a cost–effective and simple position feedback solution for precision motion control applications, in *SPIE Proceedings, Photomask and Next–Generation Lithography Mask Technology XI*, Yokohama, Japan, Vol. 5446, pp. 689–697 (2004).

[15] H. de Lang and G. Bouwhuis, Displacement measurements with a laser interferometer, *Philips Technical Review* **30**, 160–165 (1969).

[16] J. N. Dukes and G. B. Gordon, A two–hundred–foot yardstick with graduations every micro–inch, *Hewlett–Packard Journal* **21**, 2–8 (1970).

[17] G. E. Sommargren, A new laser measurement system for precision metrology, *Precision Engineering* **9**, 179–184 (1987).

[18] F. C. Demarest, High–resolution, high–speed, low data age uncertainty, heterodyne displacement measuring interferometer electronics, *Measurement Science and Technology* **9**, 1024–1030 (1998).

[19] L. L. Deck, High–performance multi–channel fiber–based absolute distance measuring interferometer system, in *SPIE Proceedings, Instrumentation, Metrology, and Standards for Nanomanufacturing III*, San Diego, CA, Vol. 7405, pp. 74050E–1–74050E–9 (2009).

[20] P. de Groot, L. L. Deck, and C. Zanoni, Interferometer system for monitoring an object, U.S. Patent 7,826,064 (2010).

[21] A. D. White and J. D. Rigden, Continuous gas maser operation in the visible, *Proceedings IRE* **50**,1697 (1962).

[22] D. A. Shaddock, Space–based gravitational wave detection with LISA, *Classical and Quantum Gravity* **25**, 114012 (2008).

[23] D. A. Shaddock, An overview of the laser interferometer space antenna, *Publications of the Astronomical Society of Australia* **26**, 128–132 (2009).

[24] T. J. Quinn, Practical realization of the definition of the metre, including recommended radiations of other optical frequency standards (2001), *Metrologia* **40**, 103–133 (2003).

[25] S. J. Bennett, Length and displacement measurement by laser interferometry, in *Optical Transducers and Techniques in Engineering Measurement A.R. Lunmoore*, ed. (Applied Science Publishers, London, U.K., pp. 135–159, 1983).

[26] The He–Ne Laser, in *Springer Handbook of Lasers and Optics*, F. Träger, ed. (Springer Verlag, Berlin, Germany, pp. 756–757, 2007).

[27] J. A. Stone, J. E. Decker, P. Gill, P. Juncar, A. Lewis, G. D. Rovera, and M. Viliesid, Advice from the CCL on the use of unstabilized lasers as standards of wavelength: The helium–neon laser at 633 nm, *Metrologia* **46**, 11–18 (2009).

[28] H. Boersch, H. Eichler, and W. Wiesemann, Measurement of length shifts down to 10–3Å with a two–mode laser, *Applied Optics* **9**, 645–648 (1970).

[29] M.–S. Kim and S.–W. Kim, Two–longitudinal–mode He–Ne laser for heterodyne interferometers

to measure displacement, *Applied Optics* **41**, 5938–5942 (2002).

[30] S. Yokoyama, T. Yokoyama, and T. Araki, High–speed subnanometre interferometry using an improved three – mode heterodyne interferometer, *Measurement Science and Technology* **16**, 1841–1847 (2005).

[31] G. M. Burgwald and W. P. Kruger, An instant–on laser for length measurement, *Hewlett–Packard Journal* 21, 14–16 (1970).

[32] T. Baer, F. V. Kowalski, and J. L. Hall, Frequency stabilization of a 0.633–μm He–Ne longitudinal Zeeman laser, *Applied Optics* **19**, 3173–3177 (1980).

[33] R. C. Quenelle and L. J. Wuerz, A new microcomputer–controlled laser dimensional measurement and analysis system, *Hewlett–Packard Journal* **34**, 3–13 (1983).

[34] I. Tobias, M. L. Skolnick, R. A. Wallace, and T. G. Polanyi, Derivation of a frequency–sensitive signal from a gas laser in an axial magnetic field, *Applied Physics Letters* **6**, 198 – 200 (1965).

[35] P. Zeeman, On the influence of magnetism on the nature of the light emitted by a substance, *The Astrophysical Journal* **5**, 332–347 (1897).

[36] R. H. Morris, J. B. Ferguson, and J. S. Warniak, Frequency stabilization of internal mirror He–Ne lasers in a transverse magnetic field, *Applied Optics* **14**, 2808 (1975).

[37] H. Takasaki, N. Umeda, and M. Tsukiji, Stabilized transverse Zeeman laser as a new light source for optical measurement, *Applied Optics* **19**, 435–441 (1980).

[38] N. Umeda, M. Tsukiji, and H. Takasaki, Stabilized 3He – 20Ne transverse Zeeman laser, *Applied Optics* **19**, 442–450 (1980).

[39] L. L. Deck and M. L. Holmes, Optical frequency stabilization of a compact heterodyne source for an industrial distance measuring interferometer system, in *Proceedings of the 1999 Annual Meeting of the American Society for Precision Engineering*, Raleigh, NC, Vol. 20, pp. 477 – 480 (1999).

[40] L. L. Deck, Frequency stabilized laser system, U.S. Patent 6,434,176 (2002).

[41] R. J. Hocken and H. P. Layer, Lasers for dimensional measurement, *Annals of the CIRP* **28**,303–306 (1979).

[42] *ZMI*™ *7705 Laser Head*, *Specification Sheet* SS – 0044 (Zygo Corporation, Middlefield, CT, 2009).

[43] M. J. Downs, Optical metrology: The precision measurement of displacement using optical interferometry, in *From instrumentation to nanotechnology*, 1st edn., J. W. Gardner and H. T. Hingle, eds. (CRC Press, Boca Raton, FL, pp. 213–226, 1992).

[44] A. D. White and L. Tsufura, Helium–neon lasers, in *Handbook of Laser Technology and Applications Volume II: Laser Design and Laser Systems*, C. E. Webb and J. D. C. Jones, eds. (Institute of Physics, London, U.K., pp. 1399, 2004).

[45] Y. Xie and Y.–Z. Wu, Elliptical polarization and nonorthogonality of stabilized Zeeman laser output, *Applied Optics* **28**, 2043–2046 (1989).

[46] D. J. Lorier, B. A. W. H. Knarren, S. J. A. G. Cosijns, H. Haitjema, and P. H. J. Schellekens, Laser polarization state measurement in heterodyne interferometry, *CIRP Annals–Manufac-*

turing Technology **52**, 439–442 (2003).

[47] G. E. Sommargren, Apparatus to transform a single frequency, linearly polarized laser beam into a beam with two, orthogonally polarized frequencies, U.S. Patent 4,684,828 (1987).

[48] G. E. Sommargren and M. Schaham, Heterodyne interferometer system, U.S. Patent 4,688,940 (1987).

[49] P. Dirksen, J. v. d. Werf, and W. Bardoel, Novel two-frequency laser, *Precision Engineering* **17**, 114–116 (1995).

[50] R. Balhorn, H. Kunzmann, and F. Lebowsky, Frequency stabilization of internal-mirror Helium-Neon lasers, *Applied Optics* **11**, 742–744 (1972).

[51] S. J. Bennett, R. E. Ward, and D. C. Wilson, Comments on: Frequency stabilization of internal mirror He-Ne lasers, *Applied Optics* **12**, 1406–1406 (1973).

[52] *ZMI*^{TM} *7724 Laser head Specification Sheet*, SS–0081 (Zygo Corporation, Middlefield, CT, 2009).

[53] *Optics and Laser Heads for Laser-Interferometer Positioning Systems: Product Overview*, 5964–6190E (Agilent Technologies, Santa Clara, CA, 2009).

[54] J. Koning and P. H. J. Schellekens, Wavelength stability of He – Ne lasers used in interferometry: Limitations and traceability, *Annals of the CIRP* **28**, 307–310 (1979).

[55] S. N. Lea, W. R. C. Rowley, H. S. Margolis, G. P. Barwood, G. Huang, P. Gill, J.-M. Chartier, and R. S. Windeler, Absolute frequency measurements of 633 nm iodine-stabilized helium-neon lasers, *Metrologia* **40**, 84–88 (2003).

[56] *ZMI 7702 Laser Head (P/N 8070-0102-XX) Operating Manual*, OMP-0402H (Zygo Corporation, Middlefield, CT, 2007), p. 9.

[57] W.-K. Lee, H. S. Suh, and C.-S. Kang, Vacuum wavelength calibration of frequency-stabilized He-Ne lasers used in commercial laser interferometers, *Optical Engineering* **50**, 054301–054304 (2011).

[58] N. Brown, Frequency stabilized lasers: Optical feedback effects, *Applied Optics* **20**, 3711–3714 (1981).

[59] N. Bobroff, Recent advances in displacement measuring interferometry, *Measurement Science and Technology* **4**, 907–926 (1993).

[60] L. J. Aplet and J. W. Carson, A Faraday effect optical isolator, *Applied Optics* **3**, 544–545 (1964).

[61] H. A. Hill and P. de Groot, Apparatus to transform two nonparallel propagating optical beam components into two orthogonally polarized beam components, U.S. Patent 6,236,507 (2001).

[62] H. P. Layer, Acoustooptic modulator intensity servo, *Applied Optics* **18**, 2947–2949 (1979).

[63] H. A. Hill, Apparatus for generating linearly-orthogonally polarized light beams, U.S. Patent 6,157,660 (2000).

[64] P. Gill, Laser interferometry for precision engineering metrology, in *Optical Methods in Engineering Metrology*, D. C. Williams, ed. (Chapman & Hall, New York, pp. 179–211 1993).

[65] W. R. C. Rowley, Signal strength in two-beam interferometers with laser illumination, *Journal of Modern Optics* **16**, 159–168 (1969).

[66] *ZMI*™ *7722/7724 Laser Manual P/N's*: 8070-0257-xx, 8070-0277-xx, OMP-0540C (Zygo Corporation, Middlefield, CT, 2010), pp. 12-14.

[67] *ZMI*™ *7714 Laser Head Manual P/N's*: 8070-0278-xx, 8070-0279-xx, OMP-0541F (Zygo Corporation, Middlefield, CT, 2011), p. 11.

[68] J. Helmcke, Realization of the metre by frequency-stabilized lasers, *Measurement Science and Technology* **14**, 1187-1199 (2003).

[69] W. Demtröder, *Laser Spectroscopy: Experimental Techniques*, 4th edn. Vol. 2 (Springer Verlag, Berlin, Germany 2008).

[70] G. Hanes and C. Dahlstrom, Iodine hyperfine structure observed in saturated absorption at 633nm, *Applied Physics Letters* **14**, 362-364 (1969).

[71] A. Wallard, Frequency stabilization of the helium-neon laser by saturated absorption in iodine vapour, *Journal of Physics E: Scientific Instruments* **5**, 926-930 (1972).

[72] G. Wilson, Modulation broadening of NMR and ESR line shapes, *Journal of Applied Physics* **34**, 3276-3285 (1963).

[73] W. Schweitzer Jr, E. Kessler Jr, R. Deslattes, H. Layer, and J. Whetstone, Description, performance, and wavelengths of iodine stabilized lasers, *Applied Optics* **12**, 2927-2938 (1973).

[74] W. Tuma and C. van der Hoeven, Helium-neon laser stabilized on iodine: Design and performance, *Applied Optics* **14**, 1896-1897 (1975).

[75] V. Dandawate, Frequency stability and reproducibility of iodine stabilised He-Ne laser at 633 nm, *Pramana* **22**, 573-578 (1984).

[76] H. P. Layer, A portable iodine stabilized Helium-Neon laser, *IEEE Transactions on Instrumentation and Measurement* **29**, 358-361 (1980).

[77] J. Chartier, A. Chartier, J. Labot, and M. Winters, Absolute gravimeters: Status report on the use of iodine-stabilized He-Ne lasers at 633 nm, *Metrologia* **32**, 181-184 (1995).

[78] F. Petru, B. Popela, and Z. Vesela, Iodine-stabilized He-Ne Lasers at = 633 nm of a compact con-struction, *Metrologia* **29**, 301-307 (1992).

[79] G. Popescu, J. M. Chartier, and A. Chartier, Iodine stabilized He Ne laser at = 633 nm: Design and international comparison, *Optical Engineering* **35**, 1348-1352 (1996).

[80] J. Ishikawa, Portable national length standards designed and constructed using commercially a-vailable parts, *Synthesiology-English edition* **2**, 246-257 (2010).

[81] T. Yoon, J. Ye, J. Hall, and J. M. Chartier, Absolute frequency measurement of the iodine-stabilized He-Ne laser at 633 nm, *Applied Physics B: Lasers and Optics* **72**, 221-226 (2001).

[82] J. Chartier, H. Darnedde, M. Frennberg, J. Henningsen, U. Kärn, L. Pendrill, J. Hu, J. Petersen, O. Poulsen, and P. Ramanujam, Intercomparison of Northern European 127I2 - Stabilized He-Ne Lasers at = 633nm, *Metrologia* **29**, 331-339 (1992).

[83] J. Chartier, S. Picard-Fredin, and A. Chartier, International comparison of iodine cells, *Metrologia* **29**, 361-367 (1992).

[84] T. J. Quinn, Mise en Pratique of the definition of the Metre (1992), *Metrologia* **30**, 523-541 (1994).

[85] J. Chartier and A. Chartier, I2-stabilized 633-nm He-Ne lasers: 25 years of international com-

parisons, in *SPIE Proceedings*, *Laser Frequency Stabilization*, *Standards*, *Measurement*, *and Applications*, San Jose, CA, Vol. 4269, pp. 123–133 (2001).

[86] A. A. Madej et al., Long–term absolute frequency measurements of 633 nm iodine–stabilized laser standards at NRC and demonstration of high reproducibility of such devices in interna–tional frequency measurements, *Metrologia* **41**, 152–160 (2004).

[87] *Model 100 Iodine–stabilized He–Ne laser Specification Sheet* (Winters Electro–Optics Inc., Longmont, CO).

[88] J. Lawall, J. M. Pedulla, and Y. Le Coq, Ultrastable laser array at 633 nm for real–time dimensional metrology, *Review of Scientific Instruments* **72**, 2879–2888 (2001).

[89] E. D. Baird, R. R. Donaldson, and S. R. Patterson, The laser interferometer system for the large optics diamond turning machine, UCRL–ID–134693 (1990).

[90] J. Flügge and R. G. Köning, Status of the nanometer comparator at PTB, in *SPIE Proceedings*, *Recent Developments in Traceable Dimensional Measurements*, Munich, Germany, Vol. 4401, pp. 275–283 (2001).

[91] *Model 200 Iodine–stabilized He–Ne laser Specification Sheet* (Winters Electro–Optics Inc., Longmont, CO).

[92] D. W. Allan, Statistics of atomic frequency standards, *Proceedings of the IEEE* **54**, 221–230 (1966).

[93] D. W. Allan, Time and frequency (time–domain) characterization, estimation, and prediction of precision clocks and oscillators, *IEEE Transactions on Ultrasonics, Ferroelectrics and Frequency Control* **34**, 647–654 (1987).

[94] S. J. Bennett, A double–passed Michelson interferometer, *Optics Communications* **4**, 428–430 (1972).

[95] *ZMI High Stability Plane Mirror Interferometer (HSPMI) Specification Sheet*, SS–0050 (Zygo Corporation, Middlefield, CT, 2009).

[96] C. Zanoni, Differential interferometer arrangements for distance and angle measurements:Principles, advantages and applications, *VDI–Berichte* **749**, 93–106 (1989).

[97] P. Schellekens, G. Wilkening, F. Reinboth, M. J. Downs, K. P. Birch, and J. Spronck, Measurements of the refractive index of air using interference refractometers, *Metrologia* **22**, 279–287 (1986).

[98] R. R. Baldwin, B. E. Grote, and D. A. Harland, A laser interferometer that measures straightness of travel, *Hewlett–Packard Journal* **25**, 10–20 (1974).

[99] C. Evans, M. Holmes, F. Demarest, D. Newton, and A. Stein, Metrology and calibration of a long travel stage, *CIRP Annals–Manufacturing Technology* **54**, 495–498 (2005).

[100] H. A. Hill, Polarization preserving optical systems, U.S. Patent 6,198,574 (2001).

[101] P. J. de Groot, Interferometer with tilted waveplates for reducing ghost reflections, U.S. Patent 6,163,379 (2000).

[102] H. A. Hill and P. de Groot, Single–pass and multi–pass interferometry systems having a dynamic beam–steering assembly for measuring distance, angle, and dispersion, U.S. Patent 6,313,918 (2001).

[103] P. J. de Groot, Interferometric apparatus and method for measuring motion along multiple axes, U.S. Patent 6,208,424 (2001).

[104] P. J. de Groot and H. A. Hill, Interferometry system and method employing an angular dif–ference in propagation between orthogonally polarized input beam components, U.S. Patent 6,778,280 (2004).

[105] Y. Bitou, Polarization mixing error reduction in a two–beam interferometer, *Optical Review* **9**, 227–229 (2002).

[106] M. Tanaka, T. Yamagami, and K. Nakayama, Linear interpolation of periodic error in a hetero–dyne laser interferometer at subnanometer levels (dimension measurement), *IEEE Transactions on Instrumentation and Measurement* **38**, 552–554 (1989).

[107] C. M. Wu, S. T. Lin, and J. Fu, Heterodyne interferometer with two spatial–separated polariza–tion beams for nanometrology, *Optical and Quantum Electronics* **34**, 1267–1276 (2002).

[108] H. A. Hill, Separated beam multiple degree of freedom interferometer, U.S. Patent 7,057,739 (2006).

[109] K.–N. Joo, J. D. Ellis, J. W. Spronck, P. J. M. van Kan, and R. H. M. Schmidt, Simple het–erodyne laser interferometer with subnanometer periodic errors, *Optics Letters* **34**, 386–388 (2009).

[110] M. Gohlke, T. Schuldt, D. Weise, U. Johann, A. Peters, and C. Braxmaier, A high sensitivity het–erodyne interferometer as a possible optical readout for the LISA gravitational reference sensor and its application to technology verification, *Journal of Physics: Conference Series* **154**, 012030 (2009).

[111] N. Bennet, *Error Sources*(Zygo Corporation, Middlefield, CT, 2008).

[112] J. Haycocks and K. Jackson, Traceable calibration of transfer standards for scanning probe mi–croscopy, *Precision Engineering* **29**, 168–175 (2005).

[113] JCGM 100:2008, *Evaluation of Measurement Data–Guide to the Expression of Uncertainty in Measurement*, (JCGM, 2008).

[114] H. F. F. Castro and M. Burdekin, Evaluation of the measurement uncertainty of a positional er–ror calibrator based on a laser interferometer, *International Journal of Machine Tools and Man–ufacture* **45**, 285–291 (2005).

[115] H. F. F. Castro, Uncertainty analysis of a laser calibration system for evaluating the positioning accuracy of a numerically controlled axis of coordinate measuring machines and machine tools, *Precision Engineering* **32**, 106–113 (2008).

[116] D. Ren, Optical measurements of dimensional instability, PhD dissertation, University of North Carolina, Charlotte, NC (2007).

[117] T. Hausotte, B. Percle, E. Manske, R. Füßl, and G. Jäger, Measuring value correction and uncer–tainty analysis for homodyne interferometers, *Measurement Science and Technology* **22**, 094028 (2011).

[118] H. P. Layer and W. T. Estler, Traceability of laser interferometric length measurements, Na–tional Bureau of Standards Technical Note 1248, National Bureau of Standards, Washington, DC, 1988.

[119] M. L. Eickhoff and J. L. Hall, Real-time precision refractometry: New approaches, *Applied Optics* **36**, 1223–1234 (1997).

[120] H. Fang, A. Picard, and P. Juncar, A heterodyne refractometer for air index of refraction and air density measurements, *Review of Scientific Instruments* **73**, 1934–1938 (2002).

[121] H. Barrell and J. E. Sears, The refraction and dispersion of air for the visible spectrum, *Philosophical Transactions of the Royal Society A: Mathematical, Physical and Engineering Sciences* **238**, 1–64 (1939).

[122] B. Edlén, The refractive index of air, *Metrologia* **2**, 71–80 (1966).

[123] J. C. Owens, Optical refractive index of air: Dependence on pressure, temperature and composition, *Applied Optics* **6**, 51–59 (1967).

[124] F. E. Jones, Simplified equation for calculating the refractivity of air, *Applied Optics* **19**, 4129–4130 (1980).

[125] F. E. Jones, The refractivity of air, *Journal of Research of the National Bureau of Standards* **86**, 27–30(1981).

[126] K. P. Birch and M. J. Downs, An updated edlén equation for the refractive index of air, *Metrologia* **30**, 155–162 (1993).

[127] K. P. Birch and M. J. Downs, Correction to the updated edlén equation for the refractive index of air, *Metrologia* **31**, 315–316 (1994).

[128] K. P. Birch and M. J. Downs, The results of a comparison between calculated and measured values of the refractive index of air, *Journal of Physics E: Scientific Instruments* **21**, 694–695 (1988).

[129] K. P. Birch, F. Reinboth, R. E. Ward, and G. Wilkening, The effect of variations in the refractive index of industrial air upon the uncertainty of precision length measurement, *Metrologia* **30**, 7–14 (1993).

[130] G. Bönsch and E. Potulski, Measurement of the refractive index of air and comparison with modified Edlén's formulae, *Metrologia* **35**, 133–139 (1998).

[131] P. E. Ciddor, Refractive index of air: New equations for the visible and near infrared, *Applied Optics* **35**, 1566–1573 (1996).

[132] P. E. Ciddor, Refractive index of air: 3. The roles of CO_2, H_2O, and refractivity virials, *Applied Optics* **41**, 2292–2298 (2002).

[133] P. E. Ciddor, Refractive index of air: 3. The roles of CO_2, H_2O, and refractivity virials: Erratum, *Applied Optics* **41**, 7036 (2002).

[134] T. L. Schmitz, C. J. Evans, A. Davies, and W. T. Estler, Displacement uncertainty in interferometric radius measurements, *CIRP Annals–Manufacturing Technology* **51**, 451–454 (2002).

[135] J. Hilsenrath, *Tables of Thermal Properties of Gases: Comprising Tables of Thermodynamic and Transport Properties of Air, Argon, Carbon dioxide, Carbon monoxide, Hydrogen, Nitrogen, Oxygen, and Steam*, United States Government Printing Office, Washington, DC, 1955.

[136] R. K. Leach, *Fundamental Principles of Engineering Nanometrology*(Elsevier, London, U.K., p. 81, 2010).

[137] K. P. Birch and M. J. Downs, Error sources in the determination of the refractive index of air,

Applied Optics **28**, 825–826 (1989).

[138] K. P. Birch, Precise determination of refractometric parameters for atmospheric gases, *Journal of the Optical Society of America A* **8**, 647–651 (1991).

[139] W. T. Estler, High–accuracy displacement interferometry in air, *Applied Optics* **24**, 808–815 (1985).

[140] M. J. Downs, D. H. Ferriss, and R. E. Ward, Improving the accuracy of the temperature measurement of gases by correction for the response delays in the thermal sensors, *Measurement Science and Technology* **1**, 717–719 (1990).

[141] M. J. Downs and K. P. Birch, Bi–directional fringe counting interference refractometer, *Precision Engineering* **5**, 105–110 (1983).

[142] K. Birch, M. Downs, and D. Ferriss, Optical path length changes induced in cell windows and solid etalons by evacuation, *Journal of Physics E: Scientific Instruments* **21**, 690–692 (1988).

[143] T. Li, Design principles for laser interference refractometers, *Measurement* **16**, 171–176 (1995).

[144] M. J. Renkens and P. H. Schellekens, An accurate interference refractometer based on a permanent vacuum chamber–Development and results, *CIRP Annals–Manufacturing Technology* **42**, 581–583 (1993).

[145] J. Bryan, Design and construction of an ultraprecision 84 inch diamond turning machine, *Precision Engineering* **1**, 13–17 (1979).

[146] M. Sawabe, F. Maeda, Y. Yamaryo, T. Simomura, Y. Saruki, T. Kubo, H. Sakai, and S. Aoyagi, A new vacuum interferometric comparator for calibrating the fine linear encoders and scales, *Precision Engineering* **28**, 320–328 (2004).

[147] *ZMI™ Compact Wavelength Compensator Accessory Manual*, OMP–0415F (Zygo Corporation, Middlefield, CT, 2009).

[148] G. E. Sommargren, Apparatus for the measurement of the refractive index of a gas, U.S. Patent 4,733,967 (1988).

[149] N. Bobroff, Residual errors in laser interferometry from air turbulence and nonlinearity, *Applied Optics* **26**, 2676–2682 (1987).

[150] Y. Shibazaki, H. Kohno, and M. Hamatani, An innovative platform for high–throughput high–accuracy lithography using a single wafer stage, in *SPIE Proceedings*, *Optical Microlithography XXII*, Vol. 7274, pp. 72741I–1–72741I–12 (2009).

[151] J. Flügge, C. Weichert, H. Hu, R. Köning, H. Bosse, A. Wiegmann, M. Schulz, C. Elster, and R. D. Geckeler, Interferometry at the PTB nanometer comparator: Design, status and development, in *SPIE Proceedings*, *Fifth International Symposium on Instrumentation Science and Technology*, Shenyang, China, Vol. 7133, pp. 713346–1–713346–8 (2009).

[152] J. B. Wronosky, T. G. Smith, M. J. Craig, B. R. Sturgis, J. R. Darnold, D. K. Werling, M. A. Kincy, D. A. Tichenor, M. E. Williams, and P. M. Bischoff, Wafer and reticle positioning system for the extreme ultraviolet lithography engineering test stand, in *SPIE Proceedings*, *Emerging Lithographic Technologies IV*, Santa Clara, CA, Vol. 3997, pp. 829–839 (2000).

[153] J. di Regolo and U. Ummethala, A novel distance measuring interferometer for rotary–linear

stage metrology with shape error removal, in *Proceedings of the 2011 Annual Meeting of the American Society for Precision Engineering*, Denver, CO, Vol. 52, pp. 15–18 (2011).

[154] N. Bobroff, Critical alignments in plane mirror interferometry, *Precision Engineering* **15**, 33–38 (1993).

[155] *Laser and Optics User's Manual*, 05517–90045 (Agilent Technologies, Santa Clara, CA, pp. 7V1–7V10, 2001).

[156] R. R. Baldwin, L. E. Truhe, and D. C. Woodruff, Laser optical components for machine tool and other calibrations, *Hewlett-Packard Journal* **34**, 14–22 (1983).

[157] G. Zhang and R. Hocken, Improving the accuracy of angle measurement in machine calibration, *CIRP Annals-Manufacturing Technology* **35**, 369–372 (1986).

[158] N. M. Oldham, J. A. Kramar, P. S. Hetrick, and E. C. Teague, Electronic limitations in phase meters for heterodyne interferometry, *Precision Engineering* **15**, 173–179 (1993).

[159] *ZMI 4100*^TM *Series Measurement Board Operating Manual*, OMP–0508L (Zygo Corporation, Middlefield, CT, pp. 1–8, 2010).

[160] T. Schmitz and H. Kim, Monte Carlo evaluation of periodic error uncertainty, *Precision Engineering* **31**, 251–259 (2007).

[161] R. C. Quenelle, Nonlinearity in interferometer measurements, *Hewlett-Packard Journal* **34**, 10 (1983).

[162] S. Cosijns, Modeling and verifying non-linearities in heterodyne displacement interferometry, *Precision Engineering* **26**, 448–455 (2002).

[163] J. Stone and L. Howard, A simple technique for observing periodic nonlinearities in Michelson interferometers, *Precision Engineering* **22**, 220–232 (1998).

[164] S. Olyaee, T. H. Yoon, and S. Hamedi, Jones matrix analysis of frequency mixing error in three-longitudinal-mode laser heterodyne interferometer, *IET Optoelectronics* **3**, 215–224 (2009).

[165] P. de Groot, Jones matrix analysis of high-precision displacement measuring interferometers, in *Proceedings of 2nd Topical Meeting on Optoelectronic Distance Measurement and Applications*, ODIMAP II, Pavia, Italy, pp. 9–14 (1999).

[166] C. M. Sutton, Non-linearity in length measurement using heterodyne laser Michelson Interferometry, *Journal of Physics E: Scientific Instruments* **20**, 1290–1292 (1987).

[167] S. Patterson and J. Beckwith, Reduction of systematic errors in heterodyne interferometric displacement measurement, in *Proceedings of the 8th International Precision Engineering Seminar*, IPES, Compiegne, France, pp. 101–104 (1995).

[168] V. G. Badami and S. R. Patterson, A frequency domain method for the measurement of nonlinearity in heterodyne interferometry, *Precision Engineering* **24**, 41–49 (2000).

[169] H. A. Hill, Tilted interferometer, U.S. Patent 6,806,962 (2004).

[170] H. A. Hill, Systems and methods for quantifying nonlinearities in interferometry systems, U.S. Patent 6,252,668 (2001).

[171] C. R. Steinmetz, Sub-micron position measurement and control on precision machine tools with laser interferometry, *Precision Engineering* **12**, 12–24 (1990).

[172] J. D. Ellis, Optical metrology techniques for dimensional stability measurements, PhD dissertation, Technische Universiteit Delft, Delft, The Netherlands (2010).

[173] J. Stone, S. D. Phillips, and G. A. Mandolfo, Corrections for wavelength variations in precision interferometric displacement measurements, *Journal of Research of the National Institute of Standards and Technology* **101**, 671–674 (1996).

[174] E. Abbe, Messapparate für Physiker, *Zeitschrift für Instrumentenkunde* **10**, 446–448 (1890).

[175] J. B. Bryan, The Abbé principle revisited: An updated interpretation, *Precision Engineering* **1**, 129–132 (1979).

[176] C. D. Craig and J. C. Rose, Simplified derivation of the properties of the optical center of a cor-ner cube, *Applied Optics* **9**, 974–975 (1970).

[177] T. A. M. Ruijl and J. van Eijk, A novel ultra precision CMM based on fundamental design principles, in *Proceedings of the ASPE Topical Meeting on Coordinate Measuring Machines*, Vol. 29, pp. 33–38 (2003).

[178] I. Widdershoven, R. L. Donker, and H. A. M. Spaan, Realization and calibration of the Isara 400 ultra-precision CMM, *Journal of Physics: Conference Series* **311**, 012002 (2011).

[179] A. Davies, C. J. Evans, R. Kestner, and M. Bremer, The NIST X-ray optics CALIBration InteRferometer (XCALIBIR), in *Optical Fabrication and Testing*, OSA Technical Digest, Quebec, Canada, paper OWA5 (2000).

[180] J. B. Bryan and D. L. Carter, Design of a new error-corrected co-ordinate measuring machine, *Precision Engineering* **1**, 125–128 (1979).

[181] J.-A. Kim, J. W. Kim, C.-S. Kang, J. Jin, and T. B. Eom, An interferometric calibration system for various linear artefacts using active compensation of angular motion errors, *Measurement Science and Technology* **22**, 075304 (2011).

[182] V. G. Badami and C. D. Fletcher, Validation of the performance of a high-accuracy compact interferometric sensor, in *Proceedings of the 2009 Annual Meeting of the American Society for Precision Engineering*, Monterey, CA, Vol. 47, pp. 112–115 (2009).

[183] G. E. Sommargren, Linear/angular displacement interferometer for wafer stage metrology, in *SPIE Proceedings, Optical/Laser Microlithography II*, Santa Clara, CA, Vol. 1088, pp. 268–272 (1989).

[184] *ZMI*™ *Optics Guide*, OMP-0326W (Zygo Corporation, Middlefield, CT, pp. 2–12, 2010).

[185] M. L. Holmes and C. J. Evans, Displacement measuring interferometry measurement uncertainty, in *ASPE Topical Meeting on Uncertainty Analysis in Measurement and Design*, State College, PA, Vol. 33, pp. 89–94 (2004).

[186] R. Kendall, A servo guided X-Y-theta stage for electron beam lithography, *Journal of Vacuum Science and Technology B* **9**, 3019–3023 (1991).

[187] H. A. Hill, Beam shear reduction in interferometry systems, U.S. Patent 7,495,770 (2009).

[188] H. A. Hill, Apparatus and methods for reducing non – cyclic non – linear errors in interferometry, U.S. Patent 7,528,962 (2009).

[189] W. T. Estler, Calibration and use of optical straightedges in the metrology of precision machines, *Optical Engineering* **24**, 372–379 (1985).

[190] E. W. Ebert, Flatness measurement of mounted stage mirrors, in *SPIE Proceedings*, *Integrated Circuit Metrology*, *Inspection*, *and Process Control III*, Los Angels, CA, Vol. 1087, pp. 415–424 (1989).

[191] H. A. Hill and G. Womack, Multi–axis interferometer with procedure and data processing for mirror mapping, U.S. Patent 7,433,049 (2008).

[192] S. L. Mielke and F. C. Demarest, Displacement measurement interferometer error correc–tion techniques, in *Proceedings of the ASPE Topical Meeting on Precision Mechanical Design and Mechatronics for Sub–50nm Semiconductor Equipment*, Berkley, CA, Vol. 43, pp. 113–116 (2008).

[193] S. Woo, D. Ahn, D. Gweon, S. Lee, and J. Park, Measurement and compensation of bar–mirror flatness and squareness using high precision stage, in *Proceedings of the 2011 Annual Meeting of the American Society for Precision Engineering*, Denver, CO, Vol. 52, pp. 566–569 (2011).

[194] C. J. Evans, R. J. Hocken, and W. T. Estler, Self–calibration: Reversal, redundancy, error separation, and 'absolute testing', *CIRP Annals–Manufacturing Technology* **45**, 617–634 (1996).

[195] J.–h. Zhang and C.–H. Menq, A linear/angular interferometer capable of measuring large angu–lar motion, *Measurement Science and Technology* **10**, 1247–1253 (1999).

[196] Disk drive servo–track writing, Hewlett–Packard, Application Note 325–11,1991.

[197] W. Zhou and L. Cai, An angular displacement interferometer based on total internal reflection, *Measurement Science and Technology* **9**, 1647–1652 (1998).

[198] M. H. Chiu, J. Y. Lee, and D. C. Su, Complex refractive–index measurement based on Fresnel's equations and the uses of heterodyne interferometry, *Applied Optics* **38**, 4047–4052 (1999).

[199] M. H. Chiu, J. Y. Lee, and D. C. Su, Refractive–index measurement based on the effects of total internal reflection and the uses of heterodyne interferometry, *Applied Optics* **36**, 2936–2939 (1997).

[200] F. C. Demarest, Data age adjustments, U.S. Patent 6,597,459 (2003).

[201] F. C. Demarest, Method and apparatus for providing data age compensation in an interferometer, U.S. Patent 5,767,972 (1998).

[202] H. J. Levinson, *Principles of Lithography*, Vol. 146 (SPIE Press, Bellingham, WA, 2005).

[203] R. R. Donaldson and S. R. Patterson, Design and construction of a large vertical axis diamond turning machine (LODTM), in *SPIE Proceedings*, *SPIE 27th Annual Technical Symposium and International Instrument Display*, San Deigo, CA, Vol. 433, pp. 62–68 (1983).

[204] J. R. Stoup and T. D. Doiron, Accuracy and versatility of the NIST M48 coordinate measur–ing machine, in *SPIE Proceedings*, *Recent Developments in Traceable Dimensional Measurements* Munich, Germany, Vol. 4401, pp. 136–146 (2001).

[205] H. Kohno, Y. Shibazaki, J. Ishikawa, J. Kosugi, Y. Iriuchijima, and M. Hamatani, Latest performance of immersion scanner S620D with the Streamlign platform for the double patterning generation, in *SPIE Proceedings*, *Optical Microlithography XXIII*, San Jose, CA, Vol. 7640,

pp. 764010-1-764010-12 (2010).

[206] T. Sandstrom and P. Ekberg, Mask lithography for display manufacturing, in *SPIE Proceedings*, *26th European Mask and Lithography Conference*, Grenoble, France, Vol. 7545, pp. 75450K-1-75450K-18 (2010).

[207] G. R. Harrison and J. E. Archer, Interferometric calibration of precision screws and control of ruling engines, *Journal of the Optical Society of America* **41**, 495-503 (1951).

[208] H. W. Babcock, Control of a ruling engine by a modulated interferometer, *Applied Optics* **1**, 415-420 (1962).

[209] I. R. Bartlett and P. C. Wildy, Diffraction grating ruling engine with piezoelectric drive, *Applied Optics* **14**, 1-3 (1975).

[210] R. Wiley, S. Zheleznyak, J. Olson, E. Loewen, and J. Hoose, A nanometer digital interferometric control for a stop start grating ruling engine, in *Proceedings of the 1990 Annual Meeting of the American Society for Precision Engineering*, Rochester, NY, USA, Vol. 2, pp. 131-134 (1990).

[211] C. Palmer and E. Loewen, *Diffraction Grating Handbook*, 5th edn. (Newport Corporation, Irvine, CA, 2005).

[212] T. Kita and T. Harada, Ruling engine using a piezoelectric device for large and high-groove density gratings, *Applied Optics* **31**, 1399-1406 (1992).

[213] P. T. Konkola, Design and analysis of a scanning beam interference lithography system for patterning gratings with nanometer-level distortions, PhD dissertation, Massachusetts Institute of Technology, Cambridge, MA (2003).

[214] M. Lercel, Controlling lithography variability: It's no longer a question of nanometers (they are too big), in *Proceedings of the ASPE Topical Meeting on Precision Mechanical Design and Mechatronics for Sub - 50nm Semiconductor Equipment*, Berkley, CA, Vol. 43, pp. 3 - 6 (2008).

[215] H. Schwenke, U. Neuschaefer-Rube, T. Pfeifer, and H. Kunzmann, Optical methods for dimensional metrology in production engineering, *CIRP Annals-Manufacturing Technology* **51**, 685-699 (2002).

[216] *ZMI*™ *Column Reference Interferometer (CRI)*, *Vacuum Compatible Specification Sheet*, SS-0067 (Zygo Corporation, Middlefield, CT, 2009).

[217] J. Flügge, F. Riehle, and H. Kunzmann, Fundamental length metrology, Colin E. Webb and Julian D. C. Jones, in *Handbook of Laser Technology and Applications: Applications*, Institute of Physics Publishing, Philadelphia, p. 1723 (2004).

[218] J. Hocken and B. R. Borchardt, On characterizing measuring machine technology, NBSIR 79-1752 (National Bureau of Standards, Washington, DC, 1979).

[219] J. Ye, M. Takac, C. Berglund, G. Owen, and R. Pease, An exact algorithm for self-calibration of two-dimensional precision metrology stages, *Precision Engineering* **20**, 16-32 (1997).

[220] D. Musinski, Displacement-measuring interferometers provide precise metrology, *Laser Focus World*, 39, 80-83 (2003).

[221] P. Petric, C. Bevis, M. McCord, A. Carroll, A. Brodie, U. Ummethala, L. Grella, A.

Cheung, and R. Freed, Reflective electron beam lithography: A maskless ebeam direct write lithography approach using the reflective electron beam lithography concept, *Journal of Vacuum Science and Technology B* **28**, C6C6–C6C13 (2010).

[222] K. Suzuki and B. W. Smith, *Microlithography: Science and Technology*, Vol. 126 (CRC, Boca Raton, FL, pp. 383–464, 2007).

[223] P. Ekberg, Ultra precision metrology: The key for mask lithography and manufacturing of high definition displays, Licentiate thesis, KTH Royal Institute of Technology, Stockholm, Sweden (2011).

[224] W. Wills–Moren, H. Modjarrad, R. Read, and P. McKeown, Some aspects of the design and development of a large high precision CNC diamond turning machine, *CIRP Annals–Manufacturing Technology* **31**, 409–414 (1982).

[225] P. B. Leadbeater, M. Clarke, W. J. Wills–Moren, and T. J. Wilson, A unique machine for grinding large, off–axis optical components: the OAGM 2500, *Precision Engineering* **11**, 191–196 (1989).

[226] W. J. Wills–Moren and T. Wilson, The design and manufacture of a large CNC grinding machine for off–axis mirror segments, *CIRP Annals–Manufacturing Technology* **38**, 529–532 (1989).

[227] J. Klingman, The world's most accurate lathe, *Science and Technology Review* 12–14 (2001).

[228] D. H. Youden, Diamond turning achieves nanometer smoothness, *Laser Focus World* **26**, 105–108 (1990).

[229] Anon, More diamond turning machines, *Precision Engineering* **2**, 225–227 (1980).

[230] P. A. McKeown, K. Carlisle, P. Shore, and R. F. Read, Ultraprecision, high stiffness CNC grinding machines for ductile mode grinding of brittle materials, in *SPIE Proceedings*, *Infrared Technology and Applications*, San Diego, CA, Vol. 1320, pp. 301–313 (1990).

[231] W. J. Wills–Moren, K. Carlisle, P. A. McKeown, and P. Shore, Ductile regime grinding of glass and other brittle materials by the use of ultrastiff machine tools, in *SPIE Proceedings*, *Advanced Optical Manufacturing and Testing*, San Diego, CA, Vol. 1333, pp. 126–135 (1990).

[232] P. Shore, P. Morantz, X. Luo, X. Tonnellier, R. Collins, A. Roberts, R. May–Miller, and R. Read, Big OptiX ultra precision grinding/measuring system, in *Optical Fabrication*, *Testing*, *and Metrology II*, SPIE Proceedings, Jena, Germany, Vol. 5965, pp. 59650Q-1–59650Q-8 (2005).

[233] M. J. Liao, H. Z. Dai, P. Z. Zhang, and E. Salje, A laser interferometric auto–correcting system of high precision thread grinder, *CIRP Annals–Manufacturing Technology* **29**, 309–312 (1980).

[234] J. Otsuka, Precision thread grinding using a laser feedback system, *Precision Engineering* **11**, 89–93 (1989).

[235] J. Rohlin, An interferometer for precision angle measurements, *Applied Optics* **2**, 762–763 (1963).

[236] H. M. B. Bird, A computer controlled interferometer system for precision relative angle measurements, *Review of Scientific Instruments* **42**, 1513–1520 (1971).

[237] G. D. Chapman, Interferometric angular measurement, *Applied Optics* **13**, 1646–1651 (1974).

[238] J. R. Pekelsky and L. E. Munro, Bootstrap calibration of an autocollimator, index table and sine bar ensemble for angle metrology, in *SPIE Proceedings*, *Recent Developments in Traceable Dimensional Measurements III*, San Diego, CA, Vol. 5879, pp. 58790D – 1 – 58790D – 17 (2005).

[239] *ZMI™ DPMI Accessory Manual*, OMP-0223E (Zygo Corporation, Middlefield, CT, 2002).

[240] J. G. Marzolf, Angle measuring interferometer, *Review of Scientific Instruments* **35**, 1212–1215 (1964).

[241] P. Shi and E. Stijns, New optical method for measuring small–angle rotations, *Applied Optics* **27**,4342–4344 (1988).

[242] P. Shi, Y. Shi, and E. W. Stijns, New optical method for accurate measurement of large–angle rotations, *Optical Engineering* **31**, 2394–2400 (1992).

[243] M. Ikram and G. Hussain, Michelson interferometer for precision angle measurement, *Applied Optics* **38**, 113–120 (1999).

[244] T. Eom, D. Chung, and J. Kim, A small angle generator based on a laser angle interferometer, *International Journal of Precision Engineering and Manufacturing* **8**, 20–23 (2007).

[245] H.–C. Liou, C.–M. Lin, C.–J. Chen, and L.–C. Chang, Cross calibration for primary angle standards by a precision goniometer with a small angle interferometer, in *Proceedings of the 2006 Annual Meeting of the American Society for Precision Engineering*, Monterey, CA, Vol. 39, pp. 615–618 (2006).

[246] M. V. R. K. Murty, Modification of michelson interferometer using only one cube – corner prism, *Journal of the Optical Society of America* **50**, 83–84 (1960).

[247] G. Peggs, A. Lewis, and S. Oldfield, Design for a compact high–accuracy CMM, *CIRP Annals– Manufacturing Technology* **48**, 417–420 (1999).

[248] I. Schmidt, T. Hausotte, U. Gerhardt, E. Manske, and G. Jäger, Investigations and calculations into decreasing the uncertainty of a nanopositioning and nanomeasuring machine (NPM– Machine), *Measurement Science and Technology* **18**, 482–486 (2007).

[249] J. A. Kramar, Nanometre resolution metrology with the molecular measuring machine, *Measurement Science and Technology* **16**, 2121–2128 (2005).

[250] I. Misumi, S. Gonda, Q. Huang, T. Keem, T. Kurosawa, A. Fujii, N. Hisata et al., Sub– hundred nanometre pitch measurements using an AFM with differential laser interferometers for designing usable lateral scales, *Measurement Science and Technology* **16**, 2080–2090 (2005).

[251] V. Korpelainen, J. Seppä, and A. Lassila, Design and characterization of MIKES metrological atomic force microscope, *Precision Engineering* **34**, 735–744 (2010).

[252] C. Werner, P. Rosielle, and M. Steinbuch, Design of a long stroke translation stage for AFM, *International Journal of Machine Tools and Manufacture* **50**, 183–190 (2010).

[253] J. S. Beers and W. B. Penzes, The NIST length scale interferometer, *Journal of Research–National Institutes of Standards and Technology* **104**, 225–252 (1999).

[254] R. Köning, Characterizing the performance of the PTB line scale interferometer by measur–ing photoelectric incremental encoders, in *SPIE Proceedings*, *Recent Developments in Traceable Di-*

mensional Measurements III, San Diego, CA, Vol. 5879, pp. 587908-1-587908-9 (2005).

[255] M. Kajima and K. Minoshima, Picometer calibrator for precision linear encoder using a laser interferometer, in *Quantum Electronics and Laser Science Conference*, *OSA Technical Digest* (CD), paper JThB128 (2011).

[256] D. Thompson and P. McKeown, The design of an ultra-precision CNC measuring machine, *CIRP Annals-Manufacturing Technology* **38**, 501-504 (1989).

[257] J. Flügge, Recent activities at PTB nanometer comparator, in *SPIE Proceedings*, *Recent Developments in Traceable Dimensional Measurements II*, San Diego, CA, Vol. 5190, pp. 391-399 (2003).

[258] R. Henselmans, Non-contact measurement machine for freeform optics, PhD dissertation, Eindhoven University of Technology, Eindhoven, the Netherlands (2009).

[259] R. E. Henselmans and P. C. J. N. V. Rosielle, Free-form optical surface measuring apparatus and method, U.S. Patent 7,492,468 (2009).

[260] L. A. Cacace, An optical distance sensor: Tilt robust differential confocal measurement with mm range and nm uncertainty, PhD dissertation, Eindhoven University of Technology, Eindhoven, the Netherlands (2009).

[261] H. Takeuchi, K. Yosizumi, and H. Tsutsumi, Ultrahigh accurate 3-D profilometer using atomic force probe of measuring nanometer, in *Proceedings of the ASPE Topical Meeting Freeform Optics: Design, Fabrication, Metrology, Assembly*, Chapel Hill, NC, Vol. 29, pp. 102-107 (2004).

[262] J. R. Cerino, K. L. Lewotsky, R. P. Bourgeois, and T. E. Gordon, High-precision mechanical profilometer for grazing incidence optics, in *SPIE Proceedings*, *Current Developments in Optical Design and Optical Engineering IV*, San Diego, CA, Vol. 2263, pp. 253-262 (1994).

[263] T. E. Gordon, Circumferential and inner diameter metrology for the advanced X-ray astrophysics facility optics, in *SPIE Proceedings*, *Advanced Optical Manufacturing and Testing*, San Diego, CA, Vol. 1333, pp. 239-247 (1990).

[264] M. Neugebauer, F. Lüdicke, D. Bastam, H. Bosse, H. Reimann, and C. Töpperwien, A new comparator for measurement of diameter and form of cylinders, spheres and cubes under cleanroom conditions, *Measurement Science and Technology* **8**, 849-856 (1997).

[265] J.-A. Kim, J. W. Kim, C.-S. Kang, and T. B. Eom, An interferometric Abbe-type comparator for the calibration of internal and external diameter standards, *Measurement Science and Technology* **21**, 075109 (2010).

[266] J. R. Miles, L. E. Munro, and J. R. Pekelsky, A new instrument for the dimensional characterization of piston-cylinder units, *Metrologia* **42**, S220-S223 (2005).

[267] J. A. Kramar, R. Dixson, and N. G. Orji, Scanning probe microscope dimensional metrology at NIST, *Measurement Science and Technology* **22**, 024001 (2011).

[268] S. Ducourtieux and B. Poyet, Development of a metrological atomic force microscope with minimized Abbe error and differential interferometer-based real-time position control, *Measurement Science and Technology* **22**, 094010 (2011).

[269] M. L. Holmes, Analysis and design of a long range scanning stage, PhD dissertation, University

of North Carolina, Charlotte, NC (1998).

[270] M. Holmes, R. Hocken, and D. Trumper, The long-range scanning stage: A novel platform for scanned-probe microscopy, *Precision Engineering* **24**, 191–209 (2000).

[271] S. J. Bennett, Thermal expansion of tungsten carbide gauge blocks, *Metrology and Inspection* 35–37, 1978.

[272] M. Okaji, N. Yamada, and H. Moriyama, Ultra-precise thermal expansion measurements of ceramic and steel gauge blocks with an interferometric dilatometer, *Metrologia* **37**, 165–171 (2000).

[273] A. Takahashi, Measurement of long-term dimensional stability of glass ceramics using a high-precision line scale calibration system, *International Journal of Automation Technology* 5, 120–125 (2011).

[274] S. R. Patterson, Dimensional stability of superinvar, in *SPIE Proceedings*, *Dimensional Stability*, San Diego, CA, Vol. 1335, pp. 53–59 (1990).

[275] M. J. Dudik, P. G. Halverson, M. B. Levine, M. Marcin, R. D. Peters, and S. Shaklan, Precision cryogenic dilatometer for James Webb space telescope materials testing, in *SPIE Proceedings*, *Optical Materials and Structures Technologies*, San Diego, CA, Vol. 5179, pp. 155–164 (2003).

[276] V. G. Badami and M. Linder, Ultra-high accuracy measurement of the coefficient of thermal expansion for ultra-low expansion materials, in *SPIE Proceedings*, *Emerging Lithographic Technologies VI*, San Jose, CA, Vol. 4688, pp. 469–480 (2002).

[277] M. Okaji and H. Imai, High-resolution multifold path interferometers for dilatometric measurements, *Journal of Physics E: Scientific Instruments* **16**, 1208–1213 (1983).

[278] Y. Takeichi, I. Nishiyama, and N. Yamada, High-precision optical heterodyne interferometric dilatometer for determining absolute CTE of EUVL materials, in *SPIE Proceedings*, *Emerging Lithographic Technologies IX*, San Jose, CA, Vol. 5751, pp. 1069–1076 (2005).

[279] Y. Takeichi, I. Nishiyama, and N. Yamada, High-precision (< 1ppb/℃) optical heterodyne interferometric dilatometer for determining absolute CTE of EUVL materials, in *SPIE Proceedings*, *Emerging Lithographic Technologies X*, San Jose, CA, Vol. 6151, pp. 61511Z-1–61511Z-8 (2006).

[280] S. J. Bennett, An absolute interferometric dilatometer, *Journal of Physics E: Scientific Instruments* **10**, 525–530 (1977).

[281] M. Okaji and N. Yamada, Precise, versatile interferometric dilatometer for room-temperature operation: Measurements on some standard reference materials, *High Temperatures–High Pressures* **29**, 89–95 (1997).

[282] V. G. Badami and S. R. Patterson, Device for high-accuracy measurement of dimensional changes, U.S. Patent 7,239,397 (2007).

[283] V. G. Badami and S. R. Patterson, Optically balanced instrument for high accuracy measurement of dimensional change, U.S. Patent 7,426,039 (2008).

[284] D. Ren, K. M. Lawton, and J. A. Miller, A double-pass interferometer for measurement of dimensional changes, *Measurement Science and Technology* **19**, 025303 (2008).

[285] S. Patterson, V. Badami, K. Lawton, and H. Tajbakhsh, The dimensional stability of lightly-loaded epoxy joints, in *Proceedings of the* 1998 *Annual Meeting of the American Society for Precision Engineering*, St.Louis, MO, Vol. 18, pp. 384–386 (1998).

[286] K. Lawton, K. Lynn, and D. Ren, The measurement of creep of elgiloy springs with a balanced interferometer, *Precision Engineering* **31**, 325–329 (2007).

[287] A. Takahashi, Long–term dimensional stability and longitudinal uniformity of line scales made of glass ceramics, *Measurement Science and Technology* **21**, 105301 (2010).

[288] R. Smythe, Asphere interferometry powers precision lens manufacturing, *Laser Focus World* **42**, 93–97 (2006).

[289] M. F. Küchel, Interferometric measurement of rotationally symmetric aspheric surfaces, in *SPIE Proceedings*, *Optical Measurement Systems for Industrial Inspection VI*, Munich, Germany, pp. 738916–1–738916–34 (2009).

[290] L. A. Selberg, Radius measurement by interferometry, *Optical Engineering* 31, 1961–1966 (1992).

[291] X. C. de Lega, P. de Groot, and D. Grigg, Dimensional measurement of engineered parts by combining surface profiling with displacement measuring interferometry, in *Fringe 2001: Proceedings of the 4th International Workshop on Automatic Processing of Fringe Patterns*, Berman, Germany, pp. 47–55 (2001).

[292] P. de Groot, J. Biegen, J. Clark, X. Colonna de Lega, and D. Grigg, Optical interferometry for measurement of the geometric dimensions of industrial parts, *Applied Optics* **41**, 3853–3860 (2002).

[293] A. Olszak and J. Schmit, High–stability white–light interferometry with reference signal for real–time correction of scanning errors, *Optical Engineering* **42**, 54–59 (2003).

[294] A. Courteville, R. Wilhelm, M. Delaveau, F. Garcia, and F. de Vecchi, Contact–free on–axis metrology for the fabrication and testing of complex optical systems, in *SPIE Proceedings*, *Optical Fabrication, Testing, and Metrology II*, Jena, Germany, Vol. 5965, pp. 5965–10–596510–12 (2005).

[295] R. D. Deslattes and A. Henins, X–ray to visible wavelength ratios, *Physical Review Letters* **31**, 972–975 (1973).

[296] J. Lawall and E. Kessler, Michelson interferometry with 10 pm accuracy, *Review of Scientific Instruments* **71**, 2669–2676 (2000).

[297] J. R. Lawall, Fabry–Perot metrology for displacements up to 50mm, *Journal of the Optical Society of America* **22**, 2786–2798 (2005).

[298] M. A. Arain and G. Mueller, Design of the advanced LIGO recycling cavities, *Optics Express* **16**, 10018–10032 (2008).

[299] R. R. Baldwin, Machine tool evaluation by laser interferometer, *Hewlett–Packard Journal* **21**, 12–13 (1970).

[300] H. Schwenke, W. Knapp, H. Haitjema, A. Weckenmann, R. Schmitt, and F. Delbressine, Geometric error measurement and compensation of machines–An update, *CIRP Annals–Manufacturing Technology* **57**, 660–675 (2008).

[301] Calibration of a machine tool, Hewlett-Packard, Application Note 156-4.

[302] A. C. Okafor and Y. M. Ertekin, Vertical machining center accuracy characterization using laser interferometer: Part 1. Linear positional errors, *Journal of Materials Processing Technology* **105**, 394-406 (2000).

[303] A. C. Okafor and Y. M. Ertekin, Vertical machining center accuracy characterization using laser interferometer: Part 2. Angular errors, *Journal of Materials Processing Technology* **105**, 407-420 (2000).

[304] L. J. Wuerz and C. Burns, Dimensional metrology software eases calibration, *Hewlett-Packard Journal* **34**, 4-5 (1983).

[305] Calibration of a surface plate, Hewlett-Packard, Application Note 156-2.

[306] J. C. Moody, How to calibrate surface plates in the plant, *The Tool Engineer*, 1955, 85-91 (1955).

[307] J. C. Ziegert and C. D. Mize, The laser ball bar: A new instrument for machine tool metrology, *Precision Engineering* **16**, 259-267 (1994).

[308] J. B. Bryan, A simple method for testing measuring machines and machine tools Part 1: Principles and applications, *Precision Engineering* **4**, 61-69 (1982).

[309] N. Srinivasa, J. C. Ziegert, and C. D. Mize, Spindle thermal drift measurement using the laser ball bar, *Precision Engineering* **18**, 118-128 (1996).

[310] H. F. F. Castro, A method for evaluating spindle rotation errors of machine tools using a laser interferometer, *Measurement* **41**, 526-537 (2008).

[311] P. E. Klingsporn, Use of a laser interferometric displacement-measuring system for noncontact positioning of a sphere on a rotation axis through its center and for measuring the spherical contour, *Applied Optics* **18**, 2881-2890 (1979).

[312] W. Barkman, A non-contact laser interferometer sweep gauge, *Precision Engineering* **2**, 9-12 (1980).

[313] V. Lee, Uncertainty of dimensional measurements obtained from self-initialized instruments, PhD dissertation, Clemson University, Clemson, SC (2010).

[314] P. Freeman, Complete, practical, and rapid calibration of multi-axis machine tools using a laser tracker, *Journal of the CMSC* **2**, 18-24 (2007).

[315] H. Schwenke, R. Schmitt, P. Jatzkowski, and C. Warmann, On-the-fly calibration of linear and rotary axes of machine tools and CMMs using a tracking interferometer, *CIRP Annals-Manufacturing Technology* **58**, 477-480 (2009).

[316] K. Wendt, H. Schwenke, W. Bosemann, and M. Dauke, Inspection of large CMMs by sequential multilateration using a single laser tracker, in *Sixth International Conference and Exhibition on Laser Metrology, CMM and Machine Tool Performance* (*LAMDAMAP 2003*), Huddersfield, UK, pp. 121-130 (2003).

[317] H. Schwenke, M. Franke, J. Hannaford, and H. Kunzmann, Error mapping of CMMs and machine tools by a single tracking interferometer, *CIRP Annals-Manufacturing Technology* **54**, 475-478 (2005).

[318] W. T. Estler, K. L. Edmundson, G. N. Peggs, and D. H. Parker, Large-scale metrology-An

update, *CIRP Annals—Manufacturing Technology* **51**, 587–609 (2002).

[319] G. Peggs, P. G. Maropoulos, E. Hughes, A. Forbes, S. Robson, M. Ziebart, and B. Muralikrishnan, Recent developments in large–scale dimensional metrology, *Proceedings of the Institution of Mechanical Engineers, Part B: Journal of Engineering Manufacture* **223**, 571–595 (2009).

[320] K. Lau, R. Hocken, and W. Haight, Automatic laser tracking interferometer system for robot metrology, *Precision Engineering* **8**, 3–8 (1986).

[321] B. Muralikrishnan, D. Sawyer, C. Blackburn, S. Phillips, B. Borchardt, and W. Estler, Performance evaluation of laser trackers, in *Performance Metrics for Intelligent Systems Workshop, PerMIS' 08, Gaithersburg, MD*, pp. 149–155 (2008).

[322] S. J. Bennett, The NPL 50–meter laser interferometer for the verification of geodetic tapes, *Survey Review* **22**, 270–275 (1974).

[323] T. Eom and J. Kim, Displacement measuring sensor calibration using nonlinearity free laser interferometer, in Proceedings, *XVII IMEKO World Congress*, Dubrovnik, Croatia, pp. 1911–1914(2003).

[324] H. Haitjema, Dynamic probe calibration in the μm region with nanometric accuracy, *Precision Engineering* **19**, 98–104 (1996).

[325] H. Haitjema and G. J. Kotte, Dynamic probe calibration up to 10kHz using laser interferometry, *Measurement* **21**, 107–111 (1997).

[326] T. M. Niebauer, J. E. Faller, H. M. Godwin, J. L. Hall, and R. L. Barger, Frequency stability mea–surements on polarization–stabilized He–Ne lasers, *Applied Optics* **27**, 1285–1289 (1988).

[327] J. M. Chartier, J. Labot, G. Sasagawa, T. M. Niebauer, and W. Hollander, A portable iodine sta–bilized He–Ne laser and its use in an absolute gravimeter, *IEEE Transactions on Instrumentation and Measurement*, **42**, 420–422 (1993).

[328] C. R. Tilford, A fringe counting laser interferometer manometer, *Review of Scientific Instruments* **44**, 180–182 (1973).

[329] E. R. Harrison, D. J. Hatt, D. B. Prowse, and J. Wilbur–Ham, A new interferometric manometer, *Metrologia* **12**, 115–122 (1976).

[330] F. Alasia, A. Capelli, G. Cignolo, and M. Sardi, Performance of reflector–carrying floats in mer–cury manometers, *Vacuum* **46**, 753–756 (1995).

[331] T. Bosch and M. Lescure, *Selected Papers on Laser Distance Measurement*, SPIE Milestone Series, Vol. MS 115 (SPIE Press, Bellingham, WA, 1995).

[332] W. R. Babbitt, J. A. Bell, B. A. Capron, P. J. de Groot, R. L. Hagman, J. A. McGarvey, W. D. Sherman, and P. F. Sjoholm, Method and apparatus for measuring distance to a target, U.S. Patent 5,589,928 (1996).

[333] A. Biernat and G. Kompa, Powerful picosecond laser pulses enabling high–resolution pulsed laser radar, *Journal of Optics* **29**, 225–228 (1998).

[334] C. R. Tilford, Analytical procedure for determining lengths from fractional fringes, *Applied Optics* **16**, 1857–1860 (1977).

[335] G. L. Bourdet and A. G. Orszag, Absolute distance measurements by CO_2 laser multiwave-length interferometry, *Applied Optics* **18**, 225–227 (1979).

[336] P. de Groot and S. Kishner, Synthetic wavelength stabilization for two–color laser–diode interferometry, *Applied Optics* **30**, 4026–4033 (1991).

[337] K.–H. Bechstein and W. Fuchs, Absolute interferometric distance measurements applying a variable synthetic wavelength, *Journal of Optics* **29**, 179–182 (1998).

[338] P. de Groot, Three–color laser–diode interferometer, *Applied Optics* **30**, 3612–3616 (1991).

[339] P. Balling, P. Křen, P. Mašika, and S. A. van den Berg, Femtosecond frequency comb based distance measurement in air, *Optics Express* **17**, 9300–9313 (2009).

[340] J. Jin, J. W. Kim, C.–S. Kang, J.–A. Kim, and T. B. Eom, Thickness and refractive index measurement of a silicon wafer based on an optical comb, *Optics Express* **18**, 18339–18346 (2010).

[341] K. Falaggis, D. P. Towers, and C. E. Towers, A hybrid technique for ultra–high dynamic range interferometry, in *SPIE Proceedings, Interferometry XIV: Techniques and Analysis*, San Diego, CA, Vol. 7063, pp. 70630X–1–70630X–8 (2008).

[342] H. Kikuta, K. Iwata, and R. Nagata, Distance measurement by the wavelength shift of laser diode light, *Applied Optics* **25**, 2976–2980 (1986).

[343] A. J. d. Boef, Interferometric laser rangefinder using a frequency modulated diode laser, *Applied Optics* **26**, 4545–4550 (1987).

[344] Z. W. Barber, W. R. Babbitt, B. Kaylor, R. R. Reibel, and P. A. Roos, Accuracy of active chirp linearization for broadband frequency modulated continuous wave radar, *Applied Optics* **49**, 213–219 (2010).

[345] M. J. Rudd, A laser doppler velocimeter employing the laser as a mixer–oscillator, *Journal of Physics E: Scientific Instruments* **1**, 723–726 (1968).

[346] S. Shinohara, A. Mochizuki, H. Yoshida, and M. Sumi, Laser doppler velocimeter using the self–mixing effect of a semiconductor laser diode, *Applied Optics* **25**, 1417–1419 (1986).

[347] P. J. de Groot, G. M. Gallatin, and S. H. Macomber, Ranging and velocimetry signal generation in a backscatter–modulated laser diode, *Applied Optics* **27**, 4475–4480 (1988).

[348] E. T. Shimizu, Directional discrimination in the self–mixing type laser Doppler velocimeter, *Applied Optics* **26**, 4541–4544 (1987).

[349] D. E. T. F. Ashby and D. F. Jephcott, Measurement of plasma density using a gas laser as an infrared interferometer, *Applied Physics Letters* **3**, 13–16 (1963).

[350] P. de Groot, Range–dependent optical feedback effects on the multimode spectrum of laser diodes, *Journal of Modern Optics* **37**, 1199–1214 (1990).

[351] T. Bosch, N. 1. Servagent, and S. Donati, Optical feedback interferometry for sensing application, *Optical Engineering* **40**, 20–27 (2001).

[352] A. Bearden, M. P. O'Neill, L. C. Osborne, and T. L. Wong, Imaging and vibrational analysis with laser–feedback interferometry, *Optics Letters* **18**, 238–240 (1993).

[353] H. Haitjema, Achieving traceability and sub–nanometer uncertainty using interferometric techniques, *Measurement Science and Technology* **19**, 084002 4 (2008).

[354] L. L. Deck, Dispersion interferometry using a doubled HeNe laser (Zygo Corporation, Middlefield, CT, Unpublished, 1999).

[355] K. B. Earnshaw and E. N. Hernandez, Two−laser optical distance−measuring instrument that corrects for the atmospheric index of refraction, *Applied Optics* **11**, 749−754 (1972).

[356] A. Ishida, Two wavelength displacement−measuring interferometer using second−harmonic light to eliminate air−turbulence−induced errors, *Japanese Journal of Applied Physics* **28**, L473−L475 (1989).

[357] P. de Groot and H. A. Hill, Superheterodyne interferometer and method for compensating the refractive index of air using electronic frequency multiplication, U. S. Patent 5,838,485 (1998).

[358] H. A. Hill, Apparatus and methods for measuring intrinsic optical properties of a gas, U.S. Patent 6,124,931 (2000).

[359] B. Knarren, S. Cosijns, H. Haitjema, and P. Schellekens, Validation of a single fibre−fed het−erodyne laser interferometer with nanometre uncertainty, *Precision Engineering* **29**, 229−236 (2005).

[360] R. J. Chaney, Laser interferometer for measuring distance using a frequency difference between two laser beams, U.S. Patent 5,274,436 (1993).

[361] J. A. Bell, B. A. Capron, C. R. Pond, T. S. Breidenbach, and D. A. Leep, Fiber coupled interferometric displacement sensor, EP 0 793 079 (2003).

[362] K.−N. Joo, J. D. Ellis, E. S. Buice, J. W. Spronck, and R. H. M. Schmidt, High resolution het−erodyne interferometer without detectable periodic nonlinearity, *Optics Express* **18**, 1159−1165(2010).

[363] A. D. Kersey, Interferometric optical fiber sensors for absolute measurement of displacement and strain, in *SPIE Proceedings*, *Fiber Optic Sensors: Engineering and Applications*, the Hague, Province of South Holland, the Netherlands, Vol. 1511, pp. 40−50 (1991).

[364] A. Othonos and K. Kyriacos, *Fiber Bragg Gratings* (Artech House, Norwood, MA, 1999).

[365] A. H. Slocum, *Precision Machine Design* (Prentice Hall, Englewood Cliffs, NJ, 1992).

[366] J. Gargas, R. Dorval, D. Mansur, H. Tran, D. Carlson, and M. Hercher, A versatile XY stage with a flexural six−degree−of−freedom fine positioner, in *Proceedings of the 1995 Annual Meeting of the American Society for Precision Engineering*, Austin, TX, Vol. 12, pp. 203−206 (1995).

[367] K. Akiyama and H. Iwaoka, High resolution digital diffraction grating scale encoder, U.S. Patent 4,629,886 (1986).

[368] C.−F. Kao, S.−H. Lu, H.−M. Shen, and K.−C. Fan, Diffractive laser encoder with a grating in littrow configuration, *Japanese Journal of Applied Physics* **47**, 1833−1837 (2008).

[369] C.−C. Wu, C.−C. Hsu, J.−Y. Lee, H.−Y. Chen, and C.−L. Dai, Optical heterodyne laser encoder with sub−nanometer resolution, *Measurement Science and Technology* **19**, 045305 (2008).

[370] W.−W. Chiang and C.−K. Lee, Wavefront reconstruction optics for use in a disk drive position measurement system, U.S. Patent 5,442,172 (1995).

212

[371] N. Nishioki and T. Itabashi, Grating interference type displacement meter apparatus, U.S. Patent 5,035,507 (1991).

[372] J. William R Trutna, G. Owen, A. B. Ray, J. Prince, E. S. Johnstone, M. Zhu, and L. S. Cutler, Littrow interferometer, U.S. Patent 7,440,113 (2008).

[373] M. Okaji and H. Imai, Precise and versatile systems for dilatometric measurement of solid materials, *Precision Engineering* **7**, 206–210 (1985).

[374] P. J. de Groot, X. C. de Lega, and D. A. Grigg, Step height measurements using a combination of a laser displacement gage and a broadband interferometric surface profiler, in *SPIE Proceedings*, *Interferometry XI*: *Applications*, Seattle, WA, Vol. 4778, pp. 127–130 (2002).

[375] R. E. Spero and S. E. Whitcomb, The laser interferometer gravitational–wave observatory (LIGO), *Optics and Photonics News* **6**, 35–39 (1995).

[376] P. de Groot, ed., *Optical Metrology*, Encyclopedia of Optics (Wiley – VCH Publishers, Weinheim,Germany, 2004), pp. 2085–2117.

第5章
大尺寸零件的测量

H. Philip Stahl

5.1 概述

如第1章所述,利用光学测量技术测量零件的方法很多。第2章讨论了利用机器视觉测量长度和位置等宏观特性。第3章扩展到将干涉仪作为线性测量工具。第4章介绍激光或者其他跟踪仪确定大尺寸零件关键点之间的关系。本章讨论利用干涉仪,测距和光学工具测量大尺寸零件,使其误差在亚微米范围。本章的目的不在于讨论具体的测量工具(如干涉仪或量规),而在于讨论如何用系统工程的方法测量大尺寸零件。当用显微镜测量待测件时,精度可达到微米量级,材料的热变形和温度漂移等问题对其测量的影响微不足道,但对大尺寸零件测量的影响则较大,该问题将会在后续章节中讨论。

为成功克服大尺寸测量所存在的问题,本章确定一组指导性原则,并用实际示例进行展示。虽然实际示例是特定大尺寸零件的光学测试应用,但是该应用证明大尺寸零件测量精度与光学公差相关。当前制造业依赖于微米量级的零件性能。能源和交通领域要求更高的公差以提供高效率并节约燃料。通过调研光学行业如何实现亚微米测量,能够更好地了解测量大尺寸零件时精度达到微米公差所面临的挑战。

对于大型零件,无论是光学元件还是精密结构,要像对小型零件一样,按照光学公差的要求进行测试,其难度要大得多。与测量小零件相同,测量者测量大尺寸零件特别是光学元件时,需要测量力学性能(如尺寸、质量)、光学指标(曲率半径、圆锥常数、顶点位置、尺寸),以及完整的零件形状。对于小零件而言,测量者利用测距工具如卷尺、内径千分尺、CMM和距离测量干涉仪,角度测量仪如经纬仪、自准直仪,以及表面测量仪如干涉仪、探针式轮廓仪、干涉显微镜、摄影测量相机或其他工具完成测量。然而,尽管方法相似,但是大多数测量者无法直观预估大型目标的尺寸,因此,大型目标的测试更加困难。在实验室条件下测量小零件或光学元件的技巧不能扩展到工业环境测量大尺寸零件,类似于后院园丁不能成功管理农场。

首先,什么是大尺寸零件? 简单的定义是零件的尺寸或直径大。对于光学元件或漫反射元件而言,最大的制约是如何照明零件表面。对于反射凸镜而言,大尺寸通常指超过 1m 的元件。但对于折射光学元件、平面镜或凸镜,大尺寸通常指大于 0.5m。然而,大尺寸的定义是简单的,也可能比定义的尺寸小。关于大尺寸有不同定义,指在标准实验室测试的环境下,利用标准实验设备在标准隔离振动平台上,无法直接测量的任意组件。在实验室的显微镜下,很容易实现对微型开关或精密透镜的测量,且测量精度能达到纳米量级,但动力涡轮花键或更大的望远镜镜面无法在放置显微镜下安装,甚至可能无法放在桌子上。

5.2 大尺寸零件的测量

大尺寸零件测量的挑战具有多样性,通常涉及以下因素中的一个或多个:基础设备、重力、稳定性(力学/热)和振动、大气湍流或层流、测量准确度和空间采样。但是通过良好的工程实践,以及遵循结构化系统工程方法,可克服这些挑战。无论测试或计量任务的大小,用以下简单的指导原则将确保测量成功:

（1）充分理解测量任务；

（2）建立误差评估；

（3）连续的测量范围；

（4）基准；

（5）飞行试验（现场测试）；

（6）独立交叉测试；

（7）异常情况。

上述原则来自于超过 30 年以上的成功经验和失败教训。上述原则的一个验证是针对 James Webb 空间望远镜（JWST）的光学望远镜（OTE）（图 5.1）在线测试,对其最终指标的验证测量取得了巨大成功[1-2]。

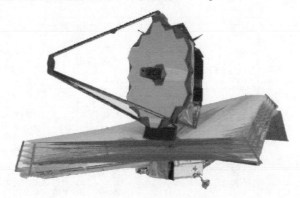

图 5.1　由 18 个 1.5m 子单元组成的 6.5m 的 James Webb 主镜

5.2.1 充分理解测量任务

确保成功的第一步是充分理解测量任务。谁是测量用户？需要测量什么参数？所获得测量值的不确定度是多少？是否具有完成任务的测量工具和基础设备，以及制造接口是什么？

在接受任何测试任务之前，需要研究用户的需求，以及如何与最终的应用系统相关联。然后制定针对每一个参数的初步测量方案。该测量方案应该确保测量方法能测量每个参数、具有测量工具和基础仪器，并对测量不确定度进行初步估计。将在下一节中深入讨论不确定度。归纳测量需求，将如何量化参数制作成一个简单的表格，并方便用户和制造工艺工程师查阅。测量方案是否能满足测试需求要得到用户的认同，同时保证制造工艺工程师能根据所提供的测试数据制造零件。表5.1所列为测量计划表，总结了每一个JWST的子镜装配（PMSA）时的最终低温光学性能要求。

表 5.1　JWST PMSA 最终低温光学性能的要求表，
用于验证每个需求的测试，以及用于交叉检查每个需求的验证测试

（来自 Stahl, H. P. et al. , *Proc.* 7790；779002, DOI: 10. 1117/12. 862234）

参数	规格	公差	单位	验证	确认
通光孔径（边缘规范）	1.4776(5)	最小（最大）	mm²(mm)	利用 Tinsley HS 干涉仪测量边缘	利用 XRCF CoC 干涉仪测量低温区域
划痕-麻点	80~50	最大		环境视觉检测	独立视觉检测
二次曲线常量	-0.99666	±0.0005		测量低温区域以及对于 XRCF CGH CoC 测试无效区域	利用 Tinsley 测试环境，并与自准直 CGH CoC 测试对比
曲率半径		±0.15	mm	利用 ADM 设置 XRCF	ROCO 对比
规定对准误差偏心计时	0	≤0.35	mm	利用 XRCF 进行低温测试，与 CGH CoC 测试基准确定波前残差	利用 Tinsley 测试环境，并与自准直 CGH CoC 测试对比
		≤0.35	mrad		
活塞	N/A			在 AXSYS 中利用 CMM 测量	在 Tinsley 中利用 CMM 测试
倾斜总体面形	N/A				
图像误差：低/中频高频	20	最大	nm·r/s	利用 XRCF 进行低温测试	利用 JSC 进行低温测试
	7	最大	nm·r/s		
面形粗糙度	4	最大	nm·r/s	在 Tinsley 中利用 Chapman 测试环境	无

216

根据所要求的基础设备尺寸,制定大尺寸零件的测量计划比较复杂。例如,运输 8cm 的反射镜比较容易,而运输、搬运、夹持以及固定测量一个 8m,16000 ~ 20000kg 的反射镜有特殊的要求。但是,实际中,任何不能由两个人搬运的零件都需要特殊搬运装置,被认为是大零件。要同时确保搬运大零件的技术人员和被搬运零件的安全性。有时,不论零件尺寸的大小,都需要利用特殊起重和搬运的设备对零件进行起重和搬运。此外,基础设备不仅仅是起重和夹持设备,还包括具有合适温度、湿度和清洁控制的工业级工作空间,计算机 CMM 和测试塔,以及研磨抛光机。

　　图 5.2 所示为 Keck 望远镜中 1.8m 子镜的 Itek 自准直测试设备。子镜的曲率半径为 24m,总空气路径为 48m。从待测镜到折叠平面的距离约为 12m[3]。图 5.3 所示为 Steward 天文台反射镜实验室(SOML)测试塔,其高度为 24 m,质量为 400t[4]。最后,研磨和抛光是非常重要的,因为它们的性能决定了测量要求,如空间采样、测试波长和测量精密度。

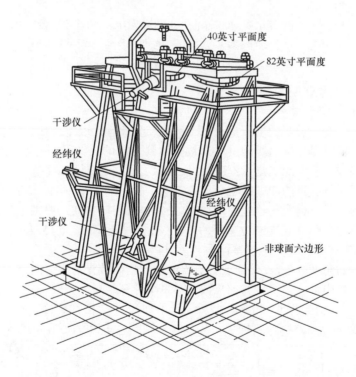

图 5.2　Itek 自准直测试设备(在空气中对每一个超过 48m 的 Keck 子镜进行了测试)
（来自 Itek Optical Systems,Lexington,MA; From Stahl,H. P.,Photonics Spectra,12,105,1989)

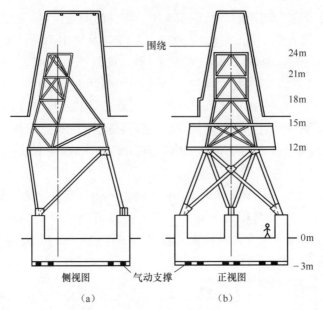

图 5.3 SOML 测试塔(400t 全混凝土和钢结构,由 40 个空气器支撑)

(来自 E. Anderson 绘图, Burge, J. H. et al, SPIE Proc. ,2199,658,1994)

5.2.2 建立误差评估

第二步也是最重要的步骤是对每个指标和公差建立误差评估。误差评估有多个功能。要说服用户确信所测量的参数能达到要求的公差,这一点十分必要。它给出了哪些测试条件影响测量不确定度,并且提供了控制测试过程的工具。误差评估预测了测量工具的测试准确度和复现性(而不是重复性)。如果误差评估中任何参数的测试数据变化超过预期,那么必须停止测试并找出原因。最后,误差评估的所有参数都必须通过绝对标定,并进行独立测试验证。图 5.4 所示为每个重要参数的 JWST PMSA 高阶误差评估。

从数学的角度,误差评估需要计算误差的传播。首先写出待测值的计算方程。然后计算方程中每一个变量的偏导数。对每个计算结果平方并与相应变量的不确定度平方(即数值的方差)相乘。最后计算平方和的算术平方根。例如,假设测量量 R 是变量$(a、b、c)$的函数,即 $R=f(a,b,c)$,则测量量 R 的不确定度为

$$\sigma_R = \sqrt{\left(\frac{\delta f(a,b,c)}{\delta a}\right)^2 \sigma^2 a + \left(\frac{\delta f(a,b,c)}{\delta b}\right)^2 \sigma^2 b + \left(\frac{\delta f(a,b,c)}{\delta c}\right)^2 \sigma^2 c} \quad (5.1)$$

译注:按 GUM 指南,拟更正为:如果函数线性且无相关项,那么结果的测量不确定度是式(5.1)表示的标准偏差均方根形式。但是,如果函数不是线性且有相关项,那么需要计算交叉项。

218

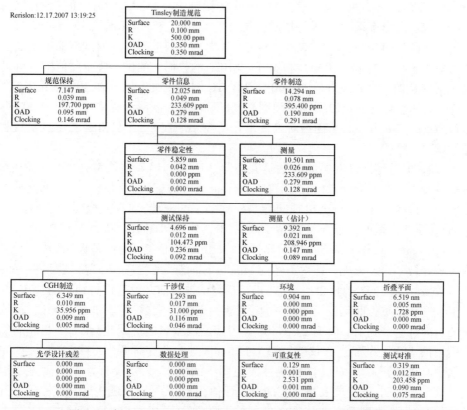

图 5.4 每个 JWST PMSA 规范都有独立的误差评估,即面形数据、曲率半径、锥度常数、偏心和基板时针。对于图中的每一项,都有非常详细的误差评估

(来自 Stahl. H. P et al,SPIE. Proc,7790,779002,2010,DOI:10. 1117/12. 862234)

如果确定的方程是线性求和,那么结果是简单的标准均方根。但如果方程不是线性的,那么需要计算交叉项和灵敏系数。

在建立误差评估时,利用的是测量复现性的标准偏差,而不是重复性的标准偏差。重复性给出"乐观"的结果。复现性给出现实的结果。重复性是在不改变测试设置条件下,获得两次相同测量结果的能力。复现性是指在两个完全独立的测试之间得到相同测量结果的能力[5-6]。如果在测试装置中测量的是零件对准能力的复现性,那么为了实现两次独立测量,必须将该零件从测试设置中移除,并在测量之间重新安装零件。如果测量的是大气扰动的复现性,那么需要确保在两次测量之间有足够的时间,以保证两次测量结果不相关。

从现实角度考虑,复现性比重复性更重要。原因是在制造过程中,不只测试零件一次,要进行多次测试。通常称为"生产中"的测试。因此,误差评估必须对本次和下次、当日和次日甚至当月和次月测试结果复现性的不确定度进行量化,例

219

如,在 JWST 上,不仅将 PMSA 在 Tinsley 上的制造中心与测试中心之间来回搬运,也从 Tinsley 搬运到环球航天与技术公司(BTAC),以及马歇尔航天中心(MSFC)和低温测试设备(XRCF)。在 JWST 上,充分考虑每个测量工具的测试不确定度是至关重要的。要求 Tinsley、BATC 和 MSFC XRCF 的数据在测试不确定度范围内可复现。在 30K 的 XCRF 飞行架上,300K 的 BATC 制造工具上以及在 300K Tinsley 上制造工具所获得的标定数据都必须溯源。准确性是反映测量真实度的能力。获得准确测量的唯一方法是采用绝对测量量化所有系统误差,并必须将上述误差从测量数据中剔除。

最后,误差评估最重要的问题是冗余量。所有的误差评估都必须有冗余量。不论对每个潜在风险的考虑有多详细,都不可能考虑到所有问题。不论执行测试计划的过程多么仔细,总会出现问题。根据多年的经验,建议冗余量为 33%。另外,验证误差评估的时间不要间隔太久。在红外技术测试台望远镜(ITTT)项目(后变为 Spitzer),作者负责次镜的设计工作,并建立了完整的误差评估,其中对部分参数进行了误差分配。该次镜经由 Hindle 球面装置制造(图 5.7),获得良好的光学效果。遗憾的是,Hindle 球面在进行最终认证之前并没有进行绝对的校准,并产生了三叶形重力凹陷变形。此外,由于次镜是三点支撑,每次被插入测试时,该镜的对准都会受到 Hindle 球的三叶形重力凹陷误差影响。因此,在三个凸起的凹凸不平的表面上抛光光学仪器,正好与 Hindle 球的孔完全匹配。幸运的是,误差评估中有足够冗余量,使得次镜仍然满足图中的要求,只是没有达到很满意的程度。该例子说明,不仅要及早地验证误差评估,而且要尽可能随机地开展测试进行校准。有时候,过度重视细节反会产生不良的影响(可成为第 8 条指导原则)。

在构造大零件的误差评估时,三个最大的潜在误差源是重力、力学稳定性和大气效应。其中,重力影响可能是最重要的,因为其影响至关重要,而测量工程师的直觉往往无法充分解释其影响。不能依赖直觉的原因是重力影响是非线性的。一阶项为

$$\text{Gravity} \quad \text{sag} \propto \frac{mg}{K} \propto mg\left[\frac{1}{E}\left(\frac{D^2}{T^3}\right)\right] \tag{5.2}$$

式中:m 为质量;g 为重力加速度;K 为刚度;E 为杨氏弹性模量;D 为直径;T 为厚度。

因此,对于固定厚度的零件而言,2m 零件是 1m 零件刚度的 1/4。如果它们具有相同的质量,那么 2m 零件的重力是 1m 零件的 4 倍,如果它们都有相同的面积密度,那么 2m 零件就会比 1m 零件有约 16 倍的重力影响。因此,对于大多数小零件而言,由于自身的固有刚度,任何由重力引起的弯曲或形状变化相对面形表中的要求都可忽略。但是,对于大尺寸零件,重力的影响可能比测量的表面图形误差大几个数量级。例如,一个直径 8m、300mm 厚的固体玻璃镜(制造时面形要求 RMS 小于 10nm),采用边缘支撑时,由重力导致变形为 2mm。当前,制造或测试该镜

时,不会采用边缘支撑,但是,如果采用边缘支撑,只有当与制造和测试该镜的重力方向相同时,重力所产生的影响才不会产生问题。然而,在镜子的应用过程中,如果与重力方向有夹角或是在空间中使用,重力的影响就会产生问题。在该情况下,必须量化重力的影响,并且如果有必要,要从数据中剔除。

大零件测试的关键在于测量支架必须能够模拟零件在使用过程中的重力方向或模拟操作支撑系统。问题是测量支架不能完全复现。而在测试中刚度越小的零件,其受重力的影响越大,可能会因测试的不同而不同。当测试大零件时,需要设计一个能够支撑零件具有足够刚度的测量支架,以保证在重力条件下测量零件的不确定度小于面形要求的 1/10。例如,如果反射镜的面形要求是 10nm(RMS),那么测量架在确定的重力方向上支撑反射镜的不确定度小于 1nm(RMS)。为了实现该目的,需要一个机械(和热)稳定、对待测件引入可预测的应力/应变合力以及载荷的支撑结构。随着零件尺寸的增加,测量支架和处理设备变得更加复杂。

机械稳定性和振动误差都必须包括在误差估计中。小零件通常在具有足够刚度的小型隔振台上进行测试,在任意时间段内保持微米量级对准。但是,大型测试装置需要大型结构。结构的尺寸会达到几十米,很难实现组件之间的微米(微弧度)精度的对准稳定性。此外,对于如此大的尺寸,结构材料热膨胀系数(CTE)导致测试设备随室温"膨胀和收缩"。当大尺寸零件工作时,静态和动态稳定性影响测量不确定度。

静态稳定性是指测试结构能够较长时间保持测试元件之间相互对准的能力。静态不稳定会引入系统误差,甚至在测试过程中会产生不可预见的对准漂移。静态稳定性也是不同测试之间在对准状态下对测试元件位置的复现能力。静态不稳定主要发生在由于机械预加载、未对准或热梯度引入的应变,该应变会产生黏/滑运动。根据经验,测试设置应具有在测试过程中高精度复现待测件位置的能力,使不确定度是待测参数测量精度的 1/10。类似地,设置装置的漂移引入任何误差都应该是测量参数精度的 1/10。

动态稳定性受振动影响,振动由地震或声源引起。小型测试结构往往刚度大,具有一阶模态频率,比测量周期高得多。如果振动频率至少比数据采集率高 10 倍,那么振动所产生效果将被均化为 0,只是因模糊带来"对比度"损失[7]。但是,大型结构的第一模态频率是几十 Hz 到 1/10Hz。例如,SOML 测试塔以共振频率为 1.2Hz 和第一阶模态频率为 9.5 Hz 做刚体运动。上述频率段内的运动会产生显著的测量误差。为了使误差最小化,有必要减少运动振幅。阻止外界环境的振动对测试结构的影响的方法有三种:一种方法是将测试结构放置在非常厚的混凝土板上,并埋在沙坑中(图 5.2)。沙子会使搭建测试结构的振动变小。如图 5.3 所示,第二种方法是利用气动支架替代沙子。第三种方法是构建大型的支撑架,该支撑架与测试结构顶部悬挂的气动支架相连接。

不论哪种方法,几乎都不可能消除所有振动。因此,需要其他的方法减少上述影响。哈勃太空望远镜计划通过获取平均多次短曝光时间的测量结果减小振动误差[8]。短曝光时间测量"定格"振动误差。由于振动是高斯函数(即平均值为0),通过取平均会将误差减小到0,但只有在足够长的时间内(即经过多个周期的振动)获得足够多的测量值时才会起作用,得到统计意义上的平均值为0。

另一种方法是用光学方法或结构设计将测试组件连接,使振动保持同步。存在显著振动的情况下,在 Keck 部分采用一种通用的技术路径测试振动。泰曼格林干涉仪的参考光束和测试光束,经自准直折叠平面镜来回反射三次,以及紧贴待测件的小平面镜反射两次(图5.5)[3]。还有一个技巧是通过结构上的连接,同步测试组件之间的振动。图5.6 所示为用 Hindle 的球面装置测试 Spitzer 次镜。一块 2m×4m 板将 Hindle 球面与 Fizeau 干涉相位调制器连接起来。如果每个测试单元的振动是相同的,就不存在相对运动,也不会产生测量误差。在 JWST 上,有必要在 30 K 时测试 PMSA 的特性。图5.7 是利用放置在室外距离曲率中心(CoC)16m 处的光学测试设备,在 XRCF 内部进行水平测试。但是,由于测试设备放置在一个与 XRCF 的平板没有连接的隔振板上,低频率的结构弯曲模式在 PMSA 和测试设备之间引入了 0.5mm 的活塞运动。由于该活塞运动产生的误差,导致目前已有的瞬时相位测量干涉仪无法达到镜片测量所需的精度。为解决该问题,MSFC 资助 4D 视觉系统 CAM 瞬时相位测量干涉仪的开发(图5.8)[9-10]。

大气扰动和大气层结也是重要的误差来源,由于该影响很容易发现,因此很好理解。高温时在高速公路上行驶的人,都能观察到闪闪发光的热边缘,对该影响有直观的认识。或者用手遮挡光学测试光束的人都能看到温度上升使条纹失真。温

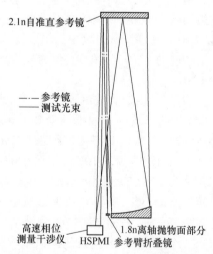

图5.5　Itek 自动测量测试设备中,通过在 Keck 部分上安装了一块平面镜,将参考光反射回自准直平面,减少 Keck 部分与自动准直平面之间的振动误差

(来自 Stahl,H. P. ,Photonics Spectra,12,106,1989)

图 5.6　Hindle 的球面测试装置,测量 Spitezer 望远镜的次镜,
利用 2m×4m 的板连接干涉仪相位调制头和 Hindle 球体,以最大程度地减少振动引起的相对运动
（Goodrich Corporation,Charlotte,NC）

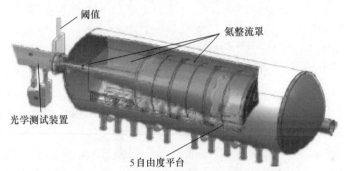

图 5.7　在球体曲率中心测试 JWST 主镜部分
（由于 PMSA 的曲率半径为 16m,所以光学测试设备放置在隔离的混凝土板外面,
而该混凝土板与支撑的隔离板不同）

图 5.8　4D 视觉系统的 CAM 相位测量干涉仪
（来自 Stahl,H. P et al,SPIE. Proc,7790,779002,2010,DOI:10. 1117/12. 862234）

度变化会导致测量误差,是因为空气的折射率是温度的函数。该影响的简单例子是如果一袋冷空气(密度更大,并且有更高的折射率)在光学表面移动,产生的图像中好像出现了一个"洞"。更准确的解释是在不同温度下,光线在大气层不同位置传播时产生不同的光路径长度所导致的误差。但是,很难建立扰动模型,而且光学测量者对大气扰动的研究较少。大口径光学元件的挑战是对一个固定 F 数的元件,空气中路径的体积按照孔径直径的立方增加。此外,机械振动通常是周期性的,而扰动则是无序的。

在不同温度的空气层之间产生层结,通常空气层底部是冷的,顶部是热的,温度反转也是有可能的。通常,人们在空气中观察到温度效应也应该是静止或者不动的,但也可以发生在层流中(本书定义为没有横向混合的平流层)。由于折射率变化是温度的函数,光线穿过较冷空气层的光程比穿过较热空气层的光程更长。因此,根据光线穿过空气层的会聚状态,经过线性分层后产生波前误差不同。如果平行光束经过线性分层,会产生倾斜误差,但可忽略;如果发散会聚光束(垂直于光轴)经过线性分层,类似于通过一个倾斜的平面,并引入了发散的波前误差;如果发散/会聚光束经过线性分层,其作用类似于经过一个渐变折射率透镜,并引入功率(或焦距变化)和较小的球面波前(或圆锥常数)误差。

对双子星 6.5m F/11.25 主镜的分析预测可知,当顶部到底部的温度梯度为 0.5℃时,将产生 2×10^{-6} 的常量误差和 0.3×10^{-6} 的半径误差[4]。一般而言,最好避免分层。对读者而言,一个有趣的实验是在实验室里开展 CoC 测试。一次测量结束后并保存测量结果,然后等待发生分层。再做一次测量,并减去第一次测量结果。为了得到最好的结果,采用大于 0.5m 的镜子。

由于热/冷空气团在空气中的对流流动产生扰动(或由于空气温度范围内的横向混合和涡流混合引起)。折射率是温度的函数,空气团-空气团(或跨越边界)的温度差异会产生测量误差(由不同的光程变化引起)。上述波动是横向分布,也可沿测试光束轴向分布。空气团可能比较大且移动缓慢,或者(随着混合的增加)比较小且移动迅速。采用扩散描述运动的大小和速率,混合的程度越大,扰动越剧烈,扩散长度就越短。

最理想的测试环境是大气中没有温度变化。在该情况下,即使有明显的空气流动,也不会有光学扰动。但是,上述环境很难实现。典型的空气控制系统控制温度的精度为 1℃。哈勃望远镜项目中通过在垂直真空室(图 5.9(a))中测试 CoC 主镜的方法解决大气扰动的问题[8]。

当提到空气中的光学测试,研究者有不同的观点。一部分研究者认为最好的方法是最大限度混合扰动以减少空气团尺寸(扩散长度)。另一部分研究者认为应该停止混合,同时在静止空气且在分层之前尽快测试。还有一部分研究者认为空气流动沿着光轴方向,而另一部分研究者认为空气流动垂直于光轴。同时,该研究者建议垂直流动应与最大扰动混合。轴向流动的问题是压力梯度在反射镜前形

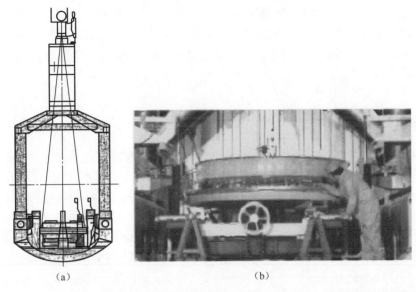

(a)   (b)

图 5.9　（a）哈勃主镜位于一个真空室内，以消除大气湍流引入的测量误差的来源
（来自 Montagnino, L. A. SPIE Proc, 571, 182, 1985）;
（b）哈勃主镜安装在垂直测试室（来自 Goodrich Corporation, Charlotte, NC）。

成,而在边缘上形成涡流漩涡。该研究者所经历的最佳测试环境是在 10~20m 的房间,空气从一端流动到另一端,大约每 5min 交换一次,控制温度的精度为 0.01℃[11]。另一个较好的测试环境是 JWST PMSA 的 BATC 光学测试站（图 5.10）[12]。每个 PMSA 都在热绝缘的测试通道中进行 CoC 测试。控制温度的空气从通道中流出,利用风扇产生垂直混合。

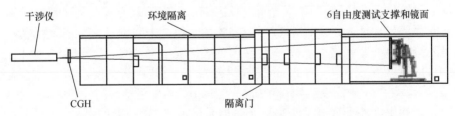

图 5.10　任意环境下测试 JWST PMSAs 的球型光学测试站（BOTS）
（Stshl, H. P. et al, , SPIE Proc. , 7790, 779002, 2010, DOI: 10. 1117/12. 862234. ）

　　关于在大气环境中测试需要理解的一个重要事实是扰动在统计上不是随机的。扰动的平均不为 0。相反,大气扰动是具有扩散长度的无序扰动。热空气团在轴向和横向"相互关联"。因此,不能简单地通过测量大量的短曝光数据和平均测量结果（类似于处理振动的方法）消除大气扰动的误差。根据遍历原理,沿光束

路径的瞬时变化与空间扰动具有相同的统计性质。因此,时间间隔小于扩散时间的两次测量是相关的。相关测量结果的平均不会产生"零"误差。相反,平均相关测量结果会产生低阶误差。消除大气扰动影响的唯一方法是以比扩散或相关时间长的时间间隔进行测量,并取平均。而获得短扩散时间的唯一途径是利用混合度高、扰动大的大气。

5.2.3 连续的测量范围

老话(或准则)说得好:"无法测试的零件无法制造"(或能测试它,才能制造它)。实现上述准则的关键是测量简单。制造过程的每一步都必须有测量反馈,而且在验证过程中测量工具之间有重叠测量区域。否则,会导致两种结果:一种是非常缓慢的收敛;另一种是负收敛。

重叠测量需要能够精准测量大动态范围的工具,在不同制造过程中,不同的空间频率范围内,测量不同的面形。就测量精度和范围而言,测量 1m 的曲率半径精度达到 $10\mu m$ 比测量 10m 的曲率半径精度达到 $10\mu m$(甚至是 $100\mu m$)要容易得多。

为实现精密测量所设计的测量工具的测量范围具有局限性。同时当测量距离变大时,所有讨论过的问题,如机械稳定性和大气扰动都会影响测量精度。另一个影响是如果不是在光学元件的光轴上测量曲率,就会产生阿贝误差。所幸的是,大尺寸往往比小尺寸光学元件的尺寸公差大。

大型零件的制造过程要经过各种加工工艺,从机械加工到粗磨,到精磨,再到抛光和冷加工。每个加工过程都有不同的面形、精度和动态范围要求。一般而言,在机械加工和粗磨阶段,利用轮廓仪(机械笔仪)完成粗略测量,在抛光和冷加工阶段,利用干涉仪完成精细测量。但是,问题出现在从研磨到抛光的转变过程中。坐标测量机(CMM)适用于机加工和粗抛光。坐标测量机有很大的动态范围,能够很好地测量"机械"表面,即不太光滑且反射率低的表面。测量大尺寸光学零件的主要问题是需要存储足够多测量点的 CMM 值。第二个问题是,随着测量量变大,获得高精度的难度就越大。高精度要求重叠测量。与光学干涉测量技术相比,CMM 的测量不确定度为 0.100mmRMS 均方根误差,其测量精度不高。为了能够使光学干涉法的不确定度达到 0.010mm 或 $10\mu m$,需要已知被测件的面形。通常,该问题可利用红外干涉测量法解决[12],但是随着 CMM 精度的提高,该方法的精度可达到光学干涉测量精度(测量范围为 8~10m 的 CMM 价格非常昂贵。测量方法的选择与孔径相关)。

针对 JWST,Tinsley 开发了重叠的测量工具,以测量和控制在制造过程中的圆锥常数、曲率半径、指示镜对准和面形误差。在粗磨过程中,采用 LeitzcmM 完成测量(图 5.11)。CMM 是用于确定曲率半径和圆锥常数的主要工具。虽然在抛光过程中可调整上述参数,但在研磨过程中设置上述参数要容易得多。在抛光过程中,利用 CoC 干涉测量法进行测量。通常情况,光学制造商尝试在精磨过程中,直接从 CMM 测试转变为光学测试。但是,由于 JWST PMSA 的尺寸以及中间频率要求,不能实现该方法。由波前扫描 Shack-Hartman 传感器(SSHS)获取中继数据(图 5.12)。由于 SSHS 具有红外波长,可在精磨状态下测试表面。其动态范围大(0~4.6mrad 表面斜度),因此可用于测量干涉仪测量范围之外的面形。SSHS 是一种自动准直测试。红外光源安装在每个 PMSA 指示镜(A、B 或 C)的焦点上,以产生准直光束。红外 Shack-Hartman 利用平行光束扫描,产生 PMSA 表面的全孔径图。只标定 SSHS 在 222~2mm 的中间频率数据。当不采用该测试时,收敛性降低。图 5.13 所示为 CMM 和 SSHS 的数据一致性非常好的例子。

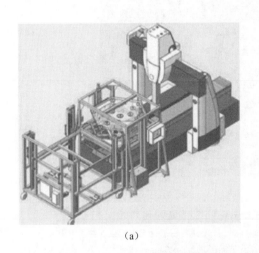
(a)

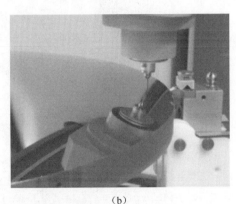
(b)

(c)

图 5.11 在生产和粗糙抛光的过程中,(a)Tinsley 系统中的 LeitzCMM
(b)用于控制曲率半径、圆锥常数和非球面反射系数、二次反射镜(c)三次反射镜
(来自 Stahl,H. P. et al.,SPIE Proc.,7790,779002,2010,DOI:10.1117/12.862234)

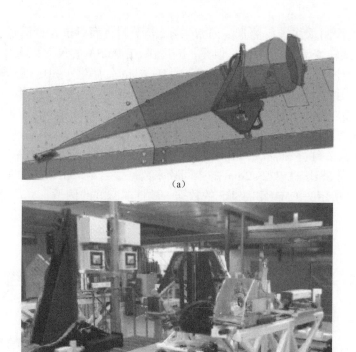

(a)

(b)

图 5.12 SSHS(Wavefront Sciences 制造) 自动聚焦测试

（a）在焦点处放置 10μm 波长的光源,Shack–Hartmann 传感器利用平行光束扫描。对于 PMSA
三个离轴距离采用三个不同的光源照明;(b)照片显示了安装在 Paragon Gantry(黑色)上的传感器(白色)。

（来自 Stahl,H. P. et al. ,*SPIE Proc.* ,7790,779002,2010,DOI: 10. 1117/12. 862234）

研磨光滑

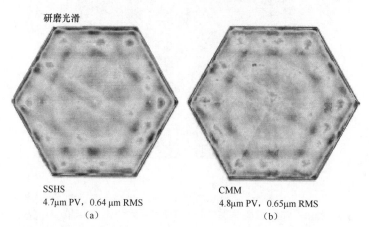

SSHS

4.7μm PV, 0.64 μm RMS

（a）

CMM

4.8μm PV, 0.65μm RMS

（b）

图 5.13 完成对研磨光滑后的 EDU 的 CMM 和 SSHS 数据比较(2~222mm 的空间频率)

（来自 Stahl,H. P. et al. ,SPIE Proc. ,7790,779002,2010,DOI: 10. 1117/12. 862234）

除动态范围和制造阶段外空间采样中的交叠也很重要。由于零件质量提高,因此有必要控制较小的特性。在抛光过程中,需要高分辨的空间采样。如果光学元件是非球面,则空间采样率非常重要,类似于在加工机械零件时,采用复杂 B 样条采样。常见的非球面光学和大尺寸光学的制造过程利用计算机控制的小型抛光设备完成。但是所采用的工具尺寸受被测数据的空间采样率限制[13]。

如果干涉仪的像素是800,那么测量 0.8m 的元件,其空间采样分辨力为1mm。根据 Shannon 采样定理,采样频率保证 2mm 的空间周期误差,但在实际应用中,只能保证空间频率误差为 3~5mm。扩展到更大的孔径时,800 像素的干涉仪测量 8m 反射镜时,可获得 10mm 的空间采样间隔,能够达到 30~50mm 的空间频率。这取决于反射镜的结构功能要求,也就是,对于要求的面形与空间频率而言,上述的空间采样频率可能不够。此外,拼接望远镜对于边缘有要求。在 JWST 上,要求抛光后的光学表面的边缘分辨力达到 7mm 以内。而 JWST CoC 干涉仪的投影像素为 1.5mm,理论上能够达到 4.5~7.5mm 的边缘分辨力,但实际分辨力达不到要求。

由定制的 OTS 提供 JWST 的研磨和抛光反馈(图 5.14)。OTS 是多功能的测

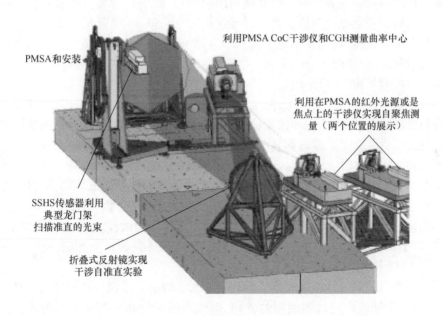

图 5.14　OTS 是一个多功能的测试装置,含有三种不同的测量工具:
SSHS, CoC CGH 干涉仪,以及干涉自准直仪
(来自 Stahl,H. P. et al. ,SPIE Proc. ,7790,779002,2010,DOI: 10. 1117/12. 862234)

试站,它包括红外 SSHS,利用计算全息图(CGH)的 CoC 干涉仪和干涉自准直仪。该测试同时控制圆锥常数、曲率半径、指示镜对准和面形误差。CoC 测试面板包含 4D 相位 CAM,安装在旋转座上的 Diffraction International 公司的 CGH 和莱卡 ADM。ADM 将测试面板放置在 PMSA 曲率半径的范围内,不确定度为0.100mm,满足曲率半径的要求。需要注意的是,不确定度是考虑多个影响因素的误差估计。一旦 ADM 放置在 PMSA 的曲率半径范围内,如果 PMSA 表面无缺陷,它的表面就将与 CGH 产生的波面完全匹配。任何偏离该零值的面形误差都需要校正。

5.2.4 基准

确定零件上某个特性的位置看起来很简单,但是如果不知道其具体位置,就无法校准。为了解决该问题,必须采用基准。有数据基准和失真基准两种类型的基准。用数据基准定义坐标系,并在该坐标系中得到测量数据的位置。有时,该坐标系需减去标定数据或是生成命中图。在许多测试设备中,利用失真基准绘制出瞳偏差。许多测试装置会产生径向和横向出瞳偏差,特别是含零位光学元件的测试装置。出瞳偏差会导致测量工具未对准误差为 10~50mm 或更大。

基准可以很简单,如在测试表面贴一块胶带或黑色墨水标记,也可以比较复杂,如清晰孔径边缘凸起上的机械“指纹”。对于简单的重复性测量或差分测试,或标定对准测试而言,可采用胶带基准,但是利用计算机控制的测量过程,不建议采用胶带基准。在这些情况下,基准决定了坐标系,其机械精度应比基底所要求的对齐精度高。此外,由于干涉仪成像系统可能使图像倒置或者因为在测试设置中的折叠镜子可能会引入横向翻转,所以建议采用非对称模式。通常,在 0°,30°(或120°),90°,180°方向设置基准。0°/180°的基准线是数据集的中心轴。90°基准定义了左/右,30°基准定义了上/下。此外,对于采用零位光学测试装置,出瞳畸变可能会产生问题。在上述情况下,必须具有失真基准点。可利用半径范围内设置多个基准标记的办法。对于具有不规则失真基准的零位测试,建立采用网格基准点。最后,对于具有清晰孔径要求的测试,必须在孔径内外设置基准标记;通过该方式验证是否达到要求。

另一个问题是软件测试时的坐标转换。大多数的干涉仪分析软件假设光轴(z轴)正向为干涉仪指向被测表面的方向,因此当测量值高于要求值时为正。但是很多光学设计程序定义了光轴正向指向表面内部。由于两个程序都将向上定义为y轴,所以在理解哪个方向是 x 轴时会产生问题。当应用于光学车间时,该问题就变得更复杂。为了避免由于误差符号导致凸起的高度或孔的深度翻倍,或由于坐标系的翻转或反转导致在表面上增加了一个孔或是凸起,想要得到较好的测量数据,必须知道每一个计算机控制网格和光学车间抛光机坐标系。

在 JWST 上，CoC 零位测试同时控制 PMSA 圆锥常数、半径、面形和指示镜对准。关键是知道在基底上指示镜的位置，在测试装置中指示镜的位置。指示镜对准（离轴距离和时钟）是在测试设备中以小于偏心度和时钟容差的不确定度控制 PMSA 对准。在天文台坐标空间中制造 PMSA，将该坐标系定义为每个基底背部的"数据基准"。通过放置在每一个反射镜前表面的数据基准，将光学表面形貌映射到反射镜基底以及映射到观察坐标系中。主要利用 CMM 与指示镜对准的一致性。在数据基准基础上，CMM 定义了在反射镜侧面的"平移"基准。然后，CMM 基于次级基准建立数据基准。图 5.15 所示为开展低温测试，放置到 MSFC XRCF 中的基准镜。部分反射镜只有数据基准。其他反射镜同时具有数据基准和失真基准（2D 网格点）。为了补偿由 CGH 引入的变形失真，必须建立失真基准。

图 5.15 安装到 MSFC XRCF 上含有数据和失真基准的 PMSA 镜组

5.2.5 飞行试验（现场测试）

飞行试验涵盖了各种情况，当然，对于陆上应用来说，该规则可能是"现场测试"。只要条件允许，零件就应该在最后安装中进行测试，在工作重力方向和工作温度下进行测试。虽然通常对于小型刚性光学元件而言，重力不是问题，但是对于大型光学元件而言，重力会产生问题，或是对于任意一个大型精密零件或结构（如机床），也需要考虑重力问题。任意进入太空的光学元件都需要在"零重力"方向上测试。通常是通过平均上/下压测试消除凹/凸重力的影响，或通过平均多次水平旋转测试结果消除安装所引入的弯曲[14]。

对于大型的地基望远镜而言，重力影响比较大。在上述情况下，最好的方法是在最终安装的结构中（或替代结构）以工作时的重力方向进行测试。优秀的测量者应该避免在没有支撑系统的情况下测试刚度较低的反射镜或者光学元件。原因是该测量方法几乎不可能实现稳定可重复的测量。反射镜安装在该测试装置中，导致产生的形变无法接受。

最终，在预期的大气压力和温度条件下测试零件非常重要。如果一个较轻反射镜安装在真空中，没有合适的通风路径，可能会损坏反射镜。当反射镜用于低温环境时，会产生非常大的CET，从而导致面形变化。在低温情况下，有必要考虑温度变化，并生成低温"热"图以"校正""当前温度"的面形误差。

在室温（300K）条件制造的JWST反射镜，将其用于寒冷环境（小于50K）时，有必要测量从300K到30K形状变化产生的"热图"，并低温抛光反射镜使其满足在30K的面形要求。镀膜之后，所有反射镜都要经过最后的低温标定测试，包括圆锥曲线、曲率半径、指示镜对准和面形误差。在XRCF中开展测试，如图5.16所示。此外，由于JWST在空间的微重力作用下工作，但是在地球引力的作用下制造的，因此有必要在测量形状时剔除重力的影响。利用标准六旋转进行测试。

图 5.16　MSFC XRCF，其直径为 7m，长度为 23m，
最多可测试 6 个 JWST PMSA，测试设备处于环境温度和自由大气条件的室外

5.2.6　独立交叉测试

也许，从哈勃太空望远镜中得到的最"深刻"的教训是永远不要依赖单一测试验证技术规范。因此，每个元件的技术规范都必须有首次的认证测试和第二次的确认测试。在早期的测量过程，很重要的一点是必须进行二次确认测试。测量者总是会面临着尽快开始过程中测试的压力。虽然在制造早期阶段对是否需要进行精确测量有争论，但是一位优秀的测量者必须具有标定和验证测试装置的能力，以达到测量过程的每一个阶段所要求的误差范围。

232

建议测量者偶尔偏离测试规范,故意尝试随机化测试,虽然该测试在技术上不是独立交叉的核查性测试。从事纳米测量的测量者往往是高度专业的,遵守操作规范的人员。但是,如果测试者不知不觉在测量过程中引入了一个误差,由于过于系统化,那么每次测量时都会将同样的误差引入到测量中。使测量流程多样化的例子包括故意错误对准和重新调整测试设置,设置一个固定振动,不同程度倾斜或离焦后获取数据。

如表 5.1 所列,每个 JWST PMSA 需求都要进行一次验证测试和至少一次交叉核查测试。例如,光学参数需要进行多项交叉核查的测试。在环境温度下的制造过程中,利用 Tinsley CoC 干涉仪 CGH 测试光学参数,并通过独立的自准直测试验证。PMSA 的技术参数是通过在 BATC 独立环境和 MSFC XRCF 30K 开展进一步测试。当组装完成所有反射镜后,在 30K 的约翰逊航天中心,利用零折射校正器配合 CoC 完成光学参数的最终确认测试。

5.2.7 异常情况

最后,在所有的规则中,异常情况可能是最重要的,必须充分考虑。不论该异常现象有多小,都必须将偏差控制在误差估计以内。在任意时刻,必须找到并理解给定测量值实际数据的不确定度超过误差估计的原因。在制造过程的结束或集成、校准和测试(IA&T)过程中需要考虑冗余不确定度,否则如果出现了问题,就很难修正误差。类似地,如果测量的实际不确定度小于误差估计,那么可调整总误差估计,为其他难以测量的数据增大偏差范围,或者增大冗余不确定度。

5.3 小结

测量大型光学元件或零件比较困难。本章已经确定了可应用于任何测量应用的 7 个的指导原则。
(1) 充分理解测量任务。
(2) 建立误差评估。
(3) 连续的测量范围。
(4) 基准。
(5) 飞行试验(现场测试)。
(6) 独立交叉测试。
(7) 异常情况。
尽管我们对光学测试应用中的具体例子进行分析,但误差估计、环境问题、基准点、交叉测试和考虑异常情况只适用于测量如第 3 章和第 4 章所述的大型零件或结构。在重力作用下,机械工具上的大零件会下垂,起支撑作用的梁柱会随温度的变化而变化,发动机中的小误差会导致发动机的故障。

对于精密制造的大型零件而言,上述问题尤为明显。如涡轮机等系统制造得非常精密,因此可以轻松地通过手工操作庞大的引擎来驱动喷气式客机。然而,随着所有制造业容差的不断增大,通常情况下,针对大尺寸零件测量所考虑因素通常也适用于较小的零件。因此,对于任何测量应用,7项指导原则都很有价值。

参考文献

[1] Stahl, H. P., Rules for optical metrology, *22nd Congress of the International Commission for Optics: Light for the Development of the World, Puebla, Mexico, SPIE Proceedings* 8011, 80111B, 2011.

[2] Stahl, H. P. et al., Survey of interferometric techniques used to test JWST optical components, *SPIE Proceedings* 7790, 779002, 2010, DOI: 10.1117/12.862234.

[3] Stahl, H. P., Testing large optics: High speed phase measuring interferometry, *Photonics Spectra* 12, 105, 1989.

[4] Burge, J. H., D. S. Anderson, D. A. Ketelsen, and S. C. West, Null test optics for the MMT and Magellan 6.5 m F/1.25 primary mirrors, *SPIE Proceedings* 2199, 658, 1994.

[5] Stahl, H. P., Phase-measuring interferometry performance parameters, *SPIE Proceedings* 680, 19, 1986.

[6] Stahl, H. P. and J. A. Tome, Phase-measuring interferometry: Performance characterization and calibration, *SPIE Proceedings* 954, 71, 1988.

[7] Hayes, J. B., Linear methods of computer controlled optical figuring, PhD dissertation, University of Arizona Optical Sciences Center, Tucson, AZ, 1984.

[8] Montagnino, L. A., Test and evaluation of the Hubble Space Telescope 2.4 meter primary mirror, *SPIE Proceedings* 571, 182, 1985.

[9] Stahl, H. P., Development of lightweight mirror technology for the next generation space telescope, *SPIE Proceedings* 4451, 1, 2001.

[10] Smith, W. S. and H. Philip Stahl, Overview of mirror technology development for large lightweight space-based optical systems, *SPIE Proceedings* 4198, 1, 2001.

[11] Stahl, H. P., J. M. Casstevens, and R. P. Dickert, Phase measuring interferometric testing of large diamond turned optics, *SPIE Proceedings* 680, 1986.

[12] Stahl, H. P., Infrared phase-shifting interferometry using a pyroelectric vidicon, PhD dissertation, University of Arizona Optical Sciences Center, Tucson, AZ, 1985.

[13] Mooney, J. T. and H. Philip Stahl, Sub-pixel spatial resolution interferometry with interlaced stitching, *SPIE Proceedings* 5869, 58690Z, 2005.

[14] Evans, C. J. and R. N. Kestner, Test optics error removal, *Applied Optics* 35(7), 1015, 1996.

第 3 篇
中等尺寸物体的光学测量

第6章
便携式测量

Daniel Brown，Jean-Francois Larue

6.1 光学在测量中的应用

目前,光学技术在测量中扮演着越来越重要的角色。毫无疑问,光学测量技术将很快应用于对各种形状、尺寸和材料的物体的检测中。激光和白光数字化技术产生密集且详细的数据,而X射线层析成像技术已经应用于复杂设备的内部几何形状检查。

然而,市场上从传统传感器坐标测量机为主导向光学坐标测量机为主导的转变过程需要花费大量时间,尤其是在汽车制造和航空等行业,每一种新设备都必须首先证明其应用价值,且风险也很大。任何停产、延期或产品缺陷都会对企业造成巨大的经济损失,意味着只能逐步实现变化。这也是光学和传感器(激光跟踪器、光学跟踪器和传感器)相结合的解决方案成功的原因,该方法提供了光学的优势(快速、便携性,降低了对测量环境的灵敏度,扩大了测量范围),同时与已有测量流程兼容。同样,虽然目前数字化的解决方案广泛应用于传统坐标测量机无法轻松测量的非光滑表面的测量中,但是传统坐标测量机仍然广泛应用于检测镗削或冲压加工中的零件几何结构。

在过去的30年中,测量学中最大的改变是便携式测量设备的发展。该设备可用于生产线,并尽可能地靠近零件进行测量。在20世纪90年代初出现便携式测量臂和激光跟踪仪后不久,提高了测量速度和频率,相应的响应时间和零件质量也得到了提升。

在过去的10年中,由于手持式扫描仪和手持式自定位的3D扫描仪具有便携式数字化的优点,因此加快了发展步伐,目前占据着市场主导地位。

然而,大多数便携式测量解决方案仍然应用于生产环境中受到严重限制的机械行业。例如,需要在整个测量过程中保持极高的稳定性,意味着需要使用昂贵、烦琐且通常无法灵活控制的模板和沉重的基座——包括和坐标测量机固定在一起的花岗岩工作台。

光学测量方案,尤其是利用摄像机的光学测量方案(摄影/摄像测量技术),通过设备自定位和连续测量(自定位或动态参考物)避开了对测量环境的限制。虽然大部分光学技术应用于各种测量环境,但是也有部分技术对测量环境有限制,如激光跟踪仪。

手持式自定位扫描仪就是自定位技术的一个例子,无须外部定位。

6.2 3D扫描系统的发展史(传统坐标测量如何演变为光学坐标测量)

第一个坐标测量机出现在20世纪60年代,主要包括了配备有数字读出设备(DRO)的3D跟踪仪,用于显示X、Y、Z坐标。当时,多家公司都声称已经发明出了坐标测量机(CMM)。而第一台CMM是意大利公司DEA(现在属于Hexagon测量产业集团)的发明产品,这家公司在20世纪50年代末引进了CMM的计算机数控(CNC)龙门架、配套的探测仪以及数字读出设备(DRO)。

目前,出现了各种不同类型的CMM,包括悬臂式CMM、桥式CMM、龙门式CMM、水平臂式CMM、门式CMM、移动台式CMM、固定桥式CMM和关节臂式CMM。近几年CMM的年产量超过6000台。CMM主要有两类:手动操作模式(操作员控制探头与零件接触)以及由程序自动控制的模式[1]。

CMM测量臂装有固定探针(在手动CMM模式中,操作者手动控制探针)或触发式探针(当探针与零件模型接触时自动开始测量)。20世纪60年代发明的CMM自动测量技术用于协和超声速喷气发动机的检查,这项发明在1973年促成了Renishaw公司的成立,而该公司现在依旧是CMM测量头的主要供应商[2]。

由于利用CMM之前需要使用检测软件,因此CMM制造商最初同时提供软件和机器。如今,一些公司独立提供许多类型的检测软件,机器制造商不再提供配套软件。独立于制造商的软件公司与大多数CMM品牌兼容,并且促使CMM公司的机器运行标准化,大大降低了操作员培训成本。标准化便于将旧机器更换成具有新型号或新技术的机器,且能兼容现有检查流程或不用要求操作员接受长时间的培训。主要的软件应用程序都能够检查除了线或表面以外的棱柱和几何实体。

操作CMM需要一名合格的技术人员和可控的操作环境(振动、温度、灰尘),并且每12个月就要对CMM的准确度是否达标做检查。已经制定了一系列标准检定CMM的准确度,包括美国的B89标准(美国机械工程学会),德国的VDI/VDE标准(电气、电子和信息技术测量及自动控制协会),以及ISO 10360国际标准。

目前,CMM常用于零件的3D制造、逆向工程及数字原型零件的制造。然而,传统的 CMM 只能用于非常特定的环境下,如计量实验室的部分设备中,可精密控制环境温度,并且通过隔振垫控制振动。

20 世纪 80 年代,关于便携测量臂式 CMM 的介绍引发了一场关于测量方式的变革,最终的结果是将 3D 测量技术运用于生产线上。测量时无须将生产部件搬运至特定环境,使得 CMM 应用广泛。然而,由于测量臂利用完全基于精密机械零件的传统技术,所以该 CMM 对环境振动敏感,在使用机器前必须十分注意上述事项。光学的解决方案提供了极好的便携性、更快的测量速度和极高的可靠性,CMM 演变史如图 6.1 所示。

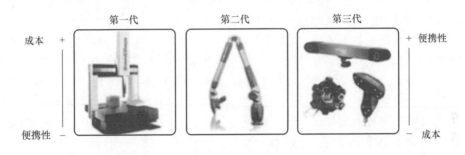

图 6.1　CMM 演变史

长期以来,光学 3D 测量过程都受经纬仪、视距仪和传统的摄影技术(明胶银工艺)的限制,保留了经典大地测量学和制图学(见第 1~3 章)。

"有限"应用领域的主要原因与其采用的方法有关,由于显示屏记录的数据不能够直接转换成所需的 X、Y、Z 坐标点,因此无法实时传输测量结果。多数显示器显示的是角度,而角度需要通过后续的几何计算转换为直角坐标系下的点坐标(根据三角测量法,构图角度和距离将传感器坐标系转换为目标坐标系以及其他计算量)。因此,在便携式计算机的出现之前,对于没有其他测量方法的领域,依然采用传统方法。

在 20 世纪 70 年代中期,伴随着计算机技术的快速发展,行业内开始转向摄影测量,它可以在数学层面上校正光学系统中的失真现象,并且在计算机上运行复杂的计算。但是摄影测量仍然不被重视,是因为测量和结果之间仍然存在着明显的延迟,也正是由于此问题使新方法饱受业界质疑。

直到 20 世纪 80 年代中期,一系列新的测量方法才在行业中应用起来,值得注意的是第一个电子经纬仪的诞生,使用扫描仪加快了处理摄影测量数据的速度,个人电脑成为当时的主要计算机工具,随后还出现了第一台电子测距仪和小型摄像机。上述方法适合用于航空航天、汽车造船业和核电站维护等行业,并将该方法集成到生产过程中。

当时大多数用户在测量不确定度评定方面遇到困难,在极其严格的质量标准领域,可能不满足要求。目前,上述方法已经成熟,并且已经进行了相关的研究和分析,但是缺乏规范性文件,有时仍然难以在工业中广泛应用[3]。

6.2.1 光学方案的多样性

1. 激光跟踪仪

新型的激光跟踪型经纬仪利用先进的激光技术。稳频激光束经瞄准棱镜反射后原路返回,测量激光反射所用时间,或结合初始信息和干涉图样获得更高准确度的信息,记录该激光头与棱镜间距离及与目标的两个夹角(方位角和俯仰角)。因棱镜放在 SMR 处,故能检测出 SMR 中心的三维位置。

由于激光跟踪仪具有非常高的准确度和可靠性,目前是大数据量测量市场(特别是航空领域)的首选解决方案。与大数据量的摄影测量形成竞争,但激光跟踪仪相当昂贵,且对环境干扰(振动、温度、湿度等)十分敏感。此外,缺少探针触针使得难以测量隐藏点,以及缺乏关于探测方向的信息致使无法自动补偿。莱卡公司通过在棱镜旁边增加一个探头解决该问题,探头的方向由跟踪器上的相机决定。本书第 3 章详细介绍该跟踪器。

2. 视频 CMM

视频 CMM 是轮廓仪的一个分支,用于测量位于 XY 位移台上的待测件的 2D 位置,而 Z 轴的测量通常由光学焦距确定。有时在一些更高准确度的测量中或对于测量图像上无法探测到的点需要配备一个探头。

3. 基于光学三角测量法的解决方案

20 世纪 90 年代引入的解决方案都是基于三角测量法,从多个观察点确定空间点的 3D 位置,通常,观察点是两个(面阵相机)或三个(线阵相机)。面阵相机通过相机光学中心和被测量的点产生方位信息(方位角和俯仰角),而线阵相机只提供通过测量点平面的方位角。两个面阵相机足以获得被测点的三维信息,而相比之下,线阵相机则需要三台。此外,在使用线性阵列相机时,不同俯仰的若干空间点可能投影到图像上的同一点。为了区分这些点,它们必须逐一投影,也就是为什么三个线性阵列相机的解决方案需要通过控制器 LED 进行顺序照明。而使用两个面阵相机的解决方案只需要一些被动反射的目标,减少 LED 线路并且大大降低成本。图 6.2 介绍了光学三角法的基础知识。

基于光学三角测量法的方案,通常都配备含有参考点(反射器或 LED)的手持式探头,以及用于测量臂中和 CMM 中的探测尖端。

与其他方案相比,基于光学三角法的方案有以下的主要优势:可在测量过程中的任何时刻测出被测件相对特定参考点的位置。使其能在不稳定测量环境下仍可得到鲁棒性高的测量结果。如利用面阵相机、固定几何形状的立体以及被动反射目标(如 Creaform 的 HandyPROBE^T 系统)的解决方案。因为同时测量一系列点,

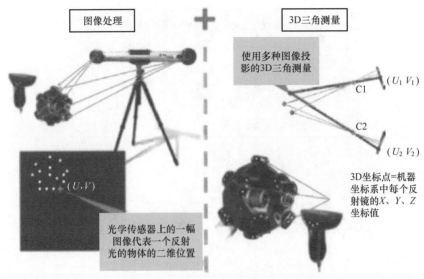

图 6.2 光学三角测量法的基础知识

图像算法可准确测出图像中反射目标 2D 位置,通过 3D 三角测量再估算出
反射目标 3D 位置,以及探针、扫描器或反射目标的固定位置

避免了该系统受到高频振动的影响。稍后将更详细地讨论其优势。

采用光学系统,可实现以较高速度连续测量多个 3D 点,为位移、畸变、轨迹等动态测量奠定了基础。毫无疑问,该方案与大数据量测量的激光跟踪仪相比,更适合用于未来的便携式 3D 测量。在多数生产场合中准确度和可靠性更高,因此已经逐渐取代机械测量臂。

6.2.2 摄影测量法

摄影测量法几乎是最先进的技术,但是它的技术基础可以追溯到 19 世纪。摄影技术出现后不久,法国数学家弗朗索瓦·阿拉戈向科学院提出一种用三角法来测量物体空间位置的方法,该方法以不同视角拍摄的图像为基础,但是,事先并不知道这些图像拍摄的位置。这就是摄影测量法。

然而,直到 20 世纪 60 年代末,随着摄影测量技术的发展,开始尝试应用于工业生产中。

美国数学家杜安·布朗提出"光束法平差" 数学表达式并建立新的摄像机校准模型,在该领域做出了重大贡献。1977 年,他创立了测量公司,公司成功出售图 6.3 中的 INCA 样机和 VSTAR 系统,布朗被认为是现代摄影的创始人[4]。

随着计算机和 CCD 图像传感器的出现,摄影测量技术能够广泛应用于工业生产中。

图 6.3　杜安·布朗与 CRC-1 相机（INCA 测量相机的原理样机）

（来自 Brown, J. , Photogramm. Eng. Remote Sens. , 71(6) , 677, 2005）

6.2.3　扫描解决方案

迄今为止,机械和光学解决方案只能利用探针,或反射镜和 LED 标记点的位置,测量 3D 空间点。当需要测量点的数量较多时,测量速度会很慢,所以该测量过程不适合检测面形,特别是斜面(测量机器的最快测量速度是每秒几百点)。所以在 20 世纪 80 年代早期,出现了能够根据测量的表面创建点文件或"点云"(后续用于计算机网络数据中,如标准模板库(STL)文件)的 3D 扫描解决方案。Handyscan 3D 激光扫描仪可直接从 Creaform 生成 STL 文件,这就使得快速生成形状缺陷的密集点云(最快的扫描仪每秒可扫描数十万点)成为可能,从而大大促进对制造过程(制图、熔炼、成型等)的观测。当今扫描仪可分为两大类。

1. 结构光扫描仪

结构光扫描仪向物体投射出特定条纹的结构光,并且观察如图 6.4 所示的条纹如何变形。即通过液晶投影仪或扫描或衍射光束投射条纹结构光,由一个或多个摄像机观察记录如图 6.5 所示的投影条纹。

如果只采用一个摄像机,必须先确定投影仪相对于摄像机的位置;利用两个摄像机足以校准立体空间。

速度快是结构光扫描仪最大的优点,因为它在一次采集中获得数千个点,而不是按顺序扫描点。结构光扫描仪可测量静止或移动的物体,甚至是弯曲的轨道[6]。

就光学扫描理论而言,透射材料的反射率低,而通常通过在材料表面涂抹特定粉末,使其生成哑光表面来解决反射率低的问题[7]。关于此类 3D 扫描仪的介绍详见本书第 2 章和第 7 章。

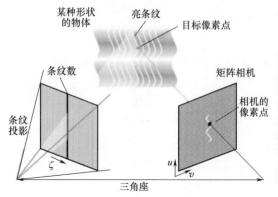
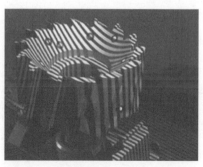

图 6.4　条纹扫描原理

（来自 Brown,J. ,Photogramm. Eng.
Remote Sens. ,71(6) ,677,2005. ）

图 6.5　待测零件上的条纹投影

（来自 Wikipedia ［Web］ on http://en. wikipedia.
org/wiki/Structured-light_3D_scanner,
visited on December 28,2011. ）

2. 激光扫描仪

激光扫描仪向目标物投射一个光点或一条光线,但在本例中,只是投射一条光线。点或线由一台或两台相机记录,利用三角测量法测量投影点的 3D 坐标,如图 6.6 所示。通过移动扫描仪,利用投影线扫描物体表面,重建物体表面[8]。

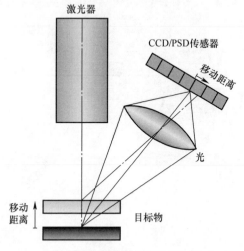

图 6.6　采用双摄像头估计距离

（来自 Wikipedia ［Web］ on http://en. wikipedia. org/wiki/File:
Laserprofilometer_EN. svg,visited on December 28,2011. ）

1978 年,加拿大国家研究委员会是首批研究该技术的机构之一[9]。

6.3　三角法激光扫描仪的基础

如果观察 3D 测量的演变过程,就会发现测量的速度和密度不断提升。在许多应用中(如测量复杂或自由曲面零件),分析或测试所需的测量信息必须足够密集,但又不应过度延长所需的测量时间。零件的首次检查或严格控制工装时间而开展的测量,需要采集零件所有区域的数据。

上述需求就促使了基于三角测量法激光扫描仪的发明,这使得点对点的 3D 测量变为每秒测量数千到数万个点的快速测量。该扫描仪很好地应用于需要综合性检查中。

如前所述,3D 扫描仪运用了三角测量原理 (图 6.7)。将激光点或线投射在被测对象的表面,然后利用基于三角测量原理的光学元件(通常是一或两个摄像头)记录表面图案。

激光扫描仪所面临的主要挑战在于准确地跟踪扫描仪的运动,使所有重建点在同一个参考面上,保证所有点对准并且记录所有测量点。

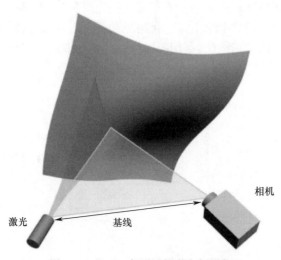

图 6.7　基于三角测量的激光扫描仪

6.3.1　利用外部定位装置的激光扫描仪

解决准确跟踪方案是将激光扫描仪与另一个具有参考系统的系统相结合,而激光扫描仪利用外部定位设备实现定位。在该系统中,每一束激光线都会被激光扫描仪记录,并由外部定位系统定义的 3D 坐标系统中给出其位置。带有扫描系统的坐标测量仪或者"便携式坐标测量仪"的测量臂就是利用外部定位装置的典型例子。(图6.8)。

图6.8 (a)坐标测量机;(b)安装在坐标测量机上的三维激光扫描仪

其他外部参考系统,如本地 GPS,可用于获得同一坐标系中所有点的坐标。尽管上述系统不同,但是它们有一个共同点:为得到准确的测量值,它们采用的参考坐标系相对于待测件的位置固定。

如图6.9所示,当利用外部定位基准的激光扫描仪时,必须特别注意测量装置的刚性。

图6.9 利用刚性好的便携式坐标测量机作为测量装置的例子

6.3.2 自定位的激光扫描仪

在 21 世纪初,激光扫描行业有一个重大的突破——自定位激光扫描系统的诞生。3D 设备不需要使用外部定位系统,相反,它们利用放置在物体上的反射目标作为定位系统。

自定位激光扫描系统依赖于两个摄像头,除了对激光线进行三角测量外,也用于对被测件的三角测量,即确定扫描仪相对于物体(原向反射物体)特定点的位置(图6.10)。

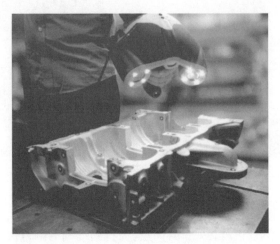

图6.10　自定位激光扫描仪测量铸件

6.4　利用自定位激光扫描仪进行测量

6.4.1　3D自定位激光扫描仪

激光扫描系统利用反射目标作为参照物,无须使用外部定位系统,由于扫描仪相对于被测物体的位置是由扫描仪的两个相机和定位目标之间的三角关系决定,而且位置信息是数据采集过程中的实时数据(图6.11(b))。

利用自定位扫描系统测量有如下三大优点。

第一个优点是适用于所有扫描系统:测量复杂或自由曲面的系统。利用探头实现3D测量是测量几何形状的理想方法,但很快被证明是无效的,且不适合测量自由曲面,其测量速度需要达到每秒测量数千个点。扫描系统可快速、有效地测量大量点,并且充分表征一个复杂或自由曲面。

第二个优点是扫描系统只需要自定位的3D扫描仪:它们是便携式的,而且系统操作起来很简单。由于操作系统不需要外部参照物,所以便于使用和移动,扫描仪可移动至被测件所在的位置。

第三个优点是扫描仪与其他测量系统不同,无需将参考目标与被测目标安装

在刚性支架上。在数据采集过程不需要固定的测量装置。例如,利用坐标测量机或机械臂测量时,必须确保:

（1）待测零件牢固地固定在钢、大理石台面或其他任何能够提供高刚度和高稳定性的平台。

（2）坐标测量机或测量臂相对于待测零件的位置是固定的(必须考虑测量环境中的振动)。

使用自定位扫描仪时,由于定位目标贴在待测件上,测量参考目标紧贴在待测件上。(图6.11(a))。因此,即使目标物在数据采集过程中发生移动,参照目标仍然保持与该零件相连接。扫描系统在数据采集过程中可使用扫描仪上的相机对目标物进行连续测量。

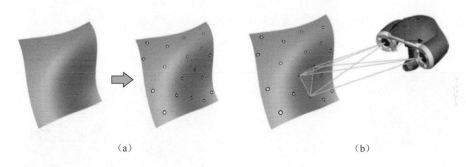

(a)　　　　　　　　　　　　(b)

图6.11　(a)利用自定位系统测量一个自由曲面,定位目标贴在零件上;
(b)扫描仪用两个相机与随机定位目标间的三角关系,确定其和目标物的相对位置

6.4.2　创建3D测量

1. 传统激光扫描仪的输出

一旦确定了扫描仪相对于被测件的位置,就可进行3D测量。所有的激光扫描仪通过相同的操作,投影出一条或多条激光线以测量被测物形状然后通过扫描系统的相机读取和记录被测物表面的激光投影图像(图6.12),从图像中提取的点绘制在预先创建的基准或坐标系的3D空间中。一旦数据采集完成,传统的激光扫描仪就会产生3D点云(图6.12),而最新的便携式扫描仪(利用定位目标实现自动定位)操作过程类似,但能产生更先进和可靠的测量。

2. 3D测量的优化

自定位扫描仪使用激光投影表征物体表面,在物体表面投影十字线(图6.13(a))。

然后,通过手工移动扫描仪扫描整个被测表面(图6.13(b))。然而,该类型的扫描仪产生的测量不是3D点云,而是更先进的3D形状:综合测量条件和测量结果的一致性得出面形网格图像(图6.13(c))。

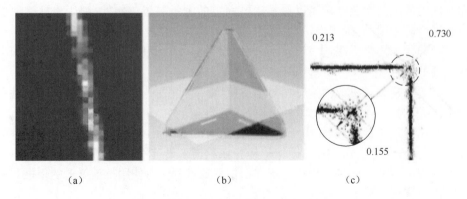

图 6.12 （a）激光跟踪图像的局部图像；
（b）3D 点云例：传统激光扫描仪输出；（c）沿横截面的 3D 点分布

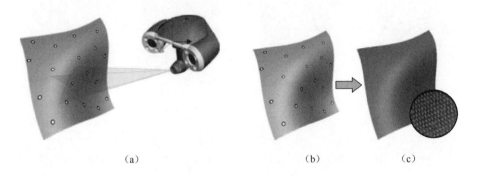

图 6.13 （a）自定位扫描仪在目标物上投射激光十字线；
（b）手工移动扫描整个目标物表面；（c）优化生成的网格

6.4.3 智能测量过程

新一代自定位激光扫描仪不仅利用自动定位系统，而且还提供了一种新的创建 3D 测量的过程。与传统激光扫描系统不同，该系统不局限于利用简单的数据滤波方法，而是利用智能的测量过程，即利用大量可用的测量数据并分析局部分布，以评估与设备校准阶段的误差模型的一致性（图 6.14），与常规的生成激光扫描 3D 点的方法相比，数据分析步骤是额外的数据细化步骤。此外，智能测量过程便于在数据采集过程中实时地合并上述步骤[10]。

利用自定位激光扫描检测方法，所得到的测量值比简单的 3D 点云得到的测量结果更加准确，因此该方法代表了测量学中激光扫描数据的先进方法（图 6.15）。

248

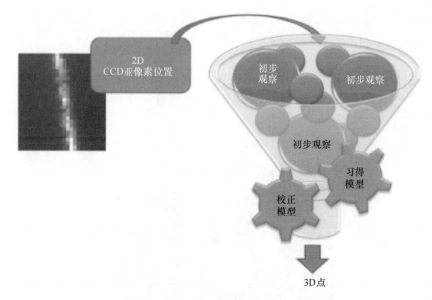

图 6.14　在智能测量过程中创建 3D 点

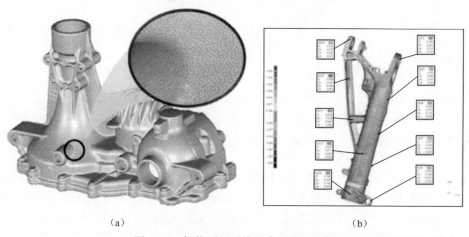

（a）　　　　　　　　　　　　　　　　　　（b）

图 6.15　智能测量系统的典型应用实例

（a）电信号输出的质量；（b）航空航天中的典型应用：检查起落架部件。

6.5　利用光学坐标测量机测量

6.5.1　测量不确定度的主要原因

在讨论光学坐标测量机的优点之前，要分析测量不确定度来源，包括：①测量

249

仪器;②测量环境(温度、振动等);③操作员(技能、耐压能力等);④测量方法:待测零件。

图 6.16 所示为 5M 原则:1-机械;2-人力;3-测量零件;4-测量方法;5-测量条件。例如,传统坐标测量机、测量臂和激光跟踪仪对环境(测试条件)特别敏感,而激光跟踪仪需专业的操作者,测量臂有时需用跳步法测量较大零件,而该方法可能是误差的主要来源。

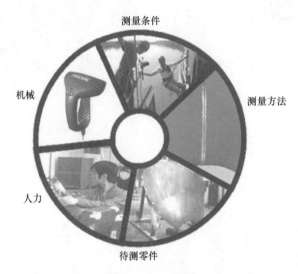

图 6.16 5M 原则

因此,在决定选用哪种测量方案时,不仅要考虑机器的准确度,而且要考虑操作员是否方便利用该机器进行测量以及机器在工厂环境中运行的整体性能,毕竟工厂比实验室环境局限性更大。

例如,基于三角测量的光学坐标测量机易于在工厂中应用,不同于机械臂,它们没有机械连接。与激光跟踪仪不同,激光跟踪仪需要执行特定的程序,以便在激光束被障碍物切断时跟踪器能锁定在棱镜上,而该类型的坐标测量机允许在测量过程中出现光束遮挡。

该方案的最大优点是在传统车间环境内具有稳健性,即具有与在实验室环境下传统的解决方案相当的测量精度。

为了达到生产线所设定的精度,需具备以下功能:

(1) 利用标定棒快捷简便地进行日常校准。

(2) 连续监测系统内部参数(温度、几何形状)。

(3) 动态定位将坐标系锁定在被测物上。

(4) 保持与被测物对准的同时,可移动坐标测量机以拓展自动测量范围。

(5) 使用光学反射器的自动对准功能。

光学坐标测量机提供的上述所有功能,在生产线的尺寸检测领域有着重大突破,下面详细讨论上述功能。

6.5.2　动态定位

利用旋转反射镜而不是工装球实现动态定位。动态定位与传统实验室测量原理的主要不同之处在于传统坐标测量机在测量初期阶段只测量一次工装球,而光学坐标测量机可同时连续测量光学反射镜上的每一点(相当于重新排列每个被测点)。因此测量的实现与将零件连接到 CMM 工作台的方式完全相同(图 6.17)。光学坐标测量机再现了利用花岗岩和隔振垫的传统坐标测量机的稳定性,同时具有便携性,并且一个操作员可操作工厂中生产线上的任意一台机器。

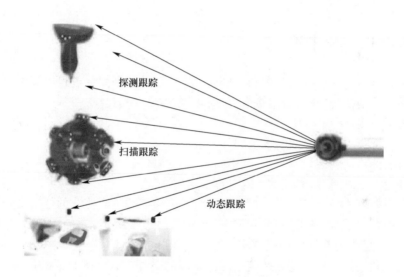

图 6.17　光学三角法动态跟踪零件和量具

除了利用光学旋转反射器,也可简单地使用胶黏的方式,将反射目标黏在零件的任何位置。然而,光学反射器具有以下优点:

(1)由于旋转反射器集中排列在旋转光学反射器的轴线上,所以可在对准的情况下将坐标测量机移动到零件附近。反射器在轴上转动,便于坐标测量机观察。

(2)光学反射器可替代机械反射器以提高定位精度(如定位在工具上)。在自动对准零件或工具时非常有用,我们将在下一节讨论。

我们再次利用光学反射器,把它们放在预先确定的位置上。这就意味着,我们已知光学反射镜的 3D 坐标(作为测量基准、CAD 基准)。在整个测量过程中,将反射镜坐标提供给坐标测量机,使其与被测部件相关联(动态对准功能)。

直接在零件参考坐标系中给出所有被测点的坐标,从而不需要对准被测件开展测量。不仅节省了时间,更重要的是消除了对准时引入的人为操作误差。这种人为操作误差非常常见,而且往往会导致难以发现的测量误差。

6.5.3　用户校准

光学坐标测量机的另一个优点是能够在工作场合中直接快速校准,因此,每年国际计量委员会都会校准标定棒,操作员在坐标测量机内部的不同位置放置装有反射装置的标定棒,坐标测量机将自动识别和利用测量数据快速补偿测量中出现的误差。保障了机器在整个使用期间的稳定性和准确度,而对于每年校准的其他便携式坐标测量机,限制性较高的车间环境可能会导致难以确定的偏差。

6.5.4　应用实例

下面介绍一个航空工业中利用自动对焦功能的典型测量过程的应用实例。

此目的是在装配前,通过检查台阶和缝隙的尺寸和边缘,控制航空部件。测量必须由不是测量专家的生产线操作员在不稳定的车间条件下进行。温度的变化以及卡车和桥式起重机产生的振动均不可避免。

将零件移动到计量实验室,利用固定坐标测量机的测量可以获得准确的结果,但会花费大量时间,从而导致检查过程中出现瓶颈。

利用便携式坐标测量机可以直接在车间内检查零件。传统的便携式坐标测量机(机械臂、激光跟踪仪)对环境的不稳定性仍非常敏感,它们需要固定的安装(夹具或工具),但是固定的安装实用性差,并且很昂贵。

由于利用探针探测仍然是测量几何特征的最好方式,无机械臂和无线传输的光学便携式坐标测量机可以轻松移动到工厂内的任何位置。它提供动态定位功能,自动将机器的坐标锁定到零件上,这样就在整个测量过程中保证了对准的准确性。

6.6　机器如何工作

需要准备的是在零件或工具上放置几个无源反射器。如前所述,上述反射器可用于光学跟踪器的连续测量。

在与零件相关联的参考系中直接计算测量点的坐标,测量过程中移动零件或跟踪器,不会影响准确度。移动零件可更好地使测量点进入特定测量区域,或者扩大测量区域,在进行下一步测量时不会出现大的跳点。

利用光学坐标机测量的另外一个特性是动态定位范围的扩展。零件上某些特别元素的三维坐标是已知的,例如夹具上工装球的位置,用工装反射器代替工装球,并且在光学坐标机的软件中输入它们的坐标,使机器的参考系等同于零件的参考系。直接在零件参考系中计算测量点的坐标,无须对准节省了时间,并且由于75%的误差来自于校准过程,因此在测量的过程中大大减少了误差。

详细讨论特定的应用步骤。客户检查飞机发动机止推装置枢轴门,需要在不到 15min 内手动检查总共 150 个点,包括安装在夹具上的逆变器门。夹具必须能够夹持四种类型的门,且检查报告必须自动生成。

首先,对准门的旋转轴和锁的位置。由于需要在门的两侧取点,转动门时必须保持对准。

其次,由于两个反射器固定在门的旋转轴上(图 6.18),光学跟踪器自动测量它们,并且生成用于计算直线的两个点。

(a) (b)

图 6.18　用于测量旋转门的装有光学反射器的枢轴门和
便携式光学坐标测量机设备全貌(a),操作员(b)

另外,两个反射器安装在锁的平面支架上。反射器的位置是固定的,确保两个反射器之间的中点和锁的中心点高度相同。

已获得坐标的三个点可实现自动对准。为使其适用于不同类型的门,以及两个门的情况,反射器被安装在锁的不同位置处。

为了不断检查夹具的合格性,需要在夹具上增加多个反射器。

控制程序主要包括测量零件阶梯和间隙点,并且在门的两侧重复测量。利用测量软件的探头,操作者只需要测量 CAD 视图中的目标指示位置。只有以目标点为中心的球体内的点才会被识别。

当门旋转时,安装在锁周围夹具上的反射器会自动对准。在测量过程开始时对反射器进行测量,在转动门的过程中,反射器变得不可见,因此不影响测量过程。

人们还开发了一些特定的工具以实现对特定物体的快速准确测量。例如,已经研制出一种目标位于中心的工具测量液压千斤顶的孔。在开始测量之前,操作员在适当的位置放置工具,通过测量目标,自动计算孔的中心,省去了测量多个点(支撑面和孔内的点)的麻烦,并且也消除了测量过程中的潜在误差。

由于自动对准技术,控制时间减少到只有 15min,其中包括把门放置在夹具上的和从夹具上取下的时间。传统的坐标测量机大约需要花费 2h 完成控制,因此控制时间减少到 1/10。

利用自动对准和动态定位并且结合探头,避免了 75% 的误差。由于目标固定在夹具上,可对夹具实现自动连续验证。利用激光跟踪仪和兼容工具(由光学工具制造商提供)可对目标位置的基准进行逐年校正。

6.7　便携式坐标测量机的应用

便携式坐标测量机技术为大中型零件的测量应用提供了一系列的便利。通常情况下,便携式坐标测量机的测量探头可手动操作,也可以与机器人系统结合实现自动操作。对于可控零件的测量,使用如激光三角测量探头一类的光学探头,或使用手动操作关节臂上的光学探头进行测量。然而,针对定义不明确的零件,特别是体积较大的零件,需要进行详细测量时,带有远程探头的系统具有明显优势。

与许多其他测量工具不同的是便携式坐标测量机具有高灵活度,可测量体积大、特征复杂的零件,而其他测量工具会非常耗时。远程光学三角测量探头的优点如下:

(1)具有在复杂环境下测量未知零件的能力。

(2)具有从多个方向测量零件特征,并可根据需求改变视图方向的能力。

(3)测量对象和测量场所灵活性高。

(4)与跟踪系统测量范围相当,又以更快速度采集更完整的面形信息。

光学坐标测量机远程探头在如下应用中不具有优势:

(1)反复测量大批量的相同零件。

(2)微米级高分辨率的测量。

(3)简单的点对点测量,如通常用跟踪器完成对较大结构的对准。

总之,远程探头、基于三角测量的坐标测量机提供了一系列其他方法无法比拟的独特优势,从而可广泛应用于中型到大型零件尺寸的测量。

参考文献

[1] CMMMETROLOGY [Web] on http://www.cmmmetrology.co.uk/history_of_the_cmm.htm (visited on December 28, 2011).

[2] RENISHAW [Web] on http://www.renishaw.com/en/Our+company-6432 (visited on December 28, 2011).

[3] AFNOR [Web] on http://www.bivi.metrologie.afnor.org/ofm/metrologie/ii/ii-80/ii-80-30 (visited on December 28, 2011, in French).

[4] FERRIS [Web] on http://www.ferris.edu/faculty/burtchr/sure340/notes/history.htm (visited on December 29, 2011).

[5] Brown, J., 2005, Duane C. Brown memorial address, *Photogramm. Eng. Remote Sens.*, 71(6): 677-681.

[6] M. C. Chiang, J. B. K. Tio, and E. L. Hall. Robot vision using a projection method, *SPIE Proc.* 449, 74 (1983).

[7] *Fringe* 2005, *The 5th International Workshop on Automatic Processing of Fringe Patterns*. Berlin, Germany: Springer, 2006. ISBN: 3-540-26037-4, 978-3-540-26037-0.

[8] J. Y. S. Luh and J. A. Klaasen. A real-time 3-D multi-camera vision system, *SPIE Proc.* 449, 400 (1983).

[9] Mayer, R., 1999, *Scientific Canadian: Invention and Innovation from Canada's National Research Council*. Vancouver, Canada: Raincoast Books. ISBN: 1551922665, OCLC 41347212.

[10] Mony, C., Brown D., Hebert, P., Intelligent measurement processes in 3D optical metrology: Producing more accurate point clouds. *J. CMSC*, October 2011.

第7章
相移系统和相移分析

Qingying Hu

7.1 概述

相移表面轮廓测量是光学测量学中一个非常重要的分支。与其他表面测量技术相比,它具有许多独特的特征,如产生相移的结构多样化、分辨力高、准确度高,重复性好,测量速度快和表面粗糙度公差小。特别是在过去的几十年里,借助于数字图像设备和专用的计算机软件,在全视场(FOV)条件下,高速自动处理相移图像,进一步实现无须扫描的超快 3D 测量。本章重点介绍与相移系统相关的知识,包括系统结构、相移算法、相移系统的建模和校准以及为提升准确度所开展的误差分析和补偿。

7.2 相移系统及其优点

根据干涉图的生成方式及其变化方式,针对不同的应用,在光学测量中可采用不同的相移装置。

7.2.1 干涉图

干涉图是一种周期性灰度图,具有不同的暗区和亮区。基于干涉图形成原理,最常见的干涉图可以分为干涉条纹图、莫尔图和投影图三类。

1. 干涉条纹图

在光学干涉仪中,干涉条纹图十分常见。当具有相同偏振度的两束相干光在一个区域叠加时,在每个点处,所得到的光强度(照相机中的灰度级)取决于到达该点的两个光源之间的光程差(OPD)。光程差会产生相位差,从而会得到相消干涉或相长干涉,在物体表面形成周期性的图案。典型例子是著名的杨氏干涉实验[1]。

在光学测量中,杨氏实验中的两个狭缝通常由偏振或非偏振的分束器替代,如此做的目的是为了产生两个波前:一个是由表面的几何变化调制的测量波前;另一个是参考波前。当两个波前叠加时,它们之间的差异会显示在干涉条纹图中。典型的干涉仪如图7.1(a)所示。调整参考反射镜的倾斜角度将改变条纹图的间距。该干涉仪具有很高的分辨力,可达0.01λ。扩束后的视场角必须比待测零件所需的视场角大。对于大型全视场测量,该系统太大,成本太高。

为了用较小尺寸的仪器测量大零件,20世纪90年代,麻省理工学院的林肯实验室开发了一种名为云纹干涉测量(AFI)的技术[2],如图7.1(b)所示。AFI使用两个点激光器照射目标物体,通过一个照相机记录样品表面几何形状调制而形成的干涉条纹图。该技术准确度高、视场大,并且装置较小。此外,由于条纹图是由激光干涉引起的,条纹投影单元的焦深是无穷大的。

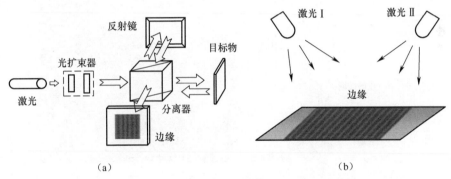

图7.1　干涉仪
(a)迈克耳逊干涉仪;(b)AFI。

2. 莫尔图

阴影莫尔图类似干涉条纹图,但其几何干涉原理完全不同[3-5]。图7.2(a)所示为具有代表性的莫尔条纹图。利用物理光栅照明,并同时从反方向观察,从而覆盖测量区域,如图7.2(b)所示。当光以倾斜的角度穿过光栅时,将在样品表面上产生光栅的阴影。从与光源相反方向的倾斜角度观察到该阴影时,可看到与物理光栅高度相关的峰谷状莫尔图案。

3. 含物理光栅的条纹投影

当具有全息光栅的正弦透射光栅放置在光源和投影透镜之间时,如图7.3(a)所示,投射的条纹图也是正弦强度分布[6]。如果利用具有非正弦曲线的直线光栅(如格栅光栅),则投影透镜通常会离焦,从而可以获得伪正弦图案。图7.3(b)表示边缘断裂处的投影条纹。

另一种是投影莫尔技术,它需要将第二块物理光栅放置在相机透镜之前[7]。

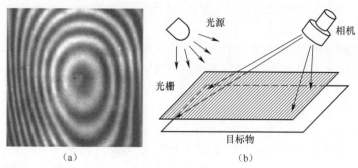

(a)　　　　　　　　　　　(b)

图 7.2　阴影莫尔

(a)莫尔条纹图;(b)装置。

第二块光栅与用于边缘投影的第一块光栅的条纹间距不同。在上述装置中,利用成像系统采集传统的莫尔条纹,该技术在第 8 章中讨论,本章不作重点介绍。

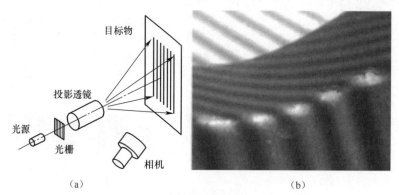

(a)　　　　　　　　　　　(b)

图 7.3　投影莫尔

(a)装置;(b)条纹。

4. 数字条纹投影

在数字条纹投影[8-10]中,理论上通过计算机软件,产生任意强度分布的条纹图,并通过诸如液晶装置(LCD)、数字微反射镜(DMD)、硅基液晶(LCOS)投影机等数字投影仪投射到物体表面。它为边缘投影技术提供了低成本和灵活的解决方案。图 7.4 为数字条纹投影典型装置和两幅投影条纹图。

5. 其他特殊的干涉图

目前为止,讨论的所有干涉图案都具有正弦或伪正弦强度分布。有时,为提高测量速度也采用其他特殊的干涉图形。特殊图形包括梯形条纹[11-13]、锯齿波条纹[14]和倾斜条纹。由于本章重点介绍与正弦曲线图相关的传统相移技术,因此不再进一步介绍特殊图案和相关算法。有兴趣的读者可在相关文献中查阅详细内容。

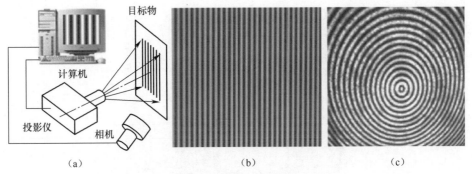

图 7.4　数字条纹投影

（a）装置；（b）直条纹图；（c）圆形条纹图。

7.2.2　干涉图分析

1. 轮廓分析

要在干涉图中提取几何信息,必须选用适当的分析方法。为了更好地提取信息,有必要知道干涉图的强度分布。在不失一般性的情况下,图 7.2 所示的干涉图中心水平横截面的强度分布如图 7.5 所示。

在发明相移技术之前,研究干涉图的唯一方法是计算峰值和/或谷值,并沿着峰谷形成轮廓曲线[3],如图 7.6 所示。校准过程是找到将峰/谷转换为高度的比例系数,并用于估计 FOV 内的高度变化。条纹越密集,待测件表面的斜率越大。该分析方法的分辨力和准确度非常低,如果被测件没有引入已知的倾斜,产生比预期的斜率大的条纹偏离,则无法从一副图像中确定被测件斜率的方向。也就是说,通过倾斜被测件,被测件表面的所有斜坡会对斜率引入扰动。对倾斜的要求,极大地限制了系统对实际零件的测量。

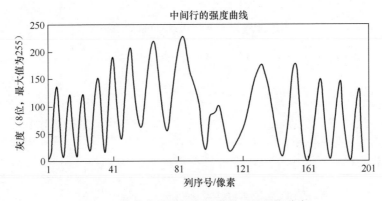

图 7.5　莫尔条纹中间水平横截面的强度分布

259

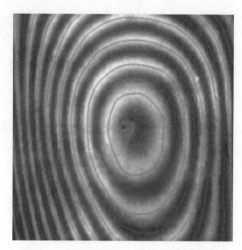

图 7.6　轮廓显示峰(亮带)和谷(暗带)

2. 相移分析

20 世纪 70 年代,由于数码相机和计算机的发明,数字图像分析技术开始用于光学测量中,使得相位测量的方法得以实现,大幅提高了干涉仪和莫尔技术的分辨力、准确度、速度和可重复性[15]。多年来,出现了各种相位测量方法,相移方法是应用最广泛的技术[16,17]。

三阶相移算法实现相移的分析过程如图 7.7 所示。在图 7.7 中,(a),(b),(c)三幅图像是相移量为 120°的三幅条纹图像。点(x,y)处的三幅相移图像的强度分别为

$$I_1(x,y) = I'(x,y) + I''(x,y)\cos\left[\phi(x,y) - \frac{2\pi}{3}\right]$$

$$= I'(x,y)\left\{1 + \gamma(x,y)\cos\left[\phi(x,y) - \frac{2\pi}{3}\right]\right\} \tag{7.1}$$

$$I_2(x,y) = I'(x,y) + I''(x,y)\cos\left[\phi(x,y)\right]$$
$$= I'(x,y)\left\{1 + \gamma(x,y)\cos\left[\phi(x,y)\right]\right\} \tag{7.2}$$

$$I_3(x,y) = I'(x,y) + I''(x,y)\cos\left[\phi(x,y) + \frac{2\pi}{3}\right]$$

$$= I'(x,y)\left\{1 + \gamma(x,y)\cos\left[\phi(x,y) + \frac{2\pi}{3}\right]\right\} \tag{7.3}$$

式(7.1)~式(7.3)中:$I'(x,y)$为平均强度;$I''(x,y)$为调制后的强度;$\phi(x,y)$为待确定的相位。通过求解式(7.1)~式(7.3),可得到相位$\phi(x,y)$和图像对比度$\gamma(x,y)$,即

$$\phi(i,j) = \arctan\left(\sqrt{3}\,\frac{I_1 - I_3}{2I_1 - I_1 - I_3}\right) \tag{7.4}$$

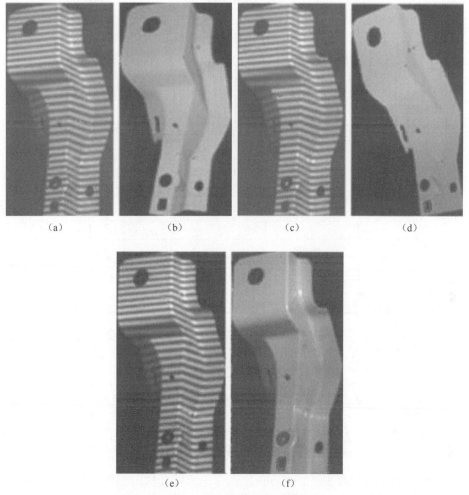

（a）　　　　　　（b）　　　　　　（c）　　　　　　（d）

（e）　　　　　　（f）

图7.7　相位条纹分析过程

$$\gamma(i,j) = \frac{I''(x,y)}{I'(x,y)} = \frac{\left[(I_3 - I_2)^2 + (2I_1 - I_2 - I_3)^2\right]^{\frac{1}{2}}}{I_2 + I_3} \tag{7.5}$$

包裹相位图包括$|2\pi|$跳变,如图7.8所示。通过相位解包算法获得连续相位图$\Phi(i,j)$,如图7.9所示。对于具有多种斜率和跳变的复杂不规则的2D几何结构(如小孔),如何在计算机软件编程中实现快速的相位解包过程,需要编程人员同时具有编程技能并掌握相位解包裹原理,而这是一个复杂问题[18]。

因为解包裹相位的值依赖于解包裹程序的起始点,所获得的相位图是相对相位图,虽然它包含几何信息,但不能直接用于表示几何图形。如图7.10所示,对于平面,可以从参考相位图中减去相位图,或者将相位图缩小以显示缺陷或表征几何

261

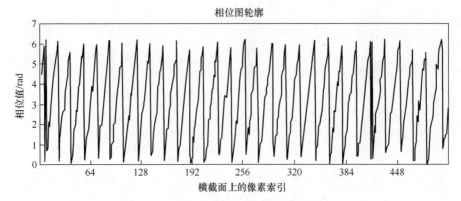

图 7.8 具有 2π 跳变的包裹相位图轮廓

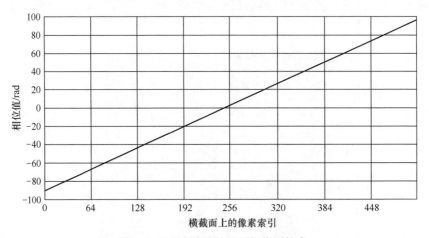

图 7.9 2π 连续性的展开相位图轮廓

特征。但是对于复杂的几何形状的测量或与待测件几何公差的定量比较测量,实际表面几何结构和相位图之间的差异是显而易见的,如图 7.7(e)、(f)所示。然而,当采用适当模型并与相位到坐标转换算法一起使用时,可以从包裹相位图中重建准确的 3D 形状[19-20],如图 7.7(f)所示。

3. 相移分析的优点

由于干涉图在强度峰/谷之间为所有采样点提供几何信息,因此可在全视场范围内实现相移分析。获得的相位图沿横向和垂直方向提供方向信息,例如正、负斜率和凸、凹局部曲率。

根据图像对比度,而不是峰到谷的强度变化进行相移分析,获取相位信息,从而实现更高的准确度,并能够分析各种表面粗糙度,包括某些零件反射率高的表面。图 7.11 所示为如何利用相移技术获得反射率高的长条刀片的尺寸信息[21]。由于相移技术无须对待测零件进行表面处理,因此具有表面容差大的特性,便于在制造业中实现现场或在线检测。

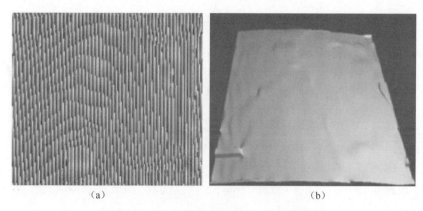

（a）   （b）

图 7.10   （a）包裹相位图和（b）相位展开图

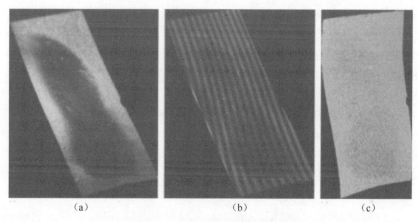

（a）   （b）   （c）

图 7.11   反射率高的零件测量

（a）2D 图像；（b）干涉图像；（c）3D 点云。

7.2.3   相移系统

相移相位测量方式较多。相移系统可分为三类：需要机械运动的物理相移[5,16,22-24]，通过数字投影仪而无须移动的数字相移[8,9,12,21]，以及同步相移技术。

1. 物理相移系统

在物理相移阶段，使用诸如陶瓷相移器件（PZT）或其他电动平移台，实现组件或子系统相对于其他组件或子系统的移动。在相移迈克耳逊干涉仪中[25]，为了引入相移，移动参考光路中的反射镜。小视场的干涉仪，其分辨力都非常高。相移 ϕ 和平移偏移量 δ 之间的关系为

$$\phi = 4\pi \frac{\delta}{\lambda} \qquad (7.6)$$

式中:λ 为光源的波长。

在投影莫尔系统中,光栅通常沿着与光栅线垂直的方向在光栅平面内横向移动[26]。相位偏移量 ϕ 和平移偏移量 δ 之间的关系为

$$\phi = 2\pi \frac{\delta}{p} \qquad (7.7)$$

式中:p 为物理光栅的间距。

在阴影莫尔系统中,光栅[5]或待测件[27]均可平移。如果平移光栅,该平移发生在光栅平面,式(7.7)仍然有效。如果平移待测件,则平移方向垂直于光栅,并且平移量取决于组件和系统装置。

在干涉相移系统[28-29]中,图像采集系统和条纹投影系统相互平移。平移量还取决于相移的系统装置和组件。

2. 数字相移系统

在如图 7.4 所示的数字相移系统中,数字投影仪如 LCD、DMD 和 LCOS 用于投影软件生成的具有特定强度分布的条纹图,将正弦曲线投射到物体表面。高分辨力相机用于采集由物体表面调制的条纹图案。利用相移算法、相位包裹和解包裹算法获得相对相位图。通过转换算法,从相位图中计算物体表面具有相应像素级分辨力的 x、y、z, 坐标。

对于竖直正弦条纹图,在计算机中,用于生成正弦条纹的公式为

$$I(u,v) = \frac{M}{2}\left[1 + \cos\left(2\pi \frac{u}{p} + \theta\right)\right] \qquad (7.8)$$

式中:$I(u,v)$ 为投影机芯片(LCD、DMD 或 LCOS)中点 (u,v) 处的灰度级;p 为条纹的周期,以像素为单位;M 为投影仪的最大灰度级;θ 为相移,条纹边缘沿 v 方向移动。

对于以 (u_c, v_c) 为中心的圆形条纹图,生成条纹图的公式为

$$I(u,v) = \frac{M}{2}\left[1 + \cos\left(2\pi \frac{r}{p} + \theta\right)\right] \qquad (7.9)$$

$$r = \sqrt{(u - u_c)^2 + (v - v_c)^2} \qquad (7.10)$$

式中:r 为圆形中心 (u_c, v_c) 的半径。$I(u,v)$、p、M,以及 θ 与式(7.8)中的意义相同。

在任何数字条纹图中,偏移的相位 θ 取决于所采用的相移算法。上述相移算法在 7.3 节详细讨论。

3. 同步相移技术

假设目标在图像采集过程中保持静止,则物理相移和数字相移技术需要采集多幅干涉图像。然而,在振动的环境中或当目标仍在移动时,需要对目标进行测

264

量。目前,此类的例子如面部表情的测量,有两种方法可解决:一种方法是在尽可能短的时间内采集图像,如利用红、绿和蓝(RGB)三个通道,但该方法有局限性;另一种方法是利用同步相移技术同时采集多幅图像或多幅分区域图像。

典型的解决方案是投影相移量为120°的RGB彩色条纹,并采用彩色相机采集图像[8]。从彩色图像中,可提取三幅单色图像,通过三步相移算法计算相位图。彩色条纹方法也可应用于投影莫尔系统[30]。在彩色条纹投影[31]研究中,制作了一个由RGB彩色条纹组成的投影光栅,每个单色通道具有一组条纹。三组条纹间距和条纹宽度相同。它们与1/3线间距的偏移重叠,产生120°相移。彩色相机同时采集三组条纹。由于相机和投影机可能对三个颜色通道响应不同,对于上述彩色条纹方法,从彩色图像中获取低噪声相位图,三个通道平衡至关重要。在后续误差分析章节会提供更为详细的讨论。

更先进的方法是利用投影仪硬件制作"伪"彩色条纹[32-33]。移除色轮后,当彩色条纹发送到数字投影机的DMD芯片时,投影仪的三个通道具有三个灰度级图像,且上述图像都具有120°相移。由于上述三幅图像在10ms内被投影,所以黑白相机必须与投影机同步才能在10ms的时间范围内拍摄三幅相移图像。然后通过相移算法重建物体表面的三维形状。三维测量速度可达到100Hz。该方法无须彩色相机,因此不存在色彩平衡问题。

为了避免色彩平衡问题,研究人员也会使用偏振分光产生多幅干涉图像通道,例如产生90°相移,然后利用多个照相机采集图像[34]。其他方法包括利用衍射光学元件(如全息元件[35]和玻璃板[36])实现波前分离。在第一种情况下[35],测试和参考光束通过全息元件,该全息元件将光束分成四束光,每束光在进入CCD相机之前,先经过双折射掩模板。四个掩模板在测试和参考光束之间引入相移。在相位掩模板和CCD传感器之间放置偏振片,使测试和参考光束发生干涉。在该装置中,利用单个相机上的单次拍摄采集四幅相移干涉图。

7.3 相位转换相移算法

尽管不同测量原理和相移方式不同,但是相移系统均利用多幅干涉图像,并且采用基本的相移算法从干涉图像中提取相位图。

7.3.1 一般的相移算法

对于干涉图和投影条纹,采集的2D条纹图像可表示为

$$I_k(i,j) = I_0(i,j)[1 + \gamma(i,j)\cos(\phi(i,j) + \theta_k)], \quad (k = 1,2,\cdots,K)$$

$$(7.11)$$

或

$$I_k(i,j) = I_0(i,j) + I'(i,j)\cos(\phi(i,j) + \theta_k), \quad (k = 1,2,\cdots,K) \quad (7.12)$$

式中：k 为在相位测量方法中图像的索引；I_k 为图像中 (i,j) 处的强度；I_0 为背景光照强度；γ 为条纹调制度（表示图像对比度）；I' 为调制后的图像强度；θ_k 为第 k 个图像的初始相位；K 为条纹图像的总数。

通常，在相移算法中要计算式(7.8)或式(7.9)中的相位项 $\phi(i,j)$。在本节中，值得注意的是离散相移算法及其特征。对相移算法的发展感兴趣的读者可参考文献[17,37]。此外，本节讨论相移算法的重点是相位包裹过程。读者应该记住，相位图包裹的模值具有 2π 跳变，因此需要相位解包裹以获得连续的相位图。

在相移系统中，图像调制度 γ 是一个非常有用的特征。γ 表示图像对比度，其范围为 $0\sim1$。调制度 γ 帮助产生掩模图像以避免相位解包裹中的问题。在工业应用中，零件的形状和环境照明条件变化很大，可能使某些区域饱和或接近饱和或太暗，以至于无法进行正确分析，在该区域，信噪比非常低，无法准确计算出的相位信息。因此，应在相位解包裹过程中剔除信噪比较低的点。当信噪比低的点较少时，可通过调制度 γ 检测信噪比低点的位置。一个常见的做法是设定 γ 的阈值。如果像素的 γ 小于阈值，则解包裹过程不能利用该像素的信息。

7.3.2　常见的相移算法

1. 三步相移算法

在三步移相算法[17,38]中，三幅干涉图像的相移量分别是 $\theta = -2\pi/3$、0 和 $2\pi/3$。在像素 (i,j) 处三幅相移图像的强度分别为

$$I_1(i,j) = I(i,j) + I'(i,j)\cos\left[\phi(i,j) - \frac{2\pi}{3}\right] \quad (7.13)$$

$$I_2(i,j) = I(i,j) + I'(i,j)\cos[\phi(i,j)] \quad (7.14)$$

$$I_3(i,j) = I(i,j) + I'(i,j)\cos\left[\phi(i,j) + \frac{2\pi}{3}\right] \quad (7.15)$$

在式(7-13)~式(7-15)中，包含三个未知数：I、I' 和 ϕ。通过求解式(7.1)，可得到相位 $\phi(i,j)$，即

$$\phi(i,j) = \arctan\left(\sqrt{3}\,\frac{I_1 - I_3}{2I_2 - I_1 - I_3}\right) \quad (7.16)$$

调制度为

$$\gamma(i,j) = \frac{\left[(I_3 - I_2)^2 + (2I_1 - I_2 - I_3)^2\right]^{\frac{1}{2}}}{I_2 + I_3} \quad (7.17)$$

三步相移算法只需要三幅干涉图像，因此它是最快的离散相移算法之一。但

该算法容易受到系统中的误差影响,如移相误差、非线性误差和噪声的影响。

2. 双三步相移算法

双三步相移算法是三步相移算法的改进,可有效减少系统的非线性误差。

已经证明,系统中的二阶非线性残差导致相位图中 $\Delta\phi$ 的误差[39]:

$$\tan\Delta\phi = \tan(\phi' - \phi) = \frac{\tan\phi' - \tan\phi}{1 + \tan\phi'\tan\phi} = -\frac{\sin(3\phi)}{\cos(3\phi) + m} \qquad (7.18)$$

$$\Delta\phi = \arctan\left[-\frac{\sin(3\phi)}{\cos(3\phi) + m}\right] \qquad (7.19)$$

式中: ϕ 为当系统具有完美的线性度时,利用传统的三步算法计算的相位; ϕ' 为当系统具有二阶非线性度时,利用传统三步算法计算的相位; m 为取决于系统线性度的常数。

式(7.19)表示误差图的频率是条纹图的 3 倍。如果在相移条纹图中引入初始相位偏移,则误差波形的相位将发生相应变化。当得到两个初始相位差为 60° 的相位图时,两幅误差图之间的相位差约为 180°。因此,当对两幅相位图取平均时,误差将会明显地降低。这意味着可用 0°、120°、240°(组 1)和 60°、180°、300°(组 2)的初始相位进行六幅干涉图的两次移相,利用两次三步算法,从每幅条纹图中计算出两个相位图,然后得到平均相位图。

理论上验证了双三步算法的有效性。在式(7.19)中,由于二阶非线性残差 ε 较小,因此 m 较大。如果 $m \gg 1$,则式(7.19)可简化为

$$\Delta\phi = \arctan\left[-\frac{\sin(3\phi)}{m}\right] = -\arctan\left[\frac{\sin(3\phi)}{m}\right] \qquad (7.20)$$

如果为干涉图引入了一个具有 60°初始相位偏移的相位图,则相位误差就变为

$$\Delta\phi' = \arctan\left[-\frac{\sin(3\phi + 180°)}{k}\right] = \arctan\left[\frac{\sin(3\phi)}{m}\right] \qquad (7.21)$$

显然 $\Delta\phi = -\Delta\phi'$。因此,如果平均两幅相位图,则误差将会消失。

3. 四步相移算法

四步相移算法利用四幅相移量为 θ 的干涉图像:

$$\theta_i = 0, \frac{\pi}{2}, \pi, \frac{3\pi}{2}, \quad (i = 1,2,3,4) \qquad (7.22)$$

四幅图像分别为

$$I_1(i,j) = I(i,j) + I'(i,j)\cos[\phi(i,j)] \qquad (7.23)$$

$$I_2(i,j) = I(i,j) + I'(i,j)\cos\left[\phi(i,j) + \frac{\pi}{2}\right] \qquad (7.24)$$

$$I_3(i,j) = I(i,j) + I'(i,j)\cos[\phi(i,j) + \pi] \qquad (7.25)$$

$$I_4(i,j) = I(i,j) + I'(i,j)\cos\left[\phi(i,j) + \frac{3\pi}{2}\right] \qquad (7.26)$$

利用三角函数计算,相位信息为

$$\phi(i,j) = \arctan\left(\frac{I_4 - I_2}{I_1 - I_3}\right) \tag{7.27}$$

调制度为

$$\gamma(i,j) = \frac{2\left[(I_4 - I_2)^2 + (I_1 - I_3)^2\right]^{1/2}}{I_1 + I_2 + I_3 + I_4} \tag{7.28}$$

四步相移算法中相邻两幅图之间的相移量为90°,并且在某些情况下更易实现,使其成为同步相移系统中最有用的算法。

4. Carré 相移算法

Carré 相移算法是用于未知相移的四步相移算法。四幅图像分别为

$$I_1(i,j) = I(i,j) + I'(i,j)\cos[\phi(i,j) - 3\theta] \tag{7.29}$$
$$I_2(i,j) = I(i,j) + I'(i,j)\cos[\phi(i,j) - \theta] \tag{7.30}$$
$$I_3(i,j) = I(i,j) + I'(i,j)\cos[\phi(i,j) + \theta] \tag{7.31}$$
$$I_4(i,j) = I(i,j) + I'(i,j)\cos[\phi(i,j) + 3\theta] \tag{7.32}$$

在四个公式中,含四个未知数。相位 ϕ 为

$$\phi(i,j) = \arctan\left(\frac{\sqrt{3(I_2 - I_3)^2 - (I_1 - I_4)^2 + 2(I_2 - I_3)(I_1 - I_4)}}{(I_2 + I_3) - (I_1 + I_4)}\right)$$

$$\tag{7.33}$$

Carré 相移算法非常明显的特征是其恒定相移量 2θ 是任意的,并且测量相位对所有偶次谐波都不敏感[17,40-41]。特别是在整个 2π 范围内,相移系统不具有线性响应时,如果在相对线性段中的小相移范围内进行相移,Carré 相移算法仍会得到较好的结果。

由于相移量灵活,实验验证 Carré 相移算法适用于不同的情况。当存在二阶相移误差,相移量为 65.8°时,平均相位测量误差降至最低[41]。相机响应中存在非线性系统强度误差时,对于最小相位测量误差,最佳相移量为 103°。对于具有随机强度测量误差的噪声较大的图像,相移量为 110.6°使平均相位测量误差降至最低。

尽管将四步相移方法视为 Carré 相移算法的特殊情况,但是它具有优于 Carré 相移算法的特征,如可简单又快速地计算相位图和调制度。

5. 五步相移算法

具有未知但相移量恒定的五步相移算法也称为 Hariharan 算法[17,42]。五幅干涉图分别为

$$I_1(i,j) = I(i,j) + I'(i,j)\cos[\phi(i,j) - 2\theta] \tag{7.34}$$
$$I_2(i,j) = I(i,j) + I'(i,j)\cos[\phi(i,j) - \theta] \tag{7.35}$$
$$I_3(i,j) = I(i,j) + I'(i,j)\cos[\phi(i,j)] \tag{7.36}$$

$$I_4(i,j) = I(i,j) + I'(i,j)\cos[\phi(i,j) + \theta] \qquad (7.37)$$

$$I_4(i,j) = I(i,j) + I'(i,j)\cos[\phi(i,j) + 2\theta] \qquad (7.38)$$

当相移量 $\theta = 90°$ 时,相位 ϕ 和调制度 γ 分别为

$$\phi(i,j) = \arctan\left(\frac{2(I_2 - I_4)}{2I_3 - (I_1 + I_5)}\right) \qquad (7.39)$$

$$\gamma(i,j) = \frac{3\sqrt{4(I_4 - I_2)^2 + (I_1 + I_5 - 2I_3)^2}}{2(I_1 + I_2 + 2I_3 + I_4 + I_5)} \qquad (7.40)$$

上述相移算法对相移误差具有较大容差,即使仍然存在二阶残差,但可消去一阶误差项。对于任意的相移,相位 ϕ 和调制 γ 分别为[43]

$$\phi(i,j) = \arctan\left(\frac{\sqrt{4(I_2 - I_4)^2 - (I_1 - I_5)^2}}{2I_3 - (I_1 + I_5)}\right) \qquad (7.41)$$

$$\gamma(i,j) = \frac{(I_2 - I_4)^2 \sqrt{4(I_2 - I_4)^2 - (I_1 - I_5)^2} + (I_1 + I_5 - 2I_3)^2}{4(I_2 - I_4)^2 - (I_1 - I_5)^2} \qquad (7.42)$$

与 Carré 相移算法一样,五步相移算法对于相移误差不敏感[44]。

6. 多步相移算法

虽然很少利用五幅以上图像的相移算法[17,45,46],但的确存在多步相移算法。它们处理图像的计算量更大和时间更长,有时无法计算调制度,但是通常能减少误差。例如,基于 Surrel 六步算法的七步相移算法采用条纹平均技术,由于采用二次线性补偿,即使当条纹包含二次谐波失真时,实验证明其对于线性相移误差和二次非线性相移误差不敏感[45]。研究者也对高阶相移算法(6 步、8 步和 9 步算法)进行研究,以验证其对二次相移误差和空间不均匀相移误差补偿的有效性[46-47]。

7. 空间载波相移算法

空间载波方法仅利用一幅高分辨力干涉图像,从中提取出具有较低分辨力的多幅子图像,从而可以利用多步相移算法提取相位[19,43,48-50],由于空间载波方法仅利用一幅干涉图像,可在动态环境中应用,如振动或运动物体的测量,同时仍具有相移技术的优点。通过选择原始图像中的每 N 个像素获得子图像(N 是相移算法的步数),因此上述子图像具有原始图像的 $1/N$ 横向分辨力。

对于具有曲率的表面,如边缘断裂或球形/圆柱形表面,边缘间距和相邻像素之间的实际相移可能在整个表面上变化较大。当利用空间载波技术时,选择具有未知相移的相移算法(如 Carré 相移算法)或具有任意相移的五步相移算法(如7.3.2 节所述)是至关重要的。对于空间载波相移算法,局部曲率对测量准确度起决定性的影响。

空间载波方法对随机噪声敏感,当表面粗糙度变化较大时,测量结果较差。在传统相移算法中,K 幅相移图的强度 I_k 中像素点 (i,j) 对应表面上相同的物理位

置,与传统相移算法不同,在空间载波技术中,$I_k(i,j)$对应不同的物理位置(原始图像中的相邻像素)。因此,利用传统的相移算法,表面反射或散射角、表面粗糙度、照射角度和随机噪声的变化都可能会导致包裹相位产生误差。

7.3.3　相移算法的选择

不同的相移算法用于减少不同类型的误差。由于每个算法都有自己的特点,没有一个算法可满足所有要求,所以对于特定相移测量系统,需要仔细分析和权衡考虑选择最合适的相移算法。

由于不同的系统都有主要误差来源,因此不同系统的特性不同。对于数字相移系统,通过软件编程实现相移,不存在相移误差。主要的误差来源为相机和投影机的非线性响应以及噪声的影响。对系统非线性响应不敏感的相移算法会得到最佳的测量结果。相反,对于物理相移,相移误差通常是主要误差来源之一。当利用物理相移方法时,对相移误差不敏感的算法最有效。通常,对于非准确校准的线性误差和非线性误差,利用未知相移的算法能取得较好的效果,如 Carré 相移算法和五步相移算法。对于同步相移系统,相同摄像机上的多个相机或子图像的未对准可能是主要误差来源,且所选择的算法需在未对准情况下工作。

其他需考虑的与应用需求相关的因素,包括零件几何特性(特别是曲率变化和表面粗糙度)、测量速度、测量环境和准确度要求。

7.4　相移系统的建模与校准

由于相位包裹的原因,相移算法得到一个具有 2π 跳变的相位图。为了消除 2π 跳变,需要进行相位解包裹处理。相位解包裹后可获得连续的相位图 $\phi(i,j)$。相位图包含有关测量表面的几何信息,测量表面有的时候看起来像一个不规则、扭曲的 3D 表面轮廓。然而,解包裹的相位图中的相位值取决于解包裹的起始点。因此,从唯一的包裹相位图 $\phi(i,j)$ 中可得到多幅解包裹相位图 $\phi(i,j)$。此外,通常由一组 3D 坐标的点云而不是相位图表示每一个点以实现面形的数字化。从连续相位图转换为表面点的坐标是准确测量的关键过程,需要特定的绝对相位图并进行系统建模和系统校准。

7.4.1　相移测量系统的建模

相移过程的相位图包含关于物体轮廓的信息,并且相位图与其 3D 形状相似,但相位图和轮廓并不相同。对于工业应用,表面轮廓不是所需的相位图。一旦从图像获得相位图,就必须进一步计算物体表面上采样点处的坐标。采样点坐标计算与从相位图到建模的坐标转换算法有关,需要考虑系统装置的要求以及物体的复杂度,目前相位的转换模型可分为:线性模型、部分线性模型和非线性模型三类。

1. 相位解包裹图和绝对相位图

在进一步讨论相位的转换模型之前,需要对术语"绝对相位图"进行解释说明。研究人员最初利用绝对相位图代替 2π 连续相位图像[51],如解包裹相位图。当前,利用绝对相位图表示转换为坐标的相位图。

对于线性或部分线性模型,通常,绝对相位图由测量相位图减去参考相位图获得。测量相位图是相移之后的解包裹相位图。通过在参考平面上进行相移(通常是平面)或通过在测量相位图上产生由特定点(水平和垂直线)确定的平面相位获得参考相位图。后续计算的坐标将参考该平面。相减后,测量相位图的值变小。在测量相位图和参考相位图的解包裹过程中,解包裹处理的起始点应相同。

对于非线性模型,通过投影仪或相机将绝对相位图与坐标系相关联。对于物理相移,可使用具有特定特征的特殊部件,例如,折叠镜的接缝和重叠点或接缝或类似特征。对于数字相移,可投影附加的线或某种特殊图形。上述线或图形在投影仪中具有已知的物理位置,并且更容易建立相位值和物理位置之间的关系,以进一步获得与系统几何参数直接相关的绝对相位图。

如图 7.7 所示量具的绝对相位图就是一个示例。用于测量量具的数字相移系统与图 7.4 所示的装置极为相似,包括了黑白 CCD 相机、采用 DMD 技术的数字光处理(DLP)投影仪、图像处理器板(matrox genesis)、PC 工作台以及用于系统控制和基于 Windows 的数字处理软件。为了获得绝对相位图,将投影仪 DLP 芯片中央的垂直中心线投影到物体表面。投影中心线图像如图 7.12 所示。目的是将相位图中的每个像元与投影仪 DMD 芯片上的点相关联。

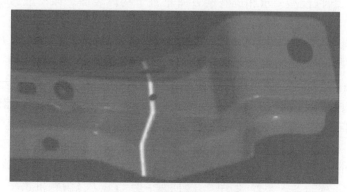

图 7.12　投影的中心线图像

中心线图像用于识别与投影仪芯片中心线相对应的相位图中的像元。上述像元应具有与投影区域的中心线相同的绝对相位,对投影的干涉图进行编程。已知中心线像元的绝对相位,可通过简单地平移相对解包裹的相位图 $\Phi(i,j)$ 获取整个表面的绝对相位图。假设中心线的绝对相位为 Φ_0,绝对相图 $\Phi'(i,j)$ 可表达如下:[38]

$$\Phi'(i,j) = \Phi(i,j) + \Phi_0 - \frac{1}{N}\sum_{k=1}^{N}\Phi_k \qquad (7.43)$$

式中:Φ_k 为与投影场中心线对应的像元相位;N 为指定区域中的像元总数。

数字 N 可能小于 CCD 传感器的垂直像元的总数,因为中心线可能会投影到物体表面上的空缺位置,并且以空缺附近为中心的线应该被排除在外。理论上,利用一个像元的绝对相位足以获得物体的整幅绝对相位图。然而,如式(7.43)所示,通过平均多个像元处的绝对相位值,得到更加准确的结果。

在数字相移中,除了中心线投影之外,也研究了其他一些技术,例如在投影条纹中嵌入条纹或特征的其他技术[52-53]。感兴趣的读者可查阅相关论文。

2. 平面测量的线性模型

许多研究人员喜欢利用简单模型进行测量,线性模型非常直观:横向尺寸与像元索引成比例,而垂直尺寸与减去参考相位的绝对相位成比例。将具有绝对相位 Φ' 的像元 (i,j) 映射到坐标 (x,y,z) 的计算,可通过下式计算:[53,54]

$$x = K_x(i - C_x) \qquad (7.44)$$

$$y = K_y(j - C_y) \qquad (7.45)$$

$$z = K_z\Phi' \qquad (7.46)$$

式中:K_x、K_y、K_z 为三个坐标方向的标量;(C_x,C_y) 为水平方向指定的坐标原点。

实际应用中,K_x 和 K_y 通常由标定的 FOV 确定,K_z 由光阶规标准决定。

很明显,线性模型要求相机观察方向垂直于物体表面。该模型通常仅用于平面测量。

典型示例是用于测量印制线路板(PCB)平整度的阴影莫尔技术,其中阴影莫尔技术在一些工业标准中已经被指定为弯曲量的测量工具[55-56]。

3. 平面测量的部分线性模型

部分线性模型假设坐标值(通常为 x 和 y 坐标)与图像上的像元索引 (i,j) 成比例,利用非线性公式的绝对相位值计算垂直坐标。

为了推导部分线性模型的坐标表达式,必须做出一些假设,例如,假定相机与光栅处于相同的高度或假设相机/透镜的光轴垂直于物体表面。利用该方法,可简化干涉投影系统的系统装置,如图 7.13 所示。令 (C_x,C_y) 为相机焦平面与成像透镜光轴的交点,坐标 (x,y,z) 为

$$x = K_x(i - C_x) \qquad (7.47)$$

$$y = K_y(j - C_y) \qquad (7.48)$$

$$z = h = \frac{L * \Phi'}{\Phi' - 2\pi fD} \tag{7.49}$$

式中:K_x、K_y 为通过标定 FOV 确定的 x,y 方向标量。

在式(7.49)中,Φ' 是绝对相位,即像元(i,j)在参考平面和物体平面之间的相位差,f 为参考平面上条纹的平均频率。通过从参考平面的相位图中减去物体的相位图或通过消除测量相位图中的斜率以获取 Φ'。式(7.49)不是通用表达式。根据系统的装置,可得到类似的表达式[57]。

在某些情况下,式(7.47)~式(7.49)可提供比较准确的测量结果,特别是针对平面的测量。但是在上述分析中有很多假设,以至于不能满足曲面测量所需的准确度。例如,在图 7.13 中,无法确保相机和条纹投影单元恰好在同一高度。此外,对于具有各种曲率的复杂表面形状,或者在无法确保物体垂直于成像系统轴线的装置中,由于放大率变化,x 和 y 坐标不与图像索引(i,j)成比例。当测量结果与模型或从坐标测量仪上得到的测量数据进行比较时,复杂表面的测量形状中的误差非常明显。

当 $L \gg h$ 时,z 可进一步简化为

$$z = k_z \Phi' \tag{7.50}$$

其中

$$K_z = -\frac{L}{2\pi fD} \tag{7.51}$$

在该情况下,部分线性模型简化为式(7.44)~式(7.46)所示的线性模型。

4. 复杂形状的非线性模型

为了获得更准确的结果,需要比线性和部分线性模型更接近实际情况的非线性模型。为了展示非线性模型,图 7.4 中数字条纹投影系统的关键系统参数。图中,L 为成像透镜中心,R 为投影透镜中心,并且全局坐标系 XYZ 的起点位于点 O 处。

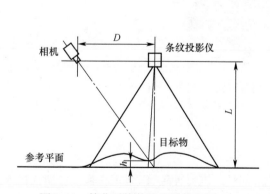

图 7.13　简化系统装置以计算坐标 z

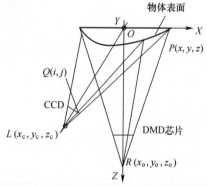

图 7.14　含 DLP 投影机的数字相移系统

物体上任一点 P 的 3D 坐标 (x,y,z) 在 3D 空间中对应唯一的图像像素坐标 $Q(i,j)$ 和绝对相位值 $\Phi(i,j)$。首先,干涉图的每个垂直光片 RP 上的所有点具有相同的相位,因此根据绝对相位值 Φ' 计算投影仪上条纹线的位置。具有相位 $\Phi'(i,j)$ 的光片 RP 的等式为

$$A(\Phi',i,j,c\cdots)x + B(\Phi'',j,c\cdots)y + C(\Phi',i,j,c\cdots)z = D(\Phi',i,j,c\cdots)$$

(7.52)

式中:A、B、C 和 D 定义光片 RP 的参数,包括相位值 $\Phi'(i,j)$,图像索引 (i,j) 和系统参数 c。另外,在成像系统中,物点 P 位于图像像元 $Q(i,j)$ 和相机镜头中心 $L(x_c,y_c,z_c)$ 的连线上。该连线 LQ 的公式为

$$\frac{x - x_c}{l} = \frac{y - y_c}{m} = \frac{z - z_c}{n}$$

(7.53)

式中:(l,m,n) 为该线的方向向量。

通过求解式 (7.52) 和式 (7.53) 计算成像光线 LQ 和投影光片 RP 平面之间的交点,给出物体表面上的任意点 P 的坐标 (x,y,z)。

该模型适用于所有系统和复杂曲面。与线性和部分线性模型不同,它不仅提供准确的形状,而且在标定全局坐标系的过程中提供了该表面的空间位置,使得能够从多个测量结果[58]进行数据融合并实现精确的 360°形状重建[59]。图 7.15 所示为 360°重建含有复杂表面纹理花盆的形状。值得注意的是,相机的倾斜使 FOV 放大率发生变化,从而使条纹顶部的相邻条纹之间的相移产生变化。

图 7.15　360°重建复杂表面纹理花盆的形状

7.4.2　相移系统的标定

无论利用哪个相对坐标转换模型,都必须进行标定,以确定转换算法所需的系统参数,用于计算目标物的坐标。对于线性模型和部分线性模型而言,该标定过程比较简单,就像估计 FOV 和测量已知高度的台阶一样简单。然而,为了获得准确

的测量结果,对于透镜误差补偿或者非线性模型而言,需要更为复杂的标定过程。

实际上,标定过程是一个优化过程,找到一组参数,使标定数据后的误差最小化。标定过程的最终目标是确定用于计算物体表面坐标的系统参数。上述参数称为外参数。某些标定方法还需要确定内参数以补偿非对准误差、成像镜头和相机所产生的畸变。研究多种标定过程,其中,应用最广泛且具有多种自适应形式的标定方法[38,60-66]是:在平移台上用标定板目标实现的 Tsai 标定[60]以及将标定板放置在 3D 空间中的不同方向实现张氏标定[61]。

1. 相机标定

相机模型描绘了 3D 空间中的点与 2D 相机传感器芯片中像元之间的映射。相机模型中的参数可分为描述相机的固有参数,以及确定相机在 3D 空间中姿态的外部参数。相机标定是确定内参和外参的过程。虽然对复杂的相机模型[68-69]开展了研究,但由于工业中采用高品质成像镜头,简化的针孔相机模型[67]一般可以满足标定要求的准确度。针孔相机模型如图 7.16 所示。假设成像透镜的焦距为 f,3D 空间中的点 $P(x,y,z)$ 在图像点 $Q(u,v)$ 处的 2D 图像平面中的投影为

$$u = \frac{fx}{z} \tag{7.54}$$

$$v = \frac{fy}{z} \tag{7.55}$$

本节简要介绍 Tsai 和张氏标定方法,上述两种方法都是基于针孔相机模型。感兴趣的读者可参考有关文献了解更多关于其他相机模型和相关标定技术的详细信息。虽然互联网上有许多标定工具包,但不同模型可能会使用相同术语表示不同的含义,故强烈建议大家彻底理解工具包的相机模型。

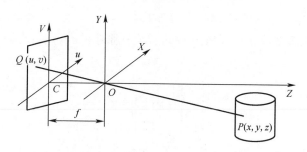

图 7.16　针孔相机模型

Tsai 相机校准方法可标定共面和非平面点。它是两步标定方法,可分别校准内参和外参。在 Tsai 标定中,有以下 11 个优化参数。

f——相机镜头的有效焦距;

k——相机镜头的径向畸变系数;

(C_x, C_y)——图像坐标的原点(透镜轴与图像传感器的交点);

S_x——由于硬件计时误差产生的比例因子;

(R_x, R_y, R_z)——全局和相机坐标系之间的旋转角度;

(T_x, T_y, T_z)——全局和相机坐标系之间的平移位置。

旋转矩阵 $\boldsymbol{R}$ 从 (R_x, R_y, R_z) 中计算:

$$\boldsymbol{R} = \begin{bmatrix} r_1 & r_2 & r_3 \\ r_4 & r_5 & r_6 \\ r_7 & r_8 & r_9 \end{bmatrix} \tag{7.56}$$

其中

$$r_1 = \cos R_y \cos R_z \tag{7.57}$$

$$r_2 = \sin R_x \sin R_y \cos R_z - \cos R_x \sin R_z \tag{7.58}$$

$$r_3 = \sin R_x \sin R_z + \cos R_x \sin R_y \cos R_z \tag{7.59}$$

$$r_4 = \cos R_y \sin R_z \tag{7.60}$$

$$r_5 = \sin R_x \sin R_y \sin R_z - \cos R_x \cos R_z \tag{7.61}$$

$$r_6 = \cos R_x \sin R_y \sin R_z - \sin R_x \cos R_z \tag{7.62}$$

$$r_7 = -\sin R_y \tag{7.63}$$

$$r_8 = \sin R_x \cos R_y \tag{7.64}$$

$$r_9 = \cos R_x \cos R_y \tag{7.65}$$

平移矩阵 $\boldsymbol{T}$ 定义为

$$\boldsymbol{T} = \begin{bmatrix} T_x \\ T_y \\ T_z \end{bmatrix} \tag{7.66}$$

通过平移矩阵 $\boldsymbol{T}$ 和旋转矩阵 $\boldsymbol{R}$ 将世界坐标系中的点 (x, y, z) 转换到图像坐标系为

$$\begin{bmatrix} x_i \\ y_i \\ z_i \end{bmatrix} = \boldsymbol{R} \begin{bmatrix} x \\ y \\ z \end{bmatrix} + \boldsymbol{T} \tag{7.67}$$

在图像平面坐标中,根据针孔相机模型,未发生畸变的坐标 (x_u, y_u) 到畸变坐标 (x_d, y_d) 的转换为

$$x_u = \frac{f x_i}{z_i} \tag{7.68}$$

$$y_u = \frac{f y_i}{z_i} \tag{7.69}$$

$$x_d = \frac{x_u}{1 + kr^2} \tag{7.70}$$

$$y_d = \frac{y_u}{1 + kr^2} \tag{7.71}$$

式中：k 为透镜畸变系数；$r = \sqrt{x_d^2 + y_d^2}$。

从畸变坐标 (x_d, y_d) 到最终图像坐标 (x_f, y_f) 的转换为

$$x_f = \frac{s_x x_d}{d_x} + C_y \tag{7.72}$$

$$y_f = \frac{y_d}{d_y} + C_y \tag{7.73}$$

式中：(d_x, d_y) 为 X 和 Y 方向上相机像元的尺寸。

在 Tsai 标定中，标定数据准备阶段需要搭建标定装置。在该装置中，将特定图像的平面目标安装到平移台，平移台的目标平面垂直于平移方向。在标定范围内平移标定目标(通常尽可能接近测量范围)。在每个位置，采集目标图像并保存平移读数。在标定目标(通常在中间)上指定 X 和 Y 轴的原点，将平移方向定义为 Z 轴，其中一个平移位置设置为 $Z = 0$。目标图像进行图像处理后，对于标定目标上的每个特征，建立图像平面中的真实图像坐标(x_f, y_f)和标定数据中的三维坐标(x, y, z)之间的唯一对应关系。将该数据集应用于 Tsai 校准算法，并结合相机和镜头的已知信息，确定优化的内参和外参。

张氏相机标定以另一种形式描述了 3D 空间中的点(x, y, z)和图像平面中的图像点(u, v) 之间的关系：

$$s \underbrace{\begin{bmatrix} u \\ v \\ 1 \end{bmatrix}}_{\tilde{m}} = \underbrace{\begin{bmatrix} \alpha & \gamma & u_0 \\ 0 & \beta & v_0 \\ 0 & 0 & 1 \end{bmatrix}}_{A} \underbrace{\begin{bmatrix} r_1 & r_2 & r_3 & t \end{bmatrix}}_{[R \; t]} \underbrace{\begin{bmatrix} x \\ y \\ z \\ 1 \end{bmatrix}}_{\tilde{M}} \tag{7.74}$$

式中：s 为任意比例因子；$[R \; t]$ 为包含外参的变换矩阵。

比例矩阵 A 定义为

$$A = \begin{bmatrix} \alpha & \gamma & u_0 \\ 0 & \beta & v_0 \\ 0 & 0 & 1 \end{bmatrix} \tag{7.75}$$

式中：α 为图像 u 轴中的有效焦距；β 为图像 v 轴中的有效焦距；γ 为图像平面中 u 轴和 v 轴的倾斜系数；R 为由三列向量 r_1、r_2 和 r_3 组成的旋转矩阵；t 为平移矩阵；

(u_0,v_0)为主点坐标;(k_1,k_2)为两个径向畸变系数。

畸变的图像坐标(u',v')与未发生畸变的图像坐标(u,v)相关,即

$$u' = u + (u - u_0)(k_1^2 + k_2 r^4) \tag{7.76}$$

$$v' = v + (v - v_0)(k_1^2 + k_2 r^4) \tag{7.77}$$

其中

$$r = \sqrt{(u - u_0)^2 + (v - v_0)^2} \tag{7.78}$$

张氏标定首先利用闭合解方法解出 5 个内参和所有外参,然后利用最小二乘法估计径向畸变系数。当透镜中的实际光学几何畸变是三次方函数时,该估计可能不准确。

在张氏标定中,无须进行平移。特定图形的平面目标至少放置在三个方向:第一个方向是 z 轴原点方向,其他两个方向相对第一个方向倾斜。目标的运动是灵活的、随机的。在目标上指定 X 和 Y 原点。在每个方向,采集和处理图像以获取标定数据集。通过运行标定程序,利用相机和镜头中已知参数的数据集,获取内外参。

在 Tsai 标定或张氏标定中,都需要进行相关图像处理。标定目标的尺寸已知,并具有容易识别等特征。常见的图形包括点、圆环图形、棋盘图形、方格图形和线网格图形。图形上的中心或角点可作为标定特征。研究人员也利用编码标定[70]。

在相移测量系统中,利用标定参数从每个相机像元及其相位信息中计算 3D 坐标。与从已知的 3D 坐标标定不同,该坐标即为 3D 空间中目标特征的已知坐标。测量必须从像素坐标开始计算 3D 空间中的坐标,需要充分了解标定模型,并正确利用标定参数。

2. 投影仪标定

通常,投影仪标定认为是利用针孔模型的相机标定的反过程。虽然投影仪无法与相机一样拍摄照片,但它可以在投影仪芯片上投射具有已知像元信息(u,v)的图形,例如,已知的网格或条纹。在 Tsai 标定中,使用与相机标定相同的设置标定投影仪,由于标定目标上的投影图由相机采集。在相机标定之后,标定结果可用于计算投影特征的坐标(x,y,z),例如,3D 空间中某些已知 Z 位置上的网格点。建立 3D 空间中投影像素(u,v)和相关 3D 坐标(x,y,z)间的对应关系。利用标定算法处理所获得的数据集以获得投影仪标定参数。值得注意的是,要在相同的全局坐标系中标定投影仪和相机。图 7.17 所示为一幅在标定目标上的网格图像的投影图像,而图 7.18 所示为在五个 Z 位置上的投影网格点的点云,用于标定投影仪。

此外,也可以投影单个点,而不是网格图形。C. Sinlapeecheewa 利用立体视觉方法获得投影仪芯片中已知像元位置投射点的 3D 坐标[71]。另一位研究人员利用 CMM 将目标放置在指定的 3D 坐标处[72]。

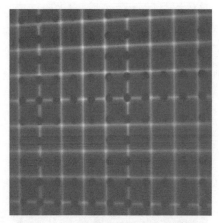

图 7.17　标定目标上具有点阵图案　　　　　图 7.18　5 个 Z 目标位置上的
　　　　　的投影网格　　　　　　　　　　　　　投影网格点的点云

　　利用网格数据集标定投影仪的优势在于可利用掩横板标定投影仪[21]。掩模板是验证像元有效的二进制图像。在数字相移系统中,投影和采集图像都进行编程。为了利用可编程性处理双反射光问题(从一个区域反射光到另一个区域,产生混淆),可以使用掩模板控制投影干涉条纹的位置以及测量位置。为了只照射特定区域,利用条纹掩模板投影条纹。由于基于相移技术的条纹投影测量中像素是不相关的(每个像素相互独立),因此,利用图像掩膜在待测件特定的小区域上获得测量数据。利用掩模板,可轻松地将零件分成几个测量区域,并分别测量。由点云、手动选择的掩模边框或一个已知位置的 3D 模型生成条纹掩模板。

　　另一种标定的投影仪方法是使用条带数据集而非网格数据集进行标定。当在数字相移系统中使用竖直条纹时,为了利用非线性模型进行相位到坐标的转换,需要与绝对相位值相对应的光片方向的信息。从两个已知的 3D 平面中通过插值可获得 3D 空间中的一个平面,该已知平面称为基准平面。假设两个基准平面的公式为 $A_1x+B_1y+C_1z+D_1=0$ 和 $A_2x+B_2y+C_2z+D_2=0$,对于相位值 Φ',投影仪芯片中的像元位置 δ 为

$$\delta = \frac{p\Phi'}{2\pi} \tag{7.79}$$

式中:p 为数字干涉条纹的间距。

　　其全局坐标系中对应的光片平面为

$$A_1x + B_1y + C_1z + D_1 + \delta \times (A_2x + B_2y + C_2z + D_2) = 0 \tag{7.80}$$

　　为了找到基准平面公式,可将具有已知条纹位置(由投影仪芯片上的像素数确定)的多组条纹投影到标定目标上,在每个位置的标定过程中,相机采集该标定

目标上的投影条纹。类似于网格图像处理,在每个已知 Z 位置处,对条纹图像进行处理,并且在相机标定后获得条纹的 3D 坐标。图 7.19 所示为标定目标上具有点阵图案的投影,图 7.20 所示为目标上 21 个 Z 位置处的 5 组投影条纹点云。利用该数据集,通过拟合获得两个基准平面公式参数(A_1,B_1,C_1,D_1)和(A_2,B_2,C_2,D_2)。

图 7.19 标定目标上具
有点阵图案的投影

图 7.20 目标上 21 个 Z 位置处
的 5 组投影条纹点云

在相机标定中,利用张氏标定时,无法利用由网格或条纹图像获得的 3D 点云确定 Z 的方向。在该情况下,就投影仪标定而言,必须建立相机和投影仪之间的几何关系[63,73]。基本思想是将 CCD 图像映射到投影机芯片上,形成投影仪图像。投影含有中心线条纹的垂直和水平图案,并且类似于传统相移方法,在横纵方向上进行相移以获得绝对相位图。保存水平绝对相位图 Φ'_x 和垂直绝对相位图 Φ'_y 并将相机像元映射到投影仪像元上。在标定过程中,利用相同棋盘格标定板在每个方向上进行相机标定和投影仪标定,并且采集棋盘格灰度图像和相移图像。利用张氏标定模型对棋盘的灰度图像进行相机标定处理。对于 CCD 图像上的每个特征(角点),其像元坐标(i,j)可映射到投影仪坐标(u,v)上(p_x 和 p_y 为条纹的间距),即

$$u = \frac{p_x \Phi'_x(i,j)}{2\pi} \tag{7.81}$$

$$v = \frac{p_y \Phi'_y(i,j)}{2\pi} \tag{7.82}$$

类似于相机标定,利用棋盘格标定板的特征位置及其对应的投影仪坐标(u,v)对投影仪进行标定。由于利用相同的棋盘格标定板进行相移和标定,所以通常采用彩色棋盘格标定板。

7.5 相移系统的误差分析和补偿

与其他光学仪器一样,相移测量系统应该利用最可靠和最优质且价格合理的组件。原因是显而易见的:专门设计的、畸变小的镜头比利用软件校正畸变的低质量镜头能提供更准确的测量结果;将投影仪的伽马值设置为线性,比补偿投影仪中的非线性伽马曲线效果好。此外,不同误差源之间的耦合可能会使误差补偿的效率更低且更难实现。另外,必须仔细调校系统,如对准、定焦或散焦的调校。尽管只有在建立一个"最佳"系统后误差校正和补偿才有意义,但是作为获得高质量测量结果的最后步骤,误差校正和补偿仍然非常有用。

7.5.1 相移系统中的误差源和校准

光学相移测量系统中有许多误差源[74-75]。本节讨论主要和常见的误差源及其特点。

1. 相移误差

在数字相移系统中,利用软件程序产生相移,理论上没有相移误差。在实际相移过程中,由于平移台未对准导致的线性相移误差和平移台的响应或控制较差而产生的非线性相移误差是主要误差源[22]。

有时,相移误差可在均匀灰度图像中产生波纹。例如,在三步相移算法中,三幅干涉图像的平均图像不产生波纹。式(7.12)~式(7.14)中的平均图像为

$$\bar{I} = \frac{I_1 + I_2 + I_3}{3} = I(i,j) \tag{7.83}$$

平均图像应该是均匀背景图像。该图像的亮度约为最大亮度的1/2。

如果一幅图像有相移误差,则平均图像将具有明显的波纹。图7.21所示为相移为0°、120°和245°的三幅模拟条纹图的平均图像。

图7.21 当第三幅条纹图像有5°相移误差时,平均图像上的波纹
(a)0°;(b)120°;(c)245°;(d)平均图像。

减少相移系统中相移误差的一个方法是利用线性相移器,并仔细标定平移台响应以确定电压或脉冲信号。另一个方法是选择对相移误差不敏感的相移算法,例如 Carré 相移和五步相移算法。

2. 探测器/投影仪中的非线性误差

相机和投影仪都可能存在非线性误差。对于工业数码相机,尽管大多数相机都具有非常好的线性度,除非相机增益设置得太低或太高,否则二阶非线性可能仍然存在。对于图像和家庭影院数字投影仪,由于人眼视觉感知是非线性的,因此默认伽马设置通常是非线性的。部分投影仪允许用户将伽马重置为线性,但二阶非线性可能仍然存在。作为数字相移系统中最主要误差源之一,必须补偿非线性误差,在 7.5.2 节中将开展更详细地讨论。

典型的非线性伽马曲线如图 7.22 所示。伽马曲线是通过对佳能 SX50LCOS 投影仪加载一系列均匀的灰度图像得到的,其中图像的最大灰度级由 8 位数据决定(最大灰度级为 255),相邻图像的灰度级相差 1。针对 9 个可用伽马设置(-4~4)中的每一个设置,利用 12 位数字 QImaging 相机采集白色漫射目标上的每一幅投影均匀的灰度图像。曲线显示相机和投影仪的响应是非线性的,非线性响应主要来自投影仪。

部分相移法可减少非线性误差。例如,已经证明,双三阶相移算法对于减少成像或投影系统中来自相机或投影仪的二阶非线性误差非常有效。

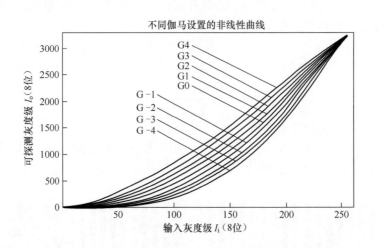

图 7.22　佳能 SX50 LCOS 投影仪的非线性曲线

3. 建模和标定误差

选择正确的建模和标定方法对于准确测量至关重要。如果透镜具有严重失真(可能是放大率误差、场曲以及几何光学畸变的组合),不标定透镜误差,就无法获得准确结果。标定板精度,标定装置以及内参和外参的标定模型均有助于优化标定结果。

将绝对相位图转换为 3D 点云的模型也至关重要。对于具有曲率的曲面,简化的线性或部分线性模型将导致非常明显的误差。在某些需要多视角拼接或极高准确度的情况下,不能认为光栅或数字投影仪的光片是平面的。相反,光片必须被视为弯曲表面,并且需要装配在局部圆柱形表面中。

4. 彩色条纹投影的失调误差

彩色条纹已用于相移,其具有独特性——一幅彩色条纹图实现三个 120° 的相移,从而允许在振动环境中快速测量。然而,对于彩色条纹投影[8,13,30,31,71],色彩平衡是一个很大的挑战。因为人眼对不同颜色有不同的敏感度,所以很多数字投影仪对 RGB 颜色设不同的伽马值。彩色照相机也可能具有不均匀的光谱响应。在相移测量中,由于三个通道之间的不平衡(对应三幅条纹图像)而导致的亮度变化可能会引起误差和噪声。此外,还需要特别考虑彩色物体表面的测量问题[76]。

5. 量化误差

电子技术的进步明显降低了量化误差。目前,12 位数码相机非常普遍,导致量化误差达到纳米级,从而可忽略不计[74]。减小数字投影仪的量化误差的方法包括采用一个高分辨力、像素间距大的投影仪和使投影条纹离焦的方法,其中离焦的时候相当于是低通滤波器。部分投影仪可加载 10 位图像,如 DLP,与 8 位数据格式相比显著减少了量化误差。

6. 环境中的误差和噪声

仿真研究表明由振动和空气湍流引起的相位误差频率是条纹空间频率的 2 倍[74]。显而易见的方法是采用隔振或屏蔽仪器。其他消除振动噪声的方法包括选择对振动不太敏感的相移算法,利用更少的图像和更短的快门时间快速采集数据,以及利用同步相移或彩色条纹。

通过平均多幅图像得到条纹图,可减少相机的背景噪声和电子噪声。对于数字投影仪而言,适当长的相机快门时间可使采集的条纹更稳定,而太短的快门时间可能会产生问题,因为在采集图像期间,从一帧图像到另一帧图像的刷新时刻或投影仪像素的动态二进制开/关时刻,相机都可能会采集到图像。

对于高度精确、可重复和可靠的测量而言,热漂移可能是另一个严重问题。对于大 FOV 测量,0.1 个像素漂移可能会导致 3D 空间中坐标产生 0.5mm 的位移。佳能 SX50 LCOS 投影仪的漂移如图 7.23 所示。每 10min 采集一幅投影图像,并且绘制相同截面处的强度分布图。从图 7.23 中可看出,存在严重的漂移。

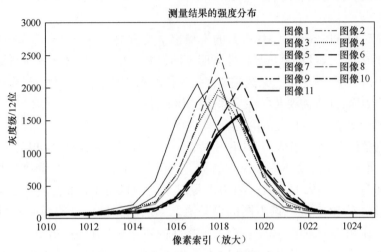

图 7.23　佳能 SX50 LCOS 投影仪的漂移

7.5.2　投影仪 γ 值的非线性补偿

为获得高准确度、低噪声测量点,相移系统的线性度是非常重要的,在该领域已经发表了多篇论文。本节讨论了数字相移系统中利用最广泛的伽马校正技术。

1. 按照响应曲线实现伽马校正

如图 7.22 所示,数字投影仪中的非线性可能非常严重,通常需要进行伽马校正。首先是选择一个尽可能接近线性的伽马系数,然后测量系统的响应以得到如图 7.22 所示的曲线。通过逐渐改变输入灰度级 I_i,及利用固定的伽马设置和相机设置采集非饱和图像获得响应曲线。通过将多个像元构成的小区域取平均作为响应 I_o 以降低噪声。

伽马校正一种方法是通过补偿函数利用伽马曲线实现。通常使用多达 9 阶的多项式函数拟合伽马曲线,即

$$I_i = a_0 + a_1 I_0 + a_2 I_0^2 + a_3 I_0^3 + a_4 I_0^4 + a_5 I_0^6 + a_7 I_0^8 + a_9 I_0^{10} \qquad (7.84)$$

由式(7.8)或式(7.9)中计算得到每个强度值都需要代入式(7.84)当中的 I_o,计算所需的输入 I_i,保证投影仪的输出条纹曲线是正弦曲线。

对于图 7.22 中 $\gamma=4$ 的曲线,尽管投影仪加载图像是正弦波,但是如果未补偿的伽马响应将投影非正弦波形图案,如图 7.24 所示。伽马曲线校正后,式(7.84)中的 10 个系数如表 7.1 所列。

补偿过程如图 7.25 所示,该图利用表 7.1 给出的补偿系数。

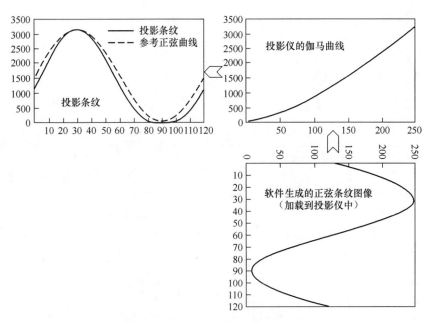

图 7.24　非线性投影仪的投影条纹(箭头表示数据流路径)

表 7.1　10 个补偿系数

系　　数	值
a_0	8.005962569868930
a_1	3.767418142271050
a_2	$-1.417556486538000 \times 10^{-1}$
a_3	$4.004162099686760 \times 10^{-3}$
a_4	$-6.551477558101120 \times 10^{-5}$
a_5	$6.464338860749370 \times 10^{-7}$
a_6	$-3.910659971627370 \times 10^{-9}$
a_7	$1.417609255380700 \times 10^{-11}$
a_8	$-2.823177656665190 \times 10^{-14}$
a_9	$2.372943262233540 \times 10^{-17}$

另一种方法是利用查找表(LUT)[77]或内插法计算补偿函数,将式(7.8)或式(7.9)中计算得到的强度修改为 ΔI,其中 ΔI 是强度 I 的函数,并通过在 LUT 中进行内插获得:

$$I' = I + \Delta I(I) \tag{7.85}$$

通过比较测量的伽马曲线和理想线性曲线(上曲线)之间的差异获得 LUT,如

285

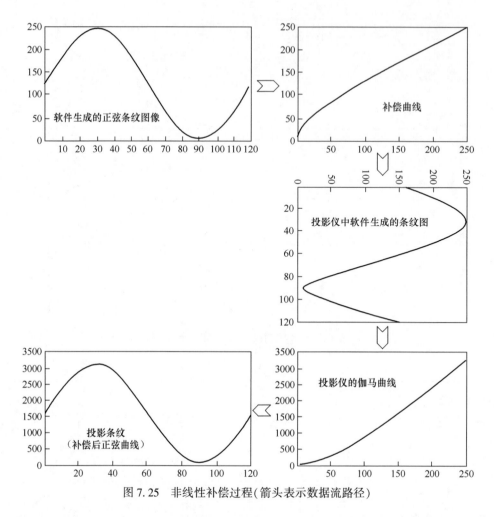

图 7.25　非线性补偿过程(箭头表示数据流路径)

图 7.26 所示。对于每个输入灰度值 I,系统生成灰度输出 g;对于线性系统,输出灰度为 g',输入为 I'。为了补偿非线性,式(7.8)计算得到的强度 I 必须通过 ΔI 修正:

$$\Delta I = I' - I \tag{7.86}$$

通过记录 8 位投影仪加载灰度值从 0 变化到 255 的图像的所有 ΔI 得到 LUT。之后利用式(7.8)在软件中生成干涉图时,对于每个计算的 I,必须通过内部插值从 LUT 计算相应 ΔI,然后利用式(7.85)计算投影仪的输入图像。由于涉及插值,所以投影仪的伽马曲线须单调变化。

2. 利用单参数伽马模型进行伽马校正

利用单参数伽马函数估计相位和伽马值也是解决非线性问题的一个常用方法[78-80]。用伽马 γ 描述输入 I_i 和输出 I_o 之间关系的伽马函数可表示为

286

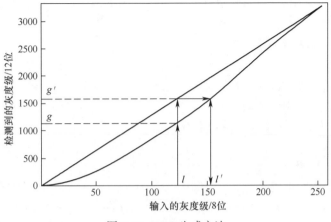

图 7.26　LUT 生成方法

$$I_o = I_i^\gamma \tag{7.87}$$

在非线性系统下,从计算出的相位图中估计线性系统的相位值需要进行相移以获得相位,然后利用迭代估计伽马值或相位。研究人员利用多幅图像的最小二乘拟合方法估计相位分布[79],或是利用统计方法[78]或为减少伽马估算中的误差而利用多幅图像进行伽马估计[80]。由于测量和处理中的误差,估计的伽马值在图像中的像素之间发生变化,并且将整幅图像上估算的伽马的平均值作为"全局"伽马。利用伽马函数(模型)进行相位估计并不需要伽马曲线和一次性补偿,但通常需要额外的曲线拟合或迭代,因此非常耗时。

7.5.3　相位误差补偿

作为采集图像与所需坐标(点云)之间的中间值,相位图也可进行误差补偿,该方法具有以下优点:与直接校正坐标相比,只需建立一个可靠良好的校正机制,该机制不依赖于图像采集期间的测量装置,可更快更容易地实现相位补偿。

在过去几年,已经出现相关相位补偿技术[77,81-83]。实验已经证明,由系统非线性引起的相位误差与产生条纹的间距无关。相位误差 LUT 只需要建立在一个 2π 相位周期上。通过在白色平滑表面上进行大间距的相移测量产生所需的 LUT。比较含有和不含有非线性补偿的相移误差图。建立的相位误差 LUT 可用于零件测量的包裹相位图补偿。

研究人员[84]还研究了利用相位补偿函数直接通过反函数校正失真相位图。反函数是通过迭代拟合过程获得的一个多项式函数。在进行原始相移之后,通过该校正函数修正相位图,且新的相位图将具有更小的系统非线性误差。

与 7.5.2 节讨论的伽马校正相比,相位误差补偿技术需要的计算量更大。在

287

测量之前,进行一次伽马校正,而在测量之后必须逐个像素进行相位校正。

7.5.4 坐标补偿

虽然通过各种手段减少误差影响,但是不能完全减少所有误差,因此所获得的准确度仍然受到限制。该限制使直接坐标误差补偿成为测量系统达到更高精度的重要技术,而不会明显地增加测量系统的制造成本。

1. 坐标误差图

坐标误差补偿需要在 3D 空间中获取误差图。通过测量一个特征(点或曲面)并比较测量数据与参考数据点之间的差异。研究了两种通过采集数据构建误差图的方法。一种方法是利用平面作为参考。将测量数据拟合到一个平面上,并且每个点处拟合平面的偏差可用作该位置处的误差。将目标移动到 3D 空间中的各个位置,并根据每个位置处获取的误差得到整个测量集内的误差图。

另一种获取误差图方法是利用 CMM 提供坐标参考[85]。在该装置中,CMM 探针上安装了一个带有中心点的小目标。CMM 将目标移动到测量集的预定点。在每一点上,测量目标并提取其中心点的坐标。比较测量坐标与 CMM 坐标以获得 3D 空间中的误差图。

一旦获得了误差图,测量系统中的误差可通过误差函数或插值在测量点处得以补偿。

2. 坐标误差补偿

在某些情况下,利用误差补偿函数而不是利用 LUT 补偿,特别是当系统测量集和误差图是对称分布,最容易构建误差函数。构建误差函数 Δ 的传统方法是将误差图拟合成坐标 (x,y,z) 和误差 (e_x,e_y,e_z) 的函数,表达如下:

$$\Delta_x = f(x,y,z,e_x) \tag{7.88}$$

$$\Delta_y = f(x,y,z,e_y) \tag{7.89}$$

$$\Delta_z = f(x,y,z,e_z) \tag{7.90}$$

补偿后的坐标 (x',y',z') 为

$$(x,y,z') = (x + \Delta_x, y + \Delta_y, z + \Delta_z) \tag{7.91}$$

在一般情况下,误差图是不对称的,并且以高准确度构建误差函数不切实际。通常,通过插值,构建 LUT 以补偿坐标误差。在上述研究中,利用 Shepard 方法[86] 的 3D 插值技术进行误差补偿。内插值可表达如下:

$$s(v) = \sum_{i=1}^{N} [w_i(v)\Delta(v_i)] \tag{7.92}$$

式中:v 为点向量;N 为插值中使用的点数;$\Delta(v_i)$ 为点 v_i 处的误差。

加权函数 $w_i(v)$ 具有以下形式:

$$w_i(\boldsymbol{v}) = \frac{\| \boldsymbol{v} - \boldsymbol{v}_i \|^{-2}}{\sum_{j=1}^{N} \| \boldsymbol{v} - \boldsymbol{v}_j \|^{-2}} \qquad (7.93)$$

显然, $\boldsymbol{v} = \boldsymbol{v}_i$, $s(\boldsymbol{v}) = \Delta(\boldsymbol{v}_i)$。如果点 $\boldsymbol{v}_i$ 更接近待插值的点 $\boldsymbol{v}$,则赋予较大的权重。欧几里得法则定义为

$$\| \boldsymbol{v} \| = \sqrt{\sum_{k=1}^{K} \xi_k^2} \qquad (7.94)$$

式中: ξ_k 为向量 $\boldsymbol{v}$ 的元素。在大多数情况下,根据 $\Delta(\boldsymbol{v}_i)$ 可知, $K=3$ 和 s 是任何坐标方向的插值误差。由于误差图是 3D 网格的形式,所以在插值过程中,利用的点数 N 可设为 8。对于每个测量点,搜寻误差图的数据集以便找到最接近测量点的 8 个点,并根据式(7.93)计算其权重函数 $w_i(\boldsymbol{v})$ ($i = 1 \sim 8$)。通过式(7.92)计算测量点的插值误差。然后利用该点的测量坐标减去插值误差,以提高测量准确度。

7.6 小结

本章详细阐述了基于相移方法的相关原理和方法。上述方法已广泛应用于商业系统,如反向求解零件几何参数、成形部件如翼型和钣金结构的生产过程控制,以及加工部件上边缘断裂和牙齿模具等小区域特征的绘制。通过高速计算机和更大的存储器芯片,相移方法的应用更广泛,在大多数情况下,允许在几秒钟内实现典型的相移测量,并且在满足相机的帧频时,利用专用硬件实现测量。

在第 1 章中,讨论了将 3D 技术应用于工业测量的所面临的挑战。在后续章节中,将介绍该技术的应用范例。

参考文献

[1] E. Hetcht, *Optics*, 3rd edn., Addison-Wesley, Reading, MA (1998).

[2] M. S. Mermelstein, D. L. Feldkhun, and L. G. Shirley, Video-rate surface profiling with acousto-optic accordion fringe interferometry, *Optical Engineering*, 39, 106 (2000); doi: 10.1117/1.602342.

[3] H. Takasaki, Moiré topography, *Applied Optics*, 9(6), 1467-1472 (1970).

[4] F. P. Chiang, Moiré methods for contouring, displacement, deflection, slop and curvature, *Proceedings of SPIE*, 153, 113-119 (1978).

[5] Y. Wang. and P. Hassell, Measurement of thermally induced warpage of BGA packages/substrates using phase-stepping shadow moiré, *Proceedings of the First Electronic Packaging Technology Conference*, Singapore, pp. 283-289 (1997).

[6] K. G. Harding and S. L. Cartwright, Phase grating use in moire interferometry, *Applied Optics*, 23 (10), 1517 (1984).

[7] K. Creath and J. C. Wyant, Moiré and fringe projection techniques, in *Optical Shop Testing*, D. Malakara (ed.), 3rd edn., Chapter 16, pp. 559–652 John Wiley & Sons, New York (2007).

[8] P. S. Huang, Q. Hu, F. Jin, and F.–P. Chiang, Color–encoded digital fringe projection technique for high – speed three – dimensional surface contouring, *Optical Engineering*, 38, 1065 (1999); doi: 10.1117/1.602151.

[9] P. S. Huang, F. Jin, and F.–P. Chiang, Quantitative evaluation of corrosion by a digital fringe projection technique, *Optics and Lasers in Engineering*, 31(5), 371–380 (1999).

[10] Y. Y. Hung, L. Lin, H. M. Shang, and B. G. Park, Practical three–dimensional computer vision techniques for full–field surface measurement, *Optical Engineering*, 39, 143–149 (2000).

[11] P. S. Huang, S. Zhang, and F.–P. Chiang, Trapezoidal phase–shifting method for three–dimensional shape measurement, *Optical Engineering*, 44, 123601 (2006).

[12] L. C. Chen, X. L. Nguyen, and Y. S. Shu, High speed 3–D surface profilometry employing trapezoidalHSI phase shifting method with multi–band calibration for colour surface reconstruction, *Measurement Science and Technology*, 21(10), 105309 (2010).

[13] S. Lina, Y. Shuang, and W. Haibin, 3D measurement technology based on color trapezoidal phase–shifting coding light, *IEEE 9th International Conference on the Properties and Applications of Dielectric Materials* (ICPADM 2009), Harbin, China, pp. 1094–1097 (2009).

[14] L. Chen, C. Quan, C. J. Tay, and Y. Fu, Shape measurement using one frame projected sawtooth fringe pattern, *Optics Communications*, 246(4–6), 275–284 (2005).

[15] K. Creath, Phase–measurement interferometry techniques, in *Progress in Optics*, Vol. 26, Chapter 5, Elsevier Science Publishers B.V., Amsterdam, the Netherlands (1988).

[16] M. Kujawinska, Use of phase–stepping automatic fringe analysis in moiré interferometry, *Applied Optics*, 26(22), 4712–4714 (1987).

[17] H. Schreiber and J. H. Bruning, Phase shifting interferometry, in *Optical Shop Testing*, 3rd edn., John Wiley & Sons, New York, pp. 547–655 (2007).

[18] D. C. Ghiglia and M. D. Pritt, *Two–Dimensional Phase Unwrapping: Theory, Algorithms, and Software*, 1st edn., John Wiley & Sons, New York (1998).

[19] Q. Hu and K. G. Harding, Conversion from phase map to coordinate: Comparison among spatial carrier, Fourier transform, and phase shifting methods, *Optics and Lasers in Engineering*, 45, 342–348 (2007).

[20] Q. J. Hu, Modeling, error analysis, and compensation in phase–shifting surface profilers, *Proceedings of SPIE*, 8133, 81330L (2011).

[21] Q. Hu, K. G. Harding, X. Du, and D. Hamilton, Shiny parts measurement using color separation, *Proceedings of SPIE*, 6000, 60000D (2005).

[22] C. Ai and J. C. Wyant, Effect of piezoelectric transducer nonlinearity on phase shift interferometry, *Applied Optics* 26(6), 1112–1116 (1987).

[23] M. P. Kothiyal and C. Delisle, Polarization component phase shifters in phase shifting interferometry: Error analysis, *Optica Acta: International Journal of Optics*, 33(6), 787–793 (1986).

[24] Y.–B. Choi and S.–W. Kim, Phase–shifting grating projection moiré topography, *Optical Engineering*, 37(3), 1005–1010 (1998).

[25] J. Y. Cheng and Q. Chen, An ultrafast phase modulator for 3D imaging, sensors, cameras, and systems for scientific/industrial applications VII, in *IS&T Electronic Imaging*, *Proceedings of SPIE*, Vol. 6068, M. M. Blouke (ed.), 60680L (2006).

[26] B. F. Oreb, I. C. C. Larkin, P. Fairman, and M. Chaffari, Moire based optical surface profiler for the minting industry, in *Interferometry: Surface Characterization and Testing*, *Proceedings of SPIE*, Vol. 1776 (1992).

[27] J. Pan, R. Curry, N. Hubble, and D. A. Zwemer, Comparing techniques for temperature–dependent warpage measurement, *Global SMT & Packaging*, 14–18 (February 2008).

[28] A. J. Boehnlein and K. G. Harding, Field shift moire, a new technique for absolute range measurement, *Proceedings of SPIE*, 1163, 2–13 (1989).

[29] L. H. Bieman, K. G. Harding, and A. Boehnlein, Absolute measurement using field shifted Moiré, in *Optics, Illumination, and Image Sensing for Machine Vision VI*, *Proceedings of SPIE*, Vol.1614, pp. 259–264 (1991).

[30] K. G. Harding, M. P. Coletta, and C. H. VanDommelen, Color encoded Moiré contouring, in *Optics, Illumination, and Image Sensing for Machine Vision III*, D. Svetkoff (ed.), *Proceedings of SPIE*, Vol. 1005, pp.169–178 (1988).

[31] M.–S. Jeong and S.–W. Kim, Color grating projection moire'with time–integral fringe capturing for high–speed 3–D imaging, *Optical Engineering*, 41(8), 1912–1917 (2002).

[32] P. S. Huang, C. Zhang, and F.–P. Chiang, High–speed 3–D shape measurement based on digital fringe projection, *Optical Engineering*, 42, 163 (2003).

[33] S. Zhang and P. S. Huang, High–resolution, real–time three–dimensional shape measurement, *Optical Engineering*, 45(12), 123601 (2006).

[34] C. L. Koliopoulos, Simultaneous phase shift interferometer, in *Advanced Optical Manufacturing and Testing II*, *Proceedings of SPIE*, Vol. 1531, V. J. Doherty (ed.) pp. 119–127 (1992).

[35] J. C. Wyant, Advances in interferometric metrology, in *Optical Design and Testing*, *Proceedings of SPIE*, Vol. 4927, pp. 154–162 (2002).

[36] L.–C. Chen, S.–L. Yeh, A. M. Tapilouw, and J.–C. Chang, 3–D surface profilometry using simultaneous phase–shifting interferometry, *Optics Communications*, 283(18), 3376–3382 (2010).

[37] D. W. Phillion, General methods for generating phase–shifting interferometry algorithm, *Applied Optics*, 36(31), 8098–8115 (1997).

[38] Q. Hu, P. S. Huang, Q. Fu, and F. P. Chiang, Calibration of a three–dimensional shape measurementsystem, *Optical Engineering*, 42, 487 (2003).

[39] P. S. Huang, Q. Hu, and F. P. Chiang, Double three–step phase–shifting algorithm, *Applied Optics*, 41(22), 4503–4509 (2002).

[40] P. S. Huang and H. Guo, Phase shifting shadow moiré using the Carré algorithm, in *Two– and Three–Dimensional Methods for Inspection and Metrology VI*, *Proceedings of SPIE*, 7066, 70660B (2008).

[41] Q. Kemao, S. Fangjun, and W. Xiaoping, Determination of the best phase step of the Carré algorithmin phase shifting interferometry, *Measurement Science and Technology*, 11, 1220–1223 (2000).

[42] P. Hariharan, B. F. Oreb, and T. Eiju, Digital phase–shifting interferometer: A simple error–

compensating phase calculation algorithm, *Applied Optics*, 26, 2504-2506 (1987).

[43] K. G. Larkin, Efficient nonlinear algorithm for envelope detection in white light interferometry, *Journal of the Optical Society of America A*, 13(4), 832-843 (1996).

[44] J. Novak, Five-step phase-shifting algorithms with unknown values of phase shift, *Optik-International Journal for Light and Electron Optics*, 114(2), 63-68 (2003).

[45] H. Zhang, M. J. Lalor, and D. R. Burton, Robust, accurate seven-sample phase-shifting algorithm insensitive to nonlinear phase-shift error and second-harmonic distortion: A comparative study, *Optical Engineering*, 38, 1524 (1999).

[46] K. Hibino, B. F. Oreb, D. I. Farrant, and K. G. Larkin, Phase-shifting algorithms for nonlinear and spatially nonuniform phase shifts, *Journal of the Optical Society of America A*, 14 (4), 918-930 (1997).

[47] K. G. Larkin and B. F. Oreb, A new seven-sample symmetrical phase-shifting algorithm, in *SPIE Conference on Interferometry Techniques and Analysis*, *SPIE Proceedings*, Vol. 1755, San Diego, CA pp. 2-11 (1992).

[48] K. H. Womack, Interferometric phase measurement using spatial synchronous detection, *Optical Engineering*, 23, 391-395 (1984).

[49] M. Kujawinska, Spatial phase measurement methods, in *Interferogram Analysis: Digital Fringe Pattern Measurement Techniques*, D. W. Robinson and G. T. Reid (eds.), Institute of Physics, Bristol, U.K. pp. 141-193 (1993).

[50] J. Xu, Q. Xu, and H. Peng, Spatial carrier phase-shifting algorithm based on least-squares iteration, *Applied Optics*, 47, 5446-5453 (2008).

[51] W. Osten, P. Andrae, W. Nadeborn, and W. Jiiptner, Modern approaches for absolute phase measurement, *Proceedings of SPIE*, Vol. 2647, *International Conference on Holography and Correlation Optics*, O. V. Angelsky (ed.), Chernovtsy, Ukraine, pp. 529-540 (1995).

[52] H. Cui, W. Liao, N. Dai, and X. Cheng, A flexible phase-shifting method with absolute phase marker retrieval, *Measurement*, 45(1), 101-108 (2012).

[53] K. Creath, *Phase-Measuring Interferometry Techniques [Progress in Optics XXVI]*, Elsevier Science Publishers B.V., Amsterdam, the Netherlands, pp. 349-393 (1988).

[54] L. Tao, K. Harding, M. Jia, and G. Song, Calibration and image enhancement algorithm of portable structured light 3D gauge system for improving accuracy, in *Optical Metrology and Inspection for Industrial Applications*, *Proceedings of SPIE*, Vol. 7855, 78550Y-1, K. Harding, P. S. Huang, and T. Yoshizawa (eds.), 78550Y (2010).

[55] Y. Wang and P. Hassell, Measurement of the thermal deformation of BGA using phase-shifting shadow Moiré, *Electronic/Numerical Mechanics in Electronic Packaging*, 2, 32-39 (1998).

[56] J. Pan, R. Curry, N. Hubble, and D. Zwemer, *Comparing Techniques for Temperature Dependent Warpage Measurement*. Plus 10/2007, pp. 1-6.

[57] G. Mauvoisin, F. Brémand, and A. Lagarde, Three-dimensional shape reconstruction by phase-shifting shadow Moiré, *Applied Optics*, 33(11), 2163-2169 (1994).

[58] Q. Hu, K. G. Harding, D. Hamilton, and J. Flint, Multiple views merging from different cameras in fringe-projection based phase-shifting method, *Proceedings of SPIE 6762*, 676207 (2007).

[59] Q. Hu, P. S. Huang, and F. P. Chiang, 360-degree shape measurement for reverse

engineering, *Proceedings of the International Conference on Flexible Automation and Intelligent Manufacturing* (*FAIM 2000*), University of Maryland, College Park, MD (June 2000).

[60] R. Y. Tsai, A versatile camera calibration technique for high-accuracy 3-D machine vision metrology using off-the-shelf TV cameras and lenses, *IEEE Journal of Robotics and Automation*, RA-3(4), 323-344 (1987).

[61] Z. Zhang, A flexible new technique for camera calibration, Microsoft Research Technical Report MSR-TR-98-71.

[62] A. M. McIvor, Nonlinear calibration of a laser stripe profiler, *Optical Engineering*, 41(01), 205-212 (2002).

[63] S. Zhang, and P. Huang, Novel method for structured light system calibration, *Optical Engineering*, 45(08), 083601 (2006).

[64] J. Heikkilä and O. Silvén, A four-step camera calibration procedure with implicit image correction, *IEEE Proceedings of the 1997 Conference on Computer Vision and Pattern Recognition* (*CVPR '97*), San Juan, PR, pp. 1106-1112 (1997).

[65] R. Legarda-Sáenz, T. Bothe, and W. P. Jüptner, Accurate procedure for the calibration of a structuredlight system, *Optical Engineering*, 43(2), 464-471 (2004).

[66] S. Q. Jin, L. Q. Fan, Q. Y. Liu and R. S. Lu, Novel calibration and lens distortion correction of 3D reconstruction systems, *International Symposium on Instrumentation Science and Technology*, *Journal of Physics: Conference Series*, 48, 359-363 (2006).

[67] K. M. Dawson-Howe and D. Vernon, Simple pinhole camera calibration, *International Journal of Imaging Systems and Technology*, 5(1), 1-6 (1994).

[68] J. Kannala and S. S. Brandt, A generic camera model and calibration method for conventional, wide-angle and fish-eye lenses, *IEEE Transactions on Pattern Analysis and Machine Intelligence*, 28(8), 1335-1340 (2006).

[69] T. Rahman and N. Krouglicof, An efficient camera calibration technique offering robustness and accuracy over a wide range of lens distortion, *IEEE Transactions on Image Processing*, 21(2), 626-637 (2012).

[70] Y. Yin, X. Peng, Y. Guan, X. Liu, A. Li, Calibration target reconstruction for 3-D vision inspection system of large-scale engineering objects, in *Optical Metrology and Inspection for Industrial Applications*, *Proceedings of SPIE*, Vol. 7855, K. Harding, P. S. Huang, and T. Yoshizawa (eds.), Beijing, China, 78550V (2010).

[71] C. Sinlapeecheewa and K. Takamasu, 3D profile measurement by color pattern projection and system calibration, IEEE *International Conference on Industrial Technology* (*IEEE ICIT'02*), Bangkok, Thailand, Vol. 1, pp. 405-410 (2002).

[72] T. S. Shen and C. H. Menq, Digital projector calibration for 3-D active vision systems, *Journal of Manufacturing Science and Engineering*, 124(2), 126-134 (2002).

[73] M. Kimura, M. Mochimaru, and T. Kanade. Projector calibration using arbitrary planes and calibrated camera. *2007 IEEE Computer Society Conference on Computer Vision and Pattern Recognition* (*CVPR 2007*), IEEE Computer Society, Minneapolis, MN, June 18-23 (2007).

[74] K. Creath, Error sources in phase measuring interferometry, *Proceedings of SPIE*, Vol. 1720, *International Symposium on Optical Fabrication, Testing, and Surface Evaluation*, J. Tsujiuchi (ed.), Tokyo, Japan, pp. 428-435 (1992).

293

[75] K. Creath and J. Schmit, Errors in spatial phase–stepping techniques, *Proceedings of SPIE*, *Vol. 2340*, *Interferometry '94: New Techniques and Analysis in Optical Measurements*, M. Kujawinska and K. Patorski (eds.), Warsa, Poland, pp. 170–176 (1994).

[76] L. C. Chen et al., High–speed 3D surface profilometry employing trapezoidal phase–shifting method with multi–band calibration for colour surface reconstruction, *Measurement Science and Technology*, 21(10), 105309 (2010).

[77] S. Zhang and P. S. Huang, Phase error compensation for a 3–D shape measurement system based on the phase–shifting method, *Optical Engineering*, *46*, *063601* (2007); doi: 10.1117/1.2746814.

[78] H. Guo, H. He, and M. Chen, Gamma correction for digital fringe projection profilometry, *Applied Optics*, 43, 2906–2914 (2004).

[79] T. M. Hoang, Simple gamma correction for fringe projection profilometry system, *SIGGRAPH 2010*, Los Angeles, CA, July 25–29 (2010).

[80] K. Liu, Y. Wang, D. L. Lau, Q. Hao, and L. G. Hassebrook, Gamma model and its analysis for phase measuring profilometry, *Journal of the Optical Society of America A*, 27(3), 553–562 (2010).

[81] S. Zhang and S.–T. Yau, Generic nonsinusoidal phase error correction for three–dimensional shape measurement using a digital video projector, *Applied Optics*, 46(1), 36–43 (2007).

[82] H. Cui, X. Cheng, N. Dai, T. Yuan, and W. Liao, A new phase error compensate method Of 3–D shape measurement system using DMD projector, *Fourth International Symposium on Precision Mechanical Measurements*, *Proceedings of SPIE*, Xinjiang, China, 7130, 713041 (2008).

[83] X. Chen, J. Xi, and Y. Jin, Phase error compensation method using smoothing spline approximation for a three–dimensional shape measurement system based on gray–code and phase–shift light projection, *Optical Engineering*, *47*, 113601 (2008).

[84] Y. Liu, J. Xi, Y. Yu, and J. Chicharo, Phase error correction based on inverse function shift estimationin phase shifting profilometry using a digital video projector, in *Optical Metrology and Inspection for Industrial Applications*, *Proceedings of SPIE*, 7855, K. Harding, P. S. Huang, and T. Yoshizawa (eds.), 78550W (2010).

[85] P. S. Huang, Q. Hu, and F. P. Chiang, Error compensation for a three–dimensional shape measurement system, *Optical Engineering*, 42, 482 (2003).

[86] P. Alfeld, Scattered data interpolation in three or more variables, in *Mathematical Methods in Computer Aided Geometric Design*, T. Lyche and L. Schumaker (eds.), Academic Press, Boston, MA, pp. 1–33 (1989).

第8章
莫尔测量

Toru Yoshizawa, Lianhua Jin

8.1　概述

　　法语中的 moiré 一词,源于一种传统的丝织品,有着颗粒状或波纹状的外观。现在,莫尔(moiré)条纹通常是指由两种(或多种)图形叠加而成的条纹,如线光栅和点阵列。莫尔现象广为人知,可在日常生活中观察到,如在折叠网中看到的图形。1874 年,Rayleigh 首次对莫尔现象进行科学描述。自那时起,在各个科学领域中,便发表了与之相关的大量科研论文。初期的莫尔研究,主要关注于莫尔条纹的物理意义[1]。Oster 和 Nishijima 的著名研究论文中,提出了莫尔技术未来在科学和工业领域的可用性。关于莫尔条纹的精选论文汇编书籍回顾了上述工作[2]。第二代莫尔条纹的研究关注的是面内莫尔测量,即莫尔在 1D 或 2D 的应用。实验力学领域的研究者们,开展了莫尔技术在应变测量中的应用。实验验证在非接触和全域的测量中均可利用该技术。

　　关于该问题,研究学者发表了多篇优秀的论文,以及少量著作[3-4]。Chiang 发表的综述论文中介绍了利用莫尔技术进行应力分析[5]。第三代的莫尔研究,实现了将莫尔技术应用于面外莫尔测量,用于采集 3D 变形图像和轮廓测量[6-7]。上述两篇论文的作者是研究 3D 形状测量或轮廓测量[8]的先驱,并使医学、牙科和人类学领域的研究者们受到了启发。莫尔形貌测量技术已经成为测量人体形貌和诊断包括服装设计和医疗美容的局部变化的一种关键技术。

　　目前,莫尔测量技术已发展到一定阶段,即基于莫尔技术,通过将数字技术和设备整合从而发明新的原理,以实现高灵敏度测量和实时分析。现在,莫尔测量技术应用于各种不同的科学和工程系统中,实现在光学、机械、电气和化学工程中的测量。关于莫尔测量的典型应用详见应用手册[9],包括对电子封装的温度效应、热应力的检测,以及除了利用新开发的数字设备技术外,对形状复杂样本的应变和加载效应进行检测。

莫尔条纹需要利用滤波法消除非预期的缺陷,例如,在扫描半色调图像时产生的条纹[10]。另外,在不同应用领域的测量中,莫尔条纹是非常有用的现象。例如:在纺织业中,设计师会故意在丝织品上产生漂亮的莫尔条纹;在医疗领域中,莫尔条纹应用于脊柱侧凸诊断测试[11],该测试在年轻女性当中更为常见。(因为年轻女性的肌肉不如年轻男性强壮,所以女性的脊柱更容易变形。)

本章,介绍莫尔现象在光学测量中的应用。在莫尔测量中,莫尔条纹是由具有1D 或 2D 线对的两个周期光栅叠加而成。一个光栅称为参考光栅;另一个光栅是测试光栅,测试光栅的条纹受待测件调制而扭曲,莫尔条纹反映待测件的变形或形状。测试光栅称为信号光栅,受被测样品的变形或轮廓调制。在莫尔测量中,物体形状有时也称为变形光栅形状。在同一平面内的两个重叠光栅所产生的莫尔条纹,称为面内莫尔,用于检测 1D 或 2D 的变形、位移和旋转。两个光栅在不同平面所形成的莫尔条纹,称为面外莫尔,用于测量物体的 3D 变形或形状。

在8.2 和 8.3 节中,我们将介绍面内和面外莫尔条纹形成的原理,以及在应变分析和轮廓测量中的基本应用。

8.2 面内莫尔法和应变测量法

8.2.1 面内莫尔条纹的形成

面内莫尔条纹是通过参考光栅和信号光栅的直接叠加,或通过光重叠技术将其中一个光栅叠加到另一个光栅形成的条纹。一般而言,参考光栅由固定的等距周期条纹构成,具有固定的空间方向,而同样的图形或被打印或投影在物体或待测样本表面上。样品目标发生变形前,光栅的周期和方向与参考光栅相同。在发生变形或位移后,光栅的图形会发生改变或调制为包含引起变形或位移信息的信号光栅。换句话说,信号光栅在一定程度上类似于全息。将参考光栅旋转 θ 角产生的信号/目标光栅,如图 8.1 所示。当从远处看去,无法分析原始高频光栅线,而只能看到黑白相间的低频带时,这就是莫尔条纹。白色频带相当于节点线,即穿过两个光栅中多条线的交点的间距较宽的线。

如何确定图 8.1 中莫尔条纹的方向和间隔呢? 设 p 和 p' 是参考光栅和信号/目标光栅的周期,设 ϕ 和 d 分别是条纹的方向角和间隔,如图 8.2 所示。

图 8.2 中的 OA 可用下式表示:

或:

$$OA = \frac{p}{\cos(\phi - \pi/2)} = \frac{p}{\sin\phi} \tag{8.1}$$

$$OA = \frac{p'}{\cos(\phi - \pi/2 - \theta)} = \frac{p'}{\sin(\phi - \theta)} \tag{8.2}$$

图 8.1 两个光栅叠加及
形成的莫尔条纹

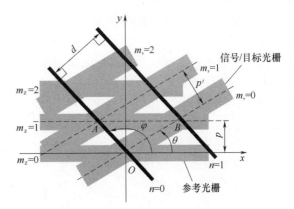

图 8.2 在面内莫尔条纹中,确定参数 n、
方向角 ϕ 和间距 d

其中 $n=mr-mo$ (mr,mo 分别是参考
光栅线和信号/目标光栅线的数目)

因此

$$p'\sin\phi = p\sin(\phi - \theta) \tag{8.3}$$

通过对式(8.3)进行变形,得

$$\phi = \arctan\frac{p\sin\theta}{p\cos\theta - p'} \tag{8.4}$$

从图 8.2 可知:

$$OB = \frac{p}{\sin\theta} \tag{8.5}$$

和

$$d = OB\cos(\phi - \frac{\pi}{2} - \theta) = OB\sin(\phi - \theta) \tag{8.6}$$

将式(8.3)和式(8.5)代入式(8.6)中,可得

$$d = \frac{p'\sin\phi}{\sin\theta} \tag{8.7}$$

对式(8.4)进行变形后,代入到式(8.7)中,得

$$d = \frac{pp'}{\sqrt{p^2\sin^2\theta + (p\cos\theta - p')^2}} \tag{8.8}$$

由式(8.4)和式(8.8)可知,一旦确定了 p、p' 和 θ 的值,便可唯一确定该莫尔条纹的方向角 ϕ 和间隔 d。与之相反,已知 ϕ 和 d 的测量值,以及参考光栅的周期 p,可以得到可能发生应变变形的信号,目标光栅的周期 p' 和方向角 θ。

8.2.2 应变测量的应用

应变是由应力作用于样品对象从而引起的形变,根据初始状态和变形后的长度或角度变化计算应变。如果目标物体的任意位置上的应变均相等,则称为均匀应变,否则称为非均匀应变。书中,利用面内莫尔技术对齐次线性应变和剪切应变进行测量。

1. 线性应变测量

根据欧拉描述,可得出线性应变为

$$\varepsilon = \frac{\delta \ell}{\ell_f} = \frac{\ell_f - \ell_o}{\ell_f} \tag{8.9}$$

式中:ℓ_o 和 ℓ_f 分别为目标物体的初始和变形后的长度。根据拉格朗日定理,式(8.9)中分母应该是原始长度ℓ_o而不是ℓ_f。在莫尔测量的应用中,我们利用欧拉定理。当物体发生微小变形时,两定理之间的差异可以忽略不计。当目标物体通过拉力使其长度拉伸时,伸展量$\delta \ell$是正值。反之,如果使物体的长度压缩,则伸展量$\delta \ell$是负值。由于ℓ_f是正数,线性应变和延伸的符号一致。

在测量单轴线性应变时,目标/信号光栅将被投影至物体表面,其光栅线垂直于应变方向。如图 8.3 所示,参考光栅以相同的角度叠加在物体表面。如图 8.3 (c)所示为由于目标拉伸变形而产生的莫尔条纹。在上述情况下,目标光栅的周期将由 p 变为 p',其方向保持不变,即图8.2 中的旋转角度 θ 为 0。

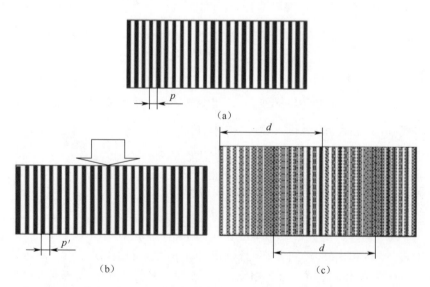

图8.3 (a)参考光栅(b)目标物经线性张力变形的光栅和(c)产生的莫尔条纹

将 $\theta=0$ 代入式(8.4)中,莫尔条纹的间隔变为

$$d = \left| \frac{pp'}{p - p'} \right| \tag{8.10}$$

因此,从式(8.9)和式(8.10),可得到线性应变:

$$|\varepsilon| = \left| \frac{\ell_f - \ell_o}{\ell_f} \right| = \left| \frac{p - p'}{p'} \right| = \frac{p}{d} \tag{8.11}$$

将绝对值符号引入到应变表达式中,此时 p 和 d 均为正值。这意味着从莫尔条纹的图形中,并不能解释它究竟是由于拉伸还是压缩应变而产生的。为了判定莫尔条纹的变化符号以及由此产生的应变,可采用多种技术。例如失配法,它引入了一个初始偏差(相当于在参考光栅中,无论是压缩或拉伸具有不同的光栅周期),或条纹偏移法,它通过对参考光栅进行平移,从而使莫尔条纹发生移动。其中一个方向表示压缩,另一个方向表示拉伸。

2. 剪切应变测量

将物体变形前后,任意两条直线间的夹角变化定义为剪切应变 γ,假设直线的长度接近于0。在利用面内莫尔法测量剪切应变时,目标光栅的主方向应与剪切方向平行,如图8.4(a)所示。图8.4(b)所示为物体发生剪切变形而产生的莫尔条纹。在该变形中,假设目标光栅的周期 p' 与未发生变形时的周期 p 相同,其方向角从 0 变为 θ(其中 θ 角度很小)。因此,从式(8.8)可知,莫尔条纹的间隔为:

$$d = \frac{p}{\theta} \tag{8.12}$$

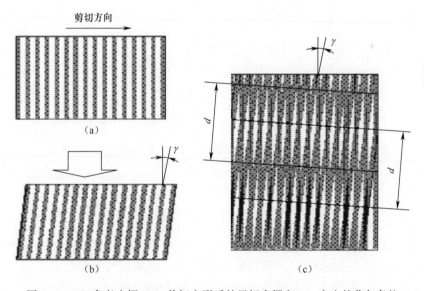

图8.4 (a)参考光栅 (b)剪切变形后的目标光栅和(c)产生的莫尔条纹

299

比较图 8.4(c)和图 8.2,可以清楚地看出,由于目标光栅相对于参考光栅发生了角度 θ 的旋转,因此产生了剪切应变 γ,可表示为

$$\gamma = \frac{p}{d} \tag{8.13}$$

虽然线性应变和剪切应变是独立讨论的,但在一般的 2D 变形中,目标/信号光栅会同时经历旋转以及非均匀分布的周期变化,如图 8.5 所示。从该 2D 莫尔条纹中,得到线性应变和剪切应变,即

$$\varepsilon_x = p \frac{\partial n_x}{\partial x} \tag{8.14a}$$

$$\varepsilon_y = p \frac{\partial n_y}{\partial y} \tag{8.14b}$$

$$\gamma = p\left(\frac{\partial n_x}{\partial y} + \frac{\partial n_y}{\partial x}\right) \tag{8.14c}$$

式中:n_x、n_y 分别为 P 点在 x、y 方向上的条纹级次。

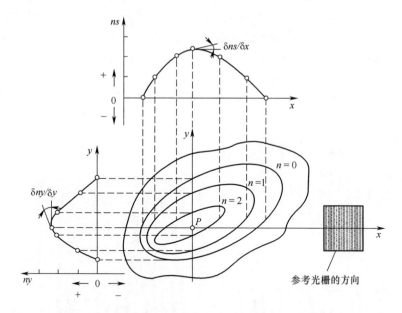

图 8.5　2D 莫尔条纹的应变分析

利用面内莫尔法进行应变分析的光栅通常具有 $20 \sim 40\mathrm{lp/mm}$ 的周期,并且可通过光刻、全息干涉技术、电子束写入、X 射线光刻或类似的图形形成法,在光栅上形成莫尔条纹。原始参考光栅通过光刻法,例如光敏涂层、光刻胶曝光或重铬酸盐明胶等,转印到样品物体(通常为金属)上进行测量。

8.2.3　面内莫尔法的实际应用

面内莫尔法已广泛应用于各种工业领域,其应用技术越来越多地与其他光学方法如衍射和数字设备相结合。如图 8.4 所示,若两个具有相同周期 p 的光栅以倾角 θ 相互叠加,其产生的莫尔条纹具有较大的周期 d。在上述情况下,当倾角 θ 足够小时,d 可由 p/θ 给出,即 $d=p/\theta$。这意味着,即使人眼观察不到光栅图案,但莫尔条纹的周期已达到了足以被探测器探测的宽度。如果一个光栅移动了一段微小距离 p,则由此产生的莫尔条纹的移动距离为 d。也就是说,小位移量 p 被光学放大或者通过公式 $d=p/\theta$ 转变为较大的移动量。除了该基本原理外,莫尔条纹还带来了平均效应,即可减少由于光栅图案周期的非均匀性造成的误差。当一个具有微小转角 θ 的光栅与另一个光栅重叠时,产生的莫尔条纹与图 8.4 所示条纹相同。

通过具有精细刻度的光栅尺所引起的衍射效应,以及利用光电探测器精确采集莫尔条纹,从而获得更高的灵敏度。如果可提供不同相位值的信号(通常是莫尔条纹的 1/4 周期),那么很容易识别条纹移动的方向。

大量的参考书介绍面内莫尔法基础知识以及长度或位移测量机、坐标测量机(CMM)和定位系统的应用[12-14]。如图 8.6 所示[15],通过检测莫尔条纹,确定移动光栅(主光栅)相对于固定参考光栅(指示光栅)发生的位移。用于检查机床中切割器的进给位移,或检测长度测量机中长度(基于 Shimizu 的原始图)[15-16]。在玻璃或金属基板上利用光学或摄影法刻划莫尔标尺。

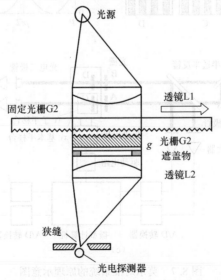

图 8.6　用莫尔条纹进行位移检测[15]

在莫尔应用的早期阶段(20世纪60年代),制造的莫尔光栅和衍射光栅的周期为100~250lp/mm。光栅的长度为从200~2000mm,根据标尺长度,刻划精度预期在±0.5~±1.0μm。在标尺长度为400~1000mm的情况下,最高分辨力可达到0.2~1.0μm。此后,利用不同标尺(衍射光栅)[17]和全息/激光标尺(包括磁标尺),在长度和位移的测量、对准和定位方面取得了显著进展。

近年来,全息/激光标尺广泛应用于实现分辨率小于1nm的高分辨测量和控制中。基于光栅干涉法 (http://www.mgscale.com/mgs/language/English/product/,Magnescale Co.,Ltd.),利用高衍射效率的全息标尺和高分辨率的探测头,实现了周期约为138nm的正弦条纹。经过电子插值后,达到17英寸计算机的分辨力。通过光栅干涉原理线性编码器产生周期为0.14mm的信号,其周期是利用传统线性编码器产生20mm信号周期的1/140。

莫尔测量术在工业领域中应用的例子是自动定位技术,用于X射线光刻中的近距离印制。如图8.7所示,激光束被分成两束光后,分别在两对光栅上(A、C和B、D)发生衍射。当光栅A、C和光栅B、D之间发生相对位移时,将产生相位差为180°的莫尔条纹。由光电二极管探测透射和反射中的零级莫尔信号。通过对检测信号进行分析,在1990年便实现了20min内高达0.5μm的高灵敏度和稳定性的自动对准技术。

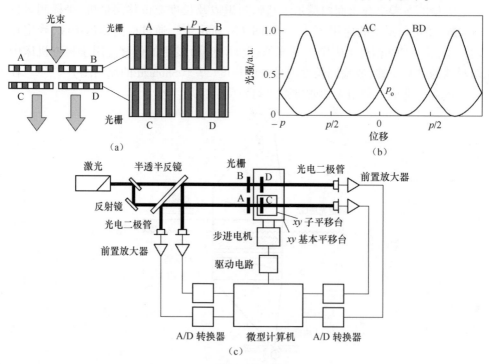

图8.7 莫尔对准系统的原理示意图

(a) 相移光栅;(b) 零级光束的莫尔信号;(c) 实验装置。

从方法论的角度出发,面内莫尔测量技术在光测力学中的应用最为广泛。这些方法主要基于莫尔、全息、散斑和其他光学原理的光学技术。在实验力学领域中,已经发表大量的研究成果,并出版了许多精编书籍,广为流传[3,4,20]。因此,对于应用技术不作更深入的描述。本书介绍一种电子莫尔技术[21-22]。

本书介绍一个有趣的实验,即测量聚酰亚胺树脂基板上的孔周围产生应变的变形,也就是,测量电子封装部件的热应变和纯铜试样上晶界周围的拉伸蠕变[23]。实验中,在单一的沉积金属层和双沉积金属层上,会产生一个高达5000lp/mm的高频光栅,该光栅具有足够的耐热性。

利用光栅周期为6.6mm,在拉伸应力为46MPa的条件下,测试了含有椭圆孔(长/短直径比为1.19,短径305μm)的矩形聚酰亚胺片。图8.8和图8.9的结果显示出正应变在孔周围是不均匀的,并且由于孔的存在出现了应变集中现象。

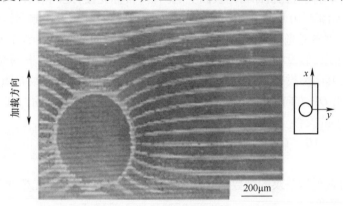

图 8.8　在聚酰亚胺基板上的孔周围的电子莫尔条纹(u 场)[21,23]

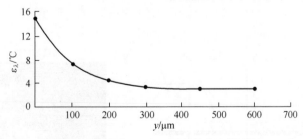

图 8.9　正应变 ε_x 在 y 轴上的分布[21,23]

8.3　面外莫尔法和轮廓测量法

如8.2节所述,面内莫尔条纹通过参考光栅和测试光栅在同一平面上叠加而产生。

在将面外莫尔法应用于轮廓映射时,通过物体形成的目标光栅,其变形与物体轮廓的变形保持一致。面外莫尔法也称为莫尔轮廓术。莫尔轮廓术主要分为两种方法:阴影莫尔法和投影莫尔法。阴影莫尔法,第一次将莫尔技术应用于3D测量当中。巧合的是,在1970年,Takasaki[6]和Meadows等[7]发表了关于摄影测量中的莫尔技术的论文,该原理(阴影莫尔法)因其成功用于观察物体表面的轮廓而获得了广泛关注。

除了对阴影莫尔法的原理进行描述外,后续内容介绍在现场测量中的应用。8.3.4节介绍投影莫尔法。

8.3.1 阴影莫尔法和轮廓测量法

参考光栅与投射在目标物体表面上的阴影(目标光栅)之间形成阴影莫尔条纹。其光学结构如图8.10所示。相距为s的点光源和探测器(假设探测器镜头的通光孔径为一个点)到参考光栅表面的距离为l。参考光栅的周期为$p(p \ll l, p \ll s)$,在不失一般性的情况下,假设物体表面上的点O与光栅接触。物体表面上的光栅,通过点光源照射后,其阴影投射到物体上。在探测器上观察到的莫尔条纹是沿OB方向的参考光栅与沿OP方向的目标光栅叠加的结果,其中,目标光栅是沿OA方向的参考光栅在目标上的投影。假设OA和OB分别具有i和j个光栅元件,则

$$AB = OB - OA = jp - ip = np, \quad (n = 0,1,2,3,\cdots) \quad (8.15)$$

$$AB = h_n(\tan\alpha + \tan\beta) \quad (8.16)$$

式中:n为阴影莫尔条纹的级数;h_n为图8.10和图8.13中参考光栅测量所得n级莫尔条纹的深度。

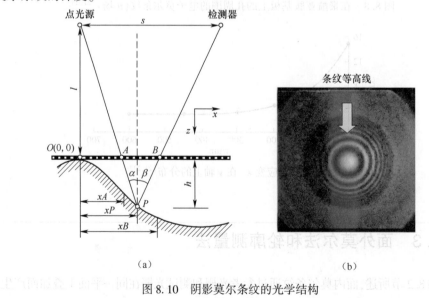

(a)   (b)

图8.10 阴影莫尔条纹的光学结构

故:

$$h_n = \frac{np}{\tan\alpha + \tan\beta} \qquad (8.17)$$

从图 8.10 也可以得到

$$\tan\alpha = \frac{p_x}{l + h_n} \text{ 和 } \tan\beta = \frac{s - x_p}{l + h_n} \qquad (8.18)$$

式中:x_p 为 OP 在 x 轴的分量。

将式(8.18)代入式(8.17),得

$$h_n = \frac{npl}{s - np} \qquad (8.19)$$

从式(8.19)可以看出,n 级莫尔条纹位于等深度面中,该平面由参考光栅测得,类似于地形图上的等高线一样。假若 $s \gg np$ 或如图 8.10 中所示使用远心光学元件,则两个相邻等高线之间的间隔 $\Delta h = h_n - h_n - 1$ 由 $\Delta h = pl/s$ (=常数)给出。应当注意,Δh 并不总是恒定的,而是取决于条纹级数 n。

图 8.10(b)显示凸面的莫尔等高线。除了等高线外,莫尔条纹的强度分布也提供了有趣的信息。在实际中,已知等高线的级数 n,可大致猜测出物体上点的位置,进一步分析该条纹的强度,并且能够在 X、Y 和 Z 轴上精确地绘制测量点。

8.3.2 阴影莫尔法的强度

在对莫尔条纹的强度进行数学分析之前,先回顾一下方波光栅莫尔条纹的数学表达式。众所周知,在傅里叶数学中,所有类型的周期函数(包括方波函数)都可描述为简单正弦函数之和。在阴影莫尔法中,方波光栅的幅度透射率是正弦光栅的幅度透射率:

$$T(x,y) = \frac{1}{2} + \frac{1}{2}\cos\left(\frac{2\pi}{p}x\right) \qquad (8.20)$$

在点 P 处产生的强度与 $T_A(x_A,y) \cdot T_B(x_B,y)$ 的乘积成正比:

$$I(x,y) = \left[\frac{1}{2} + \frac{1}{2}\cos\left(\frac{2\pi}{p}x_A\right)\right]\left[\frac{1}{2} + \frac{1}{2}\cos\left(\frac{2\pi}{p}x_B\right)\right] \qquad (8.21)$$

从图 8.10 可得,$x_A = lx_P/(l + h_P)$,$x_B = (sh_P + lx_P)/(l + h_P)$。将 x_A 和 x_B 代入式(8.21)中,可以得到以下归一化强度公式:

$$I(x,y) = 1 + \cos\frac{2\pi}{p}\left(\frac{lx_p}{l + h_n}\right) + \cos\frac{2\pi}{p}\left(\frac{sh_n + lx_p}{l + h_n}\right) +$$

$$\frac{1}{2}\cos\frac{2\pi}{p}\left(\frac{2lx_p + sh_n}{l + h_n}\right) + \frac{1}{2}\cos\frac{2\pi}{p}\left(\frac{sh_n}{l + h_n}\right) \qquad (8.22)$$

式(8.22)中最后一项仅依赖于被测件的高度,因此被称为轮廓项。其表示参考光栅的另外三个余弦项虽依赖于高度,但也依赖于 x(位置),因此不代表轮廓。如图 8.11(a)所示,与一个余弦项相对应的图形会使轮廓变得模糊。沿截面线的强度分布,清楚地显示了参考光栅的影响。为了去除多余图形,Takasaki 提出在积分时间内,沿方位角方向平移光栅。由此产生的强度与下式成比例:

$$I(x,y) = K(x,y)\left[1 + \frac{1}{2}\cos\frac{2\pi}{p}\left(\frac{sh_n}{1+h_n}\right)\right]$$

$$= a(x,y) + b(x,y)\cos\left[\frac{2\pi}{p}\left(\frac{sh_n}{1+h_n}\right)\right]$$

$$= a(x,y) + b(x,y)\cos\phi(x,y) \tag{8.23}$$

式中:$a(=K)$ 为强度偏差;$b(=K/2)$ 为振幅;ϕ 为与时间相移相关的相位。

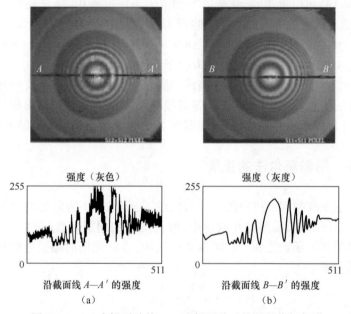

图 8.11　(a)光栅平移前,(b)光栅平移后的阴影莫尔条纹

图 8.11(b)所示为式(8.23)产生的莫尔条纹。与图 8.11(a)相比,从图 8.11(b)可明显看出由参考光栅运动所产生的平均效应"平滑"噪声。其优点是由于所得到的条纹在多条光栅上平均,所以光栅的周期误差也被平均化。Allen 和 Mead-ows[23]清楚地介绍了从莫尔条纹中去除多余图形和噪声的重要性。

在采集图像过程中,如果积分时间内物体发生移动将采集不到清晰的像。这里,与图像采集过程相反,物体移动有助于得到清晰的轮廓图像。此外,在面内莫尔法的应用中,平移参考光栅是使莫尔条纹移动的重要技术之一。然后,用上文中的方法确定条纹的符号和顺序。

图 8.12 所示的另一个例子清楚地展示了平移技术的效果。通过在积分期间

平移光栅(平移后如图 8.12(a)所示),去除奖章表面上原始的光栅线图 8.12(b)。由 Takasaki[6,24] 首次发明该项技术,利用莫尔轮廓术实现精密测量。有助于得到清晰的莫尔条纹[25-26]。

图 8.13 所示为阴影莫尔测量装置的基本排列方式。该光学装置非常简单,很容易实现光源(卤素灯)、相机、光栅 (其必须与被测量目标一样大)等设备以及由光栅定义的参考平面精确对准。该图显示了相位 ϕ 和莫尔条纹轮廓之间的关系。

图 8.12　光栅平移的效果
(a)有平移;(b)无平移。

图 8.13　相位和影子云纹之间的关系

因此,物体表面的任何一个点 $p(x,y)$ 的深度 $h(x,y)$ 用下式表示:

$$h(x,y) = h_n + (h_{n+1} - h_n)\left[\frac{\phi(x,y)}{2\pi}\right] \qquad (8.24)$$

应该注意轮廓间隔 $\Delta h = h_n - h_{n-1}$ 不恒定,取决于轮廓阶数 n。这也就意味着相移技术(8.3.3 节介绍)并不适用于莫尔测量系统。

8.3.3　三维轮廓测量的应用

为了绘制阴影莫尔等高线的三维轮廓图,通过利用相移法从多幅条纹图获取

307

强度分布图中的相位分布。

1. 相移技术

在电磁波干涉中,相移技术广泛用于从调制的强度图中准确获得相位信息。利用图像处理技术计算相位时,比较常用四步相移法。因此,将此算法用于机械(几何)莫尔干涉中。强度式(8.23)给出了相位 ϕ 的四步算法:

$$\phi = \arctan \frac{I_3 - I_1}{I_0 - I_2} \tag{8.25}$$

式中:I_k 为受物体调制的莫尔条纹强度,可表示为

$$I_k = a + b\cos\left(\phi + \frac{\pi}{2}k\right) \quad (k = 0,1,2,3) \tag{8.26}$$

在阴影莫尔条纹中,光栅的垂直运动导致了莫尔条纹和相位的变化(图8.13)。相邻莫尔条纹($\Delta n = 1$)之间的距离 Δh 从式(8.19)得出,即

$$\Delta h_{n,n-1} = h_n - h_{n-1} = \frac{dpl}{(s - np)[s - (n-1)p]} \tag{8.27}$$

因此,当光栅垂直运动距离为 Δl 时,相移可表示为

$$2\pi \frac{\Delta l}{\Delta h_{n,n-1}} = \frac{2\pi \Delta l (d - np)[d - (n-1)p]}{dpl} \tag{8.28}$$

由此可知,相移量并不是恒定的,会随着莫尔条纹级数 n 的增大而减小。因此,仅通过光栅的垂直运动实现相位的恒定变化不易实现。为了解决该问题,研究者已提出了相关方法。Yoshizawa 和 Tomisawa 提出垂直地移动光栅,并同时平移光源[27]。在图8.14的装置中,硬币的表面轮廓(最大高度为0.25mm)间隔 Δh(0.65mm)太大而无法测量。因此,需要相移技术[28]实现更高灵敏度的测量(由

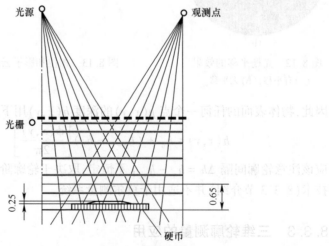

图8.14 硬币表面的测量装置

308

于计算量大,直到 1974 年才开始流行)。垂直地移动光栅 Δl,并水平移动光源 Δd,获得了四幅相位差均为 $\pi/2$ 的图(图 8.15)。我们注意到在该情况下,可观察到一个或少于一个的轮廓。然而利用四步相移算法对四幅图如图 8.15(a)~(d) 进行处理之后得到如图 8.15(e)所示的结果。该方法可检测在金属罐上用于模具冲压的刻痕帽(图 8.16(a))的破损或磨损。为校准测量结果(图 8.16(b)),将该方法(图 8.16(c))获得的横截面轮廓与机械接触轮廓仪获得的轮廓进行比对。尽管上述两种方法不同,但两种结果吻合得很好。

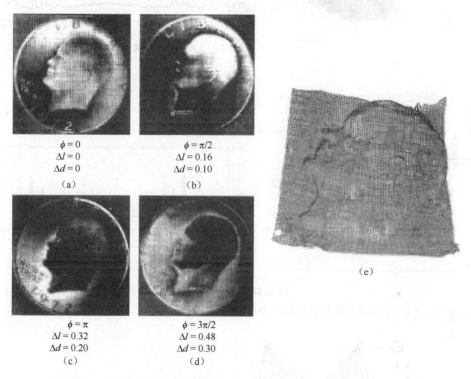

$\phi = 0$
$\Delta l = 0$
$\Delta d = 0$
(a)

$\phi = \pi/2$
$\Delta l = 0.16$
$\Delta d = 0.10$
(b)

$\phi = \pi$
$\Delta l = 0.32$
$\Delta d = 0.20$
(c)

$\phi = 3\pi/2$
$\Delta l = 0.48$
$\Delta d = 0.30$
(d)

(e)

图 8.15 (a)~(d)具有不同的相位产生的结果(e)利用四幅图产生的 3D 效果图

为了使每一步的相移都尽可能保持恒定,Jin 等提出的另一种技术,除了垂直移动参考光栅外,也可旋转参考光栅[29]。图 8.17 所示为旋转参考光栅,旋转导致条纹周期的变化为

$$p' = \frac{p}{\cos\theta} \tag{8.29}$$

式中:θ 为参考光栅的旋转角度。

参考光栅的垂直运动以及旋转运动共同产生两个表达式:首先,n 级莫尔轮廓与从 h_n 转换的参考光栅平面之间的距离 h_n' 表示如下:

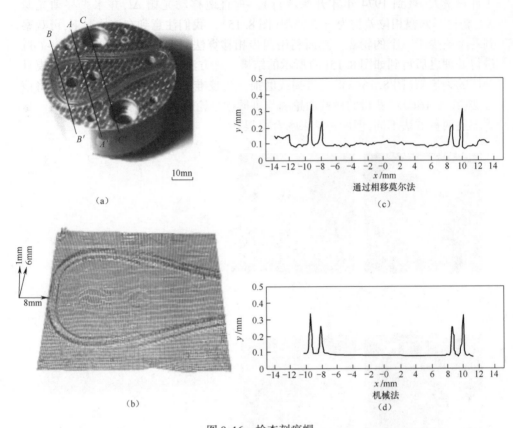

图 8.16 检查刻痕帽

（a）刻痕帽；（b）测量结果；（c）通过莫尔法的横截面 $A—A'$；（d）通过接触法的横截面 $A—A'$。

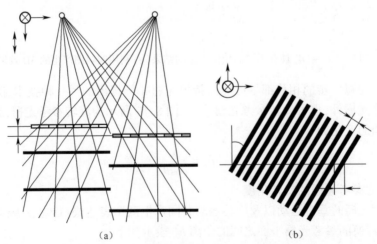

图 8.17 （a）光栅的上下移动和由此产生的莫尔条纹位移和（b）光栅的旋转

$$h'_n = \frac{n(l + \Delta l)\,[\,p/\cos\theta\,]}{s - n[\,p/\cos\theta\,]} \qquad (8.30)$$

其次,当 h'_n 位于 h_n 和 h_{n+1} 之间时,点 $p(x,y)$ 处的深度 h 可以用 h'_n 和 Δl 表示如下:

$$\begin{aligned} h &= h_n + (h_{n+1} - h_n)\phi/2\pi \\ &= h'_n + \Delta l \end{aligned} \qquad (8.31)$$

从式(8.31)可以看出,将相位 ϕ 移动 $\pi/2$、π、$3\pi/2$,参考光栅的垂直移动量 Δl 和旋转角度 θ 分别为

$$\Delta l = \frac{\phi pl}{2\pi(s - p)} \qquad (8.32)$$

$$\theta = \arccos\left(\frac{l}{l + \Delta l}\right) \qquad (8.33)$$

图 8.18 所示为具有相移莫尔条纹的四幅图像的示例并用线框图表示分析结果。

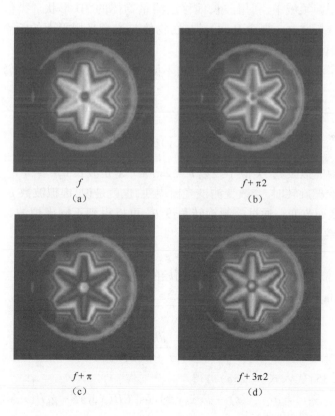

f
(a)

$f + \pi2$
(b)

$f + \pi$
(c)

$f + 3\pi2$
(d)

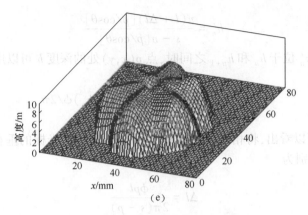

图 8.18　图像的调制强度分布以及分析结果

　　上述相位评估方法的局限是不能应用于测量具有不连续高阶或空间孤立表面的物体,因为不连续性或空间孤立性影响了条纹级数特有的排布以及相位解包裹效果。

2. 扫频方式

　　在激光干涉领域中,利用波长偏移法测量物体的 3D 形状。类似的原理可用于莫尔条纹分析。这一概念又称为扫频,物体与参考光栅平面的距离可通过评估时间载波频率而非相位进行测量[30]。

　　与光学干涉测量中波长偏移的方法不同,该技术以不同间隔旋转光栅改变光栅周期 p,并产生时空莫尔条纹。

　　回顾式(8.23):

$$I(x,y) = a(x,y) + b(x,y)\cos\left[\frac{2\pi}{p}\left(\frac{sh(x,y)}{l + h(x,y)}\right)\right] \tag{8.23}$$

式中:$2\pi/p$ 为虚拟波数,类似于波数 $k = 2\pi/\lambda$ (λ 是波长)。

　　当参考光栅旋转时,会改变测试光栅周期,也就是说,虚拟波数 $g = 2\pi/p$ 随着时间 t 的改变而改变。通过控制旋转角度 θ,可以得到不同虚拟波数与时间之间的准线性关系:

$$g(t) = g_o + Ct \tag{8.34}$$

式中:C 为虚拟波数的变化常数;g_o 为初始的虚拟波数。

　　式(8.23a)也可用下式表示:

$$I(x,y;t) = a(x,y;t) + b(x,y;t)\cos[g(t)H(x,y)] \tag{8.35}$$

$$H(x,y) = \left[\frac{dh(x,y)}{l + h(x,y)}\right] \tag{8.36}$$

　　将式(8.35)代入式(8.23a)可得

$$I(x,y;t) = a(x,y;t) + b(x,y;t)\cos[CH(x,y)t + g_o H(x,y)]$$

　　因此,定义时域载波频率 $f(x,y)$ 为

$$f(x,y) = \frac{CH(x,y)}{2\pi} \tag{8.37}$$

第二阶的初始相位为

$$\varphi_o = g_o H(x,y) \tag{8.38}$$

则

$$I(x,y;t) = a(x,y;t) + b(x,y;t)\cos[2\pi f(x,y)t + \varphi_o(x,y)] \tag{8.39}$$

当虚拟波数随着时间 t 变化时,不同点的强度变化如图 8.19 所示。在上述正弦变化中,很明显调制相位 φ_o,时域载波频率 $f(x,y)$ 取决于物体的距离 $h(x,y)$。意味着距离越远,频率越高。因此,利用载波频率获得物体的高度信息:

$$h(x,y) = \frac{l}{(dC/2\pi f(x,y)) - 1} \tag{8.40}$$

式(8.40)中的频率 f 适用于"快速傅里叶变换"法。由于扫频方法不涉及相位 φ,因此不需要进行相位解包裹。

图 8.20 所示为对两个物体(圆环和矩形)的扫频结果。在本例中用到了多幅莫尔轮廓图。利用阴影莫尔法测量时需要大光栅,其尺寸取决于待测物体的大小。投影莫尔法利用两个光栅解决该问题。

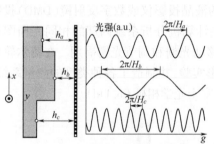

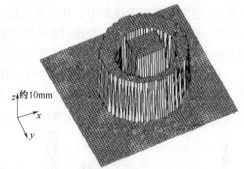

图 8.19　距离 h 与空间频率 f 之间的关系　　　图 8.20　采用扫频方式的测量结果

3. 阴影莫尔法的应用实例

多种莫尔技术可应用于轮廓测量。在莫尔轮廓法的初始阶段,莫尔技术可实现对不规则人体形貌的非接触测量,瞬间激发了医学和临床工程领域研究者的研究兴趣。在脊柱侧弯的诊断中,确定人体形貌与解剖状态之间关系的可能性成为一个重要课题。已经报道了许多测量技术及测量各种人体形貌的例子。

8.3.4　投影莫尔法

投影莫尔法利用两个相同的光栅:一个是投影光栅,另一个是参考光栅,如图 8.21 所示。投影光栅投射到物体表面,探测器位于参考光栅之后,采集图像。从图 8.21 可看出莫尔条纹的形成原理与阴影莫尔原理相似。

313

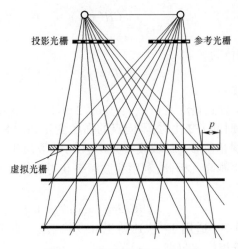

投影光栅　　　　　　　　　　参考光栅

虚拟光栅

图 8.21　投影莫尔条纹的原理

　　相移以及扫频的概念对投影莫尔条纹非常有价值。为了将上述方法应用于投影法中,必须移动两个光栅中的一个。通过液晶面板或类似的图像产生装置,如电影投影仪,使光栅应用于摄影中。在不利用物理光栅的情况下,借助于应用软件设计光栅图案,即通过基于数字光处理(DLP)技术的液晶投影仪或数字反射镜(DMD)投影仪实现。零件表面变形的结果图通常叠加在计算机分析系统内部的相同光栅图形上。利用计算机编程轻松实现所有过程,如移动光栅和调节光栅周期。在莫尔轮廓法的发展阶段,尤其是在工业领域进行了投影实验,并制造了各种类型的测量系统。图 8.22 中所示为两个商业化莫尔测量系统(富士光学相机 Co. Ltd)。

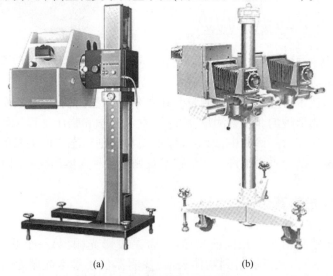

(a)　　　　　　　　　　　　　　(b)

图 8.22　商业化莫尔测量系统

(a)FM-3011 阴影莫尔型和;(b)FM-80 投影莫尔型测量系统。

图 8.23 给出了在汽车行业中的一个典型例子。在莫尔测量应用的早期阶段开展该实验,用于解决汽车车身冲压成形中的测量问题。汽车车身制造过程中要注意的重要事项之一是检查带扣的伸长和并进行拆卸,上述问题会导致精密成形的大尺寸的和复杂的汽车零件产生故障。采用莫尔投影轮廓法研究在锥形模具中由于非均匀拉伸以及收缩法兰的过度吸入产生的平板带扣问题。图 8.23 为利用圆形截头模具冲压成形的结果[31]。

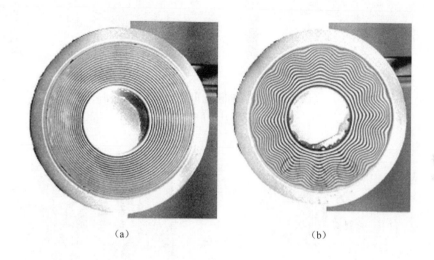

(a)   (b)

图 8.23 利用圆形截头模具测量软钢板冲压成形中的带扣轮廓间隔:
2mm,$\Delta \approx$ 2mm;模具高度:30mm(a)和 40.5mm(b)

另一个例子是测量电子器件的热致弯曲,如球栅阵列(BGA)封装,是经典的莫尔条纹应用之一。Wang 和 Hassell 认为[32]:“对于工程师而言,BGA 基板、硅芯片、封装包装的热力学特性非常有意义,如果产生弯曲会明显增加返工成本,并影响产品的可靠性。”通常,BGA 的变形量为几十微米,对于传统的干涉方法而言,变形量太大而无法采集,但对于常规的莫尔方法而言,变形量太小而无法测量。对于27mm 的 BGA,如果最大变形为 25μm,则利用干涉测量时会出现大量条纹,约为80 条。常规的莫尔技术,无论是阴影型还是投影型都难以解决该问题。作者利用相移阴影莫尔技术成功地实时测量热致弯曲(通过模拟回流过程驱动样品)。测量回流期间 BGA 弯曲的示例如图 8.24 所示。

关于电气封装,Aeakawa 等成功利用莫尔干涉法对方形扁平封装(QFP)和多芯片模块(MCM)的面内变形进行测量。通过实验测量由于热负荷(即热变形)引起的位移变化(u 和 v 方向),同时,通过有限元法(FEM)检验模拟结果的有效性(图 8.25 和图 8.26)。

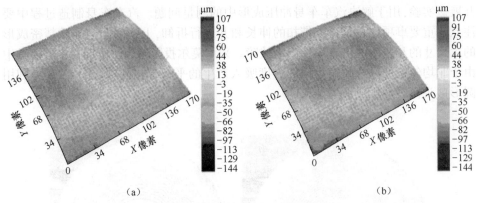

（a）　　　　　　　　　　　　（b）

图 8.24　回流期间的 BGA 弯曲变化

(a)26℃;(b)100 ℃。

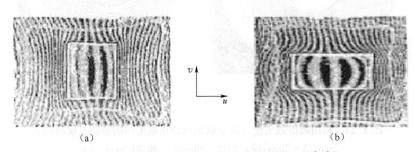

（a）　　　　　　　　　　　　（b）

图 8.25　在硅尖端(QFP)上形成的莫尔条纹[34]

(a)沿 u 方向的位移;(b)沿 v 方向的位移。

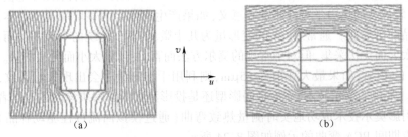

（a）　　　　　　　　　　　　（b）

图 8.26　硅尖端(QFP)的有限元分析[34]

(a)沿 u 方向的位移;(b)沿 v 方向的位移。

在投影莫尔测量过程中,很容易地利用相移技术移动两个分离的光栅中的一个。为了获得质量更好的莫尔条纹,在相机积分期间应同时平移一对光栅。1977年,Yoshizawa 和 Yonemura 提出了初始方案[35],Dirckx 等[36-37]近期提出了精密的系统,即将诸如液晶光栅和电荷耦合器件(CCD)相机的数字器件结合到一起。在图 8.27 所示的装置中,利用投影仪绿色通道的第一光栅(参考光栅),通过投影透镜投射到样品上,样品变形后的光栅图像成像在蓝色通道液晶光调制阵列上,该阵列与两个正交偏振器(第二光栅)位于投影仪外部。然后由 CCD 相机采集产生的莫尔图案。移动一个光栅实现相移,同时平移两个光栅能消除光栅噪声和平均光栅的"刻化误差"(由投影仪的图像元素引起的小间距误差)。复杂系统解决了常规莫尔测量法中存在的问题。

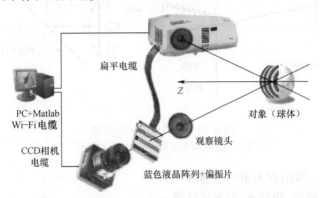

图 8.27 利用 LCD 投影仪实现数字莫尔轮廓测量的装置[37]

8.4 反射莫尔法

在 8.2 节和 8.3 节中,利用莫尔技术测量漫反射物体的应变或轮廓。反射莫尔法可应用于测量镜面物体,根据获得反射莫尔条纹的方式,反射莫尔法可分为不同类型。图 8.28 所示为反射莫尔法的示例[3,38-39]。物体的镜面表面使光栅形成了虚拟镜像。然后,通过透镜观察光栅的镜面图像。在物体变形前后经过两次曝光或者把参考光栅置于透镜的像面上,便可获得莫尔条纹。由此产生的莫尔条纹可用于分析斜率变化。常见的用于测量制造过程中光学元件的 Ronchi 法也属于反射莫尔法。

当入射角为 θ_0 的单色平行光束照射周期性矩形光栅时,会在光栅与物体之间产生零阶和高阶衍射光束,如图 8.29 所示。也就是说,光栅作为衍射光栅时,每一束光都与其他光束发生干涉。在实际应用中,由于衍射原理的影响,只有零级和 ± 1 级干涉才能形成基频正弦波图案。零级和第一衍射级形成的干涉条纹与衍射光栅周期 p 相同。干涉光沿 θ 方向传播:

$$\theta = \frac{\theta_0 + \theta_1}{2} \tag{8.41}$$

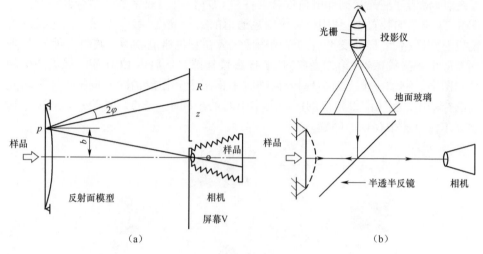

图 8.28 反射莫尔法的示例

（a）Ligtenberg 的装置；（b） Chiang 装置。

式中：θ_1 为第一级衍射光束的传播方向。

根据衍射理论，角度 θ_1 由下式计算：

$$\theta_1 = \arcsin\left(\frac{\lambda}{p} + \sin\theta_0\right) \tag{8.42}$$

式中：λ 为入射光的波长。

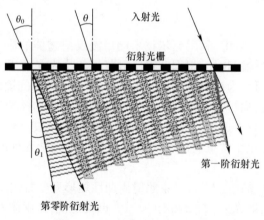

图 8.29 衍射光波的干涉图案

如图 8.30 所示，物体表面反射干涉条纹。反射的干涉条纹将随物体的平整度变化而变化。通过探测器观察到在反射的干涉条纹和衍射光栅（参考光栅）之间形成的莫尔条纹。图 8.30 可以看出，对于平行光照明和平行探测（即准直光束）

318

的光学装置而言,两个轮廓之间的距离为

$$\Delta h = \frac{p}{2\tan\theta} \qquad (8.43)$$

通过入射角度的变化改变反射莫尔测量系统的灵敏度(见式(8.43))。该方法也适用于相干和非相干单色光源,并且由于其具有高灵敏度,在平面测量领域非常受欢迎,如测量计算机磁盘、晶片以及玻璃基板的高度等。图8.31所示为利用紫外莫尔法测量钠玻璃基板平整度的测量系统[40]。通过将光栅垂直移动到参考平面(光栅平面)使莫尔条纹平移。

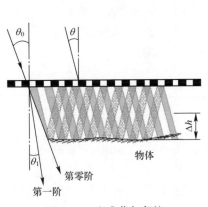

图 8.30　生成莫尔条纹

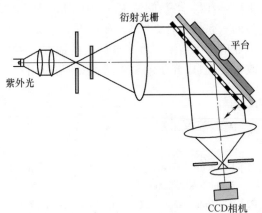

图 8.31　基于紫外莫尔法的平整度测量系统

8.3节介绍的相移法可用于条纹分析。在该系统中,为消除从基板的背面反射光的影响,利用紫外光(UV)($\lambda = 313nm$)作为光源。一部分紫外光将反射到钠玻璃的前表面上,其余光会被钠玻璃吸收。图8.32所示为利用该系统的测量结果。光栅周期为10线对/mm,入射角为60°。

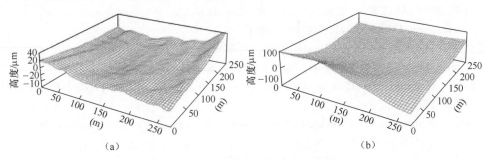

(a)　　　　　　　　　　　　　　　　(b)

图 8.32　LCD玻璃基板的测量结果

(a)未抛光;(b)抛光。

8.5 小结

本章主要介绍了莫尔测量技术及其基本原理和应用。莫尔现象发现的较早，应用较为广泛。该技术在学术和应用领域一直是研究热点，并且在许多应用中显示出了潜力。例如，在 3D 轮廓测量中，圆形/条纹投影法非常受欢迎。该技术与莫尔轮廓法[41]具有相同的原理。莫尔技术在光学领域仍然是一个具有吸引力的研究领域，在未来工业中将会得到更多的运用。作者建议读者，特别是工业领域的工程师和科学家，阅读 Kevin Harding 从莫尔技术在工业中的实际应用角度出发撰写的一系列报告[42-44]。在最近的论文[45]中，他介绍了莫尔法及其他光学方法在工业应用中需要或者应该修改的地方。本章是在"第九章:莫尔测量学"的基础上改写。摘自《光学测量手册:原理与应用》(CRC 出版社,2009)。

参考文献

[1] I. Amidror, *The Theory of the Moiré Phenomenon*, Kluwer Academic Publishers, Dordrecht, the Netherlands, 2000.

[2] G. Indebetouw and R. Czarnek, *Selected Papers on Optical Moiré and Applications*, SPIE Milestone Series, SPIE Vol. MS 64, 1992.

[3] P. S. Theocaris, *Moiré Fringes in Strain Analysis*, Pergamon Press, New York, 1969.

[4] A. J. Durelli and V. J. Parks, *Moiré Analysis of Strain*, Prentice-Hall, Englewood Cliffs, NJ, 1970.

[5] F. P. Chiang, Moiré method of strain analysis, in *Manual for Engineering Stress Analysis*, 2nd edn., A. Kobayashi, ed., Society for Experimental Mechanics, Bethel, CT, 1978.

[6] H. Takasaki, Moiré topography, *Applied Optics*, 9(6), 1467-1472, 1970.

[7] D. M. Meadows, W. O. Johnson, and J. B. Allen, Generation of surface contours by moiré patterns, *Applied Optics*, 9(4), 942-947, 1970.

[8] T. Yoshizawa, Surface profilometry, in *Handbook of Optical Metrology*: *Principles and Applications*, Chapter 19, T. Yoshizawa, ed., CRC Press, Boca Raton, FL, 2009.

[9] C. A. Walker, *Handbook of Moiré Measurement*, Institute of Physics Publishing, Bristol, PA, 2004.

[10] D. N. Sidorov and A. C. Kokaram, Suppression of moiré patterns via spectral analysis, *Proceedings of SPIE*, 4671, 895-906, 2002.

[11] I. A. F. Stokes, J. R. Pekelsky, and M. S. Moreland, eds., *Surface Topography and Spinal Deformity*, Gustav Fischer Verlag, Stuttgart, New York 1987; M. D'Amico, A. Merolli, and G. C. Santambrogio, eds., *Three Dimensional Analysis of Spinal Deformities*, IOS Press, Washington, DC, 1994.

[12] H. Walcher, *Position Sensing Angle and Distance Measurement for Engineers*, Butterworth-Heinemann, New York, pp. 66–69, 1994.

[13] F. T. Farago and M. A. Curtis, *Handbook of Dimensional Measurement*, 3rd edn., Industrial Press, New York, pp. 321–324, 1994.

[14] J. R. Rene Mayer, Optical encoder displacement sensors, in *The Measurement, Instrumentation, and Sensors*, J. G. Webster, ed., CRC Press, Boca Raton, FL, pp. 6–98–6–119, 1999.

[15] K. Shimizu, Optics of moiré fringes and applications, *Journal of the Japan Society of Precision Engineering*, 32(12), 857–864, 1966 (in Japanese).

[16] K. Shimizu, Moiré fringes and applications, *Science of Machine* 16, 4 and 5, 1964 [the best short review on moiré fringes and applications, unfortunately in Japanese].

[17] J. Guild, *Diffraction Grating as Measuring Scales*, Oxford University Press, London, U. K., 1960.

[18] Y. Takada, Y. Uchida, Y. Akao, J. Yamada, and S. Hattori, Super-accurate positioning technique using diffracted moiré signals, *Proceedings of SPIE*, 1332, 571–576, 1990.

[19] K. Hane, S. Watanabe, and T. Goto, Moire displacement detection by photoacousic technique, *Proceedings of SPIE*, 1332, 577–583, 1990.

[20] D. Post, B. Han, and P. Ifju, *High Sensitivity Moiré: Experimental Analysis for Mechanics and Materials*, Springer-Verlag, New York, 1994.

[21] S. Kishimoto, M. Egashira, and N. Shinya, Microcreep deformation measurement by a moiré method using electron beam lithography and electron beam scan, *Optical Engineering*, 32(3), 522–526, 1993.

[22] D. Read and J. Dally, Theory of electron beam moiré, *Journal of Research of the National Institute of Standards and Technology*, 101(1), 47–61, 1996.

[23] S. Kishimoto, H. Xie, and N. Shinya, Electron moiré method and its application to micro-deformation measurement, *Optics and Lasers in Engineering*, 34(1), 1–14, 2000.

[24] J. B. Allen and D. M. Meadows, Removal of unwanted patterns from moiré contour maps by grid translation techniques, *Applied Optics*, 10(1), 210–212, 1971.

[25] His best photo (one pair of stereo photos) is seen in T. Yoshizawa ed. *Handbook of Optical Metrology: Principles and Applications*, CRC Press, Boca Raton, FL, p. 440, 2009.

[26] H. Neugebauer and G. Windischbauer, *3D-Fotos Alter Meistergeigen (3D-Photos of Antique Master Violins)*, Verlag Erwin Bochinsky, 1998.

[27] T. Yoshizawa and T. Tomisawa, Shadow moiré topography by means of the phase-shift method, *Optical Engineering*, 32(7), 1668–1674, 1993.

[28] J.-i. Kato, Fringe analysis, *in Handbook of Optical Metrology: Principles and Applications*, Chapter 21, T. Yoshizawa, ed., CRC Press, Boca Raton, FL, 2009.

[29] L. Jin, Y. Kodera, Y. Otani, and T. Yoshizawa, Shadow moiré profilometry using the phase-shifting method, *Optical Engineering*, 39(8), 2119–2213, 2000.

[30] L. Jin, Y. Otani, and T. Yoshizawa, Shadow moiré profilometry using the frequency sweeping, *Optical Engineering*, 40(7), 1383–1386, 2001.

[31] H. Hayashi, *Handbook of Sheet Metal Forming Severity*, *Sheet Metal Forming Research Group*,

3rd edn., Nikkan Kogyo Shinbun, Ltd., Tokyo, Japan p. 259, 2007 (in Japanese); See also K. Yoshida, H.Hayashi, K.Miyauchi, Y. Yamamoto, K. Abe, M. Usuda, R. Ishida, and Y. Oike, The effect of mechanical properties of sheet metals on the growth and removal of buckles due to non–uniform stretching, *Scientific Papers of Physical and Chemical Research*, Saitama, Japan 68, 85–93, 1974.

[32] Y. Wang and P. Hassel, Measurement of thermally induced warpage of BGA packages/substrates using phase–stepping shadow moiré, *Proceedings of the Electronic Packaging Technology Conference*, pp. 283–289, 1997.

[33] J. Pan, Presented at the ICCES (*International Conference on Computational & Experimental Engineering and Science*)'*11*, April 19, 2011, in Nanjing, China; See also J. Pan, R. Curry, N. Hubble, and D. Zwemer, Comparing techniques for temperature–dependent warpage measurement, Production von Leiterplaten und systemen, 1980–1985, 2007.

[34] K. Arakawa, M. Todo, Y. Morita, and S. Yamada, Measurement of displacement fields by moiré interferometry (Application to thermal deformation analysis of IC package), *Proceedings of the Japanese Society for Experimental Mechanics*, pp. 113–116, June 26, 2001 Tokyo, Japan (in Japanese); See also Y.Morita, K. Arakawa, and M. Todo, Experimental analysis of thermal displacement and strain distributions in a small outline J–leaded electronic package by using wedged–glass phase–shifting moiré interferometry, *Optics and Lasers in Engineering*, 46(1), 18–26, 2008.

[35] T. Yoshizawa and M. Yonemura, Moire topography with lateral movement of a grating, *Journal of the Japan Society for Precision Engineering*, 43(5), 556–561, 1976 (in Japanese).

[36] J.A.N. Buytaert and J.J.J. Dirckx, Phase–shifting moiré topography using optical demodulation on liquid crystal matrices, *Optics and Lasers in Engineering*, 48, 172–181, 2010.

[37] J.J.J. Dirckx, J.A.N. Buytaert, and S.A.M. Van der Jeught, Implementation of phase–shifting moiré profilometry on a low–cost commercial data projector, *Optics and Lasers in Engineering*, 48, 244-250, 2010.

[38] F. K. Ligtenberg, The moiré method: A new experimental method of the determination of moments in small slab models, *Proceedings of SESA*, 12, 83–98, 1955.

[39] F.P. Chiang and J. Treiber, A note on Ligtenberg's reflective moiré method, *Experimental Mechanics*, 10(12), 537–538, 1970.

[40] H. Fujiwara, Y. Otani, and T. Yoshizawa, Flatness measurement by reflection moiré technique, *Proceedings of SPIE*, 2862, 172–176, 1996.

[41] M. Suganuma and T. Yoshizawa, Three–dimensional shape analysis by use of a projected grating image, *Optical Engineering*, 30(10), 1529–1533, 1991.

[42] K. Harding, Optical moiré leveraging analysis, *Proceedings of SPIE*, 2348, 181–188, 1994.

[43] A. Boehnlein and K. Harding, Large depth–of–field moiré system with remote image reconstruction, *Proceedings of SPIE*, 2065, 151–159, 1994.

[44] K. Harding and Q. Hu, Multi–resolution 3D measurement using a hybrid fringe projection and mire approach, *Proceedings of SPIE*, 6382, 63820K–1–63820K–8, 2006.

[45] K. Harding, Optical metrology: Next requests from the industrial view point, *Proceedings of SPIE*, 7855, 785513–1–785513–13, 2010.

322

第 4 篇
小尺寸物体的光学显微测量

第４篇
小尺寸物体的光学显微测量

第9章
干涉测量自动化

Erik Novak，Bryan Guenther

9.1 概述

对于任意表面的测量，干涉测量法具有最高的垂直分辨力和可重复性的特点。因此，诸多研究机构及企业将其应用于诸如特征高度、表面纹理、相对角度、曲率半径，以及其他需要精密测距或表面测量的应用领域中。干涉测量方法测量速度快，距离测量干涉仪每秒检测可达上千次，相移测量以1帧/s的速率捕捉整个视场中的信息，相干检测技术(如白光干涉测量)通常可在10s内完成。由于兼顾了速度、精度和重复性，因此，干涉测量广泛地应用于对自动化要求较高的各种应用场合中。

干涉测量自动化可分为覆盖更大测量区域的单一样品自动测量和多样品的自动化测量。前者通过改变仪器硬件、软件或者对零部件校准，以实现最优化的个体测量。单一样品的多次自动化测量需要执行以下一个或多个操作：将将多个测量值结合在一起以获得更大的测量区域，或将样品多次定位以达到统计学意义上的系统变化趋势(如从半导体晶圆表面中心到边缘的高度变化)。对于多样品自动化测量，通常用于有一致性与吞吐量要求的生产中，或者易受污染、破损或者尺寸受限而不能进行人工操作的场合。

本章系统地探讨了已在各种干涉测量仪上得到应用的自动化功能，并对各种功能关键技术及其对测量结果的影响进行了讨论。此外，对许多影响干涉自动化测量的关键因素，即零部件装夹，进行了讨论。

9.2 单次测量自动化

当利用干涉仪测量零件时，许多变量都会影响到测量结果的质量。在干涉测量方法中,通常能以最小调节量获取高质量数据,而在许多场合中获取高质量结果又是必须的。因此,为保证最高质量的性能要求,至关重要的是对系统全部变量进行最优化。数据存储业就是一个例子,在该行业,其中关于粗糙度和高度的单系统测量重复性和复现性必须严格控制在 0.1nm 以内,甚至系统与系统之间匹配测量的精密度也得控制在 1nm 以内。在半导体、汽车、光学、量具刃具、医疗器材及其他精密加工领域中,对加工容许误差要求极为严格,其必须满足最优化测量的需求。为了确保上述测量情况的一致性,并获得正常操作下的最佳测量结果,许多干涉仪提供了多种自动化功能。

9.2.1 对焦自动化

实现自动化最关键的要求就是实现仪器对被测零件的自动对焦。对于测量较大零件的激光干涉仪和基于显微镜的干涉仪而言,对焦都对其测量结果有着显著的影响。干涉仪一般必须同时实现两个功能:对被测零件合理地对焦,以实现光学分辨力最大化,并将干涉条纹定位在该焦点处。对于激光干涉仪而言,由于其光源相干长度较长,一般不考虑对干涉条纹的定位。然而,对于基于显微镜的干涉仪而言,对干涉条纹的合理定位则十分重要,通常由制造商在安装时进行调节。但在测量新零件时,夹具、样品本身厚度变化和其他因素影响,使得被测零件与仪器之间距离发生变化。因此,仪器必须对焦在零件上。

对于激光干涉仪而言,通常,对焦与测量结果的质量关系不大。仅仅在视场边缘附近的区域,离焦才会引起二次项的相移[1]。相机中的几个像素的离焦会导致边缘模糊,从而减少了有效的视场范围,通常会在边缘附近产生可能不正确的数据。由于模糊引起的边缘效应也导致了测量中出现相位误差,通常会使数据发生突变,直接影响了数据的整体质量。不合理的对焦也会增加失真或者导致测量中的其他系统误差,这些误差从几纳米到几十纳米不等。

激光干涉的自动对焦调整通常受用户所关注的具有锐度特性的区域,例如边缘、划痕、灰尘或其他明显痕迹的影响。仪器不断进行调焦,直到锐度特征区域最清晰时为止。用户通常可选择对焦和灵敏度均达到最佳时所对应的距离。通常,灵敏度越高,对焦过程也越缓慢。激光干涉仪通常具有较大的景深,因此对于给定参数而言,只需一次对焦,除非当测量路径发生较大变化时,才会再次对焦。

白光干涉仪或其他将干涉条纹高度聚焦在焦点附近的干涉仪,其对焦设置操作通常类似,都由用户再次选择灵敏度、需要对焦的区域以及搜索距离。然而,在该情况下,不是使锐度特征值最大化,而是使干涉条纹的对比度最大化。因此,当在视场内没有锐度特征时,也可以实现对焦。

低倍显微镜通常具有较大的对焦深度和高对比度的条纹。所以,对焦不十分关键。然而,对于大倍率的物镜(20 倍及以上),正确聚焦是在相移方法中保证适当信号水平的关键。对于相干检测法,自动对焦通常要求系统扫描范围最小化,以此提升数据的吞吐量。图 9.1 所示为某个白光干涉仪的对焦参数设置界面。这种情况下,假如选择五个特征区域进行测试,如果对焦失败(如由于零件上某个缺陷使聚焦发生了漂移),则可能需要再次对焦。

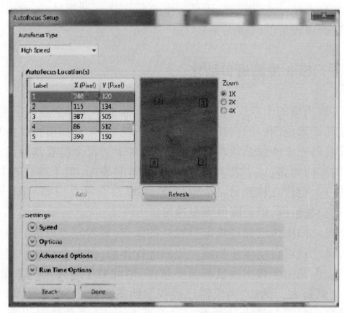

图 9.1　自动对焦界面实例,展示了多个对焦的区域及优化对焦设置的选项

　　对焦涉及的变量通常包括特征区域的尺寸、对焦速度、对焦失败的位置的个数以及相应的不能实现自动对焦的处理方法,对焦失败后可能要移动下一测量位置,标注系统误差,等待操作人员进行人工干预,或者显示测试失败。

9.2.2　照明强度测量自动化

　　为了在任意仪器上获得最佳测量结果,务必使信噪比尽可能地大。对于干涉仪而言,针对给定测量目标,要确保适合该目标的最大光照强度,因此就需要利用传感器的最大动态范围。对于基于相位的干涉测量方法,需要对光强进行设置,使相机在预设测量范围内无像素饱和;太强的光线会引起相机的饱和,从而将导致相位计算结果产生误差。对于相干干涉检测法而言,某些厂商的干涉仪即使在饱和情况下也能获得良好的数据。例如,在同一测量范围内,同时存在具有高的表面质量或高反射率的区域和表面质量较差(信噪比较低)的区域,此时,应当利用该测量方法;为了能从信噪比较差的区域获得较好的数据,就应当为该区域提供高亮度照明。

强度测量自动化通常包括单次测量时检测每个像素的信号电平、合理地调节光线强度。通常情况下,用户可设置的参数仅仅是相机饱和量。如果对一个样品多次测量或者对多个样品进行多次检测,不能直接实现单次强度测量自动化,可通过每次调节强度或者必须选择一个最佳强度以应对样品的亮度变化。但是,如果零件的反射率和形状一致性较好,即使需要进行多次自动测量,通常也不需要依赖于优化光强以获得较好的测量结果。

9.2.3 扫描长度测量自动化

对于只实现相移的干涉仪而言,例如激光索菲干涉仪或全息数字系统,扫描范围小,通常是几微米范围内的扫描。对于上述系统而言,其扫描长度由相位算法自动确定。然而,白光干涉仪必须垂直扫描,使零件上的每个位置都能清晰对焦。对于变化较大的平面而言,或者相对于干涉仪倾斜的表面,当干涉仪在样品上移动时,则可能从一个定位点移到另一个定位点,需要改变垂直扫描范围,或必须利用最差情况下的扫描范围,但会降低测量速度。

因此,一旦已知图像已通过指定位置处的焦点,或者经过指定的距离后获取了足够的数据,系统就可自动停止扫描。完成此操作后,可在自动化中指定最差情况下的扫描长度,但是由于每次测量都需要暂停,因此对于所要求的测量数据,数据的吞吐量会达到最大。例如,当仪器已经获取所需数据的 80% 时,用户需要告知仪器,在停止之前只需扫描十几微米。对于平面而言,通常确保收集全部所需数据,当并没有获得更多的数据时,需要避免系统继续长距离扫描。

对于复杂表面的测量而言,自动扫描长度具有非常重要的影响。自动扫描长度与自动对焦技术配合,很好地减少系统采集数据的时间。通常,采用优化的自动对焦与自动扫描长度配合可减少整个测量过程的时间,比未采用自动扫描长度测量所耗时间少 25%。

9.2.4 测量平均自动化

如前所述,干涉仪具有较高的垂直分辨力,并且与其他大多数面形测量系统相比,具有独一无二的优势,即其垂直分辨力与测量视场无关。因此,通常,任意位置的单次测量都能获得足够好的数据质量。然而,对于非常光滑的平面($Sa<0.5nm$)或者要求仪器测量公差较小,就需取多次测量结果的平均值。干涉仪中垂直噪声通常受图像采集相机的限制,而该噪声大多数是随机的。因此,通过取平均值的均方根所得的平均结果可减小噪声。平均四次测量结果可减少 1/2 的噪声,平均九次测量结果可减少至 1/3 的噪声,以此类推。因此,大多数干涉仪的测量数据都会平均化处理。用户输入多次测量结果得到一个点的平均值,仪器会

自动进行多次扫描,并将上述结果整合成一个结果。

图9.2所示为在碳化硅反射镜上进行1次和64次测量平均所获得的同一个点的测量值。表面粗糙度减少了约30%,采用平均处理获得的数据,可观察到非

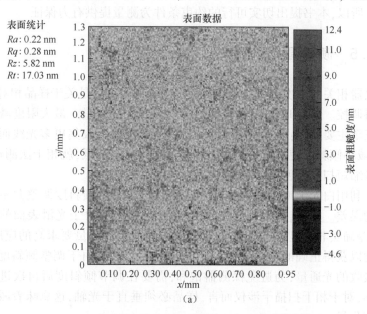

(a)

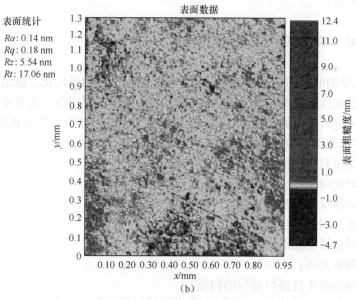

(b)

图9.2　SiCf反射镜面测量(a)含随机噪声未进行平均处理的表面;
(b)多次平均的表面发现亚nm深度的抛光痕迹

常精密的细节,如高度低于 0.2nm 的抛光痕迹。取平均的缺点是增加了测量时间。最后,较长的测量时间会存在环境漂移而影响测量结果,降低测量结果的准确度。通常,任何超过 5min 的测量结果都会受此影响,除非是在环境温度严格受控情况下。所以,本书提出切实可行的约束条件为测量提供有力保证。

9.2.5 倾斜调控自动化

与仪器相关的单次测量自动化最后一个关键内容就是关于样品相对于测量系统的倾斜调控。通过倾斜零件,或通过倾斜仪器完成测量。最大限度减少相对倾斜度有三个主要原因:减小倾斜可使光学仪器从样品上收集更多光线而增加测量信噪比;减小倾斜可使光学系统相关的离轴误差降至最低;就相干法测量而言,减小倾斜可缩短扫描长度,聚焦扫描样品上每个点。

对于利用白光干涉仪测量的粗糙表面($Sa > 1\mu m$),倾斜度调整并不会引入比较明显的误差。然而,误差可能在数十纳米以内,因而对于光滑表面的相移法测量,该误差确实非常显著。因此,对于光滑表面或者对测量要求高的应用,需要调节倾斜度以获得正确的测量结果。需要强调的一点是,由于调整倾斜度会改变干涉仪所接收的光通量,为避免探测器饱和,需要在调节倾斜度后再次进行光强调节。同样,对于相干扫描干涉仪而言,样品必须垂直于光轴,这意味着减少对整个零件的调焦量。

9.2.6 单次测量自动化的小结

通常,早期的自动化处理是针对单个样品测量结果的最优化。该结果是最快、最准确和重复性最高的结果。为确保最佳效果,操作的顺序是非常重要。例如,因倾斜而影响进入仪器的光强,故应对光强作相应调整。对于一个位置的全自动化测量,干涉仪的操作步骤如下:

(1) 快速对焦扫描判断焦点位置;

(2) 对焦调整;

(3) 确保仪器有足够光强;

(4) 通过测量确定倾斜度;

(5) 调整样品相对于仪器的倾斜度;

(6) 调整光强;

(7) 对待测零件进行最后的扫描;

(8) 为了实现平均化处理所需的数据次数,重复多次扫描;

(9) 分析结果。

当然,根据待测样品及其性能,可以删减上述一个或多个步骤。

对于任意一种测量系统而言,检查测量结果的时间稳定性非常重要。短期和长期测量稳定性同样重要。短期稳定性用于确定噪声。某些系统提供"差分测量"的测量程序,仪器进行两次连续测量,并仅显示两次测量结果之差。理想情况下,上述结果代表仪器所显示的残余粗糙度数据,类似于随机噪声。这表明不存在系统误差。在振动的情况下,测量结果通常包含 2 倍于干涉条纹周期的系统,这表明可能仪器、环境或者定位出现了问题。图 9.3 所示为差分测量结果,左图 9.3(a)显示了主要随机噪声,右图 9.3(b)显示了存在振动的情况下,测量结果中含有干涉条纹。

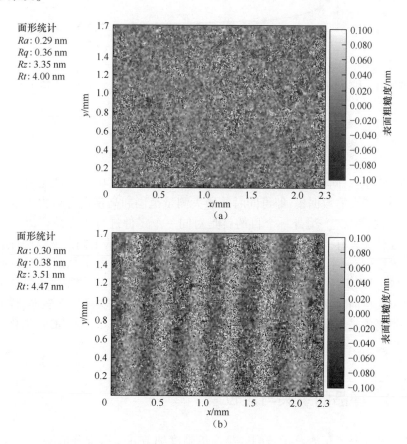

图 9.3　(a)无振动的差分测量结果显示了大部分随机误差和
(b)存在较大振动的差分测量结果显示干涉条纹所引入的误差

对于大部分干涉测量系统而言,如图 9.3 所示,理想条件下,平均残余粗糙度应小于 1nm。对于评估环境和优化参数而言,上述测量结果十分有用,例如理想平均次数的计算结果可减小噪声。图 9.4 所示为随着平均次数的增加,两次连续测量差分结果得到改善。正如理论所预期,25次测量的平均结果可提高测量重复性5倍。

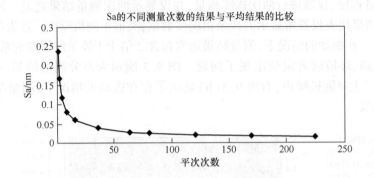

图9.4　利用不同次数的平均差分测量Sa,显示残余噪声随平均次数增加而减少

9.2.7　多次测量自动化

如前所述,对同一样品进行多次测量有不同目的。其中之一就是将重叠测量区域整合为较大的数据集,即可同时兼顾大测量范围和高横向分辨力。该方法通常称作"数据拼接"。另外一个目的就是对同一个零件进行多点采样以判断样品上的参数是否具有一致性。可用于测量太阳能面板单元的不同区域以确保表面结构的一致性(与效率有关)[2],多点测量晶圆表面以保证每个晶圆具有相同的特性,或者通过测量一个大体积样品的不同区域确定其特性,例如发动机缸体上的多点测量。无论何时,样品或者干涉测量系统都需要进行多次测量。然而,样品装夹对于获得高质量数据变得至关重要。因此,首先讨论这一点,不同的自动化方案将随后探讨。

9.3　样品的装夹与定位

干涉测量技术可否显示被测样品高清晰度细节并获得准确的测量结果,这取决于灵敏度。然而,灵敏度使测量结果对样品和仪器之间相对移动变得敏感。任何移动都会使干涉条纹产生位移,反过来导致误差或测量结果恶化。在典型的安装过程中,存在很多潜在因素使仪器与样品之间发生相对移动。地面(地板)振动、声音(噪声)干扰,温度和湿度的变化都会影响到仪器的稳定性。

地面振动可从地板传导至仪器。地面振动源包括建筑物移动(特别高层或上升的平台),振动强烈的运转机器、高速公路上的交通,甚至是地震。无论是机械式、气动式还是主动式的防震台通常都可实现仪器与上述振动源的隔离。此外，将仪器放置在附近有支撑柱的坚固地板上，并远离引起地板振动的振动源，会极大地改善测量结果。

振动的声源通常更复杂且难以应对。典型的干涉仪是由多个零件和部件组成的复杂设备。如果受到合适源的激发，上述的每一个零件中都会趋于振动或以其谐振频率"振动"。通常，该振动源是以声音的形式传播。空调、风扇、吵闹的音乐、机器或者是人在说话时都可以产生声音干扰，合适的频率就会激发仪器中的零部件产生振动。

上述振动通常太小以至于无法观察，但是在振动或者在非必要的条纹运动中放大。有时，解决该问题比较困难，解决方案包括移除振动源（通常不太可能，尤其是在有空调的超净室内），移动仪器以减小噪声的影响，加强仪器中可能存在问题零部件的刚度，或者采用合适的隔离罩或者合理外观设计减少声音对仪器的干扰。

空气中的温度和湿度变化同样影响仪器性能。铝是一种常用于干涉测量系统结构设计的材料，但其具有较高的热膨胀系数。环境温度的变化会导致铝制结构收缩或膨胀，从而引起条纹的移动。如果在测量中发生该现象，准确度必然会受到影响。

湿度的变化也同样会对准确度产生影响。塑料常用于仪器制造或专用夹具中。很多塑料从空气中吸收了潮气，其外形会发生明显变化。当湿度快速变化时，塑料夹具会产生急速的形变。为避免上述因素对仪器的影响，保持仪器周围的温度和湿度恒定非常重要。如果很难实现，就必须在进行测试时，采用空调系统进行空气循环以避免温度和湿度的快速变化。

9.3.1　样品装夹的通用要求

根据干涉仪的工作原理可知，待测样品放置的方向非常重要。一般而言，为获得最好的测量结果，被测表面必须垂直于仪器的光路。大多数仪器都包含调平平台，可实现光学头或样品的精确倾斜调整。然而，如果待测样品的倾斜角度超过调平的最大行程，就需要专门的夹具对测试面进行校准。

除了保证正确的零件方向，夹具必须将零件牢牢地固定住。通常，将大型或重型零件放置在干涉仪平台上，并且假设当工作台发生移动时，重力使零件相对于平台位置不发生变化。但平台相对零件移动几微米，其组合数据误差可能会非常严重。为实现稳定可重复运动，可能需要真空固定、夹紧零件，沿零件接触台边缘用黏土固定。

考虑如何将样品加载到仪器中也很重要，特别是显微系统。许多光学物镜的工作距离非常小，所以被测零件与光学元件的间隔也非常小，通常在1厘米和几毫米之间。由于样品与物镜都可能被损坏,因此避免两者的接触非常重要,干涉测量的物镜非常昂贵,并且如果需要更换,对焦和校准的调整也非常耗时。大多数干涉测量仪器包含运动轴,用于装载样品时,需回收光学元件,但是最好设计一个夹具固定样品而不需要回收物镜。这样,测量就比较快速省时。

在某些情况,特别是在生产环境下,零件需要频繁装配和拆卸。采用可重复定位零件的方法十分有用。运动学支撑技术利用最小数量的接触点实现待测零件的唯一定位,Vukobratovich 等详细介绍了利用最少接触点实现唯一定位的运动学支撑技术[3]。

9.3.2 非可调节夹具

通常,最便于设计和制造的固定装置是零件的静态固定装置。然而,其种类非常繁杂,某些装置采用的是非常简单的平板结构,另一些是低膨胀系数材料制造的结构复杂的运动学支撑架。如前所述,采用运动学理念设计的夹具,可反复固定样品,非常有用。对于平面样品而言,可在样品上利用三个小球或垫子固定。对于侧面需要校准的样品,同样采用两个小球或者垫子固定在其边缘上,而另外一个小球或垫子固定在另一个边缘上。其他形状样品的固定方法,读者可参考相关文献资料。

当设计样品夹具时,需要重点考虑对样品固定时样品自身的变形。特别是薄或柔性样品。由于未正确固定而产生的样品变形,干涉法测量时非常敏感。放置在三角支撑架上的半导体晶圆或薄塑料板样品很容易受自身重力作用而下陷产生严重变形。针对上述情况,就必须采用精密平面完全支撑的方式固定样品。如图 9.5 所示,在正确支撑及无应力作用下所测得的平面镜结果,在第二个测量中,安装件将镜子固定过紧,由于产生与应力有关的变形而导致测量结果出现马鞍形轮廓。

当需要将薄样品固定时,通常采用真空夹具。夹具的上表面利用一个槽或者孔连接到真空源。通常,只要样品表面清洁且夹具平整光滑,平面样品与夹具上表面就具有良好的密封性。但是,样品将会受到真空夹具作用而变形。因此,要根据测量的要求合理选择平面度指标。非常薄的样品也会在真空槽或孔周围的区域发生局部形变。在上述情况下,应该采用多孔金属、陶瓷或塑料真空夹具。针对上述材料而言,固定力分布在较大面积上,避免了由于真空槽造成的局部变形。对于非常柔软的样品如塑料薄膜或多孔结构而言,采用常规真空夹具无法形成密封状态,上述夹具非常有用,图 9.6 所示为采用上述夹具的例子。

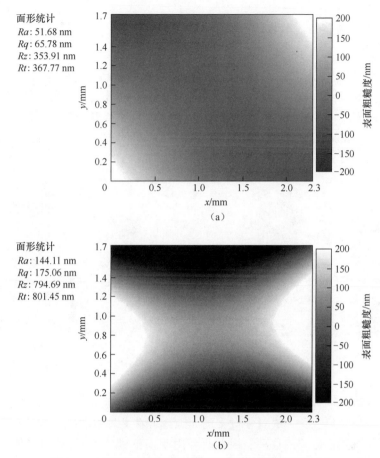

面形统计
Ra: 51.68 nm
Rq: 65.78 nm
Rz: 353.91 nm
Rt: 367.77 nm

（a）

面形统计
Ra: 144.11 nm
Rq: 175.06 nm
Rz: 794.69 nm
Rt: 801.45 nm

（b）

图 9.5 （a）无应力作用的零件呈现出略微弯曲（66nm）；
（b）受应力作用弯曲量超过 3 倍（似薯片状）的零件，出现马鞍形轮廓

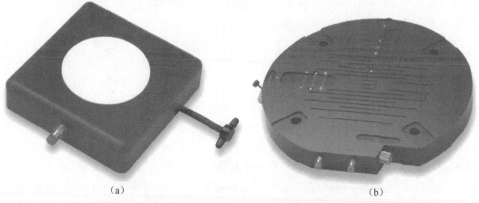

（a）   （b）

图 9.6 （a）多孔陶瓷真空吸盘头，（b）传统槽形真空晶圆吸盘，
可伸缩固定以适应大小不同晶圆引脚

9.3.3 可调夹具

某些情况下,设计可移动的夹具非常有用。有些样品需要进行调平,但其形状可能超出标准仪器的适用范围。或者样品长度超出标准工作台的最大行程,可能需要对样品实现额外的线性移动。图9.7所示为一种类型的夹具,可在相对于仪器的多个方向上固定零件,以便对待测目标前后表面成像。对于两点定位的夹具,可利用限位装置,以实现高重复精密度的定位。

(a)　　　　　　　　　　　　　　　　(b)

图 9.7　两点定位可移动夹具实例(通过不同角度旋转,夹具可夹持样品)

在上述情况下,需要格外注意的是,所设计夹具的机构要避免不必要的移动,以免导致测量结果恶化。夹具中过大的间隙或者在夹具中的运动会导致条纹的漂移或者样品发生不必要的移动。根据所采用驱动机构的类型,利用多种技术消除间隙。预压弹簧可使夹具的运动部分紧紧地贴在执行结构上,如当采用丝杠时,可利用多种类型防间隙的传动螺母。如果运动轴发生了倾斜,可移动部分的重量压在执行机构上,也可利用自身重力消除间隙。在所有情况下,样品在测量过程中都需要被牢牢地固定住,任何不必要的移动或者偏移都会影响测量结果。

大多数零件的夹具都需要进行一些调整,不论是在开始安装时,利用夹具校准仪器或者对零件本身不断地调整,再或者如何利用夹具固定零件。通常,不断地调整是为了找到合适的零件方向,以便使其特征区域在仪器的测量范围内。很多种调节器已经成功地运用于夹具上。考虑运动分辨力指标以及选择哪一种符合要求的调节器,这对夹具十分重要。对于大多数激光干涉仪而言,只有在非球面零件等的特殊测试中,才需要精密的横向调整。然而,对于基于显微镜的干涉仪而言,物镜的视场是亚毫米级的,因此要求调节器运动分辨力至少也达到该级别。

有很多种不同种类调节器,由于篇幅有限就不一一列举了。手动调节器使用简单,类似于螺栓螺母、丝杠或者旋钮。手动螺旋调节器可根据螺距的不同实现精密的运动控制。如果选择手动螺旋调节器,则至少应选择不小于1/8旋转螺距作为最小调节量。假如调节器是电机驱动,应当咨询其制造商以获取相关信息,从而保证操作时能实现最小调节量。图 9.8 所示为一种操纵螺杆的简单工作台。如需更精细的调整,请考虑用差分测微计。利用螺距一致性好的两套螺纹实现精密运动。有效螺距为 $1/P_{eff} = 1/P_1 - P_2$,其中 P_1 和 P_2 分别是两个螺栓的螺距。

图 9.8　利用千分尺的手动移动工作台

　　自动调节器包括电机、气缸和压电传感器、形状记忆合金和磁致伸缩材料。最好的解决方案是选择最简单和最容易的方法来实现必要的运动。在可调节夹具中采用多轴承。简单的燕尾槽可实现低成本的直线运动。由于滑动会对样品造成不必要的位移,调节完后,将滑块锁定在合适的位置上,才能获得令人满意的结果。为了实现更加精密的线性调节,采用滚珠和交叉滚子轴承可以实现非常精密的运动控制,而不会左右晃动。可购买从毫米到米级行程的轴承。性能最好和成本最高的是空气轴承线性滑轨,可提供最低的摩擦力和最高的行程平直度。滑轨需要压缩空气源(和真空泵)才能实现上述性能。在设计之前,必须测试仪器上的空气轴承导轨。空气压力的变化,会导致发生轻微的位移。

　　通常,用旋转运动代替直线运动更容易实现,也更廉价。轴承是比较常见的一种能实现旋转运动的机构,价格相对便宜,有多种规格和型号。最便宜的是套筒轴承。通常成对使用,上述轴承可以实现轴的简单旋转。正如前面提到的燕尾槽滑轨一样,套筒轴承也设计成有一定间隙的结构,因此不能很好地控制夹具的位置。简单的滚珠轴承是对套筒轴承的改进,只要根据制造商的说明书装载即可实现非常精密的运动控制。上述轴承不能承载较大的轴向载荷。

　　当需要承受非常大的轴向载荷时,可采用角接触轴承。该轴承设计成能承受较大轴向载荷的结构。由于其结构特征,上述轴承可用于设计支撑更高的轴向载荷。该轴承也是成对使用,采用轴向预加载消除所有移动。如果没有预加载,角接触轴承将会移动,以致无法精确地控制样品的位置。

对于非常精密位移控制而言,采用挠性器件是一个比较好的选择。它是一种依赖于自身元器件的弯曲实现运动的一种装置。其优点是成本较低(尽管高端挠曲器件的价格也非常昂贵)、结构简单、没有移动或者没有间隙,以及在小距离上的应力较小。但是挠性器件不能进行较长行程的运动。挠性器件可采用切割弹簧钢制成各种适当的外形,或者采用多种材料加工成为一个大型设备的一部分。市场上可以买到一些挠性枢轴,实现较短距离上的近乎无摩擦的旋转。上述装置采用一对直角的挠性器件以保持恒定的旋转中心。

需要格外注意的是挠性器件需提供一个销子或者标志记号以便进行校准。通常,一个挠性器件可以采用一个可以拆卸的销子实现重复定位,以适应不同尺寸样品的固定。必须注意的是防止校准销子或标志记号高出了样品的表面,而超出了所用物镜的最小工作距离。

另外一个需要格外注意的是提供标志记号,通常在夹具表面上有沟槽,使用户很方便地用手或镊子来操作使用。许多样品都是易损的,不能直接触摸外表面,所以选择适合该类样品的方便易行的固定方法非常重要。

9.3.4　安全注意事项

对于任意样品夹具而言,需要考虑样品的轻松装卸。必须要避免样品和干涉仪的直接接触。否则,不仅会损伤样品,而且干涉仪中光学元件非常精密且非常昂贵,即使偶然的接触也会损伤光学器件表面,或者使焦点偏离位置。

自动干涉仪通常包含一个对焦平台,可将其移动到安全位置对样品进行加载。然而,通常情况下,最好将对焦平台放在适当的位置以加快处理过程,除非样品非常笨重。在上述情况下,最好利用机械装置将样品水平移动至装卸位置。之前讨论过的关于可调节夹具的很多技术均采用上述机械装置。最重要的是夹具在测量位置上的稳定性和重复性。每次在加载样品时,夹具应该都能返回同一位置,并且不应该有任何移动或倾斜,以免受振动的影响。

安全性是任何夹具都需要重点考虑的因素,特别是电机驱动的夹具。应当注意避免接触尖锐的边缘,或者手指或手容易被卡住或挤压地方。在夹具中不仅存在上述危险,而且还需要注意移动零件到仪器的安全距离。例如,将夹具移动到其装载位置可能会在仪器的样品台上形成一个夹伤点。通常,在夹具的设计中采用简单的防护措施就可避免上述危险。如果不能消除危险,应该把它们标记出来。市面上有很多种商用标签用于标记危险。

在很多情况下,不能完全消除夹伤点,存在重大隐患,因此夹具中有多种连锁装置。一种方法是封闭整个仪器,并在通道门上提供开关,以便在打开时停止运动。另外一种方法包括光幕、光束传感器或必须两只手一起操作的双开关。

最后,任何好的夹具设计都必须考虑到人体工程学,使操作者能轻松地夹持、拆卸和操作夹具,这点非常重要的。此外,大多数公司制定关于人体工程学的设计规范。需要重点考虑的是必须起重多大的负载,必须施加多大的力以及操作该装置时操作人员的安装距离。在大多数人体工程学规范中都有限制,上述注意事项可能会极大地改变夹具的最终设计。

9.3.5　自动定位平台

零件装夹非常重要,同样重要的是待测零件相对于仪器如何移动,或者仪器相对于该零件如何移动。最为常见的定位平台是将驱动机构的运动转换为直线运动的线性转换平台。通常,将两个线性转换平台以互相垂直的方式组装,可实现从两个正交方向夹持样品的新系统。通常称为"XY"平台。旋转平台适用于旋转对称的零件,如晶圆或光学元件,并可将驱动机构的运动转换为角运动。旋转平台由线性平台叠加而成,可实现圆形零件的全覆盖。该平台也称为"$R\sim\theta$"平台。

另外,任何一种平台都安装位置编码器作为位置反馈装置。上述反馈装置可用于 $1\mu m$ 及小于 $1\mu m$ 的精度。编码器连接到电机驱动的电子系统中,可实现非常高精度的定位平台。然而,编码器非常昂贵,应对其价格与优势进行权衡。

平台驱动机构有多种类型和多种分辨力。步进电机用离散步进的方式旋转,是一种不需昂贵的位置反馈装置就能实现高准确度位置定位的低廉方式。伺服电机可实现非常平稳的运动,但是需要编码器才能使平台准确移动到预定位置。压电驱动器可实现非常小的动作,并有多种款式可供选择。由于压电驱动器在极高频率条件下工作,因此可实现较高的运行速度。

任何样品定位的稳定性非常重要。实际上,样品的非必要移动都会降低干涉测量的精度。通常,优先选择预加载滚动元器件(如交叉滚子或滚珠轴承)。除非在测量过程中所有移动都被锁定,否则滑动轴承可能会出现问题。事实上,有些步进电机在停止运动时会产生振动以至于影响测量结果。必须对上述步进电机进行适当的调节,才能确保其稳定运动。有些品牌的步进电机和驱动器比其他品牌更好地处理振动问题。需要评估多个供应商的产品,以便找到运行最为稳定的电机。

9.4　同一样品的多次自动测量

在干涉测量中,样品中最简单和最常见的自动化形式是将多个重叠视场的测量结合到一个单一的更大视场的测量过程中,该过程称为"数据拼接"。在多种情况下要求或必须利用拼接测量过程。通常,利用拼接测量是由于需要保持较高的横向分辨力,而且还需要大范围测量。这可能是由于需要测量非常精细的样品特征,量化缺陷或者在大空间尺度上测量表面粗糙度,人们感兴趣的区域大于干涉仪规定分辨力下所能提供的视场。图 9.9 所示为该情况的第一个示例,检查直径超过 20 mm 硬币上几微米的缺陷。即使采用当今最高分辨力的相机,在单次测量中也无法实现同时兼顾视场和分辨力。

图 9.9　直径超过 25mm 数据区域内,拼接出美元硬币的横向高分辨力区域

第二种拼接的情况是需要测量长距离上具有较大坡度的零件。图 9.10 示例为精密螺纹的检测,某些表面相对于仪器的角度可达 70°。在该情况下,为得到较好数据,需要相当高倍率(通常为 20 倍及更高倍率)才能较好地解决斜坡问题。为了能获得多个螺纹的数据,整合了多次测量结果,沿螺杆计算螺距和角度,而不是仅仅观察单个或者部分螺纹的测量结果。

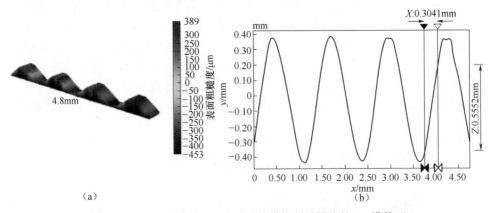

图 9.10　(a)3D 视图;(b)用干涉轮廓仪测量螺纹的 2D 横截面

将干涉测量结果拼接的基本思想非常简单,但是很多细节可能会影响到最终的测量结果。需要重点控制的变量是各扫描区域之间重叠的比例。通常,拼接测量要么通过平均任意重叠区域创建连续平面,其测量结果依赖于工作台的准确度,要么采用某种相关技术准确地将一个测量结果和另一个测量结果拼接,而不依赖于工作台精度或其他位置误差。重叠区域面积越大,通常相邻位置之间校准精度越高,表面的总误差越低,这是由于用于校准的点较多。通常重叠比例为 10% ~ 20%。对于横向拼接尺寸而言,最佳表面拼接可实现约 10^{-6} 的高度误差。因此,采用高倍率物镜对 10mm 长物体拼接,在整个拼接缝上会产生 10nm 左右的形状误差。根据干涉测量仪和零件的几何形状不同,拼接方式也有所不同。图 9.11 所示为两种拼接方式。图 9.12 所示为单独的测量结果和由图 9.11(b) 所示的拼接方式得到的整合拼接结果。

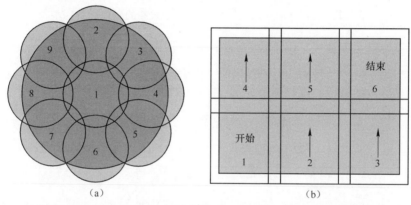

图 9.11　(a) 利用激光索菲系统的拼接方式测量大零件(b)用干涉显微镜的典型拼接方式

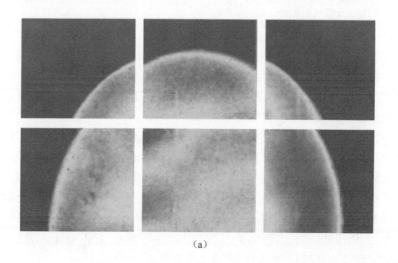

(a)

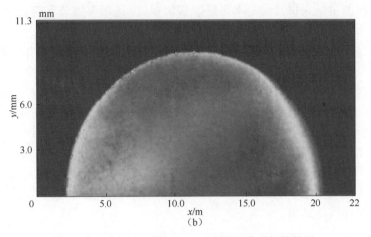

图 9.12　(a)单次测量和(b)反射镜最终的拼接结果

对于平滑表面的高质量拼接,通常要消除干涉测量系统的系统误差。大多数系统都选择一个参考平面,对高质量零件的多个位置进行测量,所得表面测量的平均结果代表相关测量系统的固定误差。参考平面生成后,利用后续测量结果减去该数据,以达到更高的准确度。

9.5　多样品自动测量

9.5.1　多点自动化

通常一个仪器需要测量一个零件上多个不连续的位置或者多个零件,包括对每个零件的多个单视场测量结果或者多测量结果拼接数据集。例如,对一个晶圆上不同点进行采样以获得其粗糙度,或在多个定位点上获取全部瑕疵点特征并进行拼接,通过多个数据来了解晶圆上粗糙度的变化规律。此外,还可测量放置在干涉仪下的各样品的某些不同位置上的特征。

大多数干涉仪提供不同形式的自动工作台。它们可对晶圆或其他零件进行网格化测量,也可通过手动或自动方式选择测量零件上的非周期位置。图 9.13 所示为一种晶圆自动化的测量图,系统可循环测量任何或全部网格位置,这取决于选择哪个自动测量单元。图像右侧显示的是选择单元遍历的顺序,对提高数据吞吐量或确保仪器测量顺序与此过程中基于其他考虑因素所需的测量顺序相符合,非常重要。例如,用仪器的输出控制在上述过程中另外的点,数据显示总是从左到右,按蛇形方式移动减小移动量,因此可提高数据的吞吐量。

342

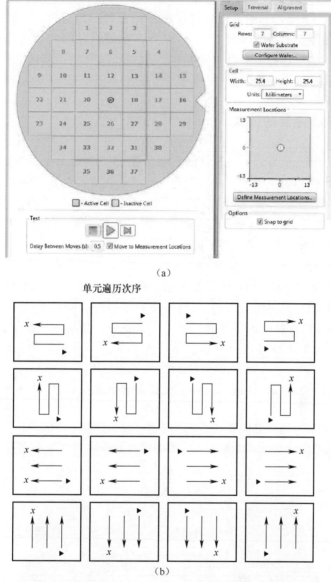

（a）

单元遍历次序

（b）

图9.13　（a）晶圆自动化网格测量和（b）用于优化测量速度和结果的工作台遍历顺序选项

　　当进行多点自动定位时,采用与单次测量相关的自动功能格外重要。即使表面平整的样品如晶圆,如果在压力的作用下,有可能会产生几百微米的弯曲。上述弯曲会导致干涉仪测量每个位置时焦距不同,针对样品倾斜需要调节光线强度,甚至还要调整倾斜度以确保获得较高质量的数据。

　　所有多点自动化测量的关键考虑因素是确定仪器下方零件的方向。零件的尺

343

寸或特征位置随零件不同而存在差异。此外,即使是最精密的零件加载装置也会在定位零件时产生误差。如果仅仅打算对样品进行粗略定位,不用考虑该问题。但是,为了测量零件的特征区域,零件相对于干涉仪的位置必须是已知的。采用半手工方式校准,用户选择多个已知位置并使零件居中,然后系统将自动地对工作台进行调整,去除零件中的倾斜。

9.5.2　零件自动加载

在某些应用中,很好地实现零件的自动装载,使零件尽可能少地受到污染和损坏,而且确保零件相对于干涉仪的位置是一致的。该方式尤其适用于晶圆,例如半导体和 LED 制造业。然而,铜板、玻璃显示器、透镜、数据存储器读取头、光学滤波器及其他精密元件在各种干涉仪上均已实现了自动加载。自动化可减少操作误差,提高吞吐量,由于在测量仪器下放置样品的定位重复性好,通常可以得到较为一致的测量结果。

了解自动化系统真正的需求才能取得成功,这一点很重要。有些系统将零件从托盘中取出,放到夹具上进行测量,然后重新将零件放回原来位置。有时候,可能需要对干涉仪测量结果的零件进行分类。当在生产环境中使用时,干涉仪还可能需要与工厂自动化软件进行通信。这可能与通过文件或简单的通信协议(如 TCP/IP)发送结果一样简单,或也可能需要直接通过 GEMS/SECS 协议的接口,或控制其他仪器的第三方软件接口。对于更复杂的自动接口,生产商将仪器集成到生产环境中。

图 9.14 所示为一个晶圆自动化处理系统的示例,按设计要求将多个零件配送至两个独立的干涉测量 3D 显微镜下。零件的自动化处理是整个系统中非常昂贵

图 9.14　利用两个干涉仪的晶圆自动化处理系统

的附加功能,通常处理速度比测量速度快得多。因此,在一定的产量内,采用单个零件处理器可满足多个测量系统的需求,既节约成本,又减小所占用的空间。

然而,晶圆处理系统是标准化的,大多数自动化处理机器都是针对特定零件专门定制。因此,很难给出具体的注意事项的规范。然而,为了优化数据吞吐量,零件所在位置至少占干涉仪视场 1/2 区域,以便当利用基准查找软件或者其他准确确定零件位置的方法时,搜索区域最小化。此外,处理器不能在抓取或放置器件时,对其加热或者冷却,以避免零件外形发生变形。另外,由于某些材料(特别是聚合物)的弛豫时间可能会达到数分钟,不应再给待处理的元件施加过大的应力,以免影响测量数据的质量。

当购买包含零件自动加载功能的系统时,都应仔细地确认处理器的智能化功能。理解处理器在尝试加载零件时应该如何处理漏加载和/或损坏的零件非常重要。此外,如果发生停电或系统硬件或软件故障,处理器必须能够恢复原状,保证从干涉仪上卸载或加载的零件在传输过程中不受到任何损伤。全自动化系统中通常集成通用电源,可避免由于电源电压突然下降而对系统性能造成的影响。

零件自动化处理可极大地提高测量结果的一致性,减少零件的损伤和污染,提高干涉仪测量零件的工作效率。然而,上述系统组成复杂且价格相对比较昂贵,必须权衡其优势。通常,只有很小部分生产线采用全自动零件处理,而不是手动加载/卸载样品,对部分的测量工作实现自动化操作。

9.5.3 在线仪器注意事项

在某些情况下,为了避免将待测样品从生产线上取下来,干涉仪的光学镜头直接在线安装在生产线上,该做法十分必要。为此,一些供应商将干涉仪的光学头与支撑机构分开安装。为了成功地安装在线探测头组件,必须考虑几个重要因素。

主要考虑的是支撑机构的刚度,必须有足够的刚度防止光学头和样品之间不必要的相对运动。如前所述,即使非常微小的移动也会对测量造成干扰。一般而言,最好将光学头连接在与支撑样品相同的机构上。吸附在墙上或者天花板上可能无法承受足够的结构刚度。如果不能将光学头安装到与样品相同基座上,只要地面足够坚固(如混凝土地面),就可安装在坚固地面上。

为了更好地固定光学头,支撑机构必须在设计时考虑刚度问题。设计时应当避免悬臂结构,如果可能,尽量使用两端支撑的"桥"形结构。准确地计算上述结构到底需要多大刚度十分困难,但连接干涉仪光学头的结构应当具有超过 180Hz 以上的共振频率作为指导规范。应结合具体应用咨询仪器供应商。

在某些情况下,设计特殊支撑,将样品与光学物镜保持在合适的距离上,将仪器的光学头直接放置在样品上方。如果样品是一种耐损伤的材料,该方法可提供样品与仪器之间的刚性连接。支撑必须是硬质材料,但不能损坏样品。通常,例如样品是钢铁制造,支撑可采用铝或黄铜材料。

开始定制仪器支撑底座之前,要咨询仪器供应商,查看是否能提供满足需求的仪器。干涉仪可以安装在不同平台上,研制了多种技术的成熟平台,并在各种生产与研究中得到了应用。图 9.15 所示为 Bruker-Nano NPFlex 干涉仪,为测量大型或者不规则形状的样品而定制的表面测量仪器示例。它具有 12 英寸×12 英寸× 12 英寸(3.6576 m×3.6576 m×3.6576 m)的采样能力,以及用于测量倾斜曲面的倾斜光学头设计。

最后,应当咨询仪器供应商确定仪器是否良好地运行。某些仪器中安装了利用干涉条纹测量样品与光学头之间振动的软件。可用于评估不同位置或环境,以保证仪器尽可能正常运行。

图 9.15　Bruker-Nano NPFlex 干涉仪
(提高了大体积样品稳定性和测量性能)

9.6　小结

自动化干涉测量是改善系统功能的强有力工具。自动测量结果通常具有更好的一致性,避免样品的损坏,速度也更快,并且比手动操作更精确。自动测量流程可用于寻找焦点、调节光线强度,并调整样品相对于仪器的方向。多次测量拼接组合成高分辨力的大数据集,并且自动分段测量可用于样品测试区域的多点采样。零件的处理流程也可与干涉仪结合起来,让操作人员彻底免于手工操作,通过工厂自动化软件对仪器控制和通信。最终,将系统直接引入到生产线中并实现在线过程控制。每一种类型的自动化都有其特殊的关注点,一般而言,许多早期自动化元器件组合起来可以获取最快、最高质量的数据。

参考文献

[1] Murphy, P., Brown, T., Moore, D., Measurement and calibration of interferometric imaging aberrations, *Applied Optics* 39(34), 6421-6429 (2000).

[2] Blewett, N., Novak, E., Photovoltaic cell texture quantitatively relates to efficiency, optics for solar energy, *OSA Technical Digest*, paper SWC3 (2010).

[3] Yoder, P., Vukobratovich, D., Paquin, R., *Opto-Mechanical Systems Design*, 3rd edn., CRC Press, Boca Raton, FL, 2005.

第10章
3D白光干涉显微镜

Joanna Schmit

3D 白光干涉(WLI)显微镜便于操作,可提供准确的工程表面形貌测量结果。上述系统的纵向分辨力可达到几分之一纳米,同时横向分辨力与传统显微镜横向分辨力相同,保持在亚微米量级。

3D 白光干涉显微镜应用于研究实验室和生产车间,是基于干涉测量物镜(放大率为 1~115 倍)和计算机控制聚焦扫描的数字显微镜。只有干涉技术才能实现高度测量的精密度,其测量精密度与显微镜物镜的数值孔径并无关系,而取决于能否将垂直分辨力提升至纳米级。3D 白光干涉显微镜(图 10.1)不仅可提供成超过100 万点的样品的高度测量,同时还能实现对 3D 表面形貌的测量。

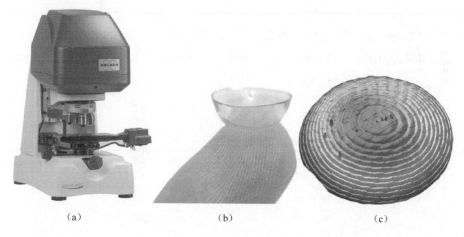

(a)　　　　　　　(b)　　　　　　　(c)

图 10.1　(a) 白光干涉 3D 显微镜,(b) 和(c)透镜的表面测量结果

在单次垂直扫描中,根据放大倍率和相机芯片尺寸,可测量 $50\mu m \times 50\mu m$ 至 $20mm \times 20mm$ 的区域。该测量具有高度重复性和可复现性,由于只有光与被测表面接触,所以在测量过程中不会损伤元件。白光干涉 3D 显微镜能够实现非常快

速和精确的测量;商用仪器的测量高度范围可达 10 mm。该测量高度只受到物镜的工作距离的限制。

3D 表面测量技术已经在许多产业得到应用,包括精密加工、MEMS、太阳能、医疗和生物领域。该方法的名称是相干扫描干涉测量(ISO/CD 25178-604),是未来国际标准化组织(ISO)面形测量标准的基础。测量自动化包括样品处理、对焦、图形识别数据处理和专门分析在内的技术,使该仪器适用于连续 24h 的表面形貌测试,并且在不同的表面元件上具有良好的测量重复性。本书其他章节讨论了 3D 白光干涉显微镜中的测量自动化。

10.1　白光干涉

由于采用干涉技术确定表面形貌,所以从如何产生干涉条纹开始介绍。3D 白光干涉显微镜经常利用超辐射发光二极管(SLD)或 LED 实现柯拉照明,在零光程差(OPD)处产生干涉条纹,以达到显微镜最佳对焦位置。SLD 光源具有约 100nm 带宽的可见光谱。SLD 结合了激光二极管的高功率、高亮度及传统 LED 的低相干性。此外,与之前在系统中利用卤素灯相比,SLD 和 LED 工作时间长,功耗低,基本不发热。

光源不同波长 λ 的光是非相干的,并且各个波长的干涉条纹叠加产生白光条纹,如图 10.2 所示。当物镜沿焦点附近扫描时,固态 CCD 或 CMOS 探测器记录每个时刻的所有干涉条纹强度总和。因为光源中每个波长产生的干涉条纹有不同间距,所有出现在干涉仪中的所有波长产生的 OPD 为 0 的点。沿着物镜 z 轴扫描,当远离 OPD 为 0 的位置时,观察到的白光条纹强度总和迅速减小。图 10.2 中,通过

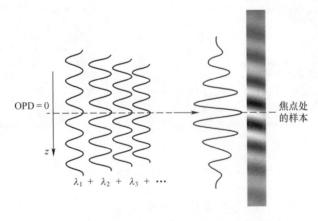

图 10.2　沿 z 轴扫描的白光干涉条纹的形成

两种方式记录沿着轴向扫描的白光条纹:由相机的单个像素记录和由多个像素组成的灰度图像记录。干涉条纹包络最大位置为最佳对焦位置。实际应用中,干涉仪中的两路光路不可能完全平衡,导致条纹包络的最大位置发生微小偏移。

在 z 轴扫描过程中,由单个像素记录的白光干涉在数学上可理解为光谱全带宽的所有波长以及由物镜的数值孔径[1]决定的不同入射角内的所有条纹的积分。该求和结果可得如下表达式,描述了物体上位置为 h 点附近的干涉条纹:

$$I(z) = I'\big[1 + \gamma(z)\cos(k_0(h - z) + \varphi) \big] \qquad (10.1)$$

式中:I' 为背景辐照度;$\gamma(z)$ 为沿 z 轴的条纹可见度函数或相干包络;$k_0 = 2\pi/\lambda_0$ 为条纹包络的中心波数;φ 为由于系统中的偏差导致条纹最大值与包络最大值产生的相位偏移。

光源频谱的带宽越宽,时域包络的宽度越窄。对于白光光源,该宽度为 $1 \sim 2\mu m$。由于条纹包络较狭窄,确定物体每个点上的包络位置等同于确定该点处的最佳对焦位置。每个点的最佳对焦位置反过来决定物体的形貌。

10.2 测量过程

测量过程简单,不需要对样品做特殊的准备。首先,将样品放在物镜下方。然后,如同利用普通光学显微镜一样,需要通过垂直移动物镜或放置样品的平台实现对样品的聚焦,主要区别是在对焦处样品上出现几对条纹。可能需要手动或自动调节实现对样品表面的顶部或底部的对焦。一旦对焦,即可开始测量。自动扫描方式使样品位于焦面以外,然后通过指定的高度扫描样品,同时相机将以恒定速度采集图像。图像中包含使用此方法进行形貌测量所需的条纹。扫描必须从待测量表面上的最高点以上至少几微米的位置开始到待测量最低点以下几微米。因此,从扫描开始到结束,视场中没有条纹。

图 10.3 所示为用于测量半球形表面的四幅干涉图。每幅干涉图只记录在给定扫描位置处被测样品位于焦面的部分。

图 10.3 的条纹形状提供了半球形表面的形貌信息。此外,图 10.3 显示了物镜扫描焦点附近期间,多个像素记录的干涉条纹信号的灰度图像。对于没有台阶或划痕的镜面状表面,只有当样品处于最佳聚焦位置时,才能记录条纹信息,不会对其他物体特征"聚焦"。因此,3D 白光干涉显微镜是测量光滑镜面球状表面的理想选择。

在条纹对比度最佳的位置测量可实现纳米级表面形貌的精确测量。许多文献(Ai 和 Novak,1997,Caber,1993,Danielson 和 Boisrobert ,1991;de Groot 和 Deck,1995;Kino 和 Chim,1990;Larkin,1996;Park 和 Kim,2000)[2-8]描述了确定条纹对

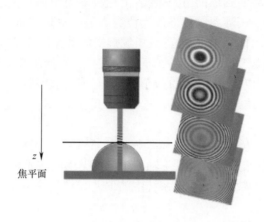

图 10.3　对半球形表面在扫描焦点附近时得到的四幅干涉图

比度最佳的位置的方法。

　　与单色干涉技术不同,白光干涉测量技术不仅用于测量光滑表面,还可测量粗糙表面。该技术的应用很广泛。例如,可以测量光面纸的外观或汽车饰面外观的表面粗糙度,包括显著影响饮食习惯的食品粗糙度。但是,3D 分析仪也常用于测量发动机部件及其他工件(图 10.4)如轴承或医疗植入物和隐形眼镜的粗糙度,以及决定零件功能的特性。

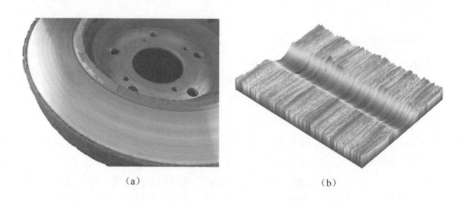

（a）　　　　　　　　　　　　　　　（b）

图 10.4　金属加工零件和(a)该零件磨损标记的测量结果(b)

　　对于粗糙表面,白光干涉条纹是局部对比度足够好的干涉条纹,也是散斑干涉条纹。图 10.5 所示为粗糙样品的四幅聚焦图像。其中,高于样品高度范围和低于样品高度范围拍摄的两幅图像无条纹,在样品两个不同聚焦位置拍摄的两幅图像显示清晰的条纹。条纹既显示平滑区域,又显示区域间的凹陷区。

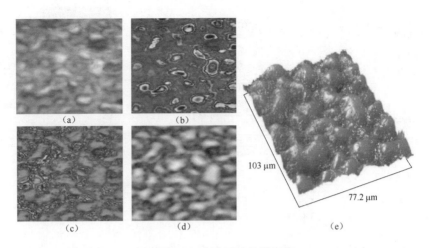

图 10.5　3D 白光干涉显微图像

(a)高于样品高度范围无条纹;(b)低于样品高度范围无条纹;
(c),(d)样品两个不同的聚焦位置的条纹图像;(e)平均粗糙度 Ra = 419nm 的测量结果。

10.3　干涉物镜

3D WLI 显微镜采用干涉物镜,该干涉物镜是一个包含分束镜和参考镜的无限远校正明场物镜。干涉物镜通过在最佳聚焦位置周围产生条纹确定焦点位置,从而保证对高放大倍数和低放大倍数的物体实现分辨力为亚纳米量级的面形测量。该系统利用了三类传统的干涉物镜:Michelson 型,Mirau 型和 Linnik 型干涉物镜。

Michelson 型干涉物镜利用物镜下方的分束镜和侧面的参考镜(图 10.6(a));该干涉物镜仅用于具有较长工作距离,且具有较低数值孔径的低倍率测量中。Mirau 型干涉物镜(图 10.6(b)),利用物镜下方的两个薄平板,物镜具有较短的工作距离,从而具有中高等倍率。位于下方的平板用作分束板,上面的平板包含一个很小的反射区,用作参考表面。Mirau 型干涉物镜不太适用于小于 10× 的放大倍数的测量,是因为对于较低的放大倍率,当视场变大时需要的参考面更大,光斑掩盖了过多的视场。

第三种是 Linnik 型干涉物镜(图 10.6(c))。Linnik 型物镜前面有两个相同的明场物镜和分束镜,能够实现任意的放大倍率。因此,在实验室中,可将该物镜应用于任何放大倍率的场合。一方面,Linnik 型干涉物镜是实现高放大倍率、大数值孔径、短工作距离的唯一方案,但是不利于采用分束板。另一方面,如果需要在长工作距离处测量大型样品,则 Linnik 型干涉物镜可能是唯一的解决方案。

然而,干涉物镜非常庞大,并且对于较大的放大倍数,可能非常难调节,因为不

（a）　　　　　　　　　　（b）　　　　　　　　　　（c）

图 10.6　干涉物镜

（a）Michelson 型；（b）Mirau 型；（c）Linnik 型。

仅需要调节参考镜的位置,而且还要分别调整物镜和参考镜的位置。此外,两个物镜需要与分束镜匹配,以提供最小波前像差和最大条纹对比度。

10.3.1　干涉物镜的对准

　　为了获得最佳焦点的条纹,需将参考镜放置在物镜的焦面上。上述过程通过三个步骤完成（图 10.7）:①移动参考镜至距离焦面几十微米处;②物镜聚焦在具

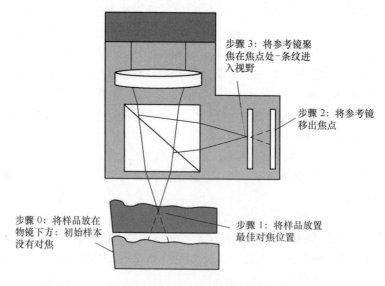

步骤 3：将参考镜聚焦在焦点处-条纹进入视野

步骤 2：将参考镜移出焦点

步骤 0：将样品放在物镜下方：初始样本没有对焦

步骤 1：将样品放置最佳对焦位置

图 10.7　干涉物镜对准步骤

有某些特征的物体上,如尖锐但不太高的台阶(此时条纹不可见);③当获得最佳对比度条纹时,参考镜对焦并停止移动。当获得最佳对比度条纹和样品处于最佳焦面时,干涉物镜机械臂之间的零光程差与最佳对焦位置重合。此过程在出厂前完成,在系统运输之前,固定参考镜的位置。

10.4　3D 白光干涉显微镜的校准

为了提供精密而准确的表面形貌测量,每个显微镜不仅需要在横向方向,而且需要在垂直方向进行尺寸校准。通常利用标准高度和横向特征的特殊标准件校准。需对工件进行仔细校准,并依据说明书存储和清洁。

10.4.1　横向校准

沿 x 和 y 方向上的横向校准用于放大率校准,并且对每个物镜和视场进行校准。测量工件上的校准图案,并且通过设置放大率将横向比例设置为与特征横向尺寸相匹配的值。校准图案是由平行线或同心圆组成的光栅。

目前,根据无限远校正物镜设计系统。值得注意的是,干涉物镜的放大倍率不是物镜的放大倍率,而是由物镜焦距与显微镜筒长度的组合计算。镜筒长度在160～210mm 之间变化,因此,如果制造商给出的标称放大倍率是针对 160mm 筒长度的物镜给出,由于放大倍率等于筒长除以物镜焦距,那么针对 210mm 筒长度的物镜,其放大倍率比原放大倍率变大约 30%。

10.4.2　垂直校准

垂直校准依赖于扫描仪速度、摄像机采集的每秒帧数以及扫描仪扫描距离。扫描距离由校准工件的高度或光源波长的干涉条纹确定。

通常,通过测量已知台阶高度标准(SHS)校准。通过改变扫描速度实现校准,使可溯源工件的值达到国家标准与技术研究所(NIST)或 PTB(Physikalisch-Technische Bundesanstalt)允许的不确定度范围内。该标准称为二级标准,根据 NIST 或 PTB 建立的台阶标准。台阶高度标准范围从纳米到微米。校准的台阶类型决定平均扫描速度,并假设在扫描仪的整个范围内以及多个测量结果中,扫描速度都保持不变。为了更快地测量较高的样品,扫描仪速度可设定为约 100μm/s(Deck 和 de Groot,1994;Schmit,2003)[9-10]。通常,在工厂中,对扫描仪性能的整体变化进行校准,但是该校准随着时间的推移而发生变化。

由于不确定度来源不同,如扫描仪差异性、非线性、环境温度变化和二级标准值的差异,主要标准可应用于 3D 白光干涉显微镜中,评估每次测量的每个时刻,并不断进行自校,以达到最大精度(Olszak 和 Schmit,2003)[11]。主要标准是基于嵌入式激光干涉仪波长,连续监测扫描仪运动,测量探测到的条纹波长,或者给出触发信号在恒定距离处采集图像。台阶高度测量的可重复性在很长一段时间(几天)内能达到几纳米量级,而不受环境温度变化的影响。

通过白光干涉快速测量被测元件的需求变得越来越重要,特别是针对大批量生产的检测。例如,数据存储公司在较少操作者控制下,利用多台机器连续地以可靠的自动化方式每小时屏蔽数百或数千个磁头。在多台机器以亚埃精度测量同一个零件时,测量重复性以及系统与系统之间的相关性在生产中起关键作用。在上述情况下,不仅必须在所有系统上利用相同的测量步骤和分析方法,而且必须充分建立和控制系统的对准与校准规范。

10.5　3D 白光干涉显微镜的设置及表面特性测量

为正确地测量样品表面,必须深入地了解系统的能力和局限性以及待测表面的特性,以评估系统是否能满足测量要求。

当涉及 3D 测量系统时,有众多可供选择的方案,但是基于显微镜的系统通常用于测量小特征的物体,而且干涉测量方法因较高的纵向精度和测量速度而倍受人们的青睐。换而言之,粗糙度测量、横向分辨力、纵向精确度和速度的测量非常重要时,白光干涉 3D 显微镜是最好的选择。当仅需要测量形状且横向分辨力大于 10μm 时便可满足系统的要求,不宜采用白光干涉显微方法。

一旦要利用白光干涉 3D 显微镜作为测量仪器,就要在系统中选择关键器件,并确定关键参数。例如,物镜的选择将取决于整体测量范围的大小,横向特征、粗糙度以及光滑斜坡的角度。物镜的放大倍率(加上中间的光学筒长)和 CCD 相机的大小决定了可测量的范围,物镜的数值孔径(NA)决定了物体的哪些横向特征可测量,以及最大可测量的光滑斜坡的斜率。本节将讨论利用白光干涉显微镜测量各种样品特征的成功案例。此外,也将讨论若在样品表面镀薄膜及不同材料,或者在样品上方覆盖玻璃片时,需要考虑特殊的注意事项并采用特殊的解决方案。

10.5.1　垂直尺寸

通常认为显微镜是用于观察非常小的样品,例如在高中生物课堂中把涂有血迹的载玻片放在光阑处观察。目前,需要测量的小特征通常是更大待测件的一部分。在该情况下,对显微镜的设置需要更多的灵活性。一种解决办法就是将 3D 白光干涉显微镜安装在很大的平台上,因此可保证样品和物镜相匹配。另外,3D

白光干涉显微镜的设计应考虑便携性,以便携带,用于测量大量待测件如打印机或发动机。上述系统还需要能应用于大角度倾斜时,物镜几乎垂直于表面的测量,如图 10.8 所示。

图 10.8 在大平台上的 3D 白光干涉显微镜,测量大型物体表面

10.5.2 垂直分辨力

利用干涉技术可实现对样品的高精度测量,其纵向分辨力能达到纳米或亚纳米量级。与基于明场物镜的方法相比,干涉测量目标无论其放大倍率(数值孔径)高低,均可提供较好的纵向分辨力。

明场物镜的纵向分辨力取决于数值孔径/放大倍率。更精确的测量只能利用更高的放大倍率,利用 50 倍或 100 倍的放大倍率实现,因为利用明场物镜时,物体中只有较小的一部分能够清晰对焦。显然,需要通过纵向移动物镜,对物体的不同部分聚焦,以完成测量。高放大倍率明场物镜景深是几微米量级。对于低放大倍率的物镜,如放大倍率为 5 倍,则整个样品可全部聚焦。在该情况下,由于视场景深较大,无法确定最佳聚焦平面。

干涉测量物镜的轴向测量质量由条纹包络的宽度决定,而不是由物镜的景深决定。如图 10.9 所示,对于任意物镜而言,基于光源带宽的条纹包络宽度相同,通常为 $1\sim2\mu m$。因此对于任意放大倍率的物镜而言,均可实现高精度测量。

纳米级和亚纳米级测量精密度需要稳定的环境条件。为了达到最佳的精密度,需要一个防振空气台。低噪声带来了极好的纵向分辨力,但是也导致(系统)对振动敏感,产生大量伴随干涉条纹的波纹。非干涉测量产生的噪声通常会比振动产生波纹的噪声大,因此,上述波纹在非干涉测量系统中的噪声并不明显,但是会影响纵向分辨力。

利用白光干涉测量的方法,可获得亚纳米级的纵向分辨力,但是该方法仅适用于测量近似镜面的平滑表面。对于光滑表面,条纹最大值所对应的相位含有物体的高度信息;测量此相位所在位置,可实现对高度的亚纳米级精度的测量。对于台阶状

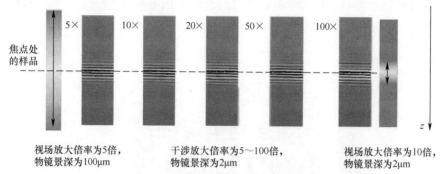

图 10.9　对于任意放大倍率的物镜而言,白光条纹包络的最佳聚焦范围
为几微米,而对非干涉方法而言,5 倍率放大物镜景深可达到 100μm,
在最大的放大倍率时,景深变为几微米

光滑表面,除了测量包络峰值,也可测量条纹的相位[12,13],能够测量几十微米高的台
阶,同时在台阶的表面实现亚纳米级测量。图 10.10 所示为局部光滑的表面测量示
例,首先对条纹的包络峰值进行检测,然后结合条纹包络和相位检测。测量表面粗糙度
的精度从几纳米提升至亚纳米。图 10.11 所示为用 20 倍物镜、条纹包络和相位检测方
法测量高度为 4nm 的光栅结果。上述方法中的噪声低,能够实现测量 1nm 的光栅。

(a)　　　　　　　　　　　　　　(b)

图 10.10　利用条纹包络峰值探测(a) 以及结合条纹包络峰值和
相位探测测量光滑表面的表面粗糙度(b)

　　由于相位信息对于粗糙表面的测量没有意义[14],只能利用条纹包络峰值位
置测量粗糙表面($Ra=50nm$)。光学元件光滑表面($Ra<20nm$)的测量只能基于条
纹的相位。上述方法称为相移干涉法(PSI),并不需要缩小包络振幅的条纹。然
而,PSI 的缺点是只能测量包含高度小于 $\lambda/4$(通常为 150nm)的阶跃点(非连续
点)物体。PSI 的显著优点是测量时间是亚秒级,纵向分辨力达到亚埃量级。许多

356

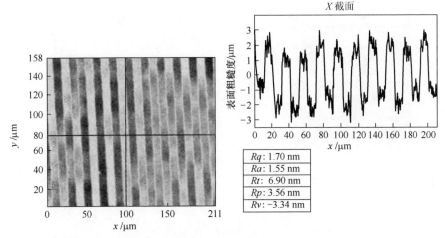

图 10.11 利用条纹包络峰值和相位探测测量高度为 4nm 的光栅，
达到亚纳米级的纵向分辨力(非常低的噪声)

文章和书中介绍了相移干涉测量[15]。

10.5.3 横向尺寸

测量范围的大小取决于系统和相机的放大倍率。通常,较低倍率的物镜可以测量 20mm×20mm 大小的样品,而最高的放大倍率(100 倍)的物镜视场约为 50μm ×50μm。基于多次测量横向微重叠的拼接程序可测量更大的范围。通常,如果需要高倍率的物镜分辨大斜率和小横向特征样品,同时还需要测量更大的区域,则通常利用重叠测量。图 10.12 所示为利用 5mm 视场物镜测量直径大约为 25mm 的亚利桑那硬币的测量结果。轮廓图显示了可测量横向尺寸的高度变化。

10.5.4 横向分辨力

光学分辨力决定了物体横向特征的可分辨尺寸。该分辨力仅取决于波长和显微镜物镜数值孔径,其变化范围是几微米到几分之一微米(针对较大放大倍率的物镜)。Sparrow 和 Rayleigh(Born 和 Wolf, 1975)[16]分别定义了在非相干成像中,恰好能分辨相邻两个相邻点像的标准:

$$\text{Sparrow 光学分辨力标准} = \frac{0.5 \times \lambda}{\text{NA}} \tag{10.2}$$

$$\text{Rayleigh 光学分辨力标准} = \frac{0.6 \times \lambda}{\text{NA}} \tag{10.3}$$

357

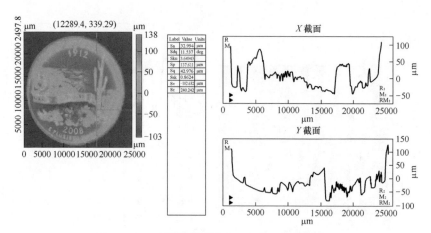

图 10.12　亚利桑那州硬币两个方向的轮廓图

　　尽管上述两个标准可近似用于白光显微镜,但必须记住,两条线比两点更好区分,并且对于 3D 白光干涉显微镜,高度的变化也影响横向分辨力[17]。此外,利用 CCD 摄像机拍摄图像时至少需要三个像素分辨图像中两个点。低倍率物镜的系统受探测器采样限制。因此,横向分辨力取决于光学系统分辨力和探测器的横向采样间距。通常,当显微镜系统的放大倍率是 20 倍及更大时,显微系统的分辨本领受光学衍射限制,当放大倍率是 5 倍及更小时,显微系统的分辨本领受探测器限制。很难获得超出衍射极限的横向分辨力,但是采用高品质扫描器以及在算法中利用系统先验知识,可获得亚纳米级纵向分辨力。图 10.13 中的图像显示了针对 200nm 周期光栅测量时,利用增强表面干涉的系统和算法,获得了超过衍射极限的横向分辨力,与常规测量相比,测量结果得到改进[18]。因纵向和横向分辨力高,可实现在太阳能电池的表面、塑料薄膜和其他高质量的表面上测量精细结构以及小的划痕和缺陷。

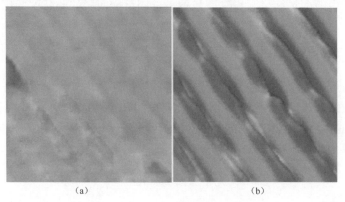

图 10.13　200nm 周期光栅的测量
(a)白光干涉测量难以分辨的特征;(b)增强干涉测量结果提升横向分辨力。

10.5.5　横向外形尺寸

如图 10.14 所示,根据物体的高度信息,很容易识别轨迹线,并自动确定其宽度、长度和距离。为了提高测量精密度,将每个样品的高度对齐到同一方向上,从而使 x 和 y 方向上的尺寸实现重复测量。可计算物体上每一个已经识别的特征的横向和纵向尺寸以及其他参数,如曲率或者粗糙度。

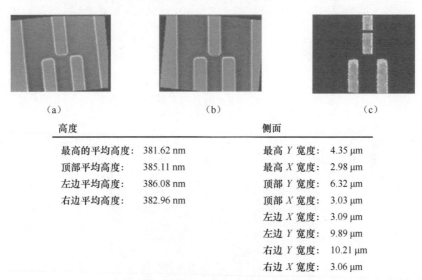

(a)	(b)	(c)

高度		侧面	
最高的平均高度:	381.62 nm	最高 Y 宽度:	4.35 μm
顶部平均高度:	385.11 nm	最高 X 宽度:	2.98 μm
左边平均高度:	386.08 nm	顶部 Y 宽度:	6.32 μm
右边平均高度:	382.96 nm	顶部 X 宽度:	3.03 μm
		左边 X 宽度:	3.09 μm
		左边 Y 宽度:	9.89 μm
		右边 Y 宽度:	10.21 μm
		右边 X 宽度:	3.06 μm

图 10.14　测量旋转对准前后的轨迹以及利用轨迹线区域计算横向和纵向参数
(a)滤波结果;(b)对齐结果;(c)区域 ID 图。

10.5.6　表面斜率

表面形态是指样品上的不同高度、斜率和粗糙度。为了测量表面特征,光线必须反射回到目标上。目标表面获得的光通量由 NA 决定。可测量的最大斜率取决于待测表面是光滑还是粗糙表面。倾斜的类似于镜面的光滑表面根据镜面反射角主要沿一个方向反射光线,而粗糙表面沿由表面特性决定的角度范围反射光线。如图 10.15 所示,如果从倾斜的光滑表面反射的光线未进入物镜,那么斜率就无法测量。但是,从同样倾斜但比较粗糙的表面反射的光线进入物镜,容易测量整体形状和斜率。

常见的干涉物镜的最大 NA 约为 0.8,其放大倍率为 50~115 倍。利用该 NA,可测量斜率为 35°的光滑表面。因此,可成功测量微透镜、菲涅耳透镜、太阳能电池和 LED 制造过程中的蓝宝石衬底结构(图 10.16)。

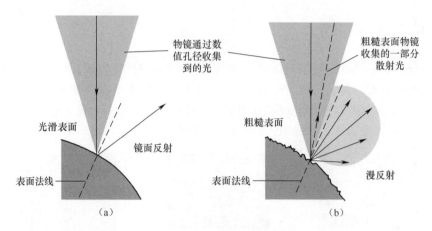

图 10.15 利用粗糙表面的散射光测量较大的斜率

此外,由于粗糙表面的部分光线返回至物镜,因此也可测量粗糙表面和较大斜率(60°~70°)的物体(如某些全息薄膜和编织材料)。

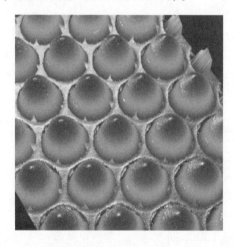

图 10.16 利用放大倍率为 115 倍,NA 为 0.8 的物镜,
并结合特殊条纹包络和相位检测法测量约为 3μm 高和 1.5μm 宽的蓝宝石衬底结构
其测量的结果和原子力显微镜测量的结果十分吻合

用于工程表面测量的 3D 白光干涉显微镜必须考虑样品表面通常是不平坦的而且可能具有不同的角度。因此,样品需放在可倾斜平台上。另外,在样品周围,通过倾斜物镜来测量表面倾角。如图 10.17 所示,在物镜和样品之间的相对位置变化过程中,条纹的密度和形状将发生变化。为得到最佳的低噪声测量结果,应该避免密集的干涉条纹,可通过改变(干涉)倾角实现。

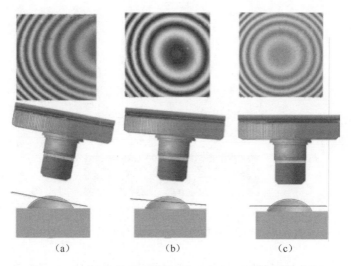

图 10.17　干涉物镜相对于样品发生倾斜,会改变条纹频率、形状和方向。通过调整倾斜角以便得到更好的倾斜表面测量结果

10.5.7　不同的材料

只要物体的表面由单一材料组成,光线在反射时,会产生一致的相移。然而,同一表面由两种不同的材料组成,不同波长的反射具有不同的相移 Φ（除非都是透明的介电材料,其折射率虚部 $k=0$）,那么在两材料边界处就存在高度差[19]。可利用在测量波长下,不同材料的光学常数校正所产生的不同相移采用单色光照明时,对于 n 和 k 只有一个值,使得计算简单,高度差利用下式计算[16]:

$$\Phi(n,k) = \arctan\left(\frac{2k}{1 - k^2 - n^2}\right) \qquad (10.4)$$

$$\Delta h = \frac{\lambda}{4\pi}\Delta\Phi = \frac{\lambda}{4\pi}\left[\Phi(n_1,k_1) - \Phi(n_2,k_2)\right] \qquad (10.5)$$

图 10.18 所示为两种不同材料的平面样品上,以平面波入射时,反射光的相位变化。

在白光干涉测量中,样品的不同材料会改变包络线的峰值(金属材料的改变量比其他材料的大),甚至可能改变包络线的形状(如黄金和某些半导体)。然而,对于大多数材料而言,该变化不会大于 40nm[20-21]。例如,银在玻璃上形成的包络线差值约为 36nm,铝形成包络线差值为 13nm 高。该偏差通常对于测量而言可忽略,甚至完全忽略。

除了利用光学常数计算不同的相移之外,还存在几种实现精确测量的替代方

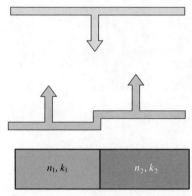

图 10.18　不同的 n 和 k 值的复合折射率反射波前相位可能由于
材料不同而不同,必须在测量表面高度时予以考虑

法。通过比较白光测量和轮廓测量[22]数据结果计算相移,随后利用补偿算法对
相移进行补偿。此外,样品可镀上 100nm 厚的不透明金膜,然后利用白光干涉 3D
显微镜测量镀膜前后的结果,确定相移。最后,利用硅橡胶模具制作样品的复制
品。对于不能利用显微镜检测样品时,也可采用复制的方法。

10.5.8　薄膜厚度测量

如果样品表面被超过几微米厚的透明薄膜覆盖,则会产生两组相互独立分离
的条纹,每个表面会产生一组条纹,如图 10.19 所示。然而,第二个表面产生的条
纹位于在第一个表面产生的条纹的下方,其厚度大约是白光折射率和薄膜几何厚
度乘积的 1/2。确定干涉条纹峰的相对位置技术可用于确定薄膜厚度以及上表面
和分界面的形貌。

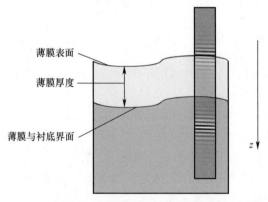

图 10.19　用于测量微米级透明薄膜的白光条纹,也可用于测量
薄膜厚度以及薄膜上表面和下表面的形貌

可测量的薄膜厚度范围为 $2\sim150\mu m$，取决于薄膜的色散和物镜的 NA 值。通常，薄膜厚度测量重复性的标准差约为 6nm。对于较厚薄膜的测量，应利用较低数值孔径的物镜以及较窄的照明光谱改善薄膜-基材界面的条纹对比度。为了测量更薄的薄膜，应采用全光谱白光，并选择数值孔径较大的物镜。当然，只要对每一层薄膜产生的条纹进行检测和分离，就可测量多个膜层中各层厚度。在缺陷处也会产生白光条纹，因此，该方法可用于薄膜缺陷的检测和定位。

10.5.9　通过玻璃板或液体介质测量

某些产品需要在最终阶段进行测试，通常意味着通过保护性液体、塑料或玻璃进行测试。许多测量对象，如由盖玻片保护的 MEMS 器件，以及在环境仓中的某些器件需要在不同的压力或温度下进行测试。生物样品和某些机械样品往往是浸在液体中的，需要透过液体进行测量[23,24]。由于液体、塑料或玻璃的色散，白光条纹可能会消失，如图 10.20 所示。为此，需要将补偿板放置在干涉仪的参考臂中。利用 Michelson（图 10.21）和 Linnik 物镜以及 Mirau 型的物镜补偿板实现补偿。补偿板可测量厚膜和液体中的样品。

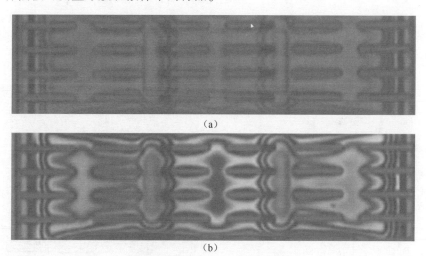

（a）

（b）

图 10.20　透过 $300\mu m$ 的玻璃

（a）使用 10 倍的干涉仪物镜检测到的零件干涉条纹；（b）在物镜的参考臂中利用玻璃板补偿后的图像。

3mm 厚的玻璃很容易补偿。然而，对于较大的 NA 而言，用于补偿的玻璃厚度必须能更精确地匹配盖玻片的厚度和性能。利用比白光光谱窄的光谱带宽将获得更高的条纹对比度，并且可能会降低玻璃罩和补偿玻璃之间的不一致性容差要求，但会牺牲几纳米的分辨力。

通过利用专门的准直照明方式，可进一步改善薄膜厚度和透过玻璃的测量结

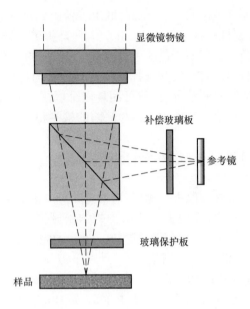

图 10.21　含有玻璃补偿板的 Michelson 物镜

果(图 10.22)[25]。在图 10.22 中,上述类型的照明方式还有助于测量样品的深层结构以及生物细胞和其力学性能[23-24]。

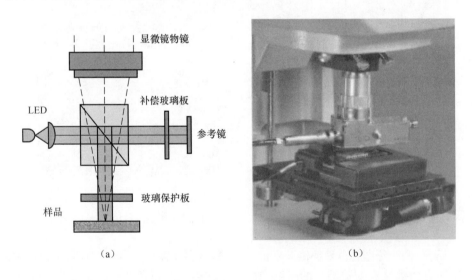

（a）　　　　　　　　　　　　（b）

图 10.22　含有补偿板的 Michelson 型物镜用于透过保护玻璃进样品进行测量,
并在物镜下利用专门设计的准直照明方式(阴影路径)提供更好的样品透视图
（a）Michelson 型物镜光路图 ;（b)物镜照片。

10.6　基于白光干涉的 3D 显微镜方法的专业术语

在不同的文献中,基于白光干涉 3D 显微镜命名和生产商对其命名可能会不同。本书列出按照字母顺序排列方便读者查找的名称列表。括号中带有缩写词的名称最常用。通过 ISO 标准批准后,该方法统称为相干扫描干涉(CSI):

broad-bandwidth interferometry 宽带干涉

coherence correlation interferometry 相干相关干涉

coherence probe microscopy 相干探针显微术

coherence radar 相干雷达

coherence scanning microscopy 相干扫描显微术

coherence scanning interferometry 相干扫描干涉测量(CSI)

mirau correlation microscopy Mirau 相干显微术

fringe peak scanning interferometry 条纹峰值扫描干涉

height scanning interferometry 高度扫描干涉

interference microscope 干涉显微镜

low coherence interferometry 低相干干涉(LCI)

microscopic interferometry 显微干涉

optical coherence profilometry 光学相干轮廓术

optical coherence microscopy 光学相干显微镜

phase correlation microscopy 位相相关显微镜

rough surface tester 表面粗糙度测试仪

scanning white-light interferometer 白光扫描干涉仪(SWLI)

white-light interference 3D microscope 3D 白光干涉显微镜

white-light interferometry 白光干涉(WLI)

vertical scanning interferometry 纵向扫描干涉(VSI)

white-light scanning interferometry 白光扫描干涉(WLSI)

wideband interferometry 宽带干涉

生物样品相应的测量方法称为光学相干层析成像技术(OCT),也可称为时域 OCT(TD-OCT)、相干雷达或共焦干涉显微镜。为获得较好的样品透过率,该方法主要用于近红外照明,并利用逐点扫描进行测量。然而,基于全视场白光显微镜的系统也称为全视场或大视场 OCT 系统。

10.7　小结

白光干涉 3D 显微镜测量技术在过去的 20 年中已成为实验室研究和生产中不可或缺的手段。许多高科技产品的规格要求能够观察纳米尺度上的物体形状和粗糙度。白光干涉 3D 显微镜提供快速、非接触式测量,具有高重复性、可复现性以及系统与系统之间的相关性。上述因素有助于实现较高的生产产量和质量。该系统易于操作,并为多种样品提供微米级横向分辨力的精确测量。

白光干涉 3D 显微镜有一个可替换的工作台,可用于大尺寸物体的测量。最后,通过多次重叠测量,并进行图像拼接,可扩展所有显微镜固有的小测量范围。然而,如果测量不包括粗糙度、小特征或者较大的局部斜率,则考虑其他不采用显微镜的替代方法。替代方法应缩短测量时间,但将无法获得纳米级的纵向分辨力,只能得到百纳米或微米量级的分辨力。

致谢

感谢布鲁克纳米表面测试中心为本章提供的多幅照片。

参考文献

［1］Ai, C. and E. Novak, Centroid approach for estimation modulation peak in broad−bandwidth interferometry,U.S. Patent 5,633,715 (1997).

［2］Born, M. and E. Wolf, *Principles of Optics*: *Electromagnetic Theory of Propagation*, *Interference and Diffraction of Light*, Cambridge University Press, Cambridge, U.K., p. 415 (1975).

［3］Caber, P.J., Interferometric profiler for rough surfaces, *Appl. Opt.*, 32, 3438 (1993).

［4］Danielson, B. L. and C. Y. Boisrobert, Absolute optical ranging using low coherence interferometry, *Appl. Opt.*, 30, 2975 (1991).

［5］Deck, L. and P. de Groot, High−speed noncontact profiler based on scanning white−light interferometry, *Appl. Opt.*, 33(31), 7334−7338 (1994).

［6］Doi, T., K. Toyoda, and Y. Tanimura, Effects of phase changes on reflection and their wavelength dependence in optical profilometry, *Appl. Opt.*, 36(28), 7157 (1997).

［7］Dresdel, T., G. Hausler, and H. Venzke, Three dimensional sensing of rough surfaces by coherence radar, *Appl. Opt.*, 31(7), 919−925 (1992).

［8］de Groot, P. and L. Deck, Surface profiling by analysis of white light interferograms in the spatial frequency domain, *J. Mod. Opt.*, 42, 389−401 (1995).

［9］de Groot, P. and X.C. de Lega, Signal modeling for low coherence height−scanning interference microscopy, *Appl. Opt.*, 43(25), 4821 (2004).

［10］de Groot, P. and X.C. de Lega, Interpreting interferometric height measurements using the instrument transfer function, *Proc. FRINGE 2005*, Osten, W. Ed., pp. 30–37, Springer Verlag, Berlin, Germany (2006).

[11] de Groot, P., X.C. de Lega, J. Kramer et al., Determination of fringe order in white light interference microscopy, *Appl. Opt.*, 41(22), 4571–4578 (2002).

[12] Han, S. and E. Novak, Profilometry through dispersive medium using collimated light with compensating optics, U.S. Patent 7,375,821, May 20 (2008).

[13] Harasaki, A., J. Schmit, and J.C. Wyant, Improved vertical scanning interferometry, *Appl. Opt.*, 39(13), 2107–2115 (2000).

[14] Harasaki, A., J. Schmit, and J.C. Wyant, Offset envelope position due to phase change on reflection, *Appl. Opt.*, 40, 2102–2106 (2001).

[15] ISO 25178-604, Geometrical product specification (GPS)—Surface texture: Areal- part 604: Nominal characteristics of non-contact in (coherence scanning interferometry), instruments, International Organization for Standardization (2012). http://www.iso.org/iso/home/store/catalogue-tc.

[16] Kino, G.S. and S.S.C. Chim, The Mirau correlation microscope, *Appl. Opt.*, 29(26), 3775–3783 (1990).

[17] Larkin, K.G., Efficient nonlinear algorithm for envelope detection in white light interferometry, *J.Opt. Soc. Am. A*, 13(4), 832–842 (1996).

[18] Novak, E. and F. Munteanu, Application Note #548, AcuityXR technology significantly enhances lateral resolution of white–light optical profilers, http://www.bruker-axs.com/optical_and_stylus_profiler_application_notes.html (2011). (Last accessed on october 20, 2012).

[19] Olszak, A.G. and J. Schmit, High stability white light interferometry with reference signal for real time correction of scanning errors, *Opt. Eng.*, 42(1), 54–59 (2003).

[20] Park, M.-C. and S.-W. Kim, Direct quadratic polynomial fitting for fringe peak detection of white light scanning interferograms, *Opt. Eng.*, 39, 952–959 (2000).

[21] Park, M.-C. and S.-W. Kim, Compensation of phase change on reflection in white–light interferometry for step height measurement, *Opt. Lett.*, 26(7), 420–422 (2001).

[22] Reed, J., M. Frank, J. Troke, J. Schmit, S. Han, M. Teitell, and J.K. Gimzewski, High–throughput cell nano–mechanics with mechanical imaging interferometry, *Nanotechnology*, 19, 235101 (2008a).

[23] Reed, J., J.J. Troke, J. Schmit, S. Han, M. Teitell, and J.K. Gimzewski, Live cell interferometry reveals cellular dynamism during force propagation, *ACS Nano*, 2, 841–846 (2008b).

[24] Schmit, J., High speed measurements using optical profiler, *Proc. SPIE*, 5144, 46–56 (2003).

[25] Schmit, J., K. Creath, and J.C. Wyant, Surface profilers, multiple wavelength and white light interferometry, in *Optical Shop* Testing, Malacara, D. Ed., 3rd edn., Chapter 15, pp. 667–755, John Wiley & Sons, Inc., Hoboken, NJ (2007).

[26] Schreiber, H. and J.H. Bruning, Phase shifting interferometry, in *Optical Shop Testing*, Malacara, D. Ed., 3rd edn., Chapter 14, pp. 547–666, John Wiley & Sons, Inc., New York (2007).

第11章
基于聚焦的光学测量学

Kevin Harding

11.1 概述

光学测量方法不如激光三角测量、结构光和机器视觉应用广泛,是一种利用有关光学系统焦点的信息实现测量的方法。如今,该技术的最简单应用就是在许多自动对焦相机中的应用。自动对焦相机利用直方图、边缘宽度得到图像整体对比度,或者从图像的快速傅里叶变换,得到其频谱以分析图像。该信息可用于驱动镜头中的伺服机构驱动透镜,直至上述测量参数得到优化。任何人在使用相机时,都会手动调整相机使图像由模糊变清晰。如图 11.1 所示,图 11.1(a)显示具有清晰细节的表面呈纹理特征的对焦图像,而图 11.1(b)则是无法观察表面细节的离焦图像。图 11.2 所示的对焦图像(图 11.2(a))的快速傅里叶变换(FFT)得到的频谱比离焦模糊图像(图 11.2(b))的频谱显示出更高的频率成分。

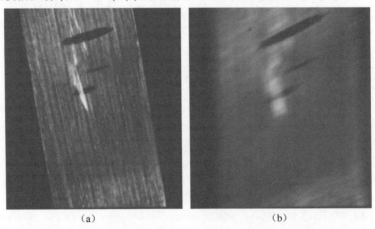

(a)   (b)

图 11.1 (a)对焦图像比和(b)离焦图像显示更多的细节

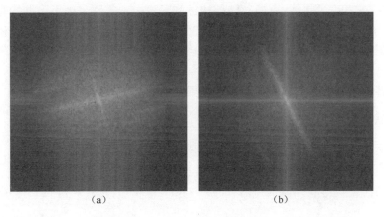

图 11.2 (a) 对焦图像快速傅里叶变换的频谱比(b) 离焦图像的快
速傅里叶变换频谱显示出更高的频率成分

相机上的自动对焦机制旨在提供清晰的图像,而不是给出测量结果。对于任意距离的目标,图像聚焦的景深会增加。对于给定尺寸特征的焦点距离似乎不会改变,但是对于足够远的物体,图像的景深大到无穷远(见第 2 章)。对于接近镜头的目标,景深是镜头 F 数(收集光的锥角)和特征尺寸的函数。其景深大约是 F 数乘以特征尺寸的 2 倍(见第 2 章)。意味着在 22mm 范围内,或对于 $f/11$ 系统而言,只能聚焦在 1mm 大小的物体上。由于上述关系,基于聚焦的光学测量方法通常不用于测量超过米级的较大物体。然而,在测量非常小的范围和距离时,基于聚焦的光学测量方法已经进行了许多的改进。

基于聚焦的系统分为点聚焦系统和面聚焦系统。

点聚焦系统是仅利用单个点的聚焦特性进行测量的系统。局部点通常被限制为仅可测量几微米的尺寸。使用此类系统通常通过扫描零件上的点进行零件测量。用该方法实现的距离测量如下:

(1) 比较焦点位置与镜头焦距,称为锥光成像;

(2) 比较焦点位置与通过限制孔径进行点成像时光照强度,称为共聚焦成像;

(3) 比较通过焦点后的改变量,例如色移,称为彩色共聚焦成像。

与此类似的方式,基于面聚焦的方法主要分为两种:

(1) 对焦深度法,只利用最佳焦点处的特征;

(2)离焦深度法,对特征焦点的变化进行系统分析。

任意一种聚焦方法,都假设:图像中某些物体特征可聚焦。对于观察一个完全光滑的表面而言,由于没有任何可用的边缘、纹理或其他特性,或反射光线的特性不变,则无法利用上述的基于聚焦的方法。

通常选择如表面纹理、晶粒结构或其他均匀分布的图形等特征作为基于聚焦方法的参考特征。在某些情况下,可使零件表面产生图案,例如在表面上喷涂黑色

369

和白色点,或者也可将线、点或其他结构的图形投影到零件表面上。结构光投影常用于 3D 测量,但在该情况下,无法实现三角测量,因此光投影方向可能和视轴重合。但在无阴影主动照明模式下在线聚焦测量距离,通常无法达到三角测量法的分辨力。

下面详细探讨基于点聚焦和基于面聚焦的测量方法。

11.2 基于点聚焦的距离测量

11.2.1 锥光成像

基于聚焦测量学第一种方法,也称为锥光成像[1-2],激光光斑聚焦到目标上,然后将该焦点作为光源以评估光束的波前形状。为了理解该方法的工作原理,首先搭建一套简易的干涉系统,如图 11.3 所示。当通过镜头的光束是准直光束(平行光线)时,我们知道焦点位于镜头的焦距处。当光点沿任意一个方向远离透镜焦点处时,所得波前将从准直波变为弯曲波。在简易的干涉系统中,目标点的波前会产生环形的干涉条纹(图 11.3)。实际上,锥光探测器利用晶体而非参考镜(图 11.4)。晶体通过偏振效应(e 光束和 o 光束)将光束分成两个波前,沿着光路略微偏移,产生干涉图样。锥光成像的优点在于:它是一种共光路干涉系统,在任意距离处,两束光之间的路径差异非常小,因此需要光波具有很低的相干性,且系统非常稳定。通过分析上述干涉条纹的频率,可以测量距离。

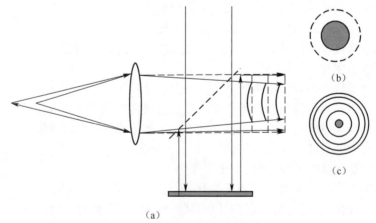

(b)

(c)

(a)

图 11.3 当零件靠近镜头焦点,干涉条纹变少(b),反之,波前弯曲,干涉条纹增加(c)

为了测量零件,探测器通常对零件进行扫描,如图 11.5 所示。由于在线测量,无须利用三角法测量所需的角度,因此可扫描诸如盲孔等特征(图 11.6)。从顶点

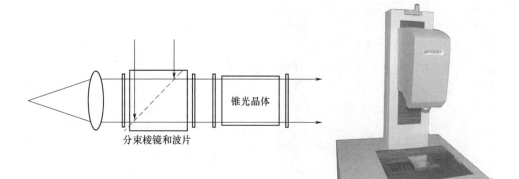

图 11.4 干涉图频率随距离变化的共光路锥光系统　　图 11.5　由 Optimet 制造的利用锥光探测器的扫描系统

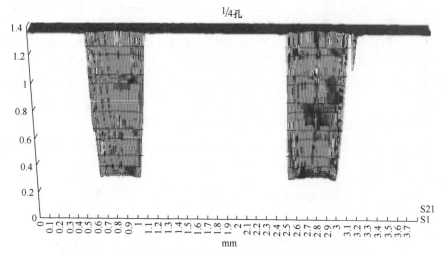

图 11.6　利用在线测量优势使锥光探测器能够扫描测量盲孔

方向扫描角点之类的特征(图 11.7(a)),从而为每个表面提供良好的数据。与表面的夹角最终会在整个深度范围内扩散成点,从而导致测量的深度被平均。入射角大于 45°时,该点的深度比宽度大。超过该角度时,由于几何效应,圆柱体(图 11.7(b))会看起来像抛物线。另外,只要反射光线足够多,探测器可测量高宽比较大的特征,例如孔或边缘。

　　通常,将激光束投射到零件表面上。从实际角度出发,激光光斑的尺寸将决定系统的面内分辨力。也就是说,如果扫描一个小于激光光斑的特征,则该光斑会影响特征的距离测量。在特征上进行较小的移动可能会提供有关特征的某些信息,但是,该信息只是根据推断得到。

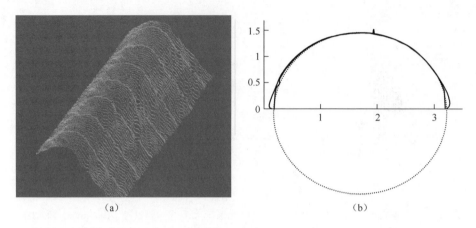

(a)   (b)

图 11.7　(a)利用锥光探测器多次扫描边缘和(b)以 3 mm 探针重叠扫描,
展示了当角度增大时相对于理想圆的误差

举个例子,用仅几微米宽的焦点探头对图 11.7(a)中的圆角进行扫描。围绕边缘的数据点数量足以定义边缘形状。但是,在图 11.8 中,以 30μm 的激光光斑尺寸扫描厚度约为 25 μm 的细线,线的宽度被激光光斑的大小所平均。另外,当光斑通过线的顶部时,系统因采样不足而无法正确记录线的图案,或表面形状会改变波前(图 11.9),导致该系统会在虚假的细线顶端显示平点或倾角。对于非常尖锐的边缘,探测器在边缘上求平均值,使其看起来比实际更大。

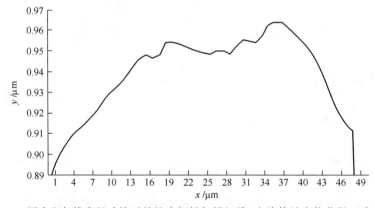

图 11.8　用光斑与线宽尺寸接近的锥光探针扫描细线(在峰值处未能获得正确曲率)

为了测量一个零件,需要产生干涉条纹,这就要求光波是相干的。如果表面散射特性强或半透明,那么可能会因光的相干性受到破坏而变得无法测量。一些塑料材料也是如此,它使光线射入且分散在塑料内的多个位置。如果零件加工的多个凹槽与焦点光斑尺寸相当,也可能会产生测量误差。

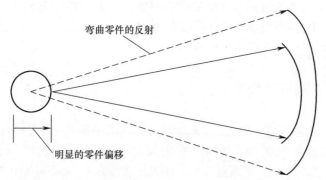

弯曲零件的反射

明显的零件偏移

图 11.9　与激光光斑尺寸相等的表面特征会改变波前形状,导致距离测量偏差

对于面形较好的表面,则获得数据的信噪比高、质量好。图 11.10 中的硬币背面和图 11.11 中钻头的末端均显示了精细的测量细节。总而言之,锥光探测器已

图 11.10　通过锥光探测器扫描硬币的背面,能分辨非常精细的细节

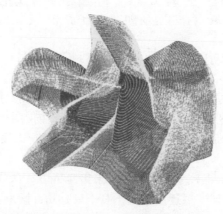

图 11.11　由锥光探测器扫描的钻头末端的背面,能够分辨非常精细的细节

应用于多方面,如从牙科扫描到细槽结构测量等。上述探测器的典型测量范围为半毫米至几毫米,深度分辨力为 $1\sim3\mu m$,光斑尺寸为 $5\sim50\mu m$。与其他探测器一样,需要根据实际应用确定最佳组合。

11.2.2 共聚焦成像

基于聚焦测量的第二种方法,就是通过孔径限制图像,称为共聚焦成像[3,4]。共聚焦显微镜最初发明于 1957 年,它为荧光成像显微镜提供了较好的测量结果[3]。在荧光成像中,样品对外发光(通常是紫外光),导致某些生物染料产生荧光。然后,显微镜在荧光波长处观察宽视场图像。然而,显微镜会同时观察到感兴趣的特征和大的背景噪声,大大降低了荧光标记的感兴趣特征的对比度。通过将光聚焦到一个小光点,然后利用放置在光源共轭位置(针孔光源的像)的光阑观察光斑,可几乎完全消除背景光(图 11.12)。将光聚焦到一个小点,对整个样品进行照明时,在观察点处能得到强度更高的图像。我们通常对荧光图像不感兴趣,但是为了测量,可以利用光源和观察点共聚焦的显微镜在特定距离处获得对待测点的局部测量。

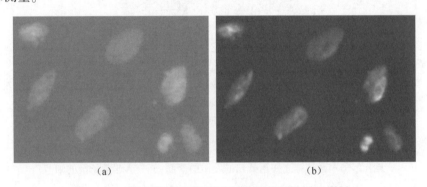

图 11.12 (a)宽视场显微镜下生物细胞图像,对比度低;
(b)共聚焦扫描下生物细胞图像,背景噪声低,对比度高

在最简单的形式中,白光穿过针孔并聚焦到零件或目标上的一个点。通过显微镜像面上第二个针孔(图 11.13)聚焦到探测器上,形成待观察的生物样品结构的共聚焦图像。当通过针孔的光强最大时,光点处于最佳聚焦状态。多年来,共聚焦成像一直用于观察生物样品结构。沿成像孔径扫描,会产生 3D 信息的一个切面,然后改变显微镜深度,并进行下一次扫描。以该方式逐层缓慢建立 3D 图像信息。

由于共聚焦方法只在较小深度范围内采集样品信息,如果需要样品的整体图,则要在微米级别上,一层一层逐层扫描。对于只有几百微米厚的样品,都需要数百

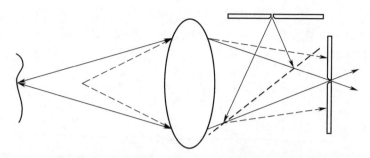

图 11.13　在共聚焦成像中,孔径光阑采用针孔只允许
位于最佳聚焦位置的小光斑的光通过,阻挡离焦光束

个扫描层和较长的扫描时间。如果只在固定高度采集信息,那么系统可做大间距扫描。一种替代方案是利用可移动针孔,使其沿光轴移动。通过检测移动前后的峰值信号,增加探测器的深度范围。例如,该方法可用于测量几微米厚的薄膜厚度。可移动针孔在薄膜的顶部和底部产生两个峰值光强。

产生图像最简单的方法是利用显微镜机械扫描零件,当零件移动到下一个高度位置时,移动显微镜再次扫描。即使利用快速扫描平台,机械运动也可能需要很长时间。作为替代方案,选择激光光源,利用反射镜的小焦点光斑扫描整个样品,同时扫描光源和观察轴。一种更快的扫描方法称为 Nipkow 圆盘,它使用带有针孔阵列的旋转圆盘对整个零件进行光栅式扫描。该旋转圆盘的方法通常提供更快的数据采集率,每秒高达 100 帧。在指定区域内快速采集数据,在生物成像过程中观察活体细胞时极为有用,但是在工业测量中,对于利用反射镜或机械扫描足够快的测量工具而言,可能没有价值。生物系统还可利用线共聚焦系统进行细胞分析,基于几何假设,通过牺牲 2D 分辨力获得更高的速度。然而,上述方法不能很好地应用于可能无法得知空间几何形状的工业测量。

基于反射镜的扫描系统的局限性是零件扫描间隔变大。光斑的尺寸、横向和深度分辨率,主要取决于波长和成像物镜的数值孔径(NA)或光锥角。较大的锥角意味着较小的光斑和较小的景深,但也意味着物镜和被摄物体之间的距离越短。如果物镜与被摄物体的距离变化,为了获得相同的锥角或数值孔径,需要更大尺寸的镜头。数值孔径较大且性能优异的镜头会非常昂贵,所以该局限性是一个实际问题。

假设针孔限定了测量的焦平面,该平面不是最佳对焦区域,将会有很少的光线通过光阑。对于生物样品而言,是一个较好的假设,但并不总是适用于标准工业零件。例如,不在最佳焦平面处的镜像表面可能产生明亮的闪光,其反射的光被视为假点。对于任意漫反射表面而言,聚焦的光会向各个方向扩散,如果不是最佳对焦,那么通过探测器针孔的光会很少。

图 11.14 所示为点共聚焦显微镜拍摄精细的基底图像。显微镜的小光斑尺寸

可获得表面上(或非常小、易碎尖端)的精细细节,利用较大的机械探针类型传感器无法获得如此精细的细节。精细表面的扫描细节与利用白光干涉测量和高分辨力机械扫描的表面测量结果(如原子力显微镜(AFM))相当,分辨力可达几十纳米量级。

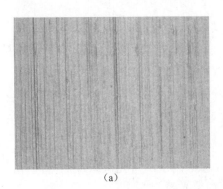 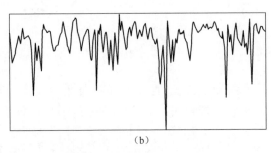

(a)　　　　　　　　　　　　　　　　(b)

图 11.14　精细表面(0.4μm)的共聚焦显微镜扫描

(a)在 2D 灰度图中展示出精细的纹理细节;(b)表面上的单线轮廓。

共聚焦成像方法测量小面积的精细特征比较有效。然而,需要大数值孔径(或短距离)以及扫描零件的方式,限制了该方法在工业计量领域中对零件的显微测量(图 11.15)。

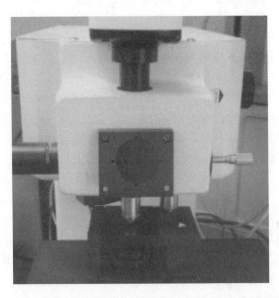

图 11.15　商用共聚焦显微镜系统(样品需要在显微镜下扫描)

376

11.2.3 彩色共聚焦成像

第三种基于聚焦的测量方法,不是限制反射光或分析波前形状,而是利用具有色差的反射光成像,使蓝光、绿光、黄光和红光聚焦在不同的位置。通过分析反射光的光谱,利用光栅使不同波长的光分离并将光谱成像在线阵探测器上,以此确定到零件表面的距离(图 11.16)[5-7]。例如,由法国 STIL 公司的彩色共聚焦传感器方法可实现深度方向上不需要移动传感器或针孔情况下进行一定范围的测量。该方法提供了在连续范围内共聚焦成像的优点,可实现更快速扫描测量。

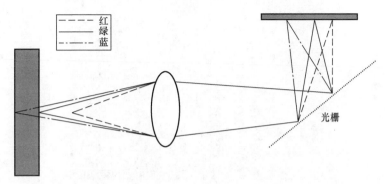

图 11.16　彩色共聚焦系统中不同波长的光波聚焦在不同深度处,
利用光栅使不同波长的光分离并成像到探测器阵列上或利用光谱仪确定深度

在彩色共聚焦成像中,空间分辨力同样由零件上的聚焦光斑尺寸决定。然而,深度分辨力不再完全由景深决定,也就是不再完全取决于聚焦透镜的数值孔径。反射峰值波长,决定了对焦区域内的分辨力。该区域为精细测量的聚焦范围。在常规共聚焦成像中,光线强度用于确定最佳聚焦点,在该方法中,波长由光谱仪决定。该效应还意味着上述方法通常对表面反射率和纹理的局部变化不敏感,而在光强共聚焦方法中,由于闪光会导致局部纹理变化从而产生读数误差。

材料分析和生物应用推动光谱分析领域的发展,利用优质光栅和更大探测器阵列实现光谱分离。光谱共聚焦系统可利用上述先进技术实现高的轴向分辨力,而无须借助于非常大的数值孔径以及浅景深系统。这并不意味着焦点光斑尺寸和深度并不重要。空间分辨力仍然在很大程度上由光斑尺寸决定,而光斑尺寸由聚焦透镜的数值孔径决定。然而,在以前的方法中,聚焦范围是几微米或更小,利用彩色共聚焦方法实现亚微米级的轴向分辨力,且聚焦范围甚至能达到几百微米。要达到 $100\mu m$ 的聚焦范围,利用标准共聚焦方法,需要采集 100 幅图像,而利用彩色共聚焦方法,一次扫描测量即可得到。

　　作为白光系统,激光散射和斑点噪声问题对于彩色共聚焦测量而言不是主要问题。由于该原因,可用于测量纸张的编织结构(图 11.17)。该方法测量加工零件的表面粗糙度时的斑点噪声会降低(图 11.18)[8]。基于激光的系统测量加工表面上的加工或研磨标记经常会产生噪声,从而产生干涉条纹,但是白光系统不会出现该问题。由于噪声以及锥光成像中的光斑尺寸,基于激光的锥光成像无法测量精细(亚微米)表面粗糙度,而共聚焦方法与探针法甚至 AFM 法的测量结果一致性较高。

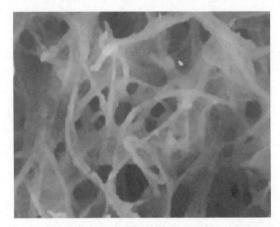

图 11.17　彩色共聚焦扫描展示了纸的编织结构(高散射结构)

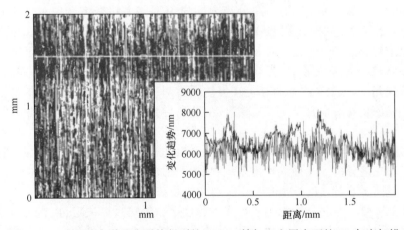

图 11.18　利用彩色共聚焦系统得到的 0.2μm 精加工金属表面的 3D 灰度扫描
(灰度变化反映深度信息)

图 11.19 所示为商用彩色共聚焦系统扫描硬币的背面图。边缘细节和精细特征显而易见,比图 11.10 中基于激光扫描系统的成像效果好。在测量过程中必须权衡高清晰度和扫描时间。如图 11.10 所示,产生分辨力为 $2\mu m$ 以及斑点尺寸为 $20\mu m$ 的测量结果,大约需要 20min,如图 11.19 所示,产生分辨力为 $0.1\mu m$ 和微米级斑点尺寸的测量结果,需要几个小时。

图 11.19　共聚焦显微镜扫描硬币背部的一部分(展示了精细的细节)

商用系统通常利用光纤方法将光传送至镜头(图 11.20)。基本测量装置包含用于测量的光谱仪以及光源。对于某些应用而言,显微镜难以探测的位置,采用远程探头进行探测。然而,相比于某些设备齐全的平台,基本测量装置仍然不便携。作为点测量装置,在任何情况下,该方法将仅对某一点测量,除非通过诸如平移台,反射镜系统或其他定向方法,例如有源光学系统的其他扫描方法。

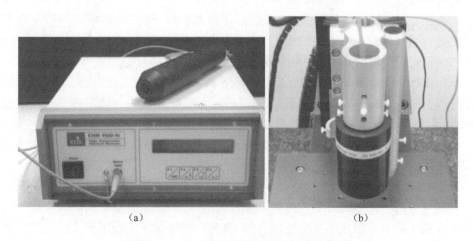

(a)　　　　　　　　　　(b)

图 11.20　光纤探针的彩色共聚焦商业系统
(a)控制单元和光纤探针;(b)放置在平移台上的扫描探针。

11.3 基于面聚焦的测量方法

基于面的光学测量方法利用摄像机而不是点检测器测量零件。与基于点的系统一样，聚焦平面由 F 数较小（高数值孔径）的透镜决定。最简单的形式，也称为聚焦深度，可从其他区域将最佳聚焦区域（利用对比度或其他方法）分割出来。然后在不同的焦平面深度上创建立体图。与共聚焦成像相同，为了获得完整图，台阶状样品的尺寸不能大于定义的焦平面深度。

一种计算量更大的方法称为离焦法，它利用图像聚焦前、后的相关信息，基于透镜设计的参数计算聚焦时和离焦时的特征变化。该方法利用较少的像面确定目标测量范围。现在，详细讨论上述两种方法，并讨论上述两种方法作为测量工具时的优缺点。

11.3.1 对焦深度法

对焦深度法（DFF）利用如图 11.21 所示的装置，在不同焦深拍摄多幅图像。对焦深度法的最简单形式是拍摄多幅图像，并通过搜索每幅图像上的区域，找到模糊度最小的区域。某些显微镜系统利用上述方法确定每幅图像中的最佳聚焦区域，然后将上述区域组合以构建单幅对焦图像。对于生物成像而言，测量不是主要目的。在上述情况下，利用去卷积方法将多幅像面信息组合，从多幅图像中创建一幅清晰图像。

通过分割出每个最佳聚焦的区域，并将其重新组合（假设存在或可建立良好的配准），生成单幅清晰对焦图像。其效果是将立体图分解为一系列的对焦图像。这是生物应用中利用基于卷积的共聚焦成像系统的基本前提。

如果每个焦平面上的深度信息与一系列的聚焦特征相关，则利用不同步长获得分辨力内的立体图。以图 11.22 所示为例[9]，透明介质的立体图需要利用多达 100 个聚焦平面。确定是否聚焦的方法决定立体图的精度。

分析大多数 DFF 的方法是评价对焦质量。该评价指标通常不是基于成像系统的物理模型，而依赖于实验数据，以确定图像局部区域锐度与区域模糊度（离焦）之间的差异。评价理想对焦质量的两个理想条件是在聚焦区域内均匀变化，且计算效率高。现已提出了包括空间频率、熵和基于频率的聚焦评价指标[10-13]。通过计算 K 幅基本图像中每个点 (x,y) 处聚焦评价指标 F。利用下式估计测量聚焦的最大深度：

$$\hat{z}(x,y) = \underset{i \in \{1,2,\cdots,K\}}{\mathrm{argmax}} F(x,y;z_i) \qquad (11.1)$$

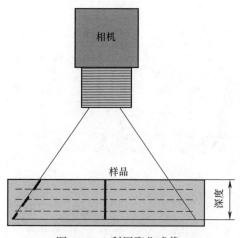

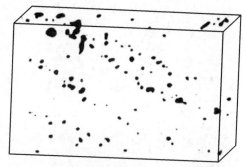

图 11.21　利用聚焦成像,
在固定步长处拍摄多幅图像以构建 3D 图

图 11.22　利用聚焦成像,通过在不同步
长处拍摄图像并组合,获得介质中的内含物图像

但是受噪声影响,聚焦评价通常显示局部最大值,影响感兴趣区域的聚焦峰值的精确定位。此外,聚焦评价指标的特性在很大程度上取决于纹理、频率成分和对比度。

实质上,在 DFF 方法中,通过移动像面将搜索图像分割成不同的聚焦区域,通过简单分析,根据目标函数(聚焦评价指标)选择最佳聚焦区域。上述组合使 DFF 数据采集相对较慢,但计算速度快,这也是大多数商用基于 DFF 的 3D 系统的特性。

在图 11.23 中,箭头所指的区域为图像角点(零件或投影线上的纹理)。每幅图像清晰对焦的区域,首先是聚焦顶点,其次扩展到斜坡约 1/2 区域,然后,排除顶点,并聚焦下坡区,可提供关于区域深度的估计。直接利用该信息创建表面伪 3D 效果图。在不同聚焦位置采集尖角的三幅图像[13]。利用 Sobel 边缘检测算子检测图像的清晰边缘,并根据式(11.1),利用该结果对聚焦质量进行评价。

图 11.23 所示为聚焦图像以及相应的聚焦评价图。图 11.24 所示为利用该对焦深度估计法得到的狮子头模型。

该测量方法相对于其他 3D 方法而言,测量精度较低,并且取决于聚焦深度的精度。显然,特征尺寸的变化以及边缘检测算子中的滤波器将改变聚焦区域。对于具有非常清晰的聚焦深度和特征尺寸一致的系统,该方法将给出一致的结果。因此,该方法适合测量间隔均匀零件(类似网格图案,孔阵列或加工标记)。然而,对于具有各种特征尺寸的目标,如人脸确定的深度分辨力和重建质量随着特征尺寸的变化而变化,无法确定深度分辨力。

1. 基于聚焦方法的结构光模式

上述内容说明可利用清晰边缘或特征信息来分析聚焦清晰度。对于光滑的零

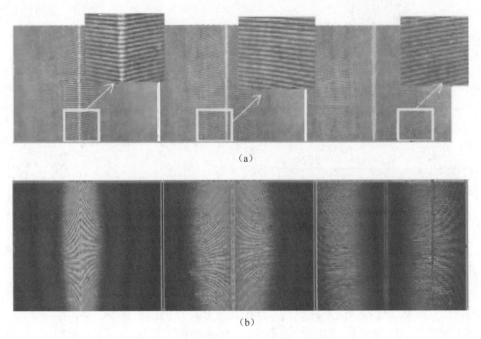

(a)

(b)

图 11.23 跨过尖角的一组条纹图像

(a)最佳聚焦位置向边缘的移动;(b)计算得到的相应的清晰度图。

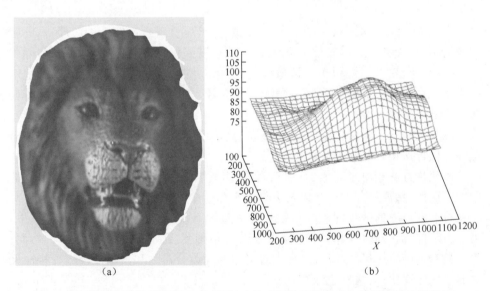

(a)   (b)

图 11.24 狮子头部模型图像(a)和利用(a)的表面纹理模型产生基于聚焦的深度(b)

件,并非如此。某些零件包含了较多的细节如加工凹槽或表面纹理,而其他零件可能非常光滑,如漆面板。如图 11.24 所示,利用待测零件的固有特征的一种方法是投影条纹到被测零件上。基于聚焦质量估计深度时,主动结构光照明所投影的条纹与被测件表面纹理不同[13-15]。然后根据零件上投影条纹的主要频率(间隔)的窄带区域,利用 Laplcian 模型计算模糊区域的频率。利用 x 和 y 上的局部算子估计:

$$S(x,y) = e - (x'^2 + y'^2)/2a^2 x\cos(2\pi/Txx' + \phi) \tag{11.2}$$

其中

$$x' = x\cos\theta - y\sin\theta$$
$$y' = - x\sin\theta + y\cos\theta$$

式中:T 为投射在目标上的图形周期;a 为等效高斯滤波器的标准差;θ 为照射到表面法线的角度;ϕ 为相位偏移[13]。

上述方法假设模糊效果主要原因是投影条纹的扩展和边缘变化光强(对比度导数)降低。某些情况,例如自动对焦系统,只考虑每个区域边缘的对比度。

显而易见,上述方法的优点之一是决定聚焦质量的投影条纹周期可控。利用与结构光三角测量(第 7 章)相同的方式产生投影条纹,但不需要三角测量的角度,因此该方法仅沿某个方向的瞄准线测量即可。

利用结构光聚焦质量的方法显然不像相移三角测量方法那样给出每个点的距离,而只给出了投影条纹的最佳聚焦位置。通常,类似于基于聚焦的方法给出与特征尺寸相关的分辨力,而三角测量法可利用相移分析提供 1/500 图形尺寸的分辨力。在聚焦测距方法中,主动照明条纹的尺寸由光学系统的孔径决定,而光学系统的孔径需满足条纹景深(DOF)的要求。更清晰的聚焦平面(浅 DOF)需要较大孔径的镜头。

利用结构光模式创建立体图,解决了与用聚焦清晰度信息测量光滑目标相关联的两个难题。首先,光滑的表面上很少有清晰的线条或特征,不能利用基于清晰聚焦的边缘产生 3D 数据。另外,某些平滑零件可能具有大量的纹理区域,例如孔或加工边缘,但是在其他区域(例如在平坦区域上)则非常光滑。利用结构光照明可确保在整个可观察零件表面分析局部条纹,并将 3D 目标的一般形状信息与纹理变化分离出来。从多个聚焦深度获取的面部模型图像的分析如图 11.25 所示[15]。图 11.25 所示为人脸面部结构化的光学模型,图 11.25(a)所示为远点处、下巴以及侧面图像,图 11.25(b)展示近点处、鼻子和额头的点,以及由此计算的3D 图。

2. 景深效应

控制图像景深是从聚焦测距清晰度信息中获得良好 3D 数据所面临的关键挑战之一。举一个典型的例子,DOF 等于约 2 倍的特征尺寸乘以 F 数。假设光学分辨力与由微米为单位的有效 F 数(到被摄体的距离除以成像透镜孔径)近似给出

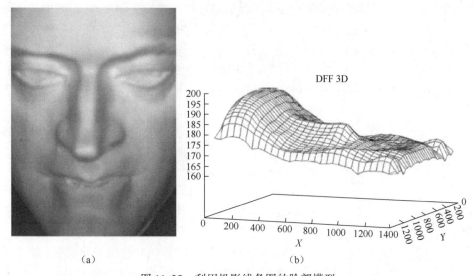

图 11.25 利用投影线条图的脸部模型

(a)远点如下巴处于最佳聚焦位置;(b)结合远近点(鼻子和前额)图像所得到的3D图。

的衍射极限几乎相等。在该 DOF 范围之外,图像仍然可用,但是超出该范围后,上述尺寸特征边缘会明显模糊。

为了明显地观察到散焦现象,通常利用2倍 DOF。从聚焦深度角度分析,步长不一定只覆盖零件深度,可"超过"该零件的范围。也就是说,覆盖的深度大于零件深度,从而提供沿系统瞄准线方向目标相对于光轴径向运动零件实际位置的灵活性。为了获得零件上最高分辨力数据,最好在不超过 DOF 步进量的间距上采集一系列清晰图像。

实际应用中,在零件深度方向上采集一组完整图像需要耗费一定时间,镜头口径决定能观察多大的零件尺寸,以及需要多大的步长量使镜头能够采集零件上的某些特征。距离零件较远的小镜头需要更大的景深,而分辨力仅达到毫米级。显微镜物镜将提供分辨力为微米量级的清晰聚焦区域,但对该零件几乎没有任何限制,并且一次只能观察几毫米尺寸的小视场。

11.3.2 离焦深度法

相反,利用离焦模糊量估计特定图像特征距最佳聚焦位置的距离时[13,16-20],通过聚焦图像的卷积建立模糊量的模型,透镜的有效点扩散函数的几何形式由下式计算:

$$R = \left\{\frac{D}{2}\right\} \cdot \left\{\frac{1}{f} - \frac{1}{o} - \frac{1}{s}\right\} \tag{11.3}$$

式中：R 为模糊半径；D 为孔径光阑直径；f 为镜头焦距；o 为物距；s 为像距[13]。

离焦量与探测器上的光斑大小有关，而光斑大小可测量。通过确定每个像素的离焦量，利用基于成像系统的参数计算物距。如图 11.26 所示，对于镜头焦距为 f，物距为 O，最佳像面距离为 I_0，位于距离 I_1 处的探测器，探测器面的离焦半径为

$$d = \frac{D(I_0 - I_1)}{2I_0} \tag{11.4}$$

式中：系统的 F 数为 $F = f/D$。

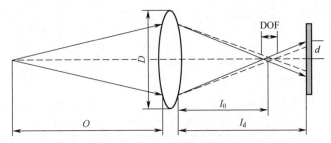

图 11.26　确定离焦半径 d 与物距 O 关系的透镜参数

利用标准成像表达式：

$$\frac{1}{O} + \frac{1}{I_0} = \frac{1}{f} \tag{11.5}$$

离焦半径与透镜参数有关：

$$d = \frac{(I_0 - fI_1 - fI_0)}{2FI_0} \tag{11.6}$$

则任意给定的模糊半径 d 的物距为

$$O = \frac{fI_1}{(f + I_1 - 2Fd)}, \ I_1 \geqslant I_0 \tag{11.7}$$

$$O = \frac{fI_1}{(f - I_1 + 2Fd)}, \ I_1 < I_0 \tag{11.8}$$

对于显微镜等快速光学系统（低 F 数，高数值孔径），物距表达式化简为

$$O = \pm \frac{fI_1}{2Fd} = \pm \frac{fI_1}{Fb} = \pm \frac{I_1 D}{d} \tag{11.9}$$

式中：b 为模糊直径。

因此，物距是探测器距离、透镜直径（有效 F 数）和模糊点尺寸的函数。离焦测距方法利用式（11.9）作为确定任意给定的离焦点与最佳焦平面距离的关系。由于只有一个焦面，式（11.9）并没有说明离焦点在最佳焦面之前或之后。因此，通过比较两个焦面之间的距离，利用至少两个焦面确定式（11.9）（在焦点前或后）

中表达式的符号,最终求解它们的位置。

若以上述分析为出发点,所要面临的挑战是如何确定图像中哪些点不在焦点上以及确定在所需的目标距离处的散焦半径是多少。参考文献[13-22]介绍了相关方法。稍后将简要介绍两种方法,并探讨每种方法的优缺点。更详细的分析可以在所引用的文献中找到。

1. 频域离焦深度法

解决光学离焦问题最常见的方法是利用逆滤波。该方法利用原始输入图像 $i_0(x,y)$ 和透镜点扩散函数(PSF) $h(x,y;\theta_1)$ 计算输出图像 $i_1(x,y)$,即:

$$i_1(x,y) = i_0(x,y) \otimes h(x,y;\theta_1) \overset{F}{\Longleftrightarrow} I_1(u,v) = I_0(u,v) \times H(u,v;\theta_1)$$

(11.10)

式中:大写字母表示傅里叶变换后的频谱。成像系统的参数包括焦距、孔径尺寸和透镜与探测器的距离。

不同距离的频谱之比为

$$\frac{I_1(u,v)}{I_2(u,v)} = \frac{I_0(u,v) \times H(u,v;\theta_1)}{I_0(u,v) \times H(u,v;\theta_2)} = \frac{H(u,v;\theta_1)}{H(u,v;\theta_2)}$$

(11.11)

式中,消除了未知场景的影响。可在图像小区域(窗口)上计算图像的频率成分,以便估计局部距离。然而,离焦量大和利用小区域平均值的开窗效应可能会导致式(11.11)有较大的误差。

根据任意给定区域的离焦量评估图像中的特征,将采集的图像频率成分与在特征处确定的离焦量进行分析,从而根据式(11.9)计算物距。

对于大多数非相干以及校准后的成像系统而言,通常假定点扩散函数是均匀形式或是高斯函数。通过两个不同参数的几何光学关系,在两个离焦位置之间确定线性关系。例如,如果在两幅图像中,孔径尺寸发生改变,则利用孔径变化引起的离焦偏移量校正计算距离。由于系统参数的改变,放大率的变化必须考虑将图像归一化为固定放大比率。

2. 空域离焦深度法

在空域方法中,焦平面图像中两个对应局部区域之间的关系可用空间坐标中的矩阵表示。通过在同一距离处的两幅相邻帧图像的卷积计算该矩阵,如图11.27所示。矩阵 $t(x,y)$ 可定义为

$$i_2(x,y) = i_1(x,y) \lfloor \otimes \rfloor t(x,y)$$

(11.12)

式中: $\lfloor \otimes \rfloor$ 为约束卷积;其中运算符不能超出图像 $i_1(x,y)$ 边界。

物点之间的映射关系通过已知的透镜点扩散函数计算,或者利用传递函数进行校正,透镜的传递函数是通过输入一系列已知图案,例如二值靶标图分析其频谱响应得到的(图11.28)。

如果用于定义深度步进的图像间距尺寸较大,则区域开窗效应不显著,可生成

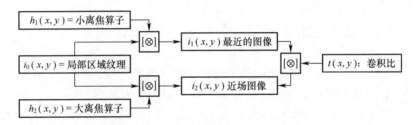

图 11.27　采集的聚焦图像到基于矩阵的空间域 DFD 算法分析过程流程

图 11.28　用于评估透镜传递函数的标准 MTF 目标,由二值靶标
图产生一系列空间频率(该空间频率越来越精细)

映射图。然而,如果需要密集的深度图,则开窗效应可能是基于频谱技术的重要误差源,由于小间距需要的频谱内容较少。在上述情况下,空域方法中的卷积矩阵提供了图像中不同局部区域之间更准确的表达关系。

从镜头设计手册中获得点扩散函数或利用 MTF 曲线测量镜头的点扩散函数,进而利用点扩散函数计算绘制平面所需细节的查找表。查找表将每个物距映射到特定的卷积比[22]。也可以利用其他方法建立该映射函数,但是,结果是在目标上的每个区域中建立离焦量与距离之间的映射关系。该映射关系有效地细分了聚焦图像之间的空间,根据最佳聚焦区域给出系统深度或距离值。

上述方法至少需要测量范围内两个极限处的聚焦图像。当然,在被测量范围内周期性出现聚焦平面时,就可利用离焦函数实现游标测量,以获得更多的数据点。此外,可大幅减少系统采集的聚焦图像数量,但仍可得到与采用多幅图像时相同的分辨力。在某些应用中,该方法可以节省时间,但更多的是用于提供更精确的细节,而不是利用聚焦系统确定景深步长。

11.3.3 应用注意事项

尽管所有 DFD 方法的原理依赖于直接或间接离焦测量,但是算法的选择和实现的性能在很大程度上取决于应用需求。对于给定类型的目标,了解每种方法的特性和应用环境对于选择最佳算法至关重要。两类 DFD 方法特性不同,导致应用的场合不同。

频域 DFD 方法(利用零件特征尺寸)对目标局部区域进行傅叶里变换,因此,当感兴趣的目标呈现均衡的空间频谱时,效果最好。也就是说,如果零件含有非常规则图形,如加工标记,则频谱域 DFD 可利用该结构生成分辨力非常一致的深度图。实际上,图像的高频成分通常由噪声决定,低频成分通常不足以生成密集的深度图。因此,该类型的 DFD 算法通过预滤波,以增强高、低频率成分。此外,如果物体在某一频率范围内恰巧具有较高的信噪比,那么在该范围内的测量更准确,但是对于零件表面不包含合适特征尺寸的区域,可能无法测量。

对于空间域 DFD 方法而言,目标特征的放大倍率至关重要,并且应该利用校准装置或其他校正工具予以补偿。当场景中的目标是动态的,并且在两个焦平面之间运动,也需要补偿。在上述情况下,对于图像的错位,频域 DFD 方法更具鲁棒性。但是,对于完全依赖基本图像之间的逐像素对应的空域技术而言,情况并非如此。

大多数 DFD 算法的设计,并未利用场景中目标特性的假设。实际应用 DFD 方法时,对通用性无特殊要求。可利用零件的信息,如纹理、加工标记、局部孔和表面粗糙度改善上述任一种 DFD 方法的性能。

11.3.4 基于聚焦测量的方法总结

市场上有多种基于对焦深度法或离焦深度法的商用系统。上述系统通常采用不同放大倍率的显微镜,利用机械平台将零件或显微镜移动到不同的距离。对于任意给定分辨力的显微镜,通常设置与深度分辨力和空间平面内分辨力相匹配的预定步长以便生成完整的 3D 图。对于某些应用而言,若能能将不同深度的平面完全分离。那么即可得到目标通用形状或分离关键特征。

为了有效地利用基于聚焦测量的方法,待测量零件需要包含能够分辨的尺寸和间距的特征,以便测绘感兴趣的特征或位置。对于利用显微镜观察某些类型的特征,可能会产生阴影、衍射点或其他可能混淆的伪像,并且可能在不正确的深度显示测量点,甚至生成虚假点。利用任意一种方法,都需要一套检验规范验证测量数据是否正确和有意义。

图 11.29 所示为基于商用聚焦测量系统的示例。图 11.30 所示为一分钱的背

面扫描图。硬币上纪念碑的边缘与图11.19共聚焦扫描的结果不完全相同。在共聚焦扫描中未显示浮雕的加工痕迹。由于共聚焦扫描是动态的,可有效地采集硬币的所有区域,包括光滑区域。但在该情况下,基于聚焦测量的方法似乎在光滑区域上显示更多的噪声。这是一个特例,并不能代表所有应用的结果,但是说明光滑区域可能是基于聚焦测量方法的潜在噪声源。

图11.29　商用聚焦测量系统,利用显微镜对小特征实现微米级到亚微米级的测量

图11.30　硬币背面的扫描图,基于聚焦测量系统显示精细的细节

如图11.31所示,利用40倍和100倍的放大倍率采集表面粗糙度为0.2μm的表面。需要注意的是,在不同放大倍率下,非常精细的表面上不一定会显示更多的细节,这意味着,系统可能不能完全采集小于0.2μm的特征信息。在工业测试中,利用基于聚焦测量系统测量表面粗糙度为0.05μm、0.1μm和0.2μm的表面不会显示差异。测量结果与基于动态共聚焦系统(图11.19)测量结果相比,有差异。

但是,与其他方法(如白光干涉测量和精密机械方法)的测量结果一致性较好。基于聚焦测量方法的局限性体现在对聚焦的要求。如果表面结构尺寸小于系统的光学空间分辨力,对于小于 $0.5\mu m$ 的可见光波长,甚至可正确测量大于 $1\mu m$(取决于透镜数值孔径)的任何特征,但该方法在测量面形时不太有效。

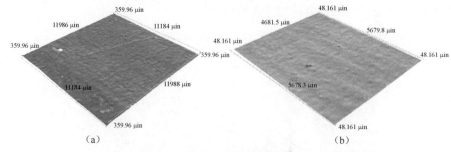

(a)　　　　　　　　　　　　　(b)

图 11.31　利用 40 倍(a)和 100 倍(b)放大倍率采集表面粗糙度为
0.2μm 的表面,显示了图像之间的差异

数百到数千幅图像的扫描时间可能需要几分钟到几小时。要真正实现微米级或亚微米级测量,需要在零件深度和零件表面采集小于毫米尺寸的显微视图。因此,对于精细测量而言,与其他扫描方法如白光干涉测量或圆锥激光扫描方法相比,该方法通常会比较慢,但比点聚焦方法测量速度快。

目前没有商用系统实际利用基于聚焦的方法对大体积的零件进行测量。图 11.32所示为在实验室条件下,利用聚焦以及结构光扫描方法扫描直径为 25mm

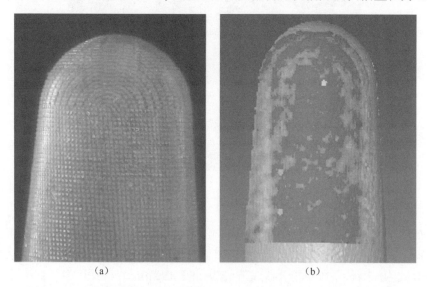

(a)　　　　　　　　　　　　　(b)

图 11.32　由离焦测距方法产生的直径为 25mm 的圆柱体扫描(a)和 3D 图,
以及利用 0.1mm 分辨力的结构光方法扫描图(b)的对比图
(DFD 方法与结构光方法的结果一致性在 0.5mm 内)

的金属圆柱体。扫描一致性可达0.5mm量级,但是并未实际测绘精细结构。对于米级尺寸的零件,基于聚焦方法的定制系统可提供几毫米的分辨力。

11.4 小结

在零件上聚焦测量的光学测量学方法具有同轴特性,不需要三角测量法的角度。可利用基于点或通过采集某一区域一系列图像进行测量。该方法可利用主动方法投影焦点或图案,或利用被动的方法,即利用零件上的现有特征(如图案或纹理)。确定最佳聚焦位置可利用如下方法:

(1) 观察光斑的波前的变化;

(2) 检测通过针孔的峰值强度;

(3) 利用主动色散投影的光谱仪分析光波;

(4) 查找一系列图像的最佳对焦区域;

(5) 计算对焦图像之间每个特征的离焦量。

基于光斑的系统可进行扫描,通常扫描数据传输速率为千赫兹到几十千赫兹。基于图像的方法通常需要几幅到几千幅图像测绘零件。在所有系统中,空间平面分辨力由透镜的光学分辨力和数值孔径以及插值方法决定。

基于聚焦测量方法的优点是能够测量孔、边缘以及对准线的能力。基于点和面的方法,可达到亚微米级深度分辨力,但是需耗费数分钟到数小时进行数据采集。对于表面非常粗糙或散射表面的零件则可能无法利用主动测量方法,而含有光滑表面的零件可利用主动方法,但可能无法利用被动法测量。与其他测量方法一样,需要实验验证基于聚焦测量方法是否适合用于特定的应用需求。

参考文献

[1] Sirat, G.Y., F. Paz, G. Agronik, and K. Wilner, Conoscopic holography, *Proc. SPIE* 5972, 597202 (2005).

[2] Enguita, J.M., I. Álvarez, J. Marina, G. Ojea, J.A. Cancelas, and M. Frade, Toward extended range sub-micron conoscopic holography profilometers using multiple wavelengths and phase measurement, *Proc. SPIE* 7356, 735617 (2009).

[3] Pawley, J.B. ed., Handbook of Biological Confocal Microscopy, 3rd edn. Berlin, Germany: Springer (2006). ISBN 0-387-25921-X.

[4] Confocal Microscopy Patent, Filed in 1957 and granted 1961. U.S. Patent 3013467.

[5] Boudoux, C. et al., Rapid wavelength-swept spectrally encoded confocal microscopy, *Opt. Express*, 13(20), 8214-8221 (2005).

[6] Maly, M. and A. Boyde, Real-time stereoscopic confocal reflection microscopy using objective

lenses with linear longitudinal chromatic dispersion, *Scanning*, 16(3), 187–192 (1994).

[7] Tiziani, H.J. and H.M. Uhde, 3-dimensional image sensing by chromatic confocal microscopy, *Appl. Opt.*, 33(10), 1838–1843 (1994).

[8] Lyda, W., D. Fleischle, T. Haist, and W. Osten, Chromatic confocal spectral interferometry for technical surface characterization, *Proc. SPIE*, 7432, 74320Z (2009).

[9] Liao, Y., E. Heidari, G. Abramovich, C. Nafis, A. Butt, J. Czechowski, K. Harding, and J.E. Tkaczyk, Automated 3D IR defect mapping system for CZT wafer and tile inspection and characterization, *SPIE Proc.*, 8133, p. 114–124 (2011).

[10] Xiong, Y. and S. Shafer, Depth from focusing and defocusing, in *Proceedings of the International Conference on Computer Vision and Pattern Recognition*, pp. 68–73 Cambridge, MA (1993).

[11] Zhang, R., P.-S. Tsai, J.E. Cryer, and M. Shah, Shape-from-shading: A survey, IEEE *Trans. Pattern Anal. Mach. Intell.*, 21(8), 690–706 (1999).

[12] Daneshpanah, M. and B. Javidi, Profilometry and optical slicing by passive three-dimensional imaging, *Opt. Lett.*, 34, 1105–1107 (2009).

[13] Daneshpanah, M., G. Abramovich, K. Harding, and A. Vemory, Application issues in the use of depth from (de)focus analysis methods, *SPIE Proc.*, 8043 p. 80430G (2011).

[14] Girod, B. and S. Scherock, Depth from defocus of structured light, *SPIE Proc.*, Vol. 1194, Optics, Illumination and Image Sensing for Machine Vision, Svetkoff, D.J. ed., Boston, MA, September, pp. 209–215 (1989).

[15] Harding, K., G. Abramovich, V. Paruchura, S. Manickam, and A. Vemury, 3D imaging system for biometric applications, *Proc. SPIE*, 7690 p. 76900J (2010).

[16] Lertrusdachakul, I., Y.D. Fougerolle, and O. Laligant, Dynamic (De)focused projection for three-dimensional reconstruction, *Opt. Eng.*, 50(11), 113201 (November 2011).

[17] Watanabe, M., S.K. Nayar, and M. Noguchi, Real-time computation of depth from defocus, *SPIE Proc.*, Vol. 2599, 3 Dimensional and Unconventional Imaging for Industrial Inspection and Metrology, Harding, K.G. and Svetkoff, D.J. eds., pp.14–25 philadelphia (1995).

[18] Xian, T. and M. Subbarao, Performance evaluation of different depth from defocus (DFD) techniques, *SPIE Proc.*, Vol. 6000, Two and Three-Dimensional Methods for Inspection and Metrology III, Harding, K.G., ed., Boston, MA p. 600009-1 to 600009-13 (2005).

[19] Ghita, O., Whelan, P.F., and Mallon, J., Computational approach for depth from defocus, *J. Electron. Imag.*, 14(2), 023021 (April–June 2005).

[20] Cho, S., W. Tam, F. Speranza, R. Renaud, N. Hur, and S. Lee, Depth maps created from blur information using images with focus at near and at far, *SPIE Proc.*, Vol. 6055, Stereoscopic Displays and Virtual Reality Systems XIII, Woods, A., ed., San Jose, CA p. 60551D (2006).

[21] Liu, R., L. Li, and J. Jia, Image partial blur detection and classification, *Proceedings of the International Conference on Computer Vision and Pattern Recognition*, pp. 1–8 Cambridge, MA (2008).

[22] Ens, J. and P. Lawrence, An investigation of methods for determining depth from focus, IEEE *Trans. Pattern Anal. Mach. Intell.* 15, 97–108 (1993).

第 5 篇
先进光学显微测量方法

第12章
MEMS/MOEMS及并行多功能微光学测试系统

Małgorzata Kujawińska, Michał Józwik, Adam Styk

12.1 概述

本书3~5章介绍了超大规模零件和结构测量所面临的挑战。6~8章关注引擎和电器等中等规模器件的测量技术;9~11章讨论了诸如白光干涉和显微镜等小规模零件的测量技术。本章我们将着眼于当今制造业中小零件的测量应用,这些小零件在未来会发挥越来越重要的作用。本章所介绍的方法源自前几章中介绍的基本工具,但是使用了当今最先进的衍射光学方法来实现非常精确的测量。

微电子机械系统和微光机电系统(M(O)EMS)技术将机械、电气和光学元件集成在一块常见的硅基板或玻璃基板上,每块晶圆可能包含几十个到几千个器件。将M(O)EMS与阵列微光学(例如微透镜阵列)结合,成为包括汽车、传感器、成像、医疗和国防在内的众多应用领域中产品创新最重要的推动力之一。M(O)EMS的应用覆盖了越来越多的需要100%质量控制的重要领域。因此,20年前几乎不存在的M(O)EMS行业开始有了巨大的潜力,预计复合年增长率(CAGR)为10%~15%[1]。

为满足增产和低成本的需求,M(O)EMS制造商目前从6个生产线扩大到8个甚至10个生产线。此外,随着工艺技术变得更加标准化,更多的生产外包给M(O)EMS代工厂。另外,微型元件覆盖越来越多的重要的功能性任务,因此通常需要100%的质量控制。这就是为什么大多数的M(O)EMS设备和微光阵列器件,至少1/2的生产成本是封装和测试费用。封装和测试需要耗费大量时间。因此,如果批量生产成本曲线符合市场要求,很有必要实现晶圆级封装和测试。

测试设备生产商面临的主要挑战是使测试系统适应更广泛的应用。M(O)EMS结构和微光学阵列器件在尺寸、间距和功能上存在很大差异。目前市场上的仪器不灵活,价格也较为昂贵,而且测试过程比较耗时。因此,需要能够适应各种应用的新检测方法和通用测试平台。半导体工业中的电子探针卡就是利用M(O)

EMS 的示例。处理和定位晶圆的基本设置是通用的,而探针卡和电子设备针对特定客户设计[2]。因此,集成电路(IC)通常利用标准测试设备实现晶圆级常规测试。

相比之下,M(O)EMS 和微光学器件的晶圆级测试是一个较新的概念。除了半导体行业需要更多时间开发测试方案之外,测试需求的差异使得 M(O)EMS 和微光学测试更具挑战性。对于 IC 测试而言,被测器件受电信号激励后,探针卡会对器件输出端产生的电信号进行探测。相比之下,测试 M(O)EMS 涉及物理激励(如压力和加速度)、机械探测、电子或光学输出等。此外,测试通常需要良好的环境条件(温度、振动、压力等)以模拟应用条件(见第 5 章)。

M(O)EMS 和微光学器件的非电性测试主要利用非接触和非污染检测的光学方法[3]。然而,目前在生产过程中的光学检测技术还处于瓶颈期。该生产过程中,需要测试微结构的无源参数(即 x-y-(z)尺寸)和有源参数(如共振频率和形变)。静态 MEMS 测试通常是基于与相机相连的显微系统。图像处理方法用于检测 x、y 尺寸。对于许多生产厂家而言,这是唯一的测试方法。部分供应商提供调焦技术或干涉法测量 z 轴尺寸,进而测量物体面形。通常采用干涉仪[4]和振动计[5]实现动态 MEMS 测试。

特别地,有源参数的测量特别耗时,因此不适用于批量生产中的测试。为了解决该瓶颈,测试设备需要克服分辨力和晶圆尺寸的比值较大的问题。用于大批量生产 M(O)EMS 标准晶圆的直径目前可达 10 英寸(即 250mm)。如图 12.1 所示,晶圆上待测结构的典型横向尺寸从 $100\mu m^2$ 到 $10mm^2$。因此,检查率覆盖的范围为 $10^{-7} \sim 10^{-3}$。如果典型的缺陷尺寸约为 10 nm 范围内,该比值将进一步增加。

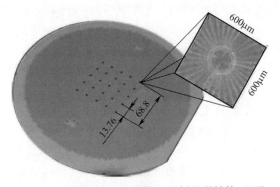

图 12.1　晶圆 MOEMS 结构和示例的微结构,以及
测量通道之间的周期尺寸和微结构尺寸

目前,解决比值大的问题有四种方法:

(1)高分辨力测量系统一次测量一个结构,并逐个结构扫描。上述系统适用于现场测试。在生产线中测量横向尺寸。然而此系统不适用于测试具有数千个微

结构的晶圆和有源 M(O)EMS 晶圆,由于每个晶圆的测量时间过长。

(2) 以高分辨力(多摄像机/多像素)的方法扩展视场,同时测量多个结构,并覆盖整个晶圆区域。上述方法需要先进相机技术(13 千兆像素覆盖 8 英寸晶圆)。对上述图像的处理很耗时,并且对于生产线上测量、处理所需的能力已远远超出现有技术。早在 2003 年,Aswendt 等提出了利用相当小的空间分辨力检测整片晶圆的系统[6]。现在采用上述方法的系统利用多台摄像机提高空间分辨力。

(3) 利用低分辨力测量系统检测整个晶圆或晶圆中的大部分区域,识别可疑区域,然后利用更高分辨力的测量系统再次检测上述区域。上述缩放测量的方法由 Osten 等[7]提出。特别是对于间距非常小的物体,就微透镜而言,该方法是具有前景的省时高效的测量方法。其主要问题是确定可疑区。上述方法效率最高。然而,该方法不适合 100%生产控制的要求。

(4) 利用并行阵列传感器仅检测感兴趣区域[8-9](可能是扫描整个阵列)。第四种方法非常适用于 M(O)EMS 和微光学测试。该方法需要待测对象的先验信息。在设计检测系统的零件时,需已知 M(O)EMS 结构(图 12.1)之间的有效区域大小和间距。由于微小产品具有高准确度和可重复的特性,因此阵列方法具有很大的潜力,能够通过类似于多个检测通道的方法,既能高精度测量又能减少测量时间。此外,该方法还完全符合 100%的生产控制要求。同时,该系统也是多功能的,降低投资和维护成本。我们将更详细地介绍利用第四种方法测量超小尺寸的系统。该系统受欧盟委员会 SMARTIEHS 项目的资助。[10]。

12.2　SMARTIEHS 并行多功能系统的概念

现有检测系统(单通道扫描显微镜或干涉仪)最常用的一系列方法会导致每个晶圆的测量时间较长,且生产率较低。此外,市场上现有系统都是以集成的大规模光学元件为基础,投资成本相当高。

在 SMARTIEHS 系统中,引入晶圆–晶圆检测概念,以便在一个测量周期内实现数十个 M(O)EMS 或微光学器件结构的并行测试。为了达到该目的,采用可替换的微光探测晶圆,对准待测 M(O)EMS 晶圆。探测晶圆包括微光测试装置的阵列。要测量的量包括形状、平面外形变以及共振频率,通常利用干涉仪进行测量。干涉阵列传感器最初的原理方案是基于微光学麦克风技术构建点扫描干涉阵列发展的[11-12],但在撰写本书时,还仅仅停留在概念阶段。

针对每个特定应用设计干涉仪阵列的配置、间距和分辨力。照明、成像和激励可模块化设计,并可应用于不同的干涉仪阵列。上述模块可根据 M(O)EMS 结构的空间分布或功能的改变而进行互换。阵列排布是不规则的,并且利用有效的检测策略进行优化。因此,可将 100 多个干涉仪排布在 8 英寸(或更大)的晶圆上,并且通过相关因子减少对单个晶圆的检测时间。

晶圆-晶圆检测概念通过标准微制造技术解决了阵列布置中干涉仪的生产问题。阵列中的所有干涉仪必须在微米级公差范围内精确地间隔开。另外,由于每个干涉仪由多个功能性光学层组成,以千分尺精度在一定距离上布置。多层结构解决该难题的方法是将不同的微光学晶片堆叠到"半整体"块或在一个晶圆上双面制造的元件。

通过两种不同类型的探测晶圆装置证明系统的多功能性。

(1)折射 Mirau 型干涉仪。该干涉仪利用低相干干涉仪测量 M(O)EMS 结构的形状和形变。

(2)衍射 Twyman-Green 型干涉仪。该干涉仪利用激光干涉测量仪(LI)进行振动分析,以确定共振频率和空间模式分布。另外,LI 还适用于光滑表面上的形状和形变的测量。

检测系统集成在商用探头平台上(如 SUSS 探头 PA200)[13]。开发商用测量工具并验证其在相关领域的可行性,大大节省开发新测量系统的人力物力。当利用探头的晶圆卡盘安装与定位 M(O)EMS 晶圆时,晶圆的处理和测量程序就能全自动化地集成到生产线中。图 12.2 所示为集成在检测系统中的探头的 3D CAD 图。

仪器的光学装置如图 12.3 所示。包括两个不同的 5×5 干涉仪阵列。该图像左侧为低相干干涉仪(LCI),右侧为激光干涉仪(LI)阵列。光源按阵列排布,并位于每个干涉仪单元的每一侧。分束器分光至探测晶圆上。

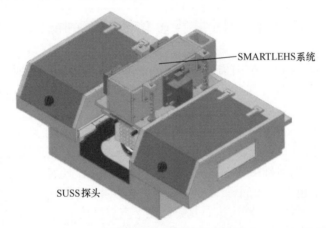

图 12.2 用于 M(O)EMS 测试的 SUSS 探头(PA200)3D CAD 示意图,
其光学测量系统安装在探头范围内

玻璃晶圆中包含了标准微工艺制造的微型透镜,可用于干涉条纹的成像。分布式 5×5 小型像素成像器阵列探测干涉信号。信号处理过程是基于小型像素摄像机阵列[14]"像素级"的处理能力,可用于确定最大相移或最大包络(见第7章)。因此,每个干涉仪图像由分布在成像平面中的 $N{\times}M$ 像素子阵列探测。

M(O)EMS 结构的激励系统需要进行有源测试。由铟锡氧化物(ITO)电极组成的玻璃晶圆用于对该结构谐振频率的静电激发[15]。对于测量形变而言,可用 ITO 晶圆静电激发 M(O)EMS 上的有源区域,也可利用定制的压力卡盘激发。

检测系统的核心是干涉仪(探测)阵列,即允许实现多个 M(O)EMS 结构并行测量的概念。因此,接下来的两节将详细探讨 LCI 和 LI 阵列的设计与技术。

12.3 晶圆低相干干涉探测技术

12.3.1 概念

激光干涉测量仪(LI)是在 Mirau 干涉仪装置结构中实现 LCI[3]。由一列 LED(图12.3)提供照明。每个照明系统都由 LED、透镜和孔径光阑组成。相对于成像透镜,LED 轻微离焦。从物方看,相机和照明光阑"实际"处于相同的垂直和水平位置。

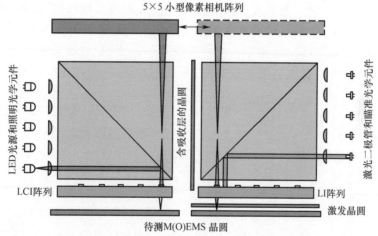

图 12.3　并行光学装置的仪器结构图,晶圆上的 LCI 和微型元件 LI 测量方法

LCI 的光学结构如图 12.4 所示。它由两个用垫片隔开的玻璃基板组成。上晶圆将平凸成像透镜搭载在上表面,将参考反射镜搭载在背面。分束晶圆由上侧部分反射膜层的玻璃晶圆和补偿晶圆组成。分束晶圆将入射光分成参考光和测试光。分束晶圆的光经参考镜反射,从而形成 Mirau 干涉仪的参考光束。待测 M(O)EMS结构将测试光反射回来。两束光在分束晶圆上发生干涉。干涉条纹通

过成像透镜成像在像平面上,位于像平面的相机记录干涉信号。

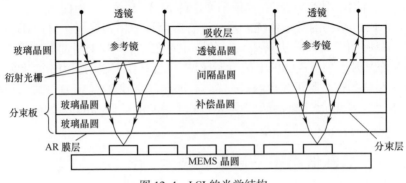

图 12.4 LCI 的光学结构

12.3.2 技术

在约 70mm×70mm 正方形内以 4 英寸为单元制作 LCI 矩阵,其中各个通道的间距为 13.76mm。LCI 技术发展的详细情况见文献[16]。

首先以剥离工艺在一个 500μm 厚的玻璃基板表面上制造一块面积为 700μm×700μm 的参考反射镜。为了减少对相机的反光,在玻璃基板和铝层之间又增加了非晶硅(即 a-Si)层。通过低温等离子体增强化学气相沉积(PECVD)产生 230nm 厚的 a-Si 层。再将 150 nm 厚铝(Al)层蒸发到 a-Si 上,形成反射镜层。利用特殊工艺进行铝蒸镀,以便实现低粗糙镀层,并且尽可能地减少由 a-Si 层引起的粗糙度。

LCI 中的折射微透镜呈球状,其直径为 2.5mm,凹陷为 162μm,以实现数值孔径(NA)为 0.135 和有效焦距为 9.3mm。通过与参考镜放置在同一面上的衍射光栅(DOE)校正由微透镜引起的色差和球面像差。必须在制作微透镜之前,完成接近平面的 DOE 复制。该设计利用商用光学设计软件实现,其直径为 2.5 mm,在中心处具有 700μm×700μm 非结构化面积,以配合微透镜所占的区域。

DOE 具有径向对称的相位函数。由光致抗蚀剂层中的可变剂量光刻技术以及海德堡仪器公司的 DWL400FF 系统制造[17]。通过强度调制的激光束选择性地曝光 3μm 厚的光致抗蚀剂层,从而获得 DOE 主体。然后,用混合聚合物树脂 OR-MOCOMP HA497 将结构复刻到玻璃基板上[18]。利用混合聚合物改善层厚度的均匀性。

微透镜周围一旦形成 DOE,就直接在玻璃基板的背面形成微透镜。光刻和抗蚀剂回流是透镜母盘制作过程中最基本的技术。然后将获得的抗蚀剂球面透镜复刻到 PDMS 中,以创建在最后复刻过程的主透镜。最终在 SUSS MicroTec 接触掩模

400

对准器 MA6 并配有特殊的 UV 成型工具和软件中[19]，采用 ORMOCOMP 聚合物作为材料，通过 UV 成型制作微透镜（图 12.5）[20]。利用光刻技术完成晶圆上的横向精确定位。

图 12.5　透镜阵列的图像复刻到紫外(UV)可固化的聚合物中

　　Mirau 干涉仪所需的最后一个光学元件是分束板（BSP）。它首先将照明光束分为测试光和参考光，然后将两束光在其返回路径上重新组合。正常入射时，BSP 的透射光/反射光比率为 50/50。为了均衡反射和透射光的光路，由电介质多层堆叠制成的 BSP 夹在两个类似的 Borofloat 33 基底之间。在 Mirau 结构装置中，分束板在微透镜焦距接近 1/2 的位置处。该距离通过间隔器调节，并用于减小通道之间的串扰，同时，间隔器保证干涉仪的基准光路长度和测量臂的光程长度相等。也可通过在透镜的玻璃晶圆顶部增加吸收层沉积的方法消除杂散光。如图 12.6 所示，在透镜以及 BSP 底面上的增透膜层制作最终 LCI 阵列。

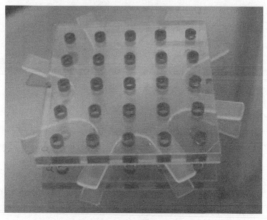

图 12.6　集成的 LCI 阵列

12.4　激光干涉测量仪探测晶圆

12.4.1　概念

基于 Twyman-Green 干涉仪的装置结构设计激光干涉测量仪(LI)需要定制 DOE。DOE 是优化后的衍射光栅,在 650nm 工作波长处获得最大输出强度和最大干涉对比度。

LI 探测晶圆由两片玻璃基板组成,如图 12.7 所示(箭头表示 LI 中光束的传播方向)。在第一基底的上表面刻蚀第一个衍射光栅(DOE1)。DOE1 允许改变入射准直光束的方向,以便照射第二基底上表面制造的分束衍射光栅(DOE2)。该表面还包含第三衍射光栅(DOE3),且第二基底的底面含有反射镜。DOE2 的透射光形成测量光束,穿过物方孔阑板中的孔,并从 M(O)EMS 结构反射回来。DOE2 的反射光通过反射镜 M 反射至参考反射镜 DOE3。M 镜可使参考臂(DOE2 和 DOE3 之间的光路)和测量臂(DOE2 和物体之间的光路)的光程差相等,使干涉条纹对比度最大化。两束光均由 DOE2 反射之后重新组合,并通过成像光学系统成像。作为成像光学器件,利用标准复制工艺在第一基底的上表面实现了 5×5 微透镜阵列。利用背面的对准显微镜的基准实现透镜相对于光栅的对准。

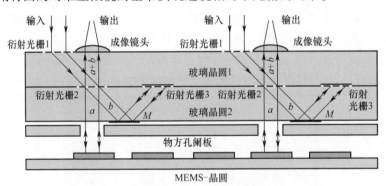

图 12.7　LI 的光学结构

利用严格耦合波方法(RCWA)[20]模拟完成光栅轮廓的理论优化设计。由于严格耦合波方法是针对入射光束的偏转函数,在垂直入射时,DOE1 对第一衍射级进行优化。第一衍射级的角度由光栅方程决定。当照射波长 λ = 658nm 并通过空气和二氧化硅界面($n{\rm SiO}_2 = 1.457$[21])时,衍射角度为 26.85°。DOE1(图 12.8)包括两个二元光栅,光栅周期皆在 $1\mu{\rm m}$ 内。较小光栅只有 90nm 宽。此外,两个光栅之间的距离为 157nm。图 12.8(c)所示为垂直入射时,1 倍光栅宽度以及 3 倍距离时第一透射层的衍射效率。衍射效率与入射角如图12.8(b)所示。在垂直入射情况下,最佳光栅深度为1020nm,第一透射层的(T_{+1})衍射效率接近68%,如图12.8(d)所示。从技术角度出发,由于高深宽比的结构,耦合光栅是最难实现的光栅之一。

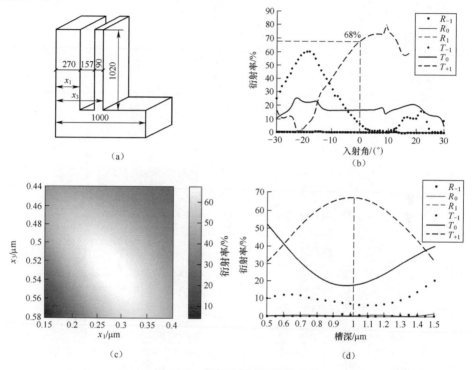

(a)   (b)

(c)   (d)

图12.8　衍射光栅 DOE1 的分析

(a)DOE1 的原理;(b)衍射效率随入射角的变化;(c)第一透射层的衍射效率随几何形状的变化;
(d)衍射效率随凹槽深度的变化(R 和 T 代表相应的反射和传输衍射级的级数)。

衍射光栅 DOE2,作为分束器,如图 12.9(a)所示。通过 DOE1 的光束以 26.85°的入射角入射到 DOE2,产生两级衍射:第 0 级效率为 52%,第+1 级效率为 26%,如图 12.9(b)所示。第 0 级光束作为参考光,第+1 级光束照明目标。经反射后,DOE2 重新组合光束,并将光束传至相机。物体反射后的测量光束垂直入射,同时第 0 级衍射光以 52%效率传输。参考光束以 26.85°的角度入射到 DOE2 上,并变为第+1 级衍射光,以 23%的效率传输。假设两个干涉仪臂的反射系数相同,DOE2 的总体效率确保参考臂和测量臂中的输出几乎相等(约 12%)。由于 DOE2 的多功能性,对制造公差更灵敏,如图 12.9(c)所示。在干涉仪装置中,深度和占空比的变化会以多种不同的方式影响不同衍射级的效率,从而降低干涉图的对比度。从技术的角度出发,相比于 DOE2 的横向特征尺寸、占空比和深度,其结构不太重要。

403

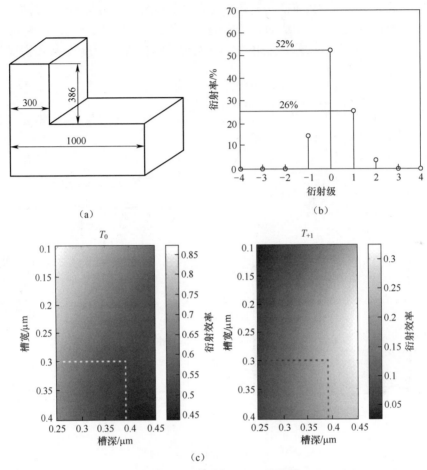

（a）

（b）

（c）

图 12.9　衍射光栅 DOE2 的分析

（a）DOE2 示意图；（b）不同衍射级的衍射效率；（c）第 1 传输层衍射效率随 DOE2 几何形状的变化。

衍射光栅 DOE3 是原向反射光栅。DOE3 的主要任务是将入射光原路返回。因此,可作为激光干涉仪的参考镜,为了实现该光学功能,在熔融二氧化硅刻蚀光栅上镀银膜。在−1 衍射级获得的高反射率很大程度上取决于银膜层的质量。从图 12.10(a) 的设计中可看出,光栅槽的宽度仅为 160nm。图 12.10(b) 显示了在 DOE3 几何形状内,模拟优化光栅结构的衍射效率。

12.4.2　技术

集成激光干涉仪的制造过程主要可分为四个阶段。第一阶段,在两块 6.35mm 厚的玻璃基板(熔融石英掩模板)上制造光栅阵列。所有用于生成 LI 的

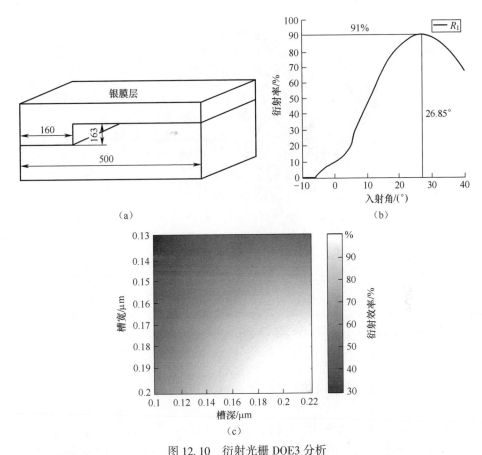

（a）

（b）

（c）

图 12.10　衍射光栅 DOE3 分析

（a）DOE3 示意图；（b）衍射效率随入射角度的变化；（c）衍射效率随 DOE3 几何形状的变化。

衍射光栅都含有一个二元面形，亚波长波脊周期性地刻蚀在基底上形成二元面形。尤其是 DOE2 和 DOE3 在一段时间内由一个波脊组成；而 DOE1 则在一个时期内有两个不同的波脊。利用标准二元光学制造工艺制造光栅[23]。首先通过反应离子刻蚀（RIE），将抗蚀剂图案转移到铬层中；然后将其用于光栅；最后，RIE 刻蚀到熔融石英基板上的硬掩模。第二阶段是微透镜在第一块玻璃基板顶部的复制。第三阶段在第二块玻璃基板的底面形成镜面。最后一个阶段，两块玻璃基板对齐，并黏合在一起。文献[24]中详述了整个制造过程的细节及其结果。

光栅衍射效率的理论计算结果稍高，光栅加工后与实测值吻合较好。考虑到每个技术步骤的最佳顺序及兼容性，专门为 LI 阵列研发集成步骤。该步骤利用弹性体作为黏合材料。在平面参考玻璃基板作为复制工具的过程中，用防黏层处理玻璃基板，并在上基底的背面产生弹性层。5×5 通道的集成 LI 阵列如图 12.11 所示。

图 12.11 集成 LI 阵列

12.5 小型相机及数据分析

12.5.1 小像素数相机

每个通道中获得的干涉信号通过相机模块中 5×5 小像素数阵列进行分析(图 12.12),并通过高速图像采集卡将图像传输至 PC。成像芯片之间的间距应与干涉仪之间的间距相匹配。每个成像器件具有 140×140 个像素,允许直接调制依赖于时间的干涉信号,并且提高了干涉子通道的并行性,图像分辨力达到了

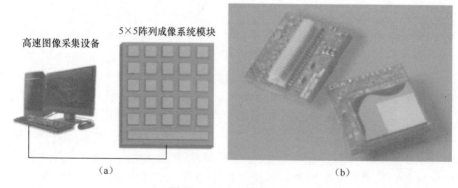

高速图像采集设备   5×5阵列成像系统模块

(a)   (b)

图 12.12 小像素数相机
(a)5×5 阵列探测模块;(b)单个检测模块图像。

50万像素。小像素数相机模块具有独立聚焦功能,能够补偿生产微型镜时可能出现的标称焦距偏差。成像光学系统放大倍率为9倍。所设计的成像系统不存在中继图像。视场为 $600\mu m \times 600\mu m$。

输入信号的解调需要高达 100kHz 的解调频率(w_D)[14]。探测模块的每个像素都会产生两个输出信号:I(同相)和 Q(正交相)。它们是对所采集的干涉信号进行整合和采样结果。利用解调信号对信号采样率进行倍频,并在两条路径上取平均,彼此相移 $\pi/2$,如图 12.13 所示。两路分支中的采样和保持阶段都允许信号的解调和读出,这就意味着当存储信号从相机中读出时,输入信号同时被解调并产生下一个信号值。这两路分支产生了相机的 I 和 Q 通道。在信号被读出之前,利用 N_{avg} 解调周期内的平均信号产生 I 和 Q 通道中的输出信号。解调周期中 N_{avg} 的平均信号为一帧,帧数为 m。所需的总帧数 M 取决于应用需求。因此,解调周期的总数为 MN_{avg}(或 $M(N_{avg}+1)$,取决于相机的设置),因为每个解调周期被四个采样点采样,采样周期总数为 $4MN_{avg}$ 或 $4M(N_{avg}+1)$。m 帧图像的强度 I_D 输出的 I 和 Q 信号分别为

$$I(m) = \sum_{n_{avg}=1}^{N_{avg}} I_D(4\cdot(m-1)N_{avg}+4(n_{avg}-1)+1) - I_D(4(m-1)N_{avg}+4(n_{avg}-1)+3)$$

(12.1)

$$Q(m) = \sum_{n_{avg}=1}^{N_{avg}} I_D(4(m-1)(N_{avg}+1)+4(n_{avg}-1)+2) - I_D(4(m-1)N_{avg}+4(n_{avg}-1)+4)$$

(12.2)

每个像元含有背景抑制电路以避免图像饱和及输入信号对比度低。上述特性可解调高动态范围的信号[25]。为了达到该目的,检测到的干涉信号需要随时间调制。在大多数情况下,可通过其中一个干涉臂的线性扫描实现调制(光程差的线性变化)。扫描速度必须与相机中设置的解调频率相匹配。一个解调(锁相)周期的扫描长度为 $\lambda/2$。

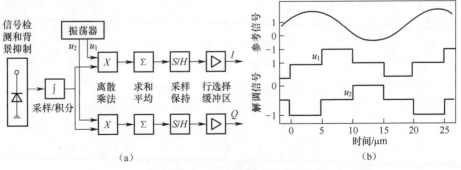

图 12.13 小型像素相机工作原理

(a)信号流;(b)I/Q 信号的生成:u_1 和 u_2 为参考信号产生 $\pi/2$ 的相移。

407

12.5.2　低相干干涉仪信号处理

在 SMARTIEHS 中,利用 LCI 干涉仪(LCI 见第 10 章)测量形貌和形变。具有解调模式的小型相机非常适合分析 LCI 信号。LCI 数据采集时需要目标晶圆相对于参考表面产生连续位移(具有恒定且明确的速度)。然后相机产生形貌的 3D 数据,这意味着返回的 3D 数据信息中包含着每个"体素"(m,n_x,n_y) 的强度,其中 m 是采集帧数,n_x 和 n_y 是相机像素的坐标。对于不透明目标,例如大多数 M(O)EMS,仅有几个体素与目标表面相关。因此,对于 LCI 的任意垂直扫描,每个像素只能确定一个深度点。在生物应用中半透明物体较多,可捕获多个点,不仅可用于描述物体的表面,还可用于描述物体体积。在该应用中,处理算法的目的是提取数据"立方体"内物体表面的位置信息。这意味着通过逐层扫描获取 3D 数据,并得到形貌图像。对数据处理有两种算法:①卷积和最大搜索;②最小能量。

第一种算法允许从相应的 z 方向扫描中提取表面每个独立的点。这就表明包络调制载波干涉信号的值为

$$S(i,m,n_x,n_y) = E^2(i,m,n_x,n_y) = I^2(i,m,n_x,n_y) + Q^2(i,m,n_x,n_y)$$

$$(12.3)$$

式中:I、Q 为从相机中获得了两路正交信号;i 为成像阵列的数量;m 为采集的帧数;n_x、n_y 为像素坐标;S 与相干平面中物体的反射率成正比。

简单起见,在这里只介绍从第 i 个成像阵列中获得数据之后的处理方法;该数据的"立方体"(图 12.14(a))由一系列 $2D(x,y)$ 图像(在 z 方向)构成;然而,由于被测物体不透明,所以光学反射信号仅与物体表面相关。这就意味着数据"立方体"除了位于表面上的值外,大多数值都为 0。与物体表面相对应的点才有明显的强度(图 12.14(b))。物体表面用"形貌"数据表示,其中像素 (n_x,n_y) 的值表示曲面的高度信息。

采用多种不同的算法从数据的 3D 立方体中获得被测物体的形貌信息。最直接的算法是沿 Z 轴方向搜索具有最大强度点的位置。然而,由于信号中包含噪声,所以上述算法并不准确。因此,对信号预先进行卷积处理,通过低通滤波器(沿 z 轴)获得矫正后的最大信号量。但是,为了获得子帧分辨力,可在相邻最大值的点之间拟合抛物线。另一种方法是计算最大值附近点的重心。

然而,z 方向扫描得到的表面信号太弱,以至于无法显示表面点,尤其是接近边缘或特定的"暗"点。当该情况发生时,将从噪声的峰值处随机产生高度值。表面上特殊的点表现为"异常点"。为得到上述异常点处的正确信号值,利用第二种算法即最小能量算法。该算法考虑异常点的邻域。首先,利用卷积和最大搜索算法计算第一个表面的 $h_0(n_x,n_y)$,则质量因子 $Q_{y'}$ 的计算如下:

$$Q_{y'} = aS(n_x,n_y,h_0(n_x,n_y))$$

$$+b\left|4h_0(n_x,n_y)-h_0(n_x-1,n_y)-h_0(n_x+1,n_y)-h_0(n_x,n_y-1)-h_0(n_x,n_y+1)\right|$$

$$(12.4)$$

式中：a、b为校准过程设置的参数。质量因子$Q_{y'}$是点(n_x,n_y)处的信号强度与邻域高度差值的影响。随着$h_0(n_x,n_y)$的变化，确定质量因子的最大值。针对曲面上的每个点计算质量因子。通过迭代产生新的数值。

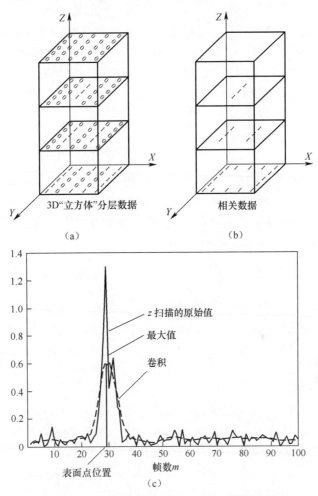

图 12.14　相机返回的分层 3D"立方体"数据
(a)所有数据；(b)相关性数据；(c)卷积和最大值搜索算法原理。

该算法与简单低通滤波算法之间的区别在于该算法考虑的是体数据。如果$S(n_x,n_y,m)$在表面高度处具有局部最大值，优先选择绝对最大值，该值代表距离表面较远。相比于简单低通滤波，直接邻域算法不易受影响。

卷积和最大搜索算法处理速度快，但在评估表面形貌时容易受到噪声干扰，产生错误的"峰值";然而最小能量算法对噪声的鲁棒性强,但运算时间过长。

12.5.3 激光干涉测量仪信号处理

SMARTIES 中的 LI 模块的作用是确定零件的谐振频率及其振动特征。该模块还确保小型相机处于解调模式。为研究待测目标的谐振频率,提出了一种新的准外差测量技术。该技术采用特定频率 ω_L 正弦调制光源,光的调制频率必须满足条件: $\omega_L = \omega_V - \omega_D$,其中 ω_V 为待测目标的振动频率, ω_D 为相机解调频率。如果待测目标的振动频率为 ω_V 且满足条件,则相机输出的信号为

$$ I = \left(\frac{2\pi\gamma\chi A_V}{\lambda} \right) I_0 \sin(\varphi_0 + \delta) \cos(\varphi_V - \varphi_L) \qquad (12.5) $$

$$ Q = \left(\frac{2\pi\gamma\chi A_V}{\lambda} \right) I_0 \sin(\varphi_0 + \delta) \sin(\varphi_V - \varphi_L) \qquad (12.6) $$

式中: I_0 为偏差; γ 为干涉对比度; φ_0 为干涉相位(取决于物体的形状); δ 为引入的附加相移; φ_V 、 φ_L 分别为振动和光调制的初始相位; λ 为波长; A_V 为振动幅值。

如果物体振动幅度很小,即 $A_V \ll \lambda$ 则可根据下式计算给定的信号(M(O) EMS 的启动幅值为 40~80nm 甚至更小):

$$ MD = \sqrt{(I)^2 + (Q)^2} = \left| \left(\frac{2\pi\gamma\chi A_V}{\lambda} \right) I_0 \sin(\varphi_0 + \delta) \right| \qquad (12.7) $$

然而,只有当干涉点相位完全满足条件 $\varphi_0 + \delta = \pi/2$ 或者 $-\pi/2$(工作点范围内)时,或是在工作点非常接近的邻域内,式(12.7)给出的信号才与 A_V 的测量值成比例。在其他干涉点中,此评估的幅值不准确(被 sin 函数缩放)。为了确保正确评估干涉图每个点,需要额外采集图像,并且它们之间具有明确的阶跃相移。具体细节请参考文献[26-27]。

测量 M(O)EMS 设备动态特性时,确定振幅是最关键的一步。完整的流程如图 12.15 所示。为了确定谐振频率,需要在特定频率范围内对振幅进行扫描。每个采样频率的物体振幅的集合称为物体频率响应函数,图 12.15 的流程展示响应函数的测量过程。频率响应函数中最大的振幅表示目标的共振频率。

应该注意的是对于每个应用频率(在扫描范围内)而言,利用每个成像阵列上的单个振幅或估计值即可确定谐振频率。上述方法能显著减少数据量。由于相机输出的是两路信号(I 和 Q),用于评估每个采样频率图像的搜索值,已经提出了两种计算方法,分别为最大值法和包络法。最大值方法要求干涉仪单元(见第 7 章)至少有四个相移,使得每个成像阵列的每个像素满足测量目标的工作点条件。此方法比较简单,但是振幅测量的精度不高。相比之下,包络法更为合适,沿相移维度变化的方向计算每个成像阵列上不同像素的振动幅值:

410

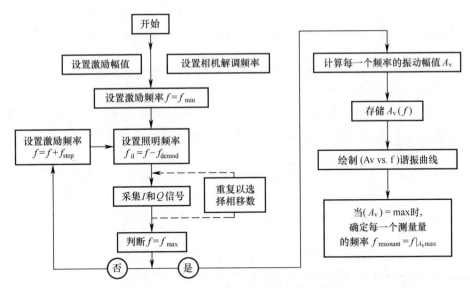

图 12.15 M(O)EMS 频率响应函数测量流程

$$\sqrt{\left(MD_{\delta=0}\right)+\left(MD_{\delta=\pi/2}\right)}=\left|\left(\frac{2\pi\gamma\chi A_V}{\lambda}\right)I_0\right| \qquad (12.8)$$

该方法只需要 $\pi/2$ 的相移变化。存储每个采样频率的"真实"振动的评估值。结果也包含 I_0 和 λ 的信息;然而,该依赖性不会破坏评估频率的响应函数。作为处理计算的最后一步,沿每个成像阵列的两个方向求取每个采样频率振动幅值的平均值。由于测量系统驱动信号控制时间的限制,利用 25 个通道采集 100 个不同频率采样点需要近 20s。

通常利用 SMARTIEHS 仪器中的激光干涉模块实现动态测量;然而,如果满足物体形貌的特定条件,作为附加特征,也可以用于形貌和变形测量。小型相机在光强模式下可测量干涉相位(与物体的形貌直接相关)。针对该模式的相位测量,目前常用的是自动条纹分析的时间相移方法(TPS);TPS 是最准确的干涉分析方法,由于 SMARTIES 仪器具有实现精确相移的能力(干涉仪中的光程差),因此实施过程简单明了。在该系统中,已经实现了 A 和 B 两类中 4~8 帧的算法(A 为标准 $\pi/2$ 相移算法;B 为扩展平均算法)[28]。

12.6 微光机电检测系统平台

工业的发展及模块化设计的灵活性推动了 M(O)EMS 检测系统平台的设计。M(O)EMS 检测平台主要由三部分组成。

411

（1）用于系统平台的商业探头系统。实现探头系统在 x、y、z 方向的夹持运动、绕 z 轴旋转以及在 x、y、z 范围内运动。上述功能用于实现系统半自动测试。

（2）光学系统由干涉晶圆、光源及相应的镜头、分束镜和相机组成。上述零件必须按照所需的光程长度安装，并且可根据特定要求调整光程长度。

（3）与 M(O)EMS 晶圆相比，测量干湿仪的聚焦需要高精度的 z 方向平移驱动装置。此外，为完成测量任务，z 方向驱动装置必须高精度匀速运动，以保持光学系统的稳定。

构建机械模块，并将其安装在 SUSS 平台上[13]。该模块的主要目的是保证光学探头的力学性能稳定，且对探头起到一定的保护作用。光学探头由两种类型的干涉仪组成，每种干涉仪的光源和分束镜按照一定位置排列。最后将 SMARTIES 测量系统安装在探测平台上，其控制单元如图 12.16 所示。

每种干涉仪都需要通过扫描或逐步改变光程差完成测量。为实现该目的，高精度驱动装置由三个音圈电机驱动器组成。音圈驱动器的选择需要满足行程范围为 1mm，线性度优于 1% 的要求。z 轴（扫描轴）方向上的位置信号由 SIOS 制造的三个商用干涉仪测量获得，其测量头固定在载架上。基于 SIOS 干涉仪分辨力为 3mm，定位精度为 10nm。

除 z 方向的扫描外，该平台还可实现干涉仪阵列与 M(O)EMS 晶圆平行对准时的俯仰和摇摆运动（r_x 和 r_y 两个方向）。为实现直线匀速的 z 方向运动，该平台通过拉簧重量补偿，并且利用水平和垂直刚度比例为 10000 的星形钢板弹簧作牵引。

该系统包括 LED 照明阵列和准直激光模块，其中用于 LCI 照明模块的工作波长为 470nm，用于 LI 的准直激光模块的工作波长为 658 nm。经过分束镜分束后的光照明光学探测晶圆。光学晶圆位于距离分束镜下方 2mm 处。LED 照明模块、分束镜、小型相机通过机械组装并安装在测量系统的平台上。利用多功能系统软件对光学单元、高精度 z 方向驱动装置以及其他硬件单元，例如用于激励单元的频率发生器的数据进行组合。

M(O)EMS（频率范围高达几兆赫）利用电极的静电力实现动态激发。为实现对微型元件阵列的激发，可靠性与微观结构 IZM Fraunhofer 研究所（Chemnitz，Germany）专门开发了一种含透明 ITO 电极特性的玻璃晶圆。透明电极允许引入大的电极表面而不影响光学测量。图 12.17 所示为具有 ITO 电极的激励晶圆，该激励晶圆放置在光学 LI 晶圆和测量目标之间。动态测量的结果是被测 M(O)EMS 的频率响应函数，该测量结果是通过扫描所有激励频率获得的。信号发生器输出的激励信号为正弦波。检测系统软件同步测量，同时激励过程由激励频率决定。

 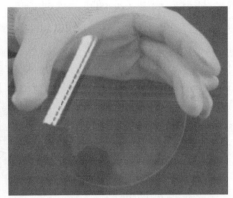

图 12.16　组装的 SMARTIES 系统以及其控制单元　图 12.17　具有 ITO 电极的激励晶圆

12.7　测量结果示例

12.7.1　测量目标

在由 FEMTO-ST 研究所(Besancon,France)专门设计和制造的参考晶圆上进行检测系统的验证测试。参考晶圆包含 25 组微加工硅结构,其硅片上的刻蚀点深度为 5μm,如图 12.18(a)所示。刻蚀组按 5×5 的形式排列在晶圆上,其间距为 13.76mm,与 LI 和 LCI 干涉仪晶片之间的间距相等。每个组称为一个测量通道,由九个结构组成,如图 12.18(b)所示。

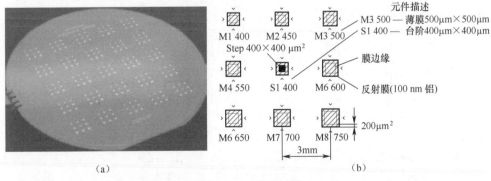

(a)　　　　　　　　　　　　　　　　　　　　(b)

图 12.18　参考晶圆

(a)加工后的晶圆图像;(b)每个测量通道的技术流程图。

413

（1）台阶目标记为 S1（400μm×400μm）。

（2）8 个方形薄膜，标记为 M1~M8，横向尺寸为 400μm×400μm~750μm×750μm。上述结构以 3×3 的矩阵排列，间距为 3mm。

在单个 IR 传感器晶圆上（Melexis 公司生产）验证检测系统的测试功能[29]。晶圆上的元件由薄的氮化硅膜组成，且氮化硅膜上生长高度为 2μm 的氧化硅柱体。图 12.19(a) 所示为单个 IR 传感器的显微结构，图 12.19(b) 所示为利用 Veeco 光学轮廓仪的测量结果。两传感器结构之间的间距为 1.72mm。干涉仪阵列之间的间距为 13.76mm，并与传感器矩阵中第 8 个结构相匹配。膜的面积为 750μm×750μm。上述的动态测试过程中谐振频率是非常关键的参数。

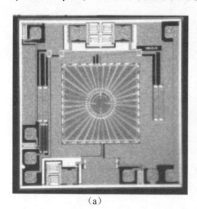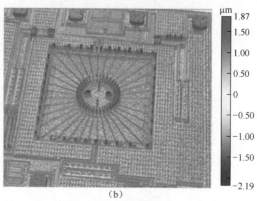

（a）   （b）

图 12.19　不同情况下单个红外(IR)传感器的结构
(a)单个 IR 传感器的显微结构;(b)通过 Veeco 光学轮廓仪获得结构。

12.7.2　低相干干涉仪测试结果

对晶圆 LCI 探测的最终测试显示有 19 个正确的测量通道。其他 6 个通道由于相机故障而失灵(其中 4 个通道在图 12.20 和图 12.22 中用黑方块表示)，以及在图像中有太多的失真造成无法分析(2 个通道)。

如图 12.20 所示,在该晶圆上对不同高度的测量能很好地显示 LCI 仪器的精密度。测量步骤显示,由于利用扫描干涉仪,SMARTIEHS 具有较高的精密度。该绝对精密度与商用仪器的准确度相当,并且优于 100nm。

图 12.21 所示为 SMARTIES LCI 的测量结果,以及与 Tencor Alphastep 轮廓仪测量结果的差异。上述两个系统的系统差异约为 -43nm。LCI 的重复性(按时间测量顺序)为 21nm,LCI 的评估参数与仪器设定参数相吻合。

单个 IR 传感器形貌测量结果如图 12.22(a) 所示。在 4 个工作通道中,可在传感器中观察破裂膜。上述缺陷是故意引入的,其目的是为了呈现自动识别和显示损坏元件的程序,如图 12.22(b) 所示。

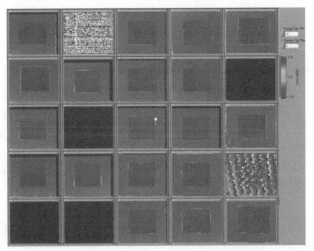

图 12.20　利用 LCI 对台阶目标的测量结果

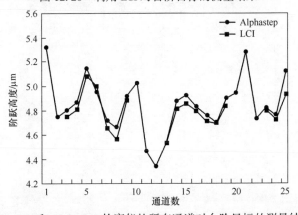

图 12.21　LCI 和 AlphaStep 轮廓仪的所有通道对台阶目标的测量结果比较

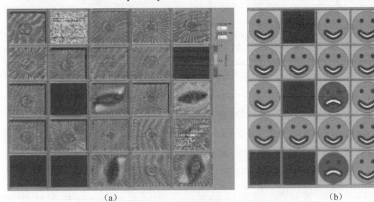

(a)　　　　　　　　　　(b)

图 12.22　LCI 晶圆测量 IR 传感器的结果

(a)形貌特征;(b)故障检测的可视化。

12.7.3　激光干涉测量仪测试结果

参考晶圆的 LI 探测测试最终在 19 个工作通道中完成;4 个工作通道没有输出相机信号,而余下的 2 个通道出现失真和噪声过大的光学图像。LI 测量的主要任务是确定 M(O)EMS 的动态特性。利用 5.3 节介绍的准外差方法测量微型元件的频率响应函数(FRF)。测量参考目标为 750μm×750μm 的薄膜。扫描频率为20~270kHz 时的测试结果如图 12.23 所示。根据测试结果,可确定第一模式的谐振频率。在选取的 FRF 曲线中,250~270kHz 附近的其他峰值也是可见的。

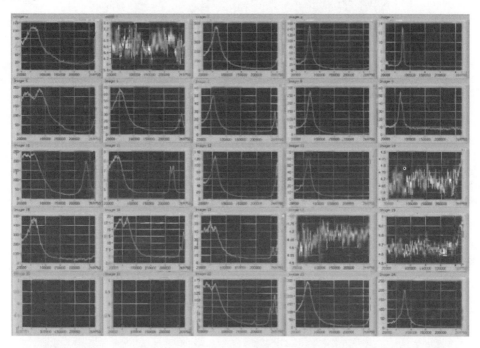

图 12.23　频率为 20~270kHz 范围内测量尺寸为 750μm×750μm 待测目标的 FRF 曲线

上述峰值与方形膜较高的谐振模式相对应,图 12.24 所示为其值与参考值的关系。通过比较 SMARTIES 系统和 Polytec 共振系统中的第一谐振频率结果可知,LI 的测量结果是正确的。当谐振模的 FWHM 较大时(约 15kHz),数据的一致性较好。需要注意的是每个通道中的信号幅值不仅取于谐振的幅值还与该通道中干涉图的质量密切相关。也就是说,信号幅值取决于条纹对比度、照明条件和成像质量,因此导致每个通道的信号幅值与差异。此外,每个通道的静电力不同,也会对信号幅值产生一定的影响。由专门设计的具有 ITO 电极激励晶圆激励所有被测目

416

标。激励晶圆的不平整性导致目标与电极之间的距离不同,从而导致局部激励力的影响不同。

利用 Melexis 实现 IR 传感器对晶圆的 FRF 开展进一步研究。在上述情况下,利用 LCI 测试相同的晶圆,并采用一系列不同传感器进行测量。图 12.25 所示为频率在 100~300kHz 范围内的测试结果,且大多数待测物的第一个共振频率在 225kHz 附近。从图 12.25 的第一行中的第三幅图像可观察到明显的频率变化,

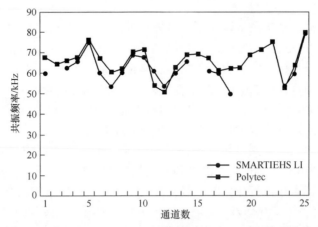

图 12.24　SMARTIES LI 系统和 Polytec MSA-500 系统针对同一方形膜的谐振频率测量结果的比较

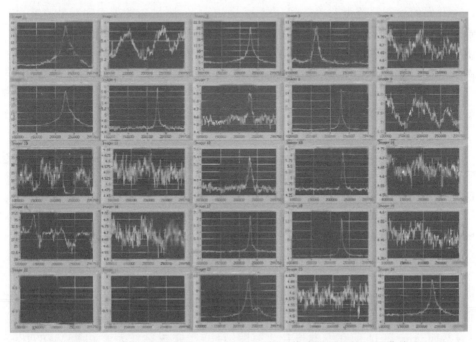

图 12.25　当频率范围为 100~300kHz 时 IR 传感器测得的 FRS 曲线

且第一个谐振频率大约为 160kHz。该通道中频率的偏移由传感器故障引起。需注意,在测量方形膜时,FRF 曲线中的峰值明显比测量晶圆时的峰值要低。由于通过 ITO 层时 IR 传感器的激励不足,因此会产生较低的值。

12.8　小结与展望

新一代的微型结构测量设备与目前最先进的设备相比,虽然研发时间更长且成本较高,但功能更强大。在本章中通过举例介绍了新方法,该方法基于平行检测方法利用与测量目标尺寸相当的系统实现测量。事实上,利用一组微传感器测量微结构。具体而言,将微光学传感器阵列集成到合适的测量 M(O)EMS 的探测晶圆上,上述测量方式能在一个测量周期内检测超过 100 个测量目标。可通过改变探测晶圆实现对同一检查平台上不同参数的低成本测量。

机械系统由三个音圈电机的扫描平台组成。允许干涉仪阵列与 MEMS 晶圆平行对准,并利用 LCI 实现直线测量和高度均匀的 z 方向的平移。探测晶圆的微光学元件借鉴了半导体行业标准微型制造工艺经验。小像素数相机输出图像的大小为 5×5,分辨力为 140×140。验证了包含干涉仪的探测晶圆的测量原理。LCI 和 LI 的测量结果表明在两种干湿仪中完成了光束合成与目标的成像。在两种干涉仪中的测量误差小于 $\lambda/10$。

开发的检测系统可改善空间分辨力、通道数量、测量参数范围和测量速度。通道尺寸的大小将限制小像素数相机的尺寸。微光学干涉仪的尺寸为几平方毫米。下一代的小像素数相机具有结构更小、空间分辨力高、测量速度快的特征。探测晶圆的种类可扩展并实现对附加参数的测量,如面内位移、应变分布、深层可视化等。

目前干涉仪的测量速度低于预期速度,主要受测量系统中控制驱动信号的时间的影响,该参数与干涉仪阵列的技术问题没有必然联系,可通过进一步开发控制设备和优化通信协议进行改善。

总而言之,本章介绍了根据测量需求排布非常小的与待测元件数量相等的传感器测量大批量小元件的概念。将多种测量技术结合在同一平台中,为未来测量微米甚至纳米级零件和设备的广泛应用提供了可能性。

致谢

上述所介绍的系统是在 SMARTIES 中开发的,该合作项目受"第七框架计划目标"授权协议 223935 资助。以下几位科研工作者对本章内容做出杰出贡献:Kay Gastinger(2011 前在挪威科技研究院,目前在挪威科技大学)是 SMARTIEHS

项目的带头人和协调者;Odd Løvhaugen 和 Kari Anne H Bakke（SINTEF）进行系统
光学设计和 LCI 分析;Chritoph Schaeffel、Steffen Michael、Roman Paris 和 Norbert
Zeike(Institut für Mikroelektronik‑ und Mechatronik‑Systeme gemeinnützige GmbH,
IMMS)为检测系统设计了机械结构并对其进行组装;Uwe Zeitner,Dirk Michaelis,
Fraunhofer 应用光学与精密工程研究所(IOF)的 Peter Dannberg、Maria Oliva、Tino
Benkenstein 和 Torsten Harzendorf 负责 LCI 和 LI 阵列的技术实现;Franto‑Comté 大
学 FEMTO‑ST 研究所的 Christophe Gorecki、Jorge Alberto 和 Sylwester Bargiel 开发
了微透镜技术以及 LCI 的主要技术组件;Stephan Beer(CSEM S. A.)开发了小型像
素数相机; Patrick Lambelet 和 Rudolf Moosburger(Heliotis AG)致力于 LCI 仪器开
发与数据处理;华沙工业大学的 KamilLiżewski、Krzysztof Wielgo 和挪威科技研究院
的 Karl Henrik Haugholt 为 LI 和 LCI 验证提供了机械设计和测试参考。作者再次
对以上科研工作者的宝贵贡献致以诚挚感谢。

参考文献

［1］Yole Développement, Status of the MEMS Industry, Yole Développement, Lyon (2008).

［2］enableMNT Industry reviews, Test and measurement equipment and services for MST/MEMS-worldwide, December 2004.

［3］Osten, W. (ed.), *Optical Inspection of Microsystems*, Taylor & Francis Group, New York (2006).

［4］Petitgrand, S., Yahiaoui, R., Danaie, K., Bosseboeuf A., and Gilles, J.P., 3D measurement of micromechanical devices vibration mode shapes with a stroboscopic interferometric microscope, *Opt. Lasers Eng.*, 36, 77–101 (2001).

［5］Michael, S. et al., *MEMS Parameter Identification on Wafer Level using Laser Doppler Vibrometer*, Smart Systems Integration, Paris, France, 321–328 (2007).

［6］Aswendt, P., Schmidt, C.-D., Zielke, D., and Schubert, S., ESPI solution for non-contacting MEMS-on-wafer testing, *Opt. Lasers Eng.*, 40, 501–515 (2003).

［7］Osten, W., Some answers to new challenges in optical metrology, *Proc. SPIE*, 7155, 715503 (2008).

［8］Gastinger, K., Løvhaugen, P., Skotheim, Φ., and Hunderi, O., Multi-technique platform for dynamic and static MEMS-characterisation, *Proc. SPIE*, 6616, 66163K (2007).

［9］Gastinger, K., Haugholt, K.H., Kujawinska, M., and Jozwik M., Optical, mechanical and electro-optical design of an interferometric test station for massive parallel inspection of MEMS and MOEMS, *Proc. SPIE*, 7389, 73891 (2009).

［10］SMARTIEHS—SMART Inspection system for high speed and multifunctional testing of MEMS and MOEMS, www.ict-smartiehs.eu

［11］Kim, B., Schmittdiel, M.C., Degertekin, F.L., and Kurfess, T.R., Scanning grating microinterferometer for MEMS metrology, *J. Manuf. Sci. Eng.*, 126, 807–812 (2004).

[12] Johansen, I–R. et al., Optical displacement sensor element, International patent publication no. WO 03/043377 A1.

[13] Cascade Microtech, Inc., http://www.cmicro.com/products/probe–systems/200mm–wafer/pa200/pa200–semi–automatic–probe–system (accessed 2012)

[14] Beer, S., Zeller, P., Blanc, N., Lustenberger, F., and Seitz, P., Smart pixels for real–time optical coherence tomography, *Proc. SPIE*, 5302, 21–32 (2004).

[15] Albero, J., Bargiel, S., Passilly, N., Dannberg, P., Stumpf, M., Zeitner, U.D., Rousselot, C., Gastinger, K., and Gorecki, C., Micromachined array–type Mirau interferometer for parallel inspection of MEMS, *J. Micromech. Microeng.*, 21, 065005 (2011).

[16] http://www.schott.com/hometech/english/download/brochure_borofloat_e.pdf

[17] Gale, M.T., Direct writing of continuous–relief micro–optics micro–optics in *Elements*, *Systems and Applications*, Herzig, H.P. (ed.), Taylor & Francis Group, London, U.K., pp. 87–126 (1997).

[18] Micro Resist Technology GmbH, Hybrid Polymers–OrmoComp®, http://www.microresist.de/products/ormocers/ormocomp_en.htm (accessed 2012)

[19] Dannberg, P., Mann, G., Wagner, L., and Brauer, A., Polymer UV–moulding for micro–optical systems and O/E–integration, *Proc. SPIE*, 4179, 137–45 (2000).

[20] Moharam, M.G. and Gaylord, T.K., Rigorous coupled–wave analysis of planar–grating diffraction, *J. Opt. Soc. Am.*, 71, 811–818 (1981).

[21] Weber, M.J., *Handbook of Optical Materials*, CRC Press, Boca Raton, FL (2003).

[22] Astilean, S., Lalanne, P., and Chavel, P., High–efficiency subwavelength diffractive element patterned in a high–refractive–index material for 633 nm, *Opt. Lett.*, 23, 552–554 (1998).

[23] Stern, M.B., Binary optics fabrication, in *Microoptics: Elements, Systems and Application*, Herzig, H.P. (ed.), Taylor & Francis Group, London, U.K., pp. 53–58 (1997).

[24] Oliva, M. et al., Twyman–Green–type integrated laser interferometer array for parallel MEMS testing, *J. Micromech. Microeng.* 22, 015018 (2012).

[25] Beer, S., Real–time photon–noise limited optical coherence tomography based on pixel–level analog signal processing, PhD dissertation, University of Neuchâtel, Neuchâtel (2006).

[26] Styk, A., Kujawińska, M., Lambelet, P., Røyset, A., and Beer S., Microelements vibration measurement using quasi–heterodyning method and smart–pixel camera, *Fringe*, Osten, W. and Kujawińska, M. (eds.), Springer–Verlag, Berlin, Heidelberg, pp. 523–527 (2009).

[27] Styk, A., Lambelet, P., Rφyset A., Kujawińska M., and Gastinger K., Smart pixel camera based signal processing in an interferometric test station for massive parallel inspection of MEMS and MOEMS, *Proc. SPIE*, 7387, 73870M, (2010).

[28] Schmit, J. and Creath, K., Extended averaging technique for derivation of error–compensating algorithms in phase–shifting interferometry, *Appl. Opt.* 34, 3610–3619 (1995).

[29] Melexis, S.A., Microelectronic integrated systems, www.melexis.com.

420